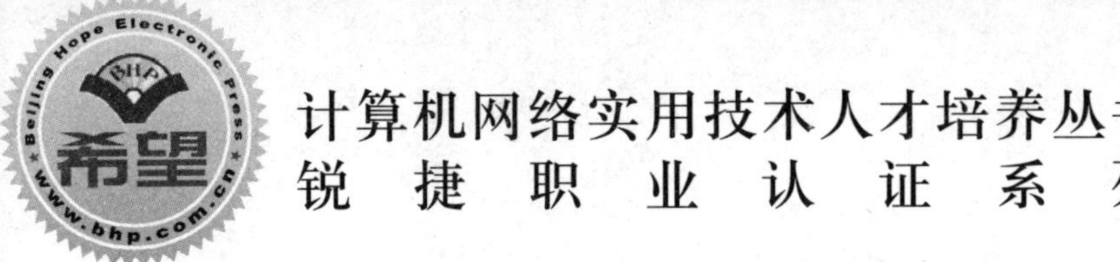

计算机网络实用技术人才培养丛书
锐 捷 职 业 认 证 系 列

设备调试与网络优化

Debugging and Optimizing Networking Devices (**DOND**)

学习指南

◎ 张选波 吴丽征 周金玲 编著

内 容 简 介

本书内容涉及最新的主流网络技术，包括路由技术、交换技术、远程接入技术和网络安全技术等，全书以实际的网络环境为依托，结合工程项目中的实践经验，对现在最流行的网络技术进行了系统、全面的阐述。书中提供的真实案例和项目解决方案，可以使学习者更好地掌握网络专业技术，增强实际操作能力。

本书既可以作为本科类院校、高职类院校教学的教材，也可以作为网络设计师、网络工程师、系统集成工程师以及相关技术人员在实际构建园区网络中的技术参考用书。由于具备很强的专业性、实用性和易读性，本书现已被选为锐捷网络有限公司RCCP（锐捷认证资深网络调试工程师）认证的指定教材。

本书配套电子课件、各章的复习题答案可以通过访问 http://labclub.ruijie. com.cn、http://university.ruijie.com.cn 获得。

需要本书或技术支持的读者，请与北京清河 6 号信箱（邮编：100085）发行部联系，电话：010-62978181（总机）、010-82702660，传真：010-82702698，E-mail：tbd@bhp. com. cn。

图书在版编目（CIP）数据

设备调试与网络优化学习指南 / 张选波，吴丽征，周金玲编著. —北京：科学出版社，2009.4

（计算机网络实用技术人才培养丛书）

ISBN 978-7-03-024169-6

Ⅰ. 设… Ⅱ. ①张… ②吴…③周… Ⅲ. 计算机网络—指南 Ⅳ. TP393-62

中国版本图书馆 CIP 数据核字（2009）第 026922 号

责任编辑：刘 芯 / 责任校对：周 玉

责任印刷：密 东 / 封面设计：青青果园

科学出版社 出版

北京东黄城根北街 16 号

邮政编码：100717

http://www.sciencep.com

北京市密东印刷有限公司印刷

科学出版社发行 各地新华书店经销

*

2009 年 4 月第 一 版 开本：787×1092 1/16

2009 年 4 月第一次印刷 印张：22

印数：1-1000 册 字数：523 000

定价：39.00 元

《设备调试与网络优化学习指南》编委会

Debugging and Optimizing Networking Devices (DOND)

主　编：张选波　王　东　张国清

策　划：安淑梅

编　委：方　洋　周　超　高　峡　石　林

“计算机网络实用技术人才培养丛书”

编审委员会

前　言

随着信息化的高速发展，人们已经把更多的生活、娱乐和学习等事务转移到网络这个平台上去开展。小到一个家庭，大到一个企业，甚至是一所高校，为了提高工作效率，并进行更多的信息交流，都需要构建一个园区网，从而实现内部的高效沟通。如果希望能进一步地能够和互联网中的其他地区甚至国家的人群、组织进行信息交流，则需要将内部的园区网接入到互联网中。

本书详细介绍了构建园区网所涉及的各项交换、路由、安全等方面的知识，以及如何将园区网接入到互联网的相关技术，包括 VLAN、STP/RSTP/MSTP、VRRP、RIP、OSPF、局域网安全设计、网络出口设计、远程接入、VPN 等。另外，在最后一章还介绍了在网络故障维护中常用的思路、工具与命令，使读者在对网络进行维护与故障排除中进行借鉴。在本书的各个章中，不仅对相关技术进行了详细的介绍，而且还介绍了为了实现和部署这些技术在网络设备上的配置方式，并且章节的末尾提供了复习题目，以帮助读者巩固所学的内容和达到自我测试的目的。

本书的规划思想是使所需知识具有专业化、体系化、全面化的特征，能够体现和代表当前最新的网络技术发展方向。因此，在课程规划和内容选择上与传统的网络专业教材有很大的区别，本书从各个方面都能满足各级、各类不同专业院校教学与实践的要求。

本书由资深网络技术专家张选波和具有多年教学经验的吴丽征、周金玲在基于多年的网络工程经验、教学经验以及对网络技术的深刻理解上联合编写而成。

本书目标

本书在介绍理论知识和技术原理的同时，还提供了大量的配置案例和示例，以达到理论和实践相结合的目的。在每章的末尾所提供的复习题目中包括了相应章节中的重点内容和主要知识点，能够帮助读者对自己的学习情况和知识的掌握程度进行评估。

本书读者

本书的读者对象可以是本科类院校、高职类院校的学生、教师，也可以为准备参加 RCCP 考试的专业人士，以及希望学习更多园区网构建知识的技术人员。

我们推荐阅读本书的读者有基本的网络技术知识，或者具备 RCNA 认证或者具有与 RCNA 同等水平的网络知识，以便更好地理解本书中所涉及的内容。

阅读方法

本书内容其分为 12 章，每章都对一项或几项协议及技术进行了详细的阐述。因为在理解后续章节内容时需要具备以前章节的知识，所以推荐读者根据章节顺序依次阅读本书。对于具有一定基础的读者也可以灵活地、有选择地对某些章节进行阅读。

本书资源

为了保证课程在学校的有效实施，及课程教学资源的长期提供，还建设了专门的课程实施教学俱乐部的网络资源共享基地，用来支持在课程实施过程中的项目资源更新。读者可以访问 http://labclub.ruijie.com.cn、http://university.ruijie.com.cn，免费获得配套电子课件、各章节的复习题答案以及更多的教学资源。

本书结构

本书共用12个章节对园区网相关技术进行了介绍，其中第10章、第11章为本书的扩展部分，不列为此认证的考试范围，具体结构如下。

第1章　VLAN技术。

本章首先介绍了VLAN技术的原理，然后介绍了利用SVI和单臂路由实现VLAN间路由的两种方法，最后介绍了Private VLAN和Super VLAN这两种特殊的VLAN，此外还介绍了相关技术的配置和使用方法。实验部分可参照《设备调试与网络优化实验指南》一书中的"实验1　单臂路由"、"实验2　使用SVI实现VLAN间路由"、"实验3　跨交换机实现VLAN间路由"。

第2章　生成树协议。

本章首先介绍了STP中的基本概念与BPDU报文格式与内容，然后详细介绍了STP选举以及拓扑变更的详细过程，RSTP的过渡机制和拓扑变更技术和MSTP的相关术语，最后介绍了相关技术的配置方法。实验部分可参照《设备调试与网络优化实验指南》一书中的"实验4　配置RSTP"、"实验5　配置MSTP"。

第3章　虚拟路由器冗余协议（VRRP）。

本章首先介绍了VRRP技术的应用背景，然后介绍了VRRP的各项机制与报文格式，最后介绍了VRRP的基本配置与优化调整的相关配置。实验部分可参照《设备调试与网络优化实验指南》一书中的"实验6　配置VRRP单备份组"、"实验7　配置VRRP多备份组"、"实验8　配置基于SVI的VRRP备份组"。

第4章　路由信息协议（RIP）。

本章介绍了RIP路由协议几个版本的区别以及路由汇总、定时器等特性的配置。实验部分可参照《设备调试与网络优化实验指南》一书中的"实验9　配置RIP版本、汇总、定时器"。

第5章　开放式最短路径优先协议（OSPF）。

本章首先介绍了OSPF的工作原理，然后介绍了OSPF的报文类型、单区域、多区域等相关概念，最后介绍了OSPF路由协议的各项相关配置。实验部分可参照《设备调试与网络优化实验指南》一书中的"实验10　OSPF单区域配置"、"实验11　OSPF多区域配置"。

第6章　路由重发布与路由控制。

本章详细介绍了路由重发布的作用、原则等以及其相关配置，然后介绍了被动接口、分发列表等路由控制技术与配置。实验部分可参照《设备调试与网络优化实验指南》一书中的"实验12　配置RIP被动接口"、"实验13　配置OSPF被动接口"、"实验14　调整路由的AD值"、"实验15　配置RIP与OSPF路由重发布"。

第7章　网络安全控制。

本章介绍了ARP检查、DHCP监听、DAI、ACL等局域网中常用的相关安全技术及其配置。实验部分可参照《设备调试与网络优化实验指南》一书中的"实验16　配置ARP检查"、"实验17　配置DHCP监听"、"实验18　配置动态ARP检测"、"实验19　配置标准IP ACL"、"实验20　配置扩展IP ACL"、"实验21　配置基于MAC的ACL"、"实验22　配置专家ACL"、"实验23　配置基于时间的ACL"。

第8章　AAA和802.1x。

本章详细介绍了AAA、RADIUS和802.1x技术的相关概念及其配置。实验部分可参照《设备调试与网络优化实验指南》一书中的“实验24　配置远程登录的AAA认证”、“实验25　配置PPP链路的AAA认证”、“实验26　接入层802.1x”。

第9章　网络出口设计。

本章详细介绍了NAT和策略路由这两种网络出口常用技术以及其相关配置。实验部分可参照《设备调试与网络优化实验指南》一书中的“实验27　配置静态NAT”、“实验28　配置动态NAT”、“实验29　配置NAT地址复用（NAPT）”、“实验30　配置TCP负载分配”、“实验31　配置策略路由”。

第10章　远程接入技术。

本章详细介绍了WAN远程接入技术，内容包括ISDN、帧中继、PPP等相关技术。实验部分可参照《设备调试与网络优化实验指南》一书中的“实验32　广域网协议的封装”、“实验33　PPP PAP认证”、“实验34　PPP CHAP认证”、“实验35　帧中继基本配置”、“实验36　帧中继交换机配置”。

第11章　虚拟专用网（VPN）。

本章详细介绍了VPN技术，内容包括加密、隧道、密钥交换技术以及VPN配置实例。实验部分可参照《设备调试与网络优化实验指南》一书中的“实验37　IPSec VPN简单配置”、“实验38 Site To Site IPSec VPN多站点配置”。

第12章　网络故障处理排除。

本章首先详细介绍了网络故障排除的相关思路、工具、命令等，然后通过实际的故障排除案例向读者展示常见的故障排除方法。

命令语法规范

本书中使用的命令语法规范与产品命令参考手册中的命令语法相同。

- 竖线“|”表示分隔符，用于分开可选择的选项。
- 星号“*”表示可以同时选择多个选项。
- 方括号“[ ]”表示可选项。
- 大括号“{ }”表示必选项。
- **粗体字**表示按照显示的文字输入的命令和关键字。在配置的示例和输出中，粗体字表示需要用户手工输入的命令（例如**show**命令）。
- *斜体字*表示需要用户输入的具体值。

本书使用的图标

本书中所使用的图标示例如下所示。

目　　录

第 1 章　VLAN 技术

本章重点

- 配置 VLAN
- 使用 SVI 实现 VLAN 间通信
- 使用单臂路由实现 VLAN 间通信
- Private VLAN
- Super VLAN

交换网络拥有传输速度快、误码率低等优点。但另一方面，由于交换机不隔离广播，因此整个交换网络是个广播域，并且网络越大广播域的范围也越大，如图 1-1 所示。当广播域的范围足够大的时候，会使得网络中的广播包过多，导致网络拥塞。同时，交换网络也不利于故障隔离和防止病毒扩散等。为了保留交换网络的优点并同时解决广播域过大的问题，可以应用 VLAN（Virtual Local Area Network，虚拟局域网）技术。在网络中应用 VLAN 技术后，一个 VLAN 所在的范围就是一个广播域。

在二层网络中，不同 VLAN 中的主机无法互相通信，除非使用三层设备。

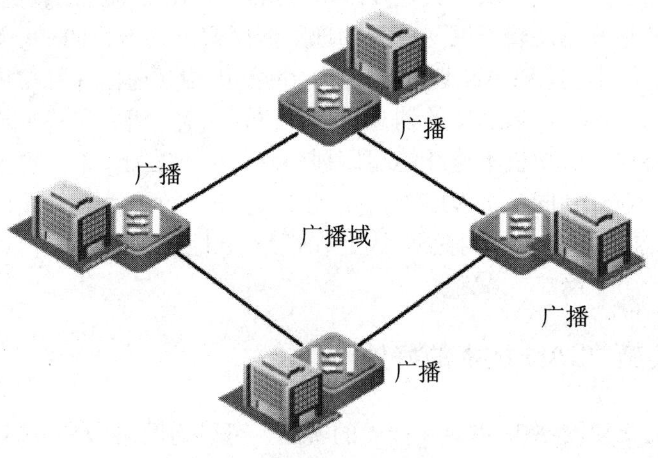

图 1-1　交换网络中的广播域

1.1　配置 VLAN

在交换网络中，由于整个网络处在一个广播域中，所以广播和未知单播帧会扩散到网络中的全部端口。

应用 VLAN 技术后不同的 VLAN 之间，不但广播包无法发送，而且正常的单播通信也被隔离。在实际网络构建中，通常需要实现的是网络之间的互通性，本章将重点讲解如何实现不同 VLAN 间的互相通信，以及在网络中使用的一些特殊的 VLAN 技术，如 Private VLAN 和 Super VLAN。

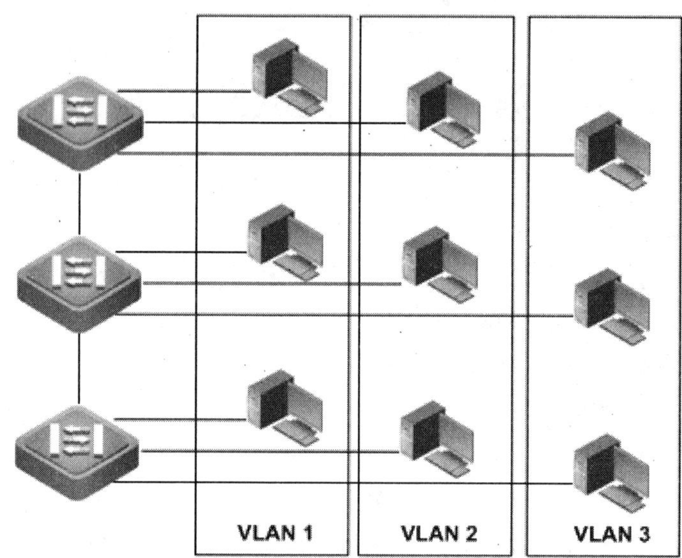

图 1-2　划分 VLAN

VLAN 有多种不同的划分方式：基于端口的、基于协议的、基于IP地址的、基于MAC地址的。其中最常用的是基于端口划分VLAN。

通过划分 VLAN 的方法，可以在二层交换网络中对广播域进行划分，将大的广播域划分为小的广播域，从而减少网络中的广播流量。划分 VLAN 后，如果某 VLAN 中的一台设备发出广播包，那么在这同一 VLAN 中的其他成员都会收到此广播包，而对于属于其他 VLAN 的端口和设备则无法收到此广播包。

VLAN 划分的逻辑子网尽管与物理局域网实现同一目的——隔离广播，但是它和物理子网不同，VLAN 划分的逻辑子网是由相互通信并且与物理位置无关的设备组成，这决定了 VLAN 的划分与物理位置无关。例如在基于端口划分 VLAN 时，可以将同一交换机不连续的端口划分到一个 VLAN 中，也可以将不同交换机上的端口划分到同一个 VLAN 中。划分到同一个 VLAN 的端口与设备，属于同一个 LAN，即同一个广播域，因此在规划 IP 地址时，同一个 VLAN 内的设备应属于同一个子网。

1.1.1　实施 VLAN 技术的好处

通过在交换网络中 VLAN 技术的实施，可以为网络带来很多诸如隔离广播、安全、故障隔离等好处。

- **隔离广播**：在交换网络中，通过对广播域的隔离，可以大大减少网络中泛洪的广播包，提高网络带宽的利用率。但与此同时，由于在二层网络中划分了广播域，那么不同广播域（VLAN）之间的数据通信需要通过三层网络设备才能实现。
- **安全性**：通过在二层网络划分 VLAN，可以实现在二层网络中不同 VLAN 间的数据隔离。在二层网络中划分 VLAN 后，不但广播包不能通过，而且无法进行正常的数据通信。这时通过使用三层设备，可以实现不同 VLAN 间的数据转发。在三层设备接口上（如 VLAN 接口），可以应用其他安全措施。还可以通过访问控制列表，对网络中不同 VLAN 间的通信进行访问控制。

❑ **故障隔离**：通过 VLAN 的划分，将设备划分到不同的广播域当中，可以减小网络故障的影响。例如网络中的环路，可能会导致大量的广播包扩散或是广播风暴的情况，在划分 VLAN 后，这些故障的影响被控制在一个广播域内，即一个 VLAN 内，对网络中的其他 VLAN 没有影响。特别是现在网络当中经常遇到的 ARP 病毒，经常会导致某网络内主机无法正常通信，通过 VLAN 的划分，可以将这个影响的范围减小到一个 VLAN 的范围，同时也方便故障的定位和排除。

1.1.2 802.1q

在交换机上划分 VLAN 后，交换机会判断接收到的数据帧属于哪个 VLAN，从而控制数据帧发送到其他 VLAN 的范围中。如果基于端口方式来划分 VLAN，交换机会通过从哪个端口接收到的数据帧，判断数据帧属于哪个 VLAN。例如将交换机的 1 号端口划分到 VLAN10，那么连接在 1 号端口的设备发送数据帧时，交换机可以判断此数据帧为 VLAN10 中的数据帧。当数据帧只在同一交换机上传输时，交换机可以判断此数据帧的身份。但是前面讲过，数据帧的划分不受地理位置的限制，因此对于其他交换机来说，需要有一个标签来标明数据帧属于哪个 VLAN。802.1q 标签（Tag）就可以实现这个目的，支持 802.1q VLAN 的交换机收到数据帧后，会在数据帧中插入长度为 4 字节的 802.1q 标签。如图 1-3 所示，其中有 12 比特表示 VLAN 编号，表示的范围是 0~4095，但用户在设备上可以配置的 VLAN 范围是 1~4094，其中，VLAN1 为默认 VLAN，不可以删除，并且默认情况下交换机上所有端口都属于默认的 VLAN1。

802.1q 标签共 4 个字节，其中 3 个比特表示 802.1P 优先级（Priority），1 个比特表示 CFI 信息（Canonical Format Indicator），用于压缩 Token Ring 数据包，以使其可以在以太网主干内传输，12 个比特用于标识 VLAN ID 信息。

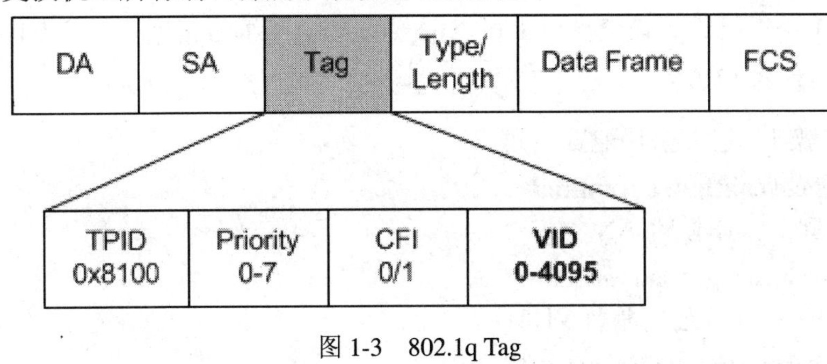

图 1-3 802.1q Tag

1.1.3 VLAN Trunk

在交换机上划分 VLAN 时，经常会遇到同一 VLAN 跨越多台交换机的问题。如图 1-4 所示，由于交换机上默认的端口都属于 VLAN1，而级联的链路也属于 VLAN1，所以其他 VLAN 的数据无法在该链路上传输。因此对于跨交换机实现同 VLAN 数据通信的场合，需要在交换机间建立 Trunk（干道）链路。Trunk 链路的特点是允许多个 VLAN 的数据流通过，所有 VLAN 的数据都可以通过 Trunk 链路进行传输。

在交换机上需要将连接 Trunk 链路的端口模式设置为 Trunk 模式，连接主机的端口模式为 Access 模式。802.1q 数据帧在经过 Trunk 链路传输时，为了让接收的交换机知道此数据帧属于哪个 VLAN，需要携带 802.1q 标签。如果数据帧从 Access 端口发出时，由于主机并不需要区分数据帧属于哪个 VLAN，所以需要去掉 802.1q 标签。Native VLAN（本地 VLAN）是 VLAN 网络中特殊的一类 VLAN。在网络中，为了提高数据的处理效率，对 Native VLAN 这类 VLAN 可以省略打标签的过程，但是网络中只能有一个 Native VLAN。如锐捷交换机默认情况下的 Native VLAN 是 VLAN1。

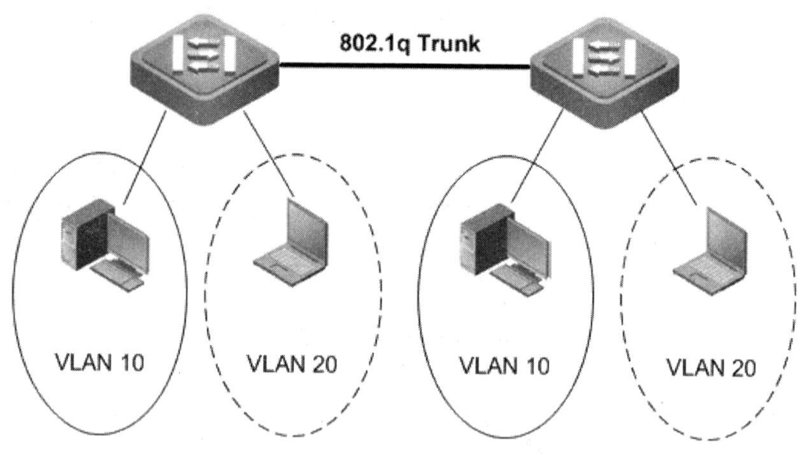

图 1-4　跨交换机实现 VLAN 间通信

1.1.4　配置 VLAN

锐捷网络全系列的网管交换机都支持 VLAN 配置。VLAN1 为默认 VLAN，VLAN1 不可删除。在交换机上可以配置的 VLAN 编号范围是 1~4094。

当创建 VLAN 后，系统将为其赋予一个默认的名称。VLAN 的名称用于友好地标识不同的 VLAN，VLAN 名称不会出现在数据帧中。

1. **创建 VLAN**

步骤 1　进入全局配置模式。

Switch#**configure terminal**

步骤 2　创建 VLAN。

Switch(config)#**vlan** *vlan-id*

步骤 3　（可选）命名 VLAN。

Switch(config-vlan)#**name** *vlan-name*

2. **将交换机端口加入到 VLAN 中**

步骤 1　进入端口配置模式。

Swtich(config)#**interface** *interface*

步骤 2　将端口模式设置为接入端口。

Switch(config-if)#**switchport mode access**

步骤 3　将端口添加到特定 VLAN。

Switch(config-if)#**switchport access vlan** *vlan-id*

示例 1-1 介绍了如何将交换端口 fastEthernt 0/1 加入到 VLAN10 中。

示例 1-1　将端口 fastEthernet 0/1 添加到 VLAN10 中

```
Switch#configure terminal
```

```
Switch(config)#interface fastEthernet 0/1
Switch(config-if)#switchport mode access
Switch(config-if)#switchport access vlan 10
Switch(config-if)#end
```

还可以同时将一组端口添加到一个 VLAN 中，步骤如下。

步骤 1　进入需要添加 VLAN 的一组端口中。

Swtich(config)#**interface range** *interface-range*

步骤 2　将端口模式设置为接入端口。

Switch(config-range-if)#**switchport mode access**

步骤 3　将一组端口划分到指定 VLAN。

Switch(config-range-if)#**swtichport access vlan** *vlan-id*

示例 1-2 介绍了如何将一组端口 fastEthernet 0/1~5,0/7 同时划分到 VLAN10。

示例 1-2　将端口 fastEthernet 0/1～5, 0/7 同时划分到 VLAN10

```
Switch#configure terminal
Switch(config)#interface range fastEthernet 0/1-5,0/7
Switch(config-if-range)#switchport mode access
Switch(config-if-range)#switchport access vlan 10
Switch(config-if-range)#exit
Switch(config)#
```

通常将交换机上连接主机的端口模式设为 Access 接口，交换机和交换机之间的级联接口设置为 Trunk。

3. 将级联端口设置为 Trunk

步骤 1　进入需要配置的端口。

Swtich(config)#**interface** *interface*

步骤 2　将端口的模式设置为 Trunk。

Switch(config-if)#**switchport mode trunk**

4. 配置 Native VLAN

步骤 1　进入到需要配置的 Trunk 端口中。

Swtich(config)#**interface** *interface*

步骤 2　配置 Trunk 的 Native VLAN。

Switch(config-if)#**switchport trunk native vlan** *vlan-id*

注意：在配置 Native VLAN 时，Trunk 两端端口的 Native VLAN 必须一致。

5. 配置 VLAN 许可列表

配置的 Trunk 链路在默认情况下属于所有 VLAN，两端交换机上已经创建的 VLAN 数据都可以在此链路上通过，但是用户也可以根据需要自定义 Trunk 链路的许可 VLAN 列表，对通过 Trunk 链路上的 VLAN 进行限制，配置步骤如下。

步骤 1　进入全局配置模式。

Switch#**configure terminal**

步骤 2　进入需要配置为 Trunk 的端口。

Switch(config)#**interface** *interface*

步骤 3　定义该端口模式为 Trunk。

Switch(config-range-if)#**switchport mode trunk**

步骤 4　定义 Trunk 的 VLAN 列表。

Switch(config-if)#**switchport trunk allowed vlan { all | [add | remove | except] }** *vlan-list*

其中参数 **all** 表示许可 VLAN 列表包含所有 VLAN；**add** 表示将指定 VLAN 加入许可 VLAN 列表；**remove** 表示将指定 VLAN 从许可 VLAN 列表中删除；**except** 表示将列出的 VLAN 以外的所有 VLAN 加入许可 VLAN 列表。参数 ***vlan-list*** 可以是一个 VLAN，也可以是一个 VLAN 列表。

通过使用 show vlan 命令可以查看 VLAN 配置。

示例 1-3　查看全部 VLAN 配置及参数

```
Switch#show vlan
VLAN Name                          Status     Ports
---- --------------               ---------- -------------------
1    default                      active     Fa0/6 ,Fa0/8 ,Fa0/9
                                             Fa0/10,Fa0/11,Fa0/12
                                             Fa0/13,Fa0/14,Fa0/15
                                             Fa0/16,Fa0/17,Fa0/18
                                             Fa0/19,Fa0/20,Fa0/21
                                             Fa0/22,Fa0/23,Fa0/24
10   VLAN0010                     active     Fa0/1 ,Fa0/2 ,Fa0/3
                                             Fa0/4 ,Fa0/5 ,Fa0/7
                                             Fa0/24
```

示例 1-4　查看特定 VLAN 参数

```
Switch#show vlan id 1
VLAN Name                          Status     Ports
---- ------------------           ---------- -----------------
1    default                      active     Fa0/6 ,Fa0/8 ,Fa0/9
                                             Fa0/10,Fa0/11,Fa0/12
                                             Fa0/13,Fa0/14,Fa0/15
                                             Fa0/16,Fa0/17,Fa0/18
                                             Fa0/19,Fa0/20,Fa0/21
                                             Fa0/22,Fa0/23,Fa0/24
10   VLAN0010                     active     Fa0/1 ,Fa0/2 ,Fa0/3
                                             Fa0/4 ,Fa0/5 ,Fa0/7
                                             Fa0/24
```

以上说过通过在二层网络中划分 VLAN 可以隔离广播域、提高网络安全性，但是划分 VLAN 后，不同 VLAN 间的通信必须通过三层网络设备实现。通过三层网络设备实现 VLAN 间通信有三种方法，一种是利用 SVI 的方式实现，这种方式通常需要借助于三层交换机，由于全部采用内部交换链路进行交换，具有速度高，无冲突影响等优点；第二种是通过路由接口方式实现，需要每一个路由接口连接一个 VLAN，这种方式通常需要的路由接口数量较多，而且部署起来也不够灵活方便，一般不会采用；第三种方法是利用路由器以太网子接口，通过单臂路由技术来实现，这种方法的瓶颈往往在于带宽，而且需要设备支持路由子接口技术。

1.2 使用 SVI 实现 VLAN 间通信

1.2.1 SVI 介绍

利用三层交换机通过 SVI（Switch Virtual Interfaces）方式实现 VLAN 间路由，如图 1-5 所示。实现的方法是在三层交换机上为各 VLAN 创建虚拟 VLAN 接口（SVI），并为 SVI 接口配置 IP 地址，作为各 VLAN 中主机的网关。图 1-5 主机的网关分别为三层交换机上相应 VLAN 的 SVI 的 IP 地址，当 PC1 向 PC2 发送数据的时候，在数据帧中写入的目的 MAC 地址是主机上配置的网关对应的 MAC 地址，即三层交换机上 VLAN10 的 MAC 地址。数据封装好后，经过二层转发到达三层交换机，三层交换机将数据交给路由进程处理，通过查看数据包中的目的地址并查找路由表发现数据需要从 VLAN20 的 SVI 接口发出，继而将数据交给交换进程处理，在 VLAN20 的区域中对目的 IP 地址进行 ARP 请求，获取目的 IP 对应的 MAC 地址，最后查找 MAC 地址表将数据从相应端口转发出去到达目标主机。

SVI 接口具有三层的逻辑特性，它是一个交换机内部的虚拟逻辑接口。

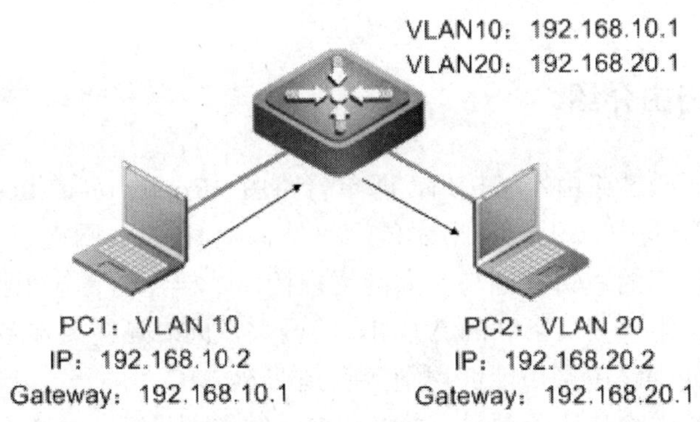

图 1-5　通过 SVI 方式实现 VLAN 间路由

1.2.2 配置 SVI

配置 SVI 实现 VLAN 间路由的步骤如下。

步骤 1　开启路由功能（默认）。

Switch(config)#**ip routing**

步骤 2　创建 VLAN。

Switch(config)#**vlan** *vlan-id*

在使用 interface vlan 命令为 VLAN 创建 SVI 接口后，系统会自动为 SVI 接口分配一个 MAC 地址用于接收数据帧。

步骤 3　进入 VLAN 的 SVI 接口配置模式。

Switch(config)#**interface vlan** *vlan-id*

步骤 4　给 SVI 接口配置 IP 地址。

Switch(config-if)#**ip address** *ip-address mask*

在三层交换机上配置的 VLAN IP 地址会作为本地 VLAN 内主机的网关，同时，在规划 IP 地址的时候，此 VLAN 内主机 IP 地址也都在本网段。

示例 1-5 介绍了图 1-5 中三层交换机上 SVI 方式实现 VLAN 间路由的配置。

示例 1-5　三层交换机上 SVI 方式实现 VLAN 间路由配置

```
Switch#configure terminal
Switch(config)#vlan 10
Switch(config-vlan)exit
Switch(config)#vlan 20
Switch(config-vlan)#exit
Switch(config)#interface vlan 10
Switch(config-if)#ip address 192.168.1.1 255.255.255.0
Switch(config-if)#no shutdown
Switch(config)#interface vlan 20
Switch(config-if)#ip address 192.168.2.1 255.255.255.0
Switch(config-if)#no shutdown
Switch(config-if)#end
```

1.3　使用单臂路由实现 VLAN 间通信

1.3.1　单臂路由介绍

上面提到，通过路由器子接口，即单臂路由（Router-on-a-stick）的方式也可以实现 VLAN 间路由。如图 1-6 所示的网络结构中，在以太网接口上划分子接口。

以太网子接口的逻辑特性与以太网物理接口一样，需要给子接口配置 IP 地址，该地址将作为子接口下联的 VLAN 的网关，同时还需要在各子接口上封装 802.1Q 协议，使得路由接口能够识别接收到的 802.1Q 数据帧。当 VLAN 中的设备需要将数据发送给其他子网时，会将数据帧发送到子接口，之后路由器通过查找路由表，并根据数据中的目的 IP 地址决定数据从哪个子接口发出，从而到达相应的 VLAN 中。

利用单臂路由的方式实现 VLAN 间路由，和利用路由接口实现 VLAN 间路由相比，单臂路由利用一个路由接口可以实现多个 VLAN 间路由，对于路由接口的使用效率更好。而与 SVI 方式实现 VLAN 间路由相比，在路由器上必须为每一个 VLAN 都创建一个子接口，限制了 VLAN 网络的灵活部署。同时，多个 VLAN 的流量都要通过一个物理接口进行转发，容易在物理接口上形成网络瓶颈。

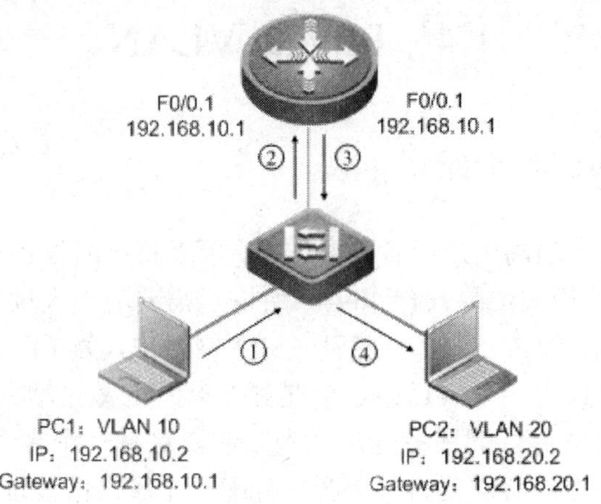

图 1-6　单臂路由实现 VLAN 间路由

1.3.2　配置单臂路由

配置单臂路由实现 VLAN 间路由的步骤如下。

步骤 1　创建以太网子接口。

Router(config)#**interface** *interface.sub-port*

步骤 2　为子接口封装 802.1q 协议，并指定接口所属的 VLAN。

Router(config-subif)#**encapsulation dot1q** *vlan-id*

步骤 3　为子接口配置 IP 地址。

Router(config-subif)#**ip address** *ip-address mask-address*

步骤 4　启用子接口。

Router(config-subif)#**no shutdown**

示例 1-6 介绍了为单臂路由的配置。

在配置单臂路由时，与路由器连接的交换机接口设置为 Trunk 模式，以便可以接收和发送多个 VLAN 中的数据。

示例 1-6　配置单臂路由实现 VLAN 间路由

```
Router#configure terminal
Router(config)#interface fastEthernet 0/0.1
Router(config-subif)#encapsulation dot1q 10
Router(config-subif)#ip address 192.168.1.1 255.255.255.0
Router(config-subif)#no shutdown
Router(config-subif)#exit
Router(config)#interface fastEthernet 0/0.2
Router(config-subif)#encapsulation dot1q 20
Router(config-subif)#ip address 192.168.2.1 255.255.255.0
Router(config-subif)#no shutdown
Router(config-subif)#end
Router(config-subnet)#exit
```

1.4 Private VLAN

1.4.1 Private VLAN 介绍

要在二层网络上隔离用户或者隔离广播，可以将一组设备加入到一个 VLAN 中，但是 VLAN 的最大个数只有 4094，所以当需要隔离大量的广播域时会受到 VLAN 个数的限制。通常在服务提供商（SP）网络中，为了隔离不同客户之间的通信而将一个客户作为一个 VLAN，但是如果客户的数量增大到 VLAN 的最大个数时，服务提供商提供的服务也将受到限制。这种一个客户作为一个 VLAN 的解决方案，服务提供商需要为一个客户分配一个子网的地址，会导致 IP 地址的浪费。这些问题都可以使用 Private VLAN 技术来解决。

Private VLAN（私有 VLAN，PVLAN）是能够为相同 VLAN 内的不同端口提供隔离的 VLAN。通过 PVLAN 技术可以隔离相同 VLAN 中网络设备之间的流量，并且位于相同子网的所有设备都只能与网关或其他网络进行通信，实现网络内部的隔离。

PVLAN 可以将一个 VLAN 的二层广播域划分成多个子域，每个子域都由一对 VLAN 组成：Primary VLAN（主 VLAN）和 Secondary VLAN（辅助 VLAN 组成）。在整个 PVLAN 域中，只有一个主 VLAN，每个子域有不同的辅助 VLAN，通过辅助 VLAN 实现二层网络的隔离。

- **主 VLAN**：主 VLAN 是 PVLAN 的高级 VLAN，每个 PVLAN 中只有一个主 VLAN。
- **辅助 VLAN**：辅助 VLAN 是 PVLAN 中的子 VLAN，并且映射到一个主 VLAN。每台接入设备都连接到辅助 VLAN。

辅助 VLAN 有如下两种类型。

- **隔离 VLAN（Isolated VLAN）**：同一个隔离 VLAN 中的端口相互不能进行二层通信，一个私有 VLAN 域中只有一个隔离 VLAN。
- **团体 VLAN（Community VLAN）**：同一个团体 VLAN 中的端口可以进行二层通信，但是不能与其他团体 VLAN 中的端口进行二层通信，一个私有 VLAN 中可以有多个团体 VLAN。

PVLAN 中的端口有如下几种类型。

- **混杂端口（Promiscuous Port）**：以混杂端口为主 VLAN 中的端口，可以与任意端口通信，包括同一个 PVLAN 中的隔离端口和团体端口。
- **隔离端口（Isolated Port）**：隔离端口为隔离 VLAN 中的端口，隔离端口只能与混杂端口进行通信。
- **团体端口（Community Port）**：团体端口为团体 VLAN 中的端口，同一个团体 VLAN 中的团体端口之间可以互相通信，并且团体端口可以与混杂端口通信，但是不能与其他团体 VLAN 的端口进行通信。

如图 1-7 所示在某网络中，通过 PVLAN 技术针对不同的部门配置不同的 VLAN 类型，从而实现部门间的隔离或部门内部主机的隔离。

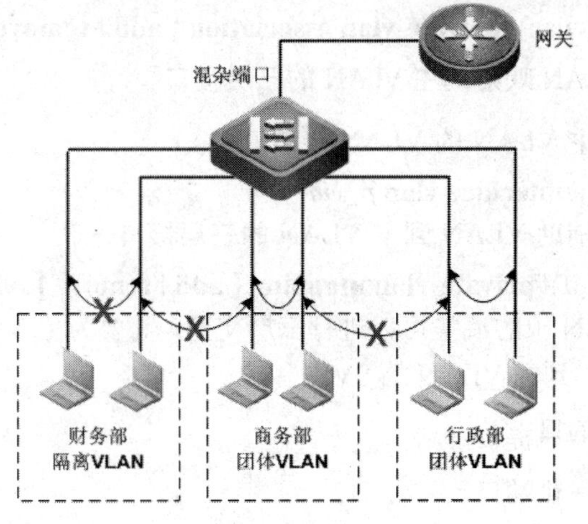

图 1-7 PVLAN 的实现

混杂端口通常是连接三层设备或服务器的端口。

在图 1-7 的网络中，主 VLAN 有三个部门，其中行政部属于团体 VLAN10，商务部属于团体 VLAN20，财务部属于隔离 VLAN30。由于三个部门属于同一个主 VLAN，因此三个部门中主机的 IP 都属于同一个子网。行政部及商务部里的各设备能互相通信，财务部门的设备属于隔离 VLAN，因此互相之间不能互相通信。但是三个部门的各设备都能与主 VLAN 中的混杂端口通信从而实现对其他网络的访问。

1.4.2 配置 Private VLAN

配置 Private VLAN 的步骤如下。

1. 配置主 VLAN 与辅助 VLAN

步骤 1 进入配置模式。

Switch#**configure terminal**

步骤 2 进入 VLAN 配置模式。

Switch(config)#**vlan** *vid*

步骤 3 配置私有 VLAN 类型。

Switch(config-vlan)#**private-vlan { community | isolated | primary }**

在 802.1q VLAN 中，有成员端口的 VLAN 不能配置为私有 VLAN。且 VLAN 1 不能配置为私有 VLAN。

一个 Private VLAN 处于 Active 状态必须满足下列条件。

- 具有主 VLAN。
- 具有辅助 VLAN。
- 辅助 VLAN 和主 VLAN 可以进行关联。
- 主 VLAN 内有混杂端口。

2. 关联辅助 VLAN 到主 VLAN

步骤 1 进入主 VLAN 的 VLAN 配置模式。

Switch(config)#**vlan** *p_vid*

步骤 2 关联辅助 VLAN 到主 VLAN。

Switch(config-vlan)#**private-vlan association [add | remove]** *svlist*

3. 将辅助 VLAN 映射到主 VLAN 的三层接口

步骤 1　进入主 VLAN 的 VLAN 接口模式。

Switch(config)#**interface vlan** *p_vid*

步骤 2　映射辅助 VLAN 到主 VLAN 的三层接口。

Switch(config-if)#**private-vlan mapping [add | remove]** *svlist*

为了使 PVLAN 中的流量可以进行三层交换，需要为主 VLAN 配置 SVI，并将辅助 VLAN 映射到主 VLAN 的 SVI。

4. 配置主机端口

步骤 1　进入主机端口。

Switch(config)#**interface** *port-type port*

步骤 2　配置端口为主机端口。

Switch(config-if)#**switchport mode private-vlan host**

步骤 3　关联主机端口到 PVLAN。

Switch(config-if)#**switchport private-vlan host-association** *p_vid s_vid*

5. 配置混杂端口

步骤 1　进入主机端口。

Switch(config)#**interface** *interface*

步骤 2　配置端口为混杂端口。

Switch(config-if)#**switchport mode private-vlan promiscuous**

步骤 3　配置混杂端口所在的主 VLAN 以及关联的辅助 VLAN。

Switch(config-if)#**switchport private-vlan mapping** *p_vid* [**add** | **remove**] *svlist*

Private VLAN 中必须配置混杂端口，Private VLAN 的状态才会为 UP。

如图 1-8 所示的拓扑中，VLAN10 为 Primary VLAN，VLAN20 类型为 CommunityVLAN，VLAN30 类型为 Isolated VLAN。端口 Fa0/1 和 Fa0/2 为 VLAN30 的端口，端口 Fa0/3 和端口 Fa0/4 为 VLAN20 的端口。端口 Fa0/5 为 Private VLAN 的混杂端口，与 VLAN20 和 VLAN30 关联。

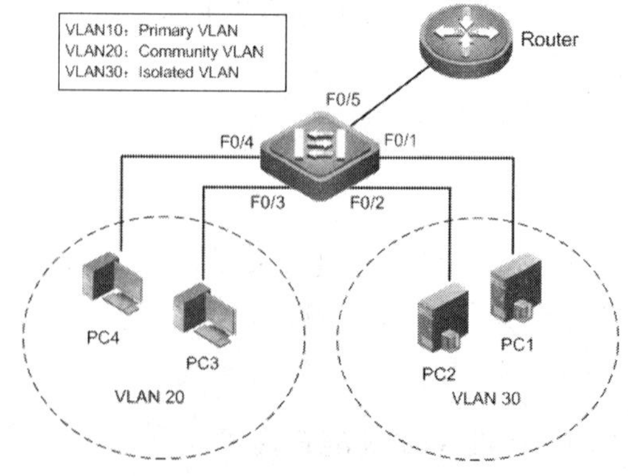

图 1-8　Private VLAN 实例

示例 1-7 介绍了拓扑中的 Private VLAN 配置。

示例 1-7 Private VLAN 配置实例

```
Swich#configure terminal
Switch(config)#vlan 10
Switch(config-vlan)#private-vlan primary
Switch(config-vlan)#exit
Switch(config)#vlan 20
Switch(config-vlan)#private-vlan community
Switch(config-vlan)#exit
Switch(config)#vlan 30
Switch(config-vlan)#private-vlan isolated
Switch(config-vlan)#exit
Switch(config)#vlan 10
Switch(config-vlan)#private-vlan association add 20,30
Switch(config-vlan)#exit
Switch(config)#interface range fastEthernet 0/1-2
Switch(config-if-range)#switchport mode private-vlan host
Switch(config-if-range)#switchport private-vlan host-association 10 30
Switch(config-if-range)#exit
Switch(config-if)#interface range fastEthernet 0/3-4
Switch(config-if-range)#switchport mode private-vlan host
Switch(config-if-range)#switchport private-vlan host-association 10 20
Switch(config-if-range)#exit
Switch(config)#interface fastEthernet 0/5
Switch(config-if)#switchport mode private-vlan promiscuous
Switch(config-if)#switchport private-vlan mapping 10 add 20,30
Switch(config-if)#end
```

使用如下命令可以查看 Private VLAN 的配置及状态信息：

Switch#**show vlan private-vlan [primary | community | isolated]**

其中参数 **primary** 表示显示主 VLAN 的信息；参数 **community** 表示显示团体 VLAN 的信息；参数 **isolated** 表示显示隔离 VLAN 的信息。

1.5 Super VLAN

1.5.1 Super VLAN 介绍

Super VLAN 是一种 VLAN 划分方式。Super VLAN 又被称为 VLAN 聚合，是一种专门优化 IP 地址管理的技术，它的原理是将一个网段的 IP 分给不同的子 VLAN(Sub VLAN)，这些 Sub VLAN 同属于一个 Super VLAN。每一个 Sub VLAN 都是独立的广播域，不同的 Sub VLAN 之间二层网络相互隔离。当 Sub VLAN

RFC 3069—VLAN Aggregation for Efficient IP Address Allocation 详细描述了 VLAN 聚合实现 IP 地址的有效分配。

间的用户需要进行三层网络通信时，将使用 Super VLAN 的 VLAN 接口的 IP 地址作为网关地址。这样多个 Sub VLAN 共享一个 IP 子网，从而节省了 IP 地址资源。同时，为了实现不同 Sub VLAN 间的三层互通及 Sub VLAN 与其他网络的互通，需要利用 ARP 代理（Proxy ARP）功能。通过 ARP 代理可以进行 ARP 请求和响应报文的转发与处理，实现二层隔离端口间的三层互通。在默认状态下，Super VLAN 和 Sub VLAN 的 ARP 代理功能是打开的。

采用 Super VLAN 技术可以极大的节省 IP 地址资源，用户只需对包含多个 Sub VLAN 的 Super VLAN 分配一个 IP 子网。

如图 1-9 所示，描述了一个 Super VLAN 中的两个 Sub VLAN 的通信过程，Sub VLAN20 和 Sub VLAN30 聚合成 Super VLAN10，图中的 PC1 和 PC2 在 Sub VLAN20 中，PC3 在 Sub VLAN30 中。

当 Sub VLAN20 中的 PC1 和 Sub VLAN20 中的 PC2 进行通信时，由于目的 IP 地址在同一个网段，因此直接对目的地址发送 ARP 请求，ARP 请求发送到交换机后，交换机对 ARP 请求的目的地址进行分析，发现目的地址属于 Sub VLAN20 的地址范围，那么交换机将此报文在 Sub VLAN20 的范围内广播，由 PC2 直接对 PC1 进行 ARP 应答。

当 PC1 和 PC3 进行通信时，交换机发现 ARP 请求的目的地址不属于 Sub VLAN20，那么交换机进行 ARP 代理，由交换机对目的 IP 地址进行 ARP 请求，并将解析出来的 MAC 地址发送给 PC1，从而实现不同 Sub VLAN 之间的通信。

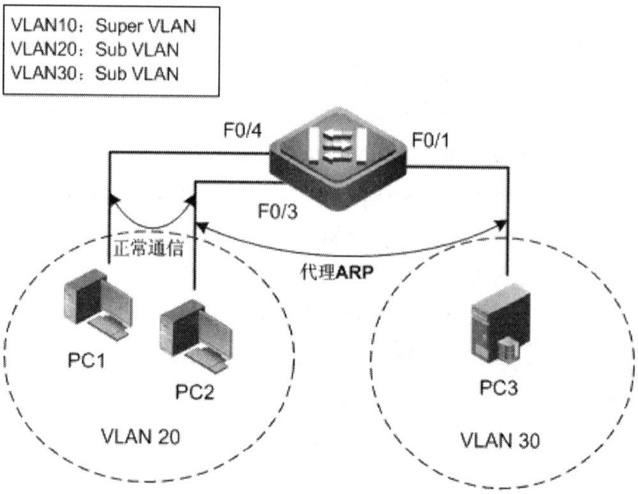

图 1-9 Sub VLAN 间通信

在部署 Super VLAN 时要注意以下事项。

- Super VLAN 不能包含任何成员端口，只能包含 Sub VLAN。Sub VLAN 包含实际的物理端口。
- Super VLAN 不能作为其他 Super VLAN 的 Sub VLAN。
- Super VLAN 不能当正常的 802.1Q VLAN 来使用。
- VLAN 1 不能作为 Super VLAN。
- 不能针对 Sub VLAN 创建 VLAN 接口及分配 IP 地址。
- Super VLAN 不能使用 VRRP，不支持多播。

- 基于 Super VLAN 接口的 ACL 和 QoS 配置不对 Sub VLAN 生效。

1.5.2 配置 Super VLAN

PVLAN 与 Super VLAN 有相同之处，但它们主要的应用场景不同。PVLAN 主要用于解决 VLAN 数量受限制的情况，Super VLAN 主要用于节省 IP 地址。

配置 Super VLAN 的步骤如下。

1. 定义 Super VLAN

步骤 1　进入 VLAN 配置模式。

Switch(config)#**vlan** *vlan-id*

步骤 2　配置 VLAN 为 Super VLAN。

Switch(config-vlan)#**supervlan**

2. 配置 Super VLAN 的 Sub VLAN

步骤 1　进入 Super VLAN 的配置模式。

Switch(config)#**vlan** *vlan-id*

步骤 2　配置 Super VLAN 的 Sub VLAN 列表。

Switch(config-vlan)#**subvlan** *vlan-id-list*

3. 配置 Sub VLAN 的地址范围

步骤 1　进入 Sub VLAN 的配置模式。

Switch(config)#**vlan** *vlan-id*

步骤 2　设置 Sub VLAN 的地址范围。

Switch(config)#**subvlan-address-range** *start-ip end-ip*

4. 配置 Super VLAN 的虚接口

步骤 1　进入 Super VLAN 的配置模式。

Switch(config)#**interface vlan** *vlan-id*

步骤 2　配置 Super VLAN 的虚接口。

Switch(config-if)#**ip address** *ip-address mask*

5. 配置 VLAN 的代理 ARP 功能

步骤 1　进入 VLAN 配置模式。

Switch(config)#**vlan** *vlan-id*

步骤 2　打开 VLAN 的 ARP 代理功能。

Switch(config-vlan)#**proxy-arp**

6. 查看 Super VLAN 配置

Switch#**show supervlan**

示例 1-8 介绍了图 1-9 中交换机的 Super VLAN 的配置。

示例 1-8　Super VLAN 配置

```
Swich#configure terminal
Switch(config)#vlan 20
Switch(config-vlan)#exit
Switch(config)#vlan 30
```

```
Switch(config-vlan)#exit
Switch(config)#vlan 10
Switch(config-vlan)#supervlan
Switch(config-vlan)#subvlan 20,30
Switch(config-vlan)#exit
Switch(config)#vlan 20
Switch(config-vlan)#subvlan-address-range 172.16.1.2 172.16.1.99
Switch(config-vlan)#exit
Switch(config)#vlan 30
Switch(config-vlan)#subvlan-address-range 172.16.1.100 172.16. 1.200
Switch(config-vlan)#exit
Switch(config)#interface vlan 10
Switch(config-if)#ip address 172.16.1.1 255.255.255.0
Switch(config-if)#exit
Switch(config)#interface range fastEthernet 0/1
Switch(config-if-range)#switchport access vlan 30
Switch(config-if)#exit
Switch(config)#interface range fastEthernet 0/3-4
Switch(config-if-range)#switchport access vlan 20
Switch(config-if-range)#end
```

1.6 总　结

本章详细介绍了 VLAN 的相关内容，包括 VLAN 技术在交换机网络中的应用、Trunk 链路、利用 SVI 和单臂路由方式实现 VLAN 间路由等。

VLAN 技术是在二层网络中将一组不受地理位置限制的端口划分到一个逻辑组中，经过 VLAN 划分后，一个 VLAN 就是一个广播域，同一个 VLAN 中的设备可以在二层网络中进行通信，不同 VLAN 间通信需要借助于三层设备进行通信。当多个 VLAN 的数据需要通过一条链路传输时，需要使用 Trunk 技术。通常，交换机和交换机的级联链路上都配置有 Trunk。实现 VLAN 间路由的方法有三层路由接口、SVI 和单臂路由三种。通过路由接口实现 VLAN 间路由，需要每个 VLAN 单独连接一个路由接口，大量消耗了路由接口，而且实施起来不够灵活。通常 SVI 方式需要借助在三层交换机上给 VLAN 的 SVI 接口配置 IP 地址实现，实施起来灵活方便。单臂路由是在路由器的以太网接口上划分子接口，优点是一个路由接口可以实现多个 VLAN 间路由，缺点是不够灵活，且一个接口同时实现多个 VLAN 间通信，容易形成网络瓶颈。

Private VLAN（私有 VLAN，PVLAN）是能够为相同 VLAN 内不同端口提供隔离的 VLAN。通过 PVLAN 技术可以隔离相同 VLAN 中网络设备之间的流量，并且位于相同子网的所有设备都只能与网关或其他网络进行通信，实现网络内部的隔离。PVLAN 技术也解决了服务商由于 VLAN 个数的限制导致提供服务的限制的问题。

Super VLAN 能够很好地解决在 IP 地址空间不足的情况下 VLAN 划分的问题。在正常情况下，需要给每一个 VLAN 分配一个 IP 子网。在 IP 地址资源不足的情况下，要实现给每个 VLAN 分配一个子网是比较困难的。通过 Super VLAN 技术可以实现 Super VLAN 及其 Sub VLAN 都使用同一子网的 IP 地址，而且能够实现不同 Sub VLAN 的二层隔离，从而实现广播域的划分。

1.7 复习题

（1）在网络中使用 VLAN 技术可以带来哪些好处？

（2）VLAN ID 的编号范围是多少？

（3）如何实现跨交换机 VLAN 内的通信？

（4）在通过 Trunk 和 Access 接口时，VLAN 中的数据帧如何处理？

（5）实现 VLAN 间通信有哪些方式？

（6）通过 SVI 如何实现 VLAN 间的通信？

（7）通过单臂路由方式如何实现 VLAN 间的通信？

（8）相比单臂路由方式，通过 SVI 方式实现 VLAN 间的通信有哪些优点？

（9）Private VLAN 中属于同一 VLAN 的隔离端口是否可以通信？

（10）Super VLAN 中不同 Sub VLAN 的端口是否可以实现二层通信？

第2章　生成树协议

本章重点

- STP 回顾
- RSTP 端口状态与角色
- RSTP 快速过渡机制
- RSTP 拓扑变更机制
- RSTP 兼容性
- 配置 RSTP
- 传统生成树的问题
- MSTP 区域与实例
- MSTP 术语
- 配置 MSTP

2.1　STP 回顾

随着人们对网络的依赖越来越强，为了保证网络的高可用性，有时会希望在网络中提供设备、模块和链路的冗余。但在二层网络中，冗余链路可能会导致交换环路，使得广播包在交换环路中无休止地循环，因而破坏网络中设备的工作性能，甚至导致整个网络瘫痪。STP（Spanning Tree Protocol，生成树协议）技术能够解决交换环路的问题，同时为网络提供冗余。

2.1.1　STP 概念

IEEE 802.1d STP 能够很好地解决二层网络中环路的问题，同时又通过冗余链路提高了网络的稳定性。通过生成树算法在网络中构造一个树状的拓扑，能够确保在某一时刻从一个源出发，到达网络中任何一个目标的路径只有一条，这样就不会在网络中存在环路。如果在网络中发现某条正在使用的链路出现故障时，网络中开启了 STP 技术的交换机会将之前阻塞的一些端口打开，从而恢复曾经断开的一些链路，以保证网络的连通性，如图 2-1 所示。

在运行生成树的网络中，交换机执行 STA（Spanning-Tree Algorithm，生成树算法），在网络中先找到一个根节点，作为生成树的“树根”。其他所有的非根节点都寻找到达根节点最近的链路，作为主要链路。而选出的非最短链路则将其从逻辑上断开，不转发数据，从而避免交换环路。当主要链路发生故障而断开时，网络中的交换机会重新进行 STP 计算，将此前断开的备份链路进行恢复，因而不影响数据的转发，提供冗余链路。

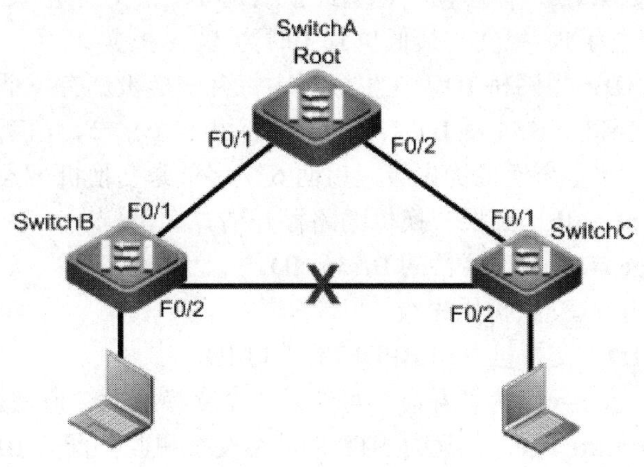

图 2-1　STP 提供冗余

2.1.2　BPDU 报文

在交换网络中，通过在交换机上使用 STP 技术，能够自动地断开环路，在主要链路断开的同时，STP 技术能够自动的去恢复备份链路，不会影响数据的转发，提高了网络的稳定性。那么 STP 技术是如何做到这一点的？运行 STP 技术时交换机如何知道网络中哪台交换机应该是根节点？哪条路径才是最短路径呢？在运行 STP 技术的交换机之间，通过 BPDU（Bridge Protocol Data Unit，桥协议数据单元）报文来交换信息，在发送信息的同时从其他交换机那里获取信息。

在网络中运行 STP 的交换机利用 BPDU 将 LAN 拓扑信息传递给其他交换机，以固定频率周期性地发送 BPDU 报文。运行 802.1d 的交换机发送 BPDU 报文的默认时间间隔是 2 秒。

BPDU 有两种类型，配置 BPDU 和 TCN BPDU（Topology Change Notification BPDU，拓扑变更通知 BPDU）。

- **配置 BPDU：**这种 BPDU 报文由网络中运行 STP 的根交换机周期性的发送。配置 BPDU 包括根网桥 ID、发送网桥 ID、链路开销、时间间隔等参数，主要用于选举根交换机和保持拓扑稳定。当网络中的某台交换机一段时间没有收到根交换机发出的配置 BPDU 报文时，就会认为网络拓扑发生变化，需要重新计算端口的状态以切换链路。
- **TCN BPDU：**当网络中的交换机检测到拓扑变更时，会向根交换机的方向发送拓扑变更通知。网络中的交换机收到 TCN BPDU 报文后会回复确认信息 TCA。当根交换机收到拓扑变更通知后，向网络中发送配置 BPDU，通知网络中的交换机重新计算拓扑情况。

Protocol Version ID 字段对于不同的生成树协议有不同的值。

BPDU 中的字段主要是以下几种。

- **Protocol ID：**协议号，目前都是 0。
- **Protocol Version ID：**协议版本号，对于 STP 值为 0。
- **BPDU Type：**00 表示此 BPDU 为配置 BPDU，80 表示此 BPDU 为 TCN BPDU。

- **BPDU flags**：标志位，标明此报文是 TC 报文还是 TCA 报文。最高位置 1 时为 TC 报文，最低位置 1 时为 TCA 报文。
- **Root ID**：根网桥 ID，在生成树中每台交换机都有一个唯一标识符，也称为 Bridge ID（桥 ID）。Bridge ID 共 8 个字节，由两部分组成，前面 2 个字节是交换机优先级，后面 6 个字节是交换机 MAC 地址。
- **Cost of path**：到根交换机的路径开销。
- **Bridge ID**：发送网桥的 Bridge ID。
- **Priority**：交换机优先级。
- **Port ID**：交换机发送 BPDU 的端口 ID。
- **Message age**：消息寿命，每经过一个交换机此数值增加 1。
- **Maximum age**：当运行 STP 的非根交换机收到配置 BPDU 后，会开启生存期定时器。当生存期定时器达到 Maximum age，还未从根端口收到配置 BPDU 报文时，交换机则认为该端口连接的链路发生故障。802.1d 中 Maximum age 默认为 20 秒。
- **Hello time**：发送 BPDU 报文的间隔时间。802.1d 中默认 Hello time 是 2 秒。
- **Forward delay**：拓扑发生变更时，交换机端口状态从侦听状态转到学习状态的时间间隔。802.1d 中默认 Forward delay 时间是 15 秒。

BPDU 报文格式，如图 2-2 所示。

```
▽ IEEE 802.3 Ethernet
    Destination: 01:80:c2:00:00:00 (Spanning-tree-(for-bridges)_00)
    Source: 00:d0:f8:82:f4:a1 (FujianSt_82:f4:a1)
    Length: 38
    Trailer: 0000009500000009
▽ Logical-Link Control
    DSAP: Spanning Tree BPDU (0x42)
    IG Bit: Individual
    SSAP: Spanning Tree BPDU (0x42)
    CR Bit: Command
  ▷ Control field: U, func=UI (0x03)
▽ Spanning Tree Protocol
    Protocol Identifier: Spanning Tree Protocol (0x0000)
    Protocol Version Identifier: Spanning Tree (0)
    BPDU Type: Configuration (0x00)
  ▷ BPDU flags: 0x00
    Root Identifier: 32768 / 00:d0:f8:82:f4:a1
    Root Path Cost: 0
    Bridge Identifier: 32768 / 00:d0:f8:82:f4:a1
    Port identifier: 0x8017
    Message Age: 0
    Max Age: 20
    Hello Time: 2
    Forward Delay: 15
```

图 2-2　BPDU 报文格式

2.1.3　STP 端口状态与定时器

交换机中参与生成树算法的端口都会经过一系列的状态变迁最后达到稳定的状态，即端口被阻塞或者转发数据。

运行了 STP 的交换机的二层端口，其端口的工作状态有以下 5 个状态。

- **阻塞状态（blocking）**：在生成树的计算中，如果网络中存在环路，那么总有一些链路需要从逻辑上断开。交换机将某些端口设为阻塞状态，那么此端口所在链路就被阻塞。阻塞状态下的端口不转发数据帧，也不学习数据帧中的 MAC 地址，但是能监听从上游交换机发送过来的 BPDU 报文。

处于阻塞状态的端口是逻辑上的断开，并非物理状态为 down。

- **监听状态（listening）**：在网络拓扑发生变更时，交换机的部分端口会进入监听状态。在此状态下的端口参与到生成树的选举中。根据网络条件，监听端口有可能会被选举为根端口、指定端口或是阻塞端口。在监听状态，端口接收并且发送 BPDU 报文，并参与到端口角色的选举中，但是不能学习数据帧的 MAC 地址。监听状态是一个临时（过渡）状态，端口会在一段时间后进入到其他状态，这个时间长度是 Forward delay 指定的，默认为 15 秒。
- **学习状态（learning）**：交换机端口在监听状态时，如果被选举为根端口或指定端口，那么此端口应该会进入学习状态。在学习状态下的端口，会学习数据帧中的 MAC 地址，接收和发送 BPDU 报文，但是不转发数据帧。交换机在学习状态下等待的时间由根交换机配置 BPDU 报文中的 Forward delay 决定，默认是 15 秒。
- **转发状态（forwarding）**：从学习状态等待了 Forward delay 的时间后，端口将进入到转发状态。在转发状态下，交换机为了构造 MAC 地址表，端口会学习数据帧的源 MAC 地址。
- **禁用状态（disable）**：禁用状态的端口不参与 STP 的选举与计算，不发送和接收 BPDU 报文，也不发送和接收任何数据帧。

为了保证 STP 网络中树型结构的稳定，交换机通过发送和接收 BPDU 报文来学习网络中关于 STP 的信息，同时通过以下定时器来维持网络的稳定。

- **Hello time**：当 STP 拓扑稳定后，根交换机定时向网络中发送配置 BPDU，然后由网络中其他的交换机转发并扩散到各交换机。根交换机发送 BPDU 报文的时间间隔就是 Hello time，默认为 2 秒。这个时间也可以通过配置修改，但是通常不建议修改。
- **Max-age**：最大生存时间。根交换机发送的 BPDU 除了通知网络中的 STP 参数外，另一个重要的功能是维护网络拓扑的稳定。如果交换机发现某个根端口一段时间内都没有收到 BPDU 报文，会认为网络中拓扑发生变化，将向根交换机发送 TCN（拓扑变更通知）BPDU 报文，这段时间就是最大生存时间，默认为 20 秒。
- **Forward delay time**：转发延迟时间。这个时间是端口停留在监听状态和学习状态的时间。默认情况下，延迟时间为 15 秒。该定时器也可以通过配置修改。

从以上内容可以看到，当 STP 网络中拓扑发生变化时，交换机端口从阻塞状态变化到转发状态，需要等待的时间是 30~50 秒，最短为 2 倍的 Forward delay time，最长为 Max-age time 加上两倍的 Forward delay time。

2.1.4 STP 拓扑变更

当交换机启动时，端口将快速过渡到监听状态。

前面通过根交换机、根端口和指定端口的选举后，STP 将在网络中阻塞部分端口从而形成没有环路的树型结构。这时网络处于稳定状态，在这种状态下，根交换机向网络中以 2 秒一次的频率发送 BPDU 报文。对于非根交换机而言，会从根端口上接收到 BPDU 报文。非根交换机在收到报文后，会修改其中的 Bridge ID 字段和 Port ID 字段，然后从自己的指定端口向其他的网段发送此报文。通过这种方式，BPDU 报文可以顺利地扩散到网络中的每台交换机。当网络拓扑发生变化时，交换机会向根交换机的方向发送 TCN（拓扑变更通知）BPDU 报文。当有以下几种情况时，交换机会发送 TCN BPDU 报文。

- 处于转发状态或监听状态的端口过渡到阻塞状态，这个情况通常发生在链路故障时。
- 处于未启用状态的端口进入转发状态，这种情况通常是由于增加了新的链路。
- 交换机从指定端口收到 TCN BPDU 报文，这种情况说明网络中其他交换机发现拓扑变化正向根交换机发送 TCN BPDU 报文，此交换机需要将此报文向根交换机转发。

在 STP 中，没有使用 BPDU Flags 的其他位。

TCN BPDU 报文的主要作用是当网络中出现拓扑变化时，向根交换机报告拓扑变化，然后由根交换机向下发送 TC 配置 BPDU。当 BPDU 报文中的 BPDU flags 字段最低位配置 1 时表示报文为 TC BPDU，最高位配置 1 时表示为 TCA（Topology Change Acknowledge，拓扑变更确认）报文，如图 2-3 所示。

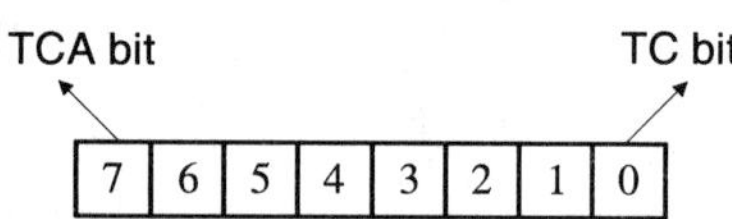

图 2-3 BPDU Flags

当网络中出现以上 3 种情况时，交换机认为网络拓扑发生了变化，会生成 TCN BPDU 报文，并且从自己的根端口发送出去。上游交换机会从自己的指定端口上收到此报文，并且向发送者发送 TCA 被置位的配置 BPDU。如果发送者没有收到 TCA 会一直发送 TCN BPDU。同样的，收到 TCN BPDU 的交换机会产生自己的 TCN 报文从自己的根端口向根交换机方向发送，所有的交换机都进行这样的操作，直到根交换机收到此报文，了解了网络中拓扑变化。此时根交换机会向网络中发送 TC BPDU，网络中的每台交换机都会转发此报文，以使所有交换机都获知网络拓扑发生变化。收到 TC BPDU 报文的交换机会将自己的 MAC 地址表的老化时间设置为 15 秒，从而能更快地学习新的转发路径。在正常情况下 MAC 地址表的老化时间通常为 300 秒。

在图 2-4 中展示了网络拓扑发生变化时 TCN、TC 报文的流向。假设交换机 F 和交换机 D 之间的链路为主要链路，那么 D 和 F 上的端口分别为指定端口和根端口。当此链路出现故障时，交换机 D 由于链路故障导致转发状态的端口进入阻塞状态，因此交换机 D 会从自己的根端口发送 TCN 报文，此报文被交换机 B 收到。交换机 B 向发送者发送 TCA 报文，同时交换机 B 从自己的根端口发送

TCN BPDU 报文。报文到达根交换机 A，交换机 A 向发送者交换机 B 发送 TCA 报文。最后交换机 A 从自己的指定端口发送 TC 报文，收到 TC 报文的交换机都将修改 MAC 表的老化时间，同时将 TC 报文从自己的指定端口转发出去，以扩散到全网。

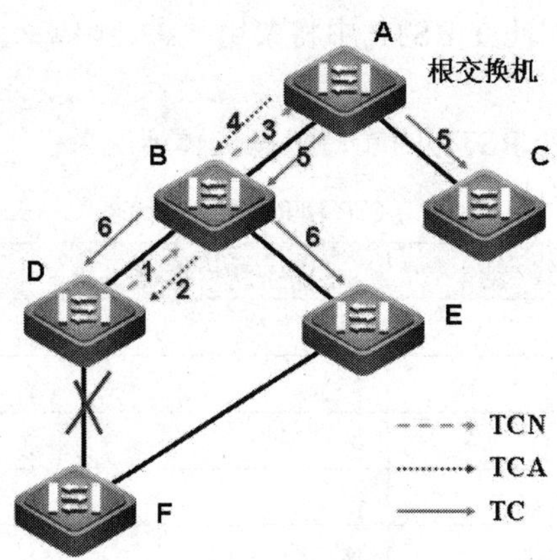

图 2-4　STP 拓扑变更

对于交换机 F 来说，需要重新选举自己的端口角色，最终交换机 F 和交换机 E 相连的端口为根端口，交换机 E 上的端口也变为指定端口，从而完成冗余链路的切换。这个过程中端口需要经过监听、学习、转发几个状态。对于网络中其他交换机来说，由于 MAC 地址表老化时间缩短，所以能很快地学习到拓扑发生变化后到达交换机 F 的正确路径。

2.2　RSTP 协议

在上一节中介绍了 STP 技术能够很好地解决交换网络中的桥接环路问题，并且在网络拓扑发生变化时能够实现链路的冗余。但是从 STP 端口状态的转换可以看到，在参与生成树计算的一个端口，从阻塞状态开始，中间还需要经过监听状态和学习状态后，才能进入转发状态。这个过程所消耗的时间是 30~50 秒。在早期的网络中，这个收敛时间是可以接受的。但随着人们对网络的依赖越来越强，更多的业务依靠网络来开展，30~50 秒的收敛时间对很多应用来说已经无法忍受。在三层网络中，OSPF（Open Shortest Path Fisrt，开放式最短路径优先）这样的动态路由协议大约可以在 1 秒的时间内就实现网络的收敛。

IEEE 802.1w RSTP（Rapid Spanning Tree Protocol，快速生成树协议）对于 STP 技术的改进主要在于缩短网络的收敛时间。RSTP 的收敛时间最快可以缩短 1 秒以内。同时，RSTP 具有向下兼容的特性，如果网络中部分交换机运行 STP，那么运行 RSTP 的交换机会自动以 STP 方式运行，同时网络在收敛时间上也没有了 RSTP 的优点。

2.2.1 端口状态

和 STP 不一样，在 RSTP 中。端口状态只有丢弃状态（Discarding）、学习状态（Learning）、转发状态（Forwarding）3 种。由于在 STP 中，处于阻塞状态、监听状态和禁止状态的端口在数据转发上并没有什么区别，都是将数据丢弃，并且不学习 MAC 地址，因此在 RSTP 中将禁用状态、阻塞状态和监听状态都合并到 Discarding 状态。

表 2-1 给出了 STP 和 RSTP 的端口状态具体情况。

表 2-1　STP 和 RSTP 端口状态

STP 端口	RSTP 端口	是否转发数据	是否学习 MAC 地址
禁用	丢弃	否	否
阻塞	丢弃	否	否
监听	丢弃	否	否
学习	学习	否	是
转发	转发	是	是

2.2.2 端口角色

在 STP 中，端口角色有根端口、指定端口、阻塞端口和禁用端口，这 4 种类型。在 RSTP 中，除了这些端口角色外，还增加了替代端口和备份端口。RSTP 中各端口角色特点如下。

- **根端口（Root Port）**：和 STP 中一样，根端口处于非根交换机上，根端口是本地交换机距离根交换机最近的端口。非根交换机通过根端口接收 BPDU。需要注意的是根交换机上没有根端口。图 2-5 中的 RP 表示根端口。

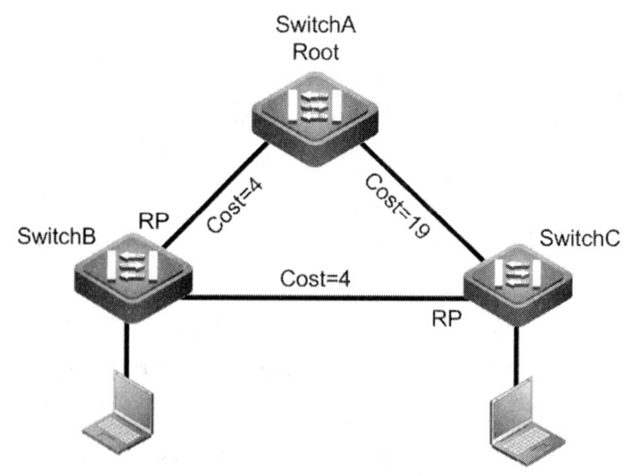

图 2-5　RSTP 根端口

- **指定端口（Designated Port）**：RSTP 的指定端口也和 STP 中的一样，指定端口是用于向以太网段转发数据的端口。图 2-6 中 DP 表示为指定端口。

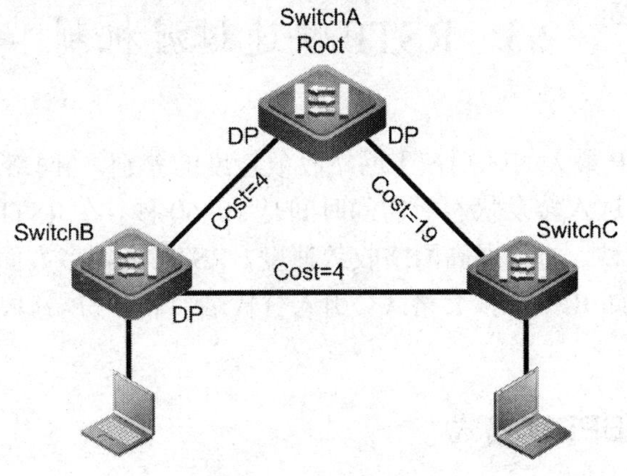

图 2-6 RSTP 指定端口

- **替代端口（Alternate Port）**：替代端口是 RSTP 中新引入的端口角色，作为根端口的备份端口。替代端口可以接收 BPDU 报文，但是不转发数据。替代端口出现在非指定交换机上。当根端口发生故障后，替代端口将成为根端口。图 2-7 中用 AP 表示的为替代端口。

当网络拓扑发生变化时，替代端口和备份端口能够立即接替根端口和指定端口的角色，从而实现网络的快速收敛。

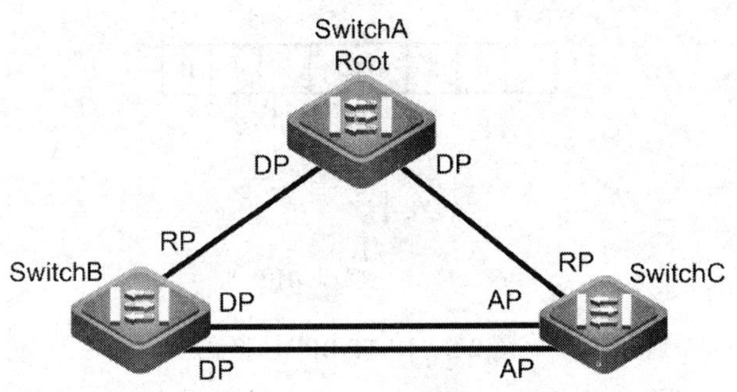

图 2-7 RSTP 替代端口

- **备份端口（Backup Port）**：RSTP 中的备份端口作为指定端口的备份端口，可以接收 BPDU 报文，但是不转发数据。备份端口出现在指定交换机上，作为到达以太网段的冗余链路。备份端口只出现在当交换机拥有两条或两条以上到达共享 LAN 网段的链路的情况下。当指定端口出现故障后，备份端口会成为指定端口。图 2-8 中用 BP 表示的为备份端口。

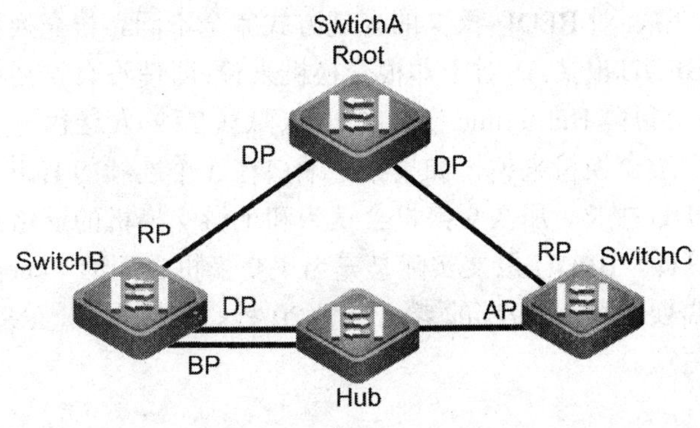

图 2-8 RSTP 备份端口

2.3 RSTP 快速过渡机制

RSTP 和 STP 最大的区别在于网络收敛速度的差别。当网络拓扑发生变化时，STP 中阻塞端口进入转发状态所需的时间是 30~50 秒。在 RSTP 中，这个时间最短可以缩短到 1 秒。为了提高网络收敛速度，RSTP 在很多方面对 STP 的工作方式进行了改进，如 BPDU 报文格式、引入替代端口和备份端口、优化拓扑变更机制等。

2.3.1 RSTP BPDU 格式

相对于 STP，RSTP 中对 BPDU 报文也做了一些更改，主要是 BPDU 报文的标志（Flag）字段。STP 只使用了此字段的最高位和最低位，分别为 TCA 标志位和 TC 标志位。而 RSTP 则利用了此字段中剩余的 6 个位来标识其他内容，如图 2-9 所示。

在 STP 中，没有使用 BPDU Flags 中除了最高位和最低位的其他位。

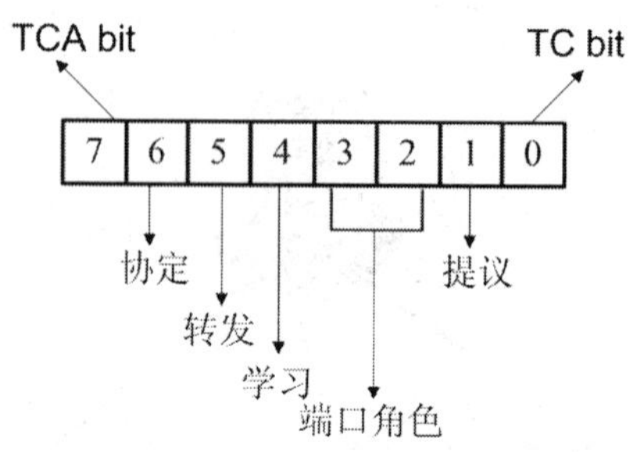

图 2-9　RSTP BPDU 格式

在 RSTP 中，增加了提议、端口角色、端口状态、协定等标志位。同时，在对 BPDU 报文的处理方式上，RSTP 和 STP 也有很大的差别。

在 STP 中，根交换机从指定端口发出 BPDU 报文，当非根交换机从根端口接收到 BPDU 报文后，会重新产生一个新的 BPDU 报文，从自己的指定端口发送出去。如果非根交换机没有从根端口收到根交换机发出的 BPDU 报文，也不会自己发送 BPDU 报文。这样网络中某交换机没有收到 BPDU 报文时，它并不能确定是否与上游交换机之间的链路发生了故障，因为在到达根交换机的链路上的任何位置出现故障都会导致此情况发生。

在 RSTP 中，对 BPDU 报文的处理方式完全不同。根交换机每隔 Hello time 时间会发送BPDU报文。而对于非根交换机来说，即使没有收到根交换机的BPDU 报文，自己也会每隔 Hello time 指定的时间(默认 2 秒)发送包含自身信息的BPDU 报文。对于下游交换机来说，如果指定端口在 3 个连续的 Hello time 时间内没有收到任何 BPDU 报文，那么交换机会认为和上游交换机的链路出现故障，并进行老化处理，这样，BPDU 报文实际是充当了交换机之间的“keep-alive”报文，而 STP 中则是需要等待 BPDU 的老化时间 20 秒。相比之下，RSTP 发现链路故障所需的时间更短。

2.3.2 RSTP 链路状态及快速过渡机制

传统的 802.1d 标准里，当某个端口被选举为指定端口后，它从阻塞状态进入转发状态需要等待两倍的转发延迟时间，默认是 15 秒。而在 RSTP 中，端口能够主动确认是否已经安全过渡到转发状态，不需要依赖定时器的时间。为了实现这样的目的，在 RSTP 中引入了边缘端口和链路类型两个新的概念。

- **边缘端口：**对于直接连接主机的端口，这类端口通常不会产生环路，同时也更容易在禁用状态和转发状态间变换。对于这类端口，它们可以直接从阻塞状态进入到转发状态，而不需要经中间状态。并且，当链路发生转变时，边缘端口也不会产生拓扑变更通知。如果边缘端口接收到 BPDU 报文，那么它会立即从边缘端口的状态进入到正常生成树端口。
- **链路类型：**在 RSTP 中，将链路分为点到点链路类型和共享式链路类型两种类型。默认情况下，如果端口工作在全双工模式下，那么认为它是点到点的链路类型。如果端口工作在半双工的工作模式，那么认为它是共享式的链路类型。

网络中的链路类型与边缘端口如图 2-10 所示。

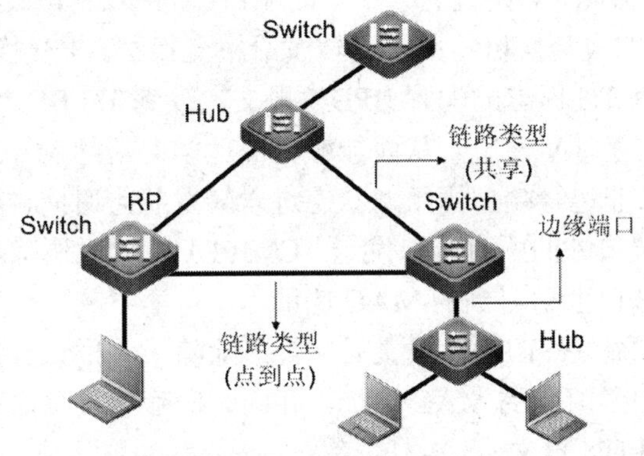

图 2-10 RSTP 链路类型

在点到点的链路类型中，RSTP 交换机上的指定端口能够快速过渡到转发状态，而不需要等待两倍的转发延迟时间，如图 2-11 所示。

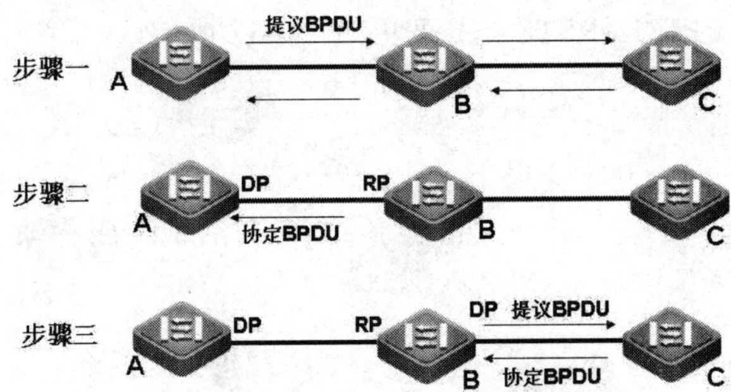

图 2-11 RSTP 快速过渡机制

图 2-11 中的链路均为点对点链路。在初始状态，交换机端口处于学习状态，互相发送提议 BPDU，交换机 B 收到 A 发送的提议 BPDU，发现此 BPDU 报文为上级 BPDU，那么会认为自己的接收端口是根端口。于是交换机 B 向交换机 A

发送协定 BPDU 报文，当 A 收到协定报文后，端口立即进入转发状态。此时交换机 B 的根端口也进入转发状态，同时向自己的指定端口发送提议 BPDU 报文。交换机B的指定端口从学习状态发送提议BPDU报文，交换机C回复协定BPDU，那么交换机 B 的指定端口进入转发状态，C 交换机上根端口进入转发状态。通过这样的方式，被选为指定端口的端口从学习阻塞状态进入转发状态，只需要等待双方的协定时间就可以，并不依赖定时器。相对于 STP，收敛速度要快得多，通常在 1s 钟内可以完成。

根端口失效后，根端口的替代端口直接进入转发状态，同时产生拓扑变更，更新交换机的 MAC 地址表。如果链路是半双工，端口过渡到转发状态只能按照 802.1d 中的方式操作，要等待两倍的延迟时间。

2.4　RSTP 拓扑变更机制

在RSTP中，BPDU报文 BPDU Type 字段的值为 0x02，用于表示 RSTP BPDU。该字段在 RSTP 中不用于标识 TCN BPDU 与配置 BPDU，而且在 RSTP 中也不存在 TCN BPDU。

在前面介绍 STP 拓扑变更机制时提到过，在 802.1d 中，当网络拓扑发生变化时（如由于链路故障，交换机的一个新的端口成为根端口），交换机会发出 TCN BPDU，由其他的非根交换机将此报文转发给根交换机。根交换机收到此报文后，向网络中下发带有 TC 标志的配置 BPDU 报文，收到 TC BPDU 的交换机将自己的 MAC 地址表生存时间设短，从而能够更快地学习新的 MAC 地址。

在 RSTP 中，非边缘端口由阻塞状态进入转发状态时同样会引起拓扑变更，交换机向除边缘端口外的所有端口发送 TC BPDU，同时清除本交换机上除边缘端口之外的所有端口上学习到的 MAC 地址。

其他交换机收到 TC BPDU 报文后，会清除除了此报文的接收端口和边缘端口之外的其他端口学习到的 MAC 地址，并同时向除接收端口和边缘端口外的所有端口发送 TC BPDU 报文。

通过这样的方式，RSTP 能够很快地将拓扑变更通知扩散到整个网络中，从而实现更快的收敛。而在 STP 中，只有根交换机才能发送 TC BPDU 报文。需要注意的是，在 RSTP 中，交换机发送的都是 TC BPDU，只有运行 STP 的交换机才会发送 TCN BPDU，RSTP 拓扑变更如图 2-12 所示。

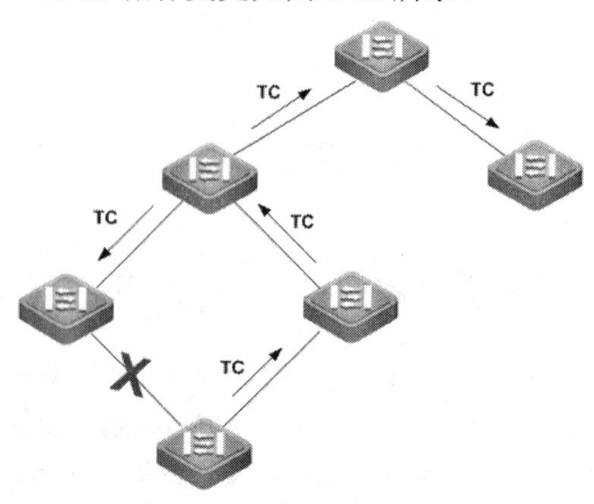

图 2-12　RSTP 拓扑变更机制

2.5 RSTP 兼容性

RSTP 协议可以与 STP 协议完全兼容，RSTP 协议会根据收到的 BPDU 版本号来判断与之相连的网桥是支持 STP 协议还是支持 RSTP 协议。如果是与 STP 网桥互连就按照 STP 协议的操作方式运行。

另外，同时存在 RSTP 交换机和 STP 交换机还会遇到这样一个问题。如图 2-13 所示，交换机 A 支持 RSTP 协议，交换机 B 只支持 STP 协议。交换机 A 发现与它相连的是 STP 网桥，于是发送 STP 的 BPDU 以进行兼容。但如果后续又接入了一台交换机 C，它支持 RSTP 协议，而交换机 A 却依然在发送 STP 的 BPDU，这样会使交换机 C 认为与之互连的是 STP 网桥，结果两台支持 RSTP 的交换机却以 STP 协议来运行，大大降低了效率。为此 RSTP 协议提供了 protocol-migration 功能来强制发送 RSTP BPDU。这样交换机 A 强制发送 RSTP BPDU，交换机 C 发现与之互连的网桥是支持 RSTP 的，这时两台交换机就都以 RSTP 协议运行了。

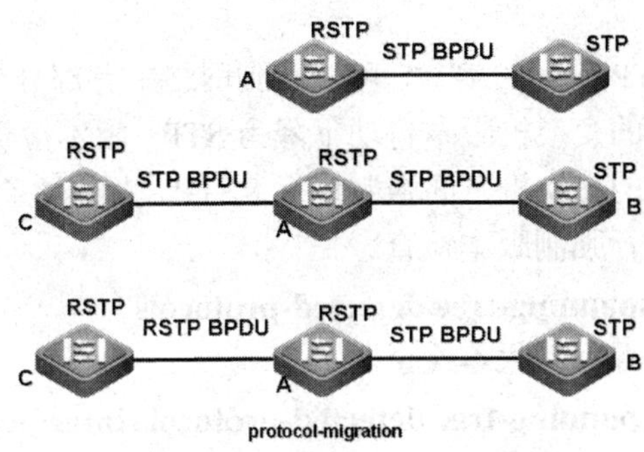

图 2-13　RSTP 与 STP 兼容

2.6 配置 RSTP

2.6.1 RSTP 基本配置

在交换机上配置 802.1w RSTP 的步骤如下。

步骤 1　进入全局模式。

Switch#**configure terminal**

步骤 2　开启生成树协议。

Switch(config)#**spanning-tree**

锐捷交换机上，默认状态下 STP 协议是关闭的，需要用命令打开。

步骤 3　配置生成树模式。

Switch(config)#**spanning-tree mode { mstp | rstp | stp }**

可以根据需要选择生成树的版本是 STP、RSTP 或 MSTP。默认情况下，交换机以 MSTP 模式运行生成树。

在交换机上配置 RSTP 交换机优先级、端口优先级、路径开销均与 STP 中的配置一样，可参考 STP 的配置。

2.6.2 配置 RSTP 链路类型

在 RSTP 中，端口的链路类型直接决定了拓扑能否快速收敛。不做设置时，RSTP 通过端口是否为全双工来设置链路类型，但是在交换机上也可以强制设置链路类型，步骤如下。

步骤 1　进入需要配置的端口。

Switch(config)#**interface** *interface*

步骤 2　配置端口链路类型。

Switch(config-if)#**spanning-tree link-type{point-to-point | shared}**

可以根据需要将端口配置为点对点模式或共享模式，**point-to-point** 为点对点模式，**shared** 为共享模式。

2.6.3 配置 RSTP 版本检查

在 RSTP 与 STP 兼容的部分，可以看到网络中有部分交换机运行 STP，会导致其他运行 RSTP 的交换机版本自动下降为 STP。版本检查功能可以解决这个问题，让运行 RSTP 的交换机之间强制运行 RSTP。版本检查配置如下。

对所有端口进行强制版本检查。

Switch#**clear spanning-tree detected-protocols**

对特定端口进行强制版本检查。

Switch#**clear spanning-tree detected-protocols interface** *interface*

2.6.4 配置 PortFast

PortFast 特性的开发是为了加快生成树收敛速度。当交换机的某个二层端口被配置为 PortFast 端口后，端口 UP 后将立即过渡到 Forwarding 状态，而跳过生成树的中间状态，这样端口可以立即对用户数据进行转发。PortFast 避免了一些实际应用中的问题，例如 DHCP 请求超时、Novell 登录问题等。

在实际网络中，PortFast 特性只可用于连接终端主机或服务器的端口，不要将连接交换机的上行链路端口配置为 PortFast 端口，否则可能会导致网络中出现环路，如图 2-14 所示。

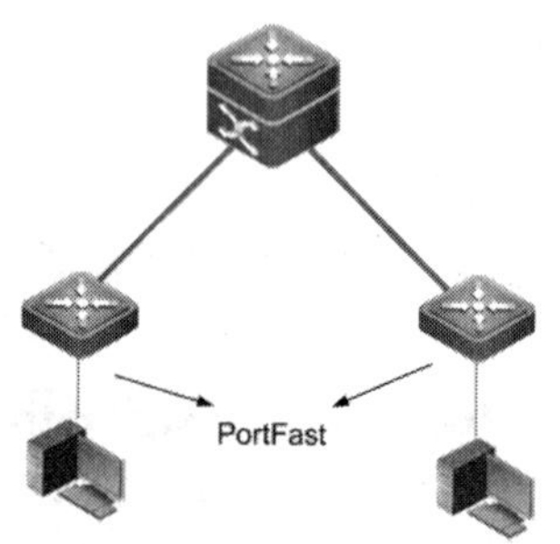

图 2-14　PortFast

当在某个端口启用了 PortFast 特性后，该端口将成为 RSTP 的边缘端口。配置了 PortFast 特性的端口接收到 BPDU 报文后，端口将丢弃 PortFast 状态，改为正常的 STP 操作。

在接口模式下，使用如下命令可以启用接口的 PortFast 特性。

Switch(config-if)#**spanning-tree portfast**

在接口模式下，使用如下命令可以禁用接口的 PortFast 特性。

Switch(config-if)#**spanning-tree portfast disable**

在接入层交换机上，由于大部分端口都是连接终端设备，如 PC、服务器、打印机等，可以在全局模式下使用如下命令全局性的使所有接口启用 PortFast 特性。

Switch(config-if)#**spanning-tree portfast default**

需要注意的是，当配置完这个命令后，必须在连接到分布层交换机的上行链路端口使用 **spanning-tree portfast disable** 命令明确的禁用 PortFast 特性，避免环路的产生。

边缘端口允许直接过渡到转发状态，并且当链路状态发生变化时，不会产生拓扑变更。

示例 2-1　配置 PortFast

```
Switch#configure
Switch(config)#interface fastEthernet 0/1
Switch(config-if)#spanning-tree portfast
Switch(config-if)#end
Switch#configure
Switch(config)#spanning-tree portfast default
Switch(config)#interface fastEthernet 0/23
Switch(config-if)#switchport mode trunk
Switch(config-if)#spanning-tree portfast disabled
Switch(config-if)#end
```

使用如下命令可以查看接口 PortFast 特性的状态，包括管理配置状态与实际操作状态。

Switch#**show spanning-tree interface** *interface*

管理配置状态表示是否手工启用了 PortFast 特性；实际操作状态表示 PortFast 特性是否正在工作。启用了 PortFast 的端口收到 BPDU 后，会使操作状态变为 disabled。

示例 2-2　查看 PortFast 信息

```
Switch#show spanning-tree interface fastEthernet 0/1
PortAdminPortFast : enabled      ! PortFast 的管理配置状态
PortOperPortFast : enabled       ! PortFast 的实际操作状态
PortAdminLinkType : auto
PortOperLinkType : point-to-point
PortBPDUGuard : disable
PortBPDUFilter : disable
PortState : forwarding
PortPriority : 128
PortDesignatedRoot : 8000.00d0.f882.f4a1
PortDesignatedCost : 0
```

```
PortDesignatedBridge :8000.00d0.f882.f4a1
PortDesignatedPort : 8001
PortForwardTransitions : 12
PortAdminPathCost : 200000
PortOperPathCost : 200000
PortRole : designatedPort
```

2.7 传统生成树的问题

IEEE 802.1s MSTP（Multiple Spanning Tree Protocol，多生成树协议）是在802.1d STP 和 802.1w RSTP 的基础上发展起来的。MSTP 有时也被称为 MISTP（Multiple Instance STP）。

不管是 STP 还是 RSTP，在网络中进行生成树计算的时候都没有考虑到VLAN 的情况。也就是说，在 STP 和 RSTP 中所有 VLAN 都共享相同的生成树，如图 2-15 所示。

所有 VLAN 共享相同的生成树意味着所有 VLAN 都使用相同的路径发送和接收数据。

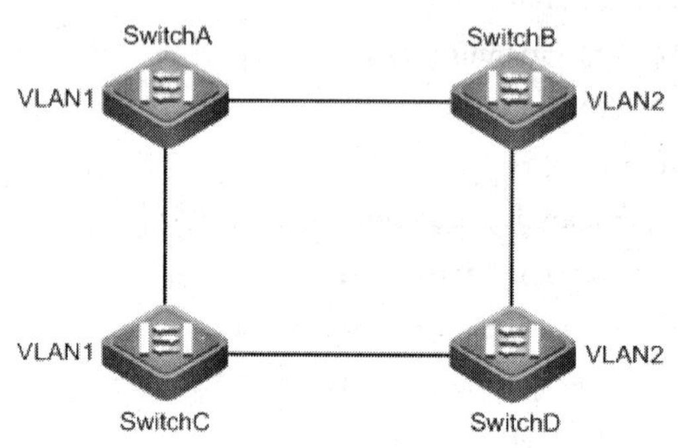

图 2-15　传统生成树问题

在 MSTP 中，一个 VLAN 只能映射到一个实例。

在上图所示的网络中，交换机 A 和交换机 C 上存在 VLAN1，交换机 B 和交换机 D 上存在 VLAN2。假设在网络中采用 STP 或者 RSTP，生成树计算的结果可能导致交换机 A 和交换机 C 之间的链路被阻塞。由于交换机 B 和交换机 D 都不包含 VLAN1，因此交换机 A 和交换机 C 之间的 VLAN1 的数据无法相互　通信。

MSTP 的实现主要为解决这一问题，MSTP 在计算生成树的过程中，会为每个 VLAN 或每组 VLAN 计算一个生成树，从而不会导致上图中所出现的问题。

2.8 MSTP 区域与实例

为了让一个或多个 VLAN 运行一个生成树，需要对网络中的 VLAN 交换机进行实例的划分，将一个或多个 VLAN 映射到一个 MST 实例（MST Instance）。

一个 MST 实例将运行一个生成树。具有相同 MST 实例映射规则或配置的交换机组成一个 MST 区域（region）。

具有相同的 MST 实例映射规则和配置的交换机属于一个 MST 区域中。属于同一个 MST 区域的交换机的以下配置属性必须相同。

- **MST 配置名称（name）**：用 32 字节长的字符串来标志 MST region 的名称。
- **MST 修正号（revision number）**：用 16 比特长的修正值来标志 MST region 的修正号。
- **VLAN 到 MST 实例的映射**：在每台交换机里，最多可以创建 64 个 MST 实例（Instance），编号从 1~64，Instance 0 是强制存在的。在交换机上可以通过配置将 VLAN 和不同的 Instance 进行映射，没有被映射到 MST 实例的 VLAN 默认属于 Instance 0。实际上，在配置映射关系之前，交换机上所有的 VLAN 都属于 Instance 0。

在图 2-16 中，交换机 A 和交换 C 在一个区域中，交换机 B 和交换机 D 在一个区域中。

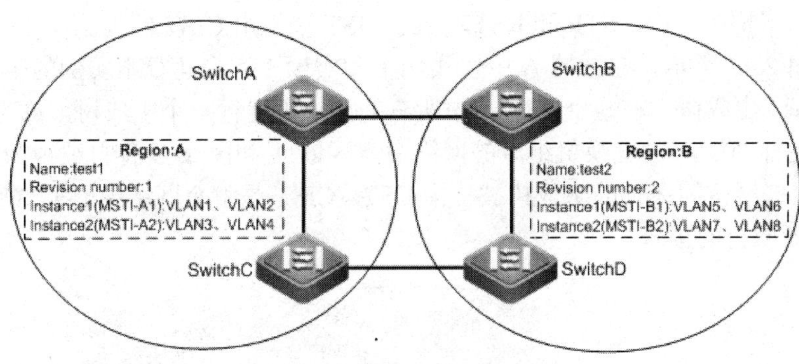

图 2-16　MSTP 区域划分

在图 2-16 中，交换机 A 和交换机 B 配置了相同的 MST name（test1）和相同的 revision number（1）以及相同的实例映射规则，因此在 MSTP 运算中交换机 A 和交换机 B 被认为在同一个区域。同样，交换机 C 和交换机 D 由于配置有相同的 MST name 和 revision number 以及相同的实例映射规则也被视为同一区域。

交换机在发送 MST BPDU 报文的时候会包含以上这些配置信息，包括 VLAN 到实例映射表的摘要、区域名称和修正号。当交换机发现收到的这些信息与自己的相同时，就会认为邻居交换机和自己在同一个 MST 区域中，否则认为在不同的区域，接收 BPDU 的端口将处于区域的边界。当交换机收到早期的 802.1d BPDU 时也会认为邻居交换机与自己在不同的区域。

在每个区域中，MSTP 都将为每个 MST 实例进行独立的生成树计算，包括选举出根交换机，交换机上的各端口角色，以及确定端口的状态（Forwarding 或者 Discarding）。需要注意的是，计算出的端口角色和状态只在本生成树实例中有效，即只对本生成树实例中的 VLAN 的数据转发有效。

2.9 MSTP术语

在MSTP网络中，会形成很多的生成树，包括MSTI生成树、IST、CIST、CST。

- **MSTI 生成树：** 每个Instance中的生成树叫做MSTI（Multiple Spanning-Tree Instance）生成树。
- **IST**（Internal Spanning Tree）：是MST区域内的一个生成树。IST实例使用编号0。IST使整个MST区域从外部上看就像一个虚拟的网桥。
- **CST**（Common Spanning Tree）：是连接交换网络内部的所有MST区域的一个生成树。每个MST区域对于CST来说相当于一个虚拟的网桥。如果将MST区域视为一个网桥，那么CST就是这些“网桥”通过STP或RSTP计算出来的一个生成树。
- **CIST：**（Common and Internal Spanning Tree）IST和CST共同构成了整个网络的CIST，它相当于每个MST区域中的IST、CST以及802.1d网桥的集合。STP和RSTP会为CIST选举出CIST的根。

启用MSTP后，MSTP也具有RSTP的快速收敛机制。

如图2-17所示，在区域A中，实例1和实例2各自运行本实例的生成树，称为MSTI生成树。在整个区域A中所有的交换机运行一个生成树，称为IST。在整个运行802.1s的交换机组成的网络中，区域A和区域B各自被视为一个网桥，在这些网桥间运行的生成树被称为CST。CIST是整个网络中IST、CST、以及802.1d网桥的集合。

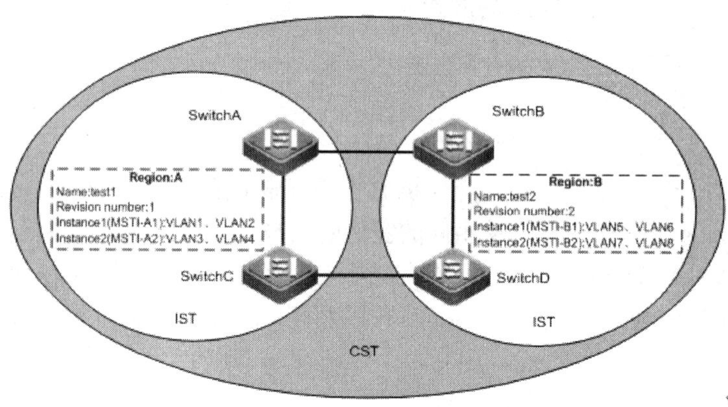

图2-17 MST区域与CST

2.10 配置MSTP

2.10.1 MSTP基本配置

MSTP的基本配置包括启用MSTP、配置MSTP区域、配置VLAN与生成树实例的映射关系。

在交换机上启用 MSTP 的配置步骤如下。

步骤 1　启用生成树。

Switch(config)#**spanning-tree**

步骤 2　选择生成树模式为 MSTP。

Switch(config)#**spanning-tree mode mstp**

默认情况下，当启用生成树后，生成树的运行模式为 MSTP。

如果要让多台交换机处于一个 MSTP 区域中，那么需要在这几台交换机上配置相同的区域配置名称、修正号以及 VLAN 与生成树实例的映射关系。配置步骤如下。

步骤 1　进入全局配置模式。

Switch#**configure terminal**

步骤 2　进入 MSTP 配置模式。

Switch(config)#**spanning-tree mst configuration**

步骤 3　在交换机上配置 VLAN 与生成树示例的映射关系。

Switch(config-mst)#**instance** *instance-id* **vlan** *vlan-range*

参数 *instance-id* 表示实例号，取值范围是 0~64；*vlan-range* 表示映射到此实例中的 VLAN，取值范围是 1~4094。连续的 VLAN 可以用 vlan_id-vlan_id 表示，例如 1-20 表示 VLAN 1 至 VLAN 20。不连续的 VLAN 用“,”隔开，例如 1-20,23,34 表示的范围是 VLAN 1 至 VLAN 20 以及 VLAN 23 和 VLAN 34。

步骤 4　配置 MST 区域的配置名称。

Switch(config-mst)#**name** *name*

参数 *name* 表示 MST 区域的名称，取值范围是长度为 1~32 个字符的字符串。

步骤 5　配置 MST 区域的修正号。

Switch(config-mst)#**revision** *number*

参数的取值范围是 0~65535，默认值为 0。

如图 2-18 所示，交换机 A、交换机 B 和交换机 C 在同一个 MST 区域中，并且在 3 台交换机上，VLAN1 被映射到 instance 1 中，VLAN2 被映射到 instance 2 中。

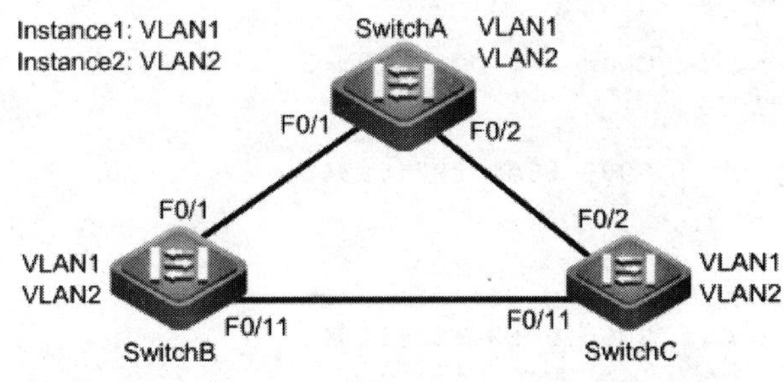

图 2-18　MST 配置实例

示例 2-3 为 3 台交换机上的 MSTP 配置，为了使 3 台交换机处于同一个 MST 区域中，它们的 MSTP 配置是相同的。

示例 2-3　MST 配置实例

```
Switch#configure terminal
```

```
Switch(config)#spanning-tree
Switch(config)#spanning-tree mode mstp
Switch(config)#spanning-tree mst configuration
Switch(config-mst)#instance 1 vlan 1
Switch(config-mst)#instance 2 vlan 2
Switch(config-mst)#name abc
Switch(config-mst)#revision 1
Switch(config-mst)#end
```

对交换机的 MST 配置完成后，使用 **show spanning-tree** 命令可以查看生成树的全局配置及状态信息。

示例 2-4 show spanning-tree 查看全局配置信息

```
SwitchA#show spanning-tree
StpVersion : MSTP
SysStpStatus : ENABLED
MaxAge : 20
HelloTime : 2
ForwardDelay : 15
BridgeMaxAge : 20
BridgeHelloTime : 2
BridgeForwardDelay : 15
MaxHops: 20
TxHoldCount : 3
PathCostMethod : Long
BPDUGuard : Disabled
BPDUFilter : Disabled
mst 0 vlans map : 3-4094
BridgeAddr : 00d0.f821.a542
Priority: 32768
TimeSinceTopologyChange : 0d:0h:0m:5s
TopologyChanges : 1
DesignatedRoot : 8000.00d0.f821.a542
RootCost : 0
RootPort : 0
CistRegionRoot : 8000.00d0.f821.a542
CistPathCost : 0
mst 1 vlans map : 1
BridgeAddr : 00d0.f821.a542
Priority: 32768
TimeSinceTopologyChange : 0d:0h:0m:5s
TopologyChanges : 1
```

```
DesignatedRoot : 8001.00d0.f821.a542
RootCost : 0
RootPort : 0
mst 2 vlans map : 2
BridgeAddr : 00d0.f821.a542
Priority: 32768
TimeSinceTopologyChange : 0d:0h:0m:5s
TopologyChanges : 1
DesignatedRoot : 8002.00d0.f821.a542
RootCost : 0
RootPort : 0
```

从 **show spanning-tree** 命令中可以查看到全局的生成树配置，如 MaxAge、HelloTime 等，同时也可以查看各实例中的配置结果，如实例 0 中的 VLAN 映射表为 3~4094，因为所有 VLAN 默认映射到实例 0。从实例 0 中“RootCost : 0 RootPort : 0”中可以判断，在实例 0 中，交换机 A 为根交换机。同样地，在实例 1 和实例 2 中也可以判断交换机 A 为根交换机。

使用 **show spanning-tree mst configuration** 命令可以查看 MSTP 的配置结果。

示例 2-5　查看 MST 的配置信息

```
SwitchC#show spanning-tree mst configuration
Name      : abc
Revision : 1
Instance  Vlans Mapped
-------- ---------------------------------------------
0        : 3-4094
1        : 1
2        : 2
------------------------------------------------------
```

从配置结果可以看出，未被映射到特定实例的 VLAN 默认都被映射到 instance 0 中。

示例 2-6 是使用 **show spanning-tree mst** *instance* 命令查看特定实例的信息。

示例 2-6　查看具体 instance 的 MSTP 信息

```
SwitchB#show spanning-tree mst 1
MST 1 vlans mapped : 1
BridgeAddr : 00d0.f882.f4a1
Priority: 32768
TimeSinceTopologyChange : 0d:0h:2m:48s
TopologyChanges : 1
DesignatedRoot : 8001.00d0.f821.a542
RootCost : 400000
```

```
RootPort : 1
```

从示例的显示结果中可以看到，交换机 B 在实例 1 中的优先级为 32768，根端口为 F0/1。

示例 2-7 是使用 **show spanning-tree mst interface** 命令查看特定端口在相应实例中的状态信息。

在实际网络环境中，通常将多个 VLAN 映射到一个实例中，例如将 VLAN 1～10 映射到实例 1，VLAN 11～20 映射到实例 2。如果将每个 VLAN 都映射到一个单独的实例，网络中将会存在大量的生成树，这将消耗大量的交换机系统资源，且也不易于管理和维护。

示例 2-7　查看指定端口在指定 instance 中的信息

```
SwitchB#show spanning-tree mst 1 interface fa 0/1
MST 1 vlans mapped : 1
PortState : forwarding
PortPriority : 128
PortDesignatedRoot : 8001.00d0.f821.a542
PortDesignatedCost : 0
PortDesignatedBridge : 8001.00d0.f833.6af0
PortDesignatedPort : 8001
PortForwardTransitions : 4
PortAdminPathCost : 0
PortoperPathCost : 200000
PortRole : rootPort
```

从示例显示的结果中可以看到，交换机 B 的 F0/1 的端口在实例 1 的优先级为 128，端口角色为根端口（RootPort）。

2.10.2　配置 MSTP 负载均衡

在 MSTP 中，可以将 VLAN 映射到不同的实例中，并且在不同的实例中可以有不同的生成树计算结果。如图 2-19 所示，可以通过配置交换机在实例中的优先级使得交换机 A 在 Instance 1 中为根交换机，交换机 B 在 Instance 2 中为根交换机。假设在 Instance 1 中生成树计算的结果是阻断交换机 B 和交换机 C 之间的链路；在 Instance 2 中，被阻断的是交换机 A 和交换机 C 之间的链路，那么对于 VLAN 1 的数据流将使用 AB 和 AC 链路，VLAN 2 的数据流将使用 AB 和 BC 链路，从而实现负载分担的效果。如果不使用 MSTP，那么 VLAN 1 和 VLAN 2 将共享一个生成树，结果是两个 VLAN 中的数据都使用相同的链路，造成冗余链路带宽的浪费。

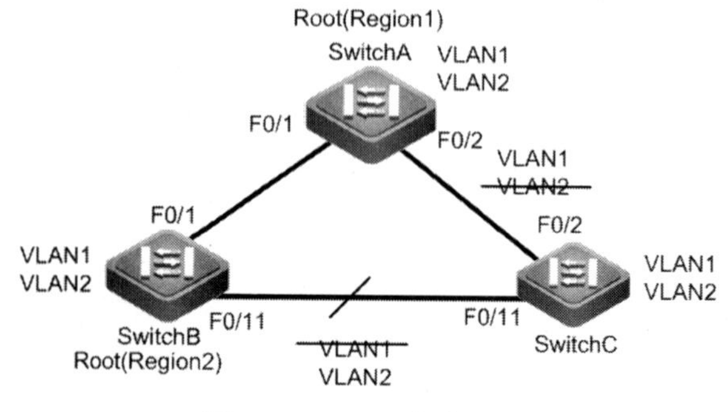

图 2-19　MSTP 负载分担

在图 2-19 所示的网络中，要实现负载分担，关键是要为不同的生成树实例选举出不同的根交换机。可以通过调整某台交换机在特定实例中的优先级来完成。

使用如下命令可以为交换机在特定实例中配置优先级。

Switch(config)#**spanning-tree mst** *instance-id* **priority** *priority*

示例 2-8 是配置图 2-19 中交换机 A 的 MSTP，将交换机 A 在 Instance 1 中的优先级配置为 4096。这样配置的结果是交换机 A 在 Instance 1，即 VLAN 1 中担任根交换机的角色。

示例 2-8　配置图 2-19 中交换机 A 的 MST

```
SwitchA#configure terminal
SwitchA(config)#spanning-tree
SwitchA(config)#spanning-tree mode mstp
SwitchA(config)#spanning-tree mst configuration
SwitchA(config-mst)#instance 1 vlan 1
SwitchA(config-mst)#instance 2 vlan 2
SwitchA(config-mst)#name abc
SwitchA(config-mst)#revision 1
SwitchA(config-mst)#exit
SwitchA(config)#spanning-tree mst 1 priority 4096
SwitchA(config)#end
```

示例 2-9 是配置图 2-19 中交换机 B 的 MSTP，将交换机 B 在 Instance 2 中的优先级配置为 4096。这样配置的结果是交换机 B 在 Instance 2，即 VLAN 2 中担任根交换机的角色。

示例 2-9　配置图 2-19 中交换机 B 的 MST

```
SwitchB#configure terminal
SwitchB(config)#spanning-tree
SwitchB(config)#spanning-tree mode mstp
SwitchB(config)#spanning-tree mst configuration
SwitchB(config-mst)#instance 1 vlan 1
SwitchB(config-mst)#instance 2 vlan 2
SwitchB(config-mst)#name abc
SwitchB(config-mst)#revision 1
SwitchB(config-mst)#exit
SwitchB(config)#spanning-tree mst 2 priority 4096
SwitchB(config)#end
```

用 **show spanning-tree** 命令查看配置结果与运行状态。

示例 2-10　查看交换机 A 配置结果

```
SwitchA#show spanning-tree
StpVersion : MSTP
```

```
SysStpStatus : ENABLED
MaxAge : 20
HelloTime : 2
ForwardDelay : 15
BridgeMaxAge : 20
BridgeHelloTime : 2
BridgeForwardDelay : 15
MaxHops: 20
TxHoldCount : 3
PathCostMethod : Long
BPDUGuard : Disabled
BPDUFilter : Disabled
mst 0 vlans map : 3-4094
BridgeAddr : 00d0.f833.6af0
Priority: 32768
TimeSinceTopologyChange : 0d:0h:5m:40s
TopologyChanges : 4
DesignatedRoot : 8000.00d0.f821.a542
RootCost : 0
RootPort : 2
CistRegionRoot : 8000.00d0.f821.a542
CistPathCost : 200000
mst 1 vlans map : 1
BridgeAddr : 00d0.f833.6af0
Priority: 4096
TimeSinceTopologyChange : 0d:0h:5m:40s
```

从示例 2-10 的显示结果中可以看到，在实例 1 中，交换机 A 为根交换机，没有根端口。在实例 2 中，交换机 A 为非根交换机，根端口为 F0/1。

示例 2-11 查看交换机 B 配置结果

```
TopologyChanges : 4
DesignatedRoot : 1001.00d0.f833.6af0
RootCost : 0
RootPort : 0
mst 2 vlans map : 2
BridgeAddr : 00d0.f833.6af0
Priority: 32768
TimeSinceTopologyChange : 0d:0h:0m:44s
TopologyChanges : 5
DesignatedRoot : 1002.00d0.f882.f4a1
RootCost : 200000
```

```
RootPort : 1
SwitchB#show spanning-tree
StpVersion : MSTP
SysStpStatus : ENABLED
MaxAge : 20
HelloTime : 2
ForwardDelay : 15
BridgeMaxAge : 20
BridgeHelloTime : 2
BridgeForwardDelay : 15
MaxHops: 20
TxHoldCount : 3
PathCostMethod : Long
BPDUGuard : Disabled
BPDUFilter : Disabled
mst 0 vlans map : 3-4094
BridgeAddr : 00d0.f882.f4a1
Priority: 32768
TimeSinceTopologyChange : 0d:0h:8m:54s
TopologyChanges : 1
DesignatedRoot : 8000.00d0.f821.a542
RootCost : 0
RootPort : 1
CistRegionRoot : 8000.00d0.f821.a542
CistPathCost : 400000
mst 1 vlans map : 1
BridgeAddr : 00d0.f882.f4a1
Priority: 32768
TimeSinceTopologyChange : 0d:0h:8m:54s
TopologyChanges : 1
DesignatedRoot : 1001.00d0.f833.6af0
RootCost : 200000
RootPort : 1
mst 2 vlans map : 2
BridgeAddr : 00d0.f882.f4a1
Priority: 4096
TimeSinceTopologyChange : 0d:0h:8m:54s
TopologyChanges : 1
DesignatedRoot : 1002.00d0.f882.f4a1
RootCost : 0
RootPort : 0
```

从示例 2-11 的显示结果中可以看到，在实例 1 中，交换机 B 为非根交换机，根端口为 F0/1。在实例 2 中，交换机 B 为根交换机，没有根端口。

2.11 总 结

本章主要介绍了 RSTP 技术的快速收敛特性、拓扑变更机制以及相关配置。

RSTP 主要针对 STP 技术收敛速度过慢的问题，在 STP 的基础上进行一些协议的优化，提高了收敛速度。

在 RSTP 中，端口角色中增加了替代端口和备份端口，分别作为根端口和指定端口的备份端口。当网络链路类型为点对点的链路类型时，如果根端口因网络故障无法转发数据时，替代端口代替根端口能够马上进入转发状态。当指定端口因为故障无法转发数据时，通过两台交换机一次握手的过程，备份端口就能够进入转发状态，从而大大地缩短网络收敛时间。在 RSTP 中，收敛时间最少可达到 1 秒。但是当链路类型为共享链路时，备份端口进入转发状态仍然要等待两倍的延迟时间。

同时，为了在拓扑发生变化时，网络中的交换机能够更快地学习到新的链路，交换机直接向网络中扩散 TC BPDU 报文，而不需要像 STP 技术中使用 TCN 预先通知根交换机后，再由根交换机发送 TC BPDU。

对于交换机上连接主机或者服务器的端口，通常可以配置为 PortFast 端口。PortFast 端口 UP 后将立即过渡到 Forwarding 状态，从而跳过生成树的中间状态，这样端口可以立即对用户数据进行转发。

传统的 STP、RSTP 在进行生成树计算时，没有考虑多个 VLAN 环境中的生成树问题，从而导致生成树将链路阻断后使部分 VLAN 内的数据流无法互通，或者不能有效利用冗余链路的带宽。

MSTP 引入了 MST 区域（Region）和实例（Instance）的概念。MST 区域是指一组拥有相同的区域配置名称、修正号和 VLAN 与实例映射关系的交换机。在 MSTP 中，每个实例都将计算出一个独立的生成树。可以将一个或多个 VLAN 映射到一个实例中，这样不同的 VLAN 之间将存在不同的选举结果，从而避免了连通性丢失的问题，并起到对流量负载分担的作用。

2.12 复习题

（1）相对于 STP，RSTP 中增加了哪些端口角色？

（2）RSTP 中的替代端口（Alternate Port）作为什么端口的备份端口？

（3）RSTP 中的备份端口（Backup Port）是作为什么端口的备份端口？

（4）在 RSTP 中，点对点类型的链路和共享式链路的收敛有什么区别？

（5）在 RSTP 中，当拓扑发生变化时，交换机是如何传递拓扑变更到整个网络的？

（6）如何将一个端口配置为 RSTP 边缘端口？

（7）运行 STP 和 RSTP 的网络会存在什么样的问题？

（8）STP 与 RSTP 相比，MSTP 最主要的区别是什么？

（9）在运行 MSTP 的交换机中，默认情况下 VLAN 属于哪个实例？

（10）运行 MSTP 的网络中，具有哪些相同特性或配置的交换机会被视为在同一个区域中？

（11）在运行 MSTP 的网络中，如何实现负载分担？

第3章　虚拟路由器冗余协议（VRRP）

本章重点

- VRRP 应用背景
- VRRP 转发机制
- VRRP 选举机制
- VRRP 定时器
- VRRP 报文格式
- VRRP 基本配置
- 调整和优化 VRRP
- VRRP 负载均衡
- VRRP 的监控与维护
- VRRP 配置示例

随着 Internet 的迅猛发展，基于网络的应用逐渐增多，这就对网络的可靠性提出了越来越高的要求。斥资对所有网络设备进行更新当然是一种很好的高效可靠性的解决方案，但从保护现有投资的角度考虑，可以采用较为廉价的冗余技术，在可靠性和经济性方面找到平衡点。

VRRP（Virtual Router Redundancy Protocol，虚拟路由器冗余协议）是一种备份冗余解决方案，它共享多路访问介质（如以太网）上终端 IP 设备的默认网关，并进行冗余备份，从而在其中一台路由设备宕机时，备份路由设备能够及时接管转发工作，为用户提供透明的切换，提高网络服务质量。

3.1　VRRP 应用背景

在基于 TCP/IP 协议的网络中，为了保证不同子网之间的设备通信，必须配置路由。目前常用的指定路由方法有两种：一种是通过路由协议（例如 RIP 和 OSPF）动态学习，另一种是静态配置。要在每一个终端都运行动态路由协议是不现实的，大多客户端操作系统平台都不支持动态路由协议，即使支持也会受到管理开销、收敛度、安全性等许多问题的限制。因此普遍采用对终端 IP 设备配置静态路由，通过给终端设备指定一个或者多个默认网关来实现。

某些终端操作系统可以通过 RIP、IRDP（ICMP Router Discovery Protocol，ICMP 路由器发现协议）来获得网关的地址。

静态路由的方法简化了网络管理的复杂度，减轻了终端设备的通信开销，但它的缺点是如果作为默认网关的路由器出现故障，所有使用该网关为下一跳的主机的通信必然要中断。即便配置了多个默认网关，如不重新启动终端设备，也不能切换到新的网关。采用 VRRP 可以很好地避免静态指定网关的缺陷。如图 3-1 所示，用户的主机通过配置默认网关来实现与外部网络的访问。

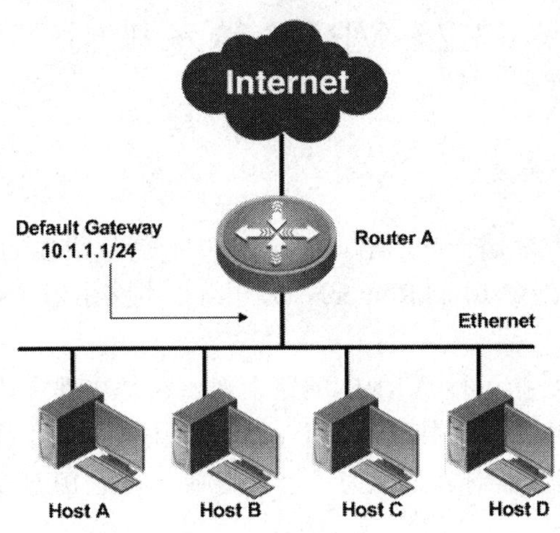

图 3-1 配置默认网关

图 3-1 中，内部网络上的所有主机（Host A、Host B、Host C、Host D）都配置了一个默认网关：10.1.1.1，Default Gateway 路由的下一跳指向主机所在网段内的一个路由器 Router A，Router A 再将报文转发出去。这样，主机发出的目的地址不在本网段的报文将通过默认路由发往 Router A，从而实现主机与外部网络的通信但是 Router A 出现故障时，主机将无法与其他网段通信。

为防止这种现象的产生，可以在网络上多部署一台路由器，为主机配置多个默认网关。这种方式只是表面上实现了网关冗余，并不能真正地做到网关冗余。

如图 3-2 所示，Host A 通过双网关访问 FTP Server 时，如果 Router A 正常工作，那么 Host A 会把数据包发送给网关 Router A，然后由 Router A 路由给 FTP Server。如果 Router A 由于某种原因链路 DOWN 了，但 Host A 无法感知到这个故障，继续将报文发送给 Router A，在这种情况下，没有什么机制可以使 Host A 切换到另一个网关 Router B。

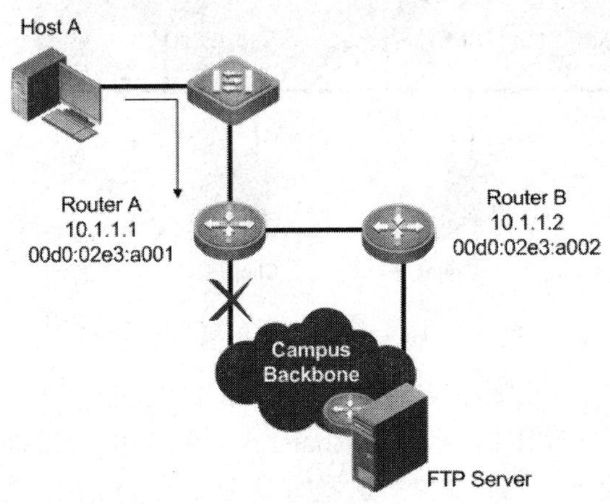

图 3-2 多网关部署

VRRP 就是针对上述备份问题而提出的，它消除了静态默认路由环境中所固有的缺陷，对主机无任何运行负担。VRRP 通过使用虚拟路由器技术实现了主机默认网关的备份，同时也可以通过 VRRP 来实现网关的负载均衡。

RFC 3768—
Virtual Router
Redundancy
Protocol (VRRP)

3.2 VRRP 转发机制

3.2.1 VRRP 术语

理解 VRRP 需要掌握一些术语。在 VRRP 中有两组重要的概念，一组是 VRRP 路由器和虚拟路由器（Virtual Router），另一组是主路由器（Master）和备份路由器（Backup）。

VRRP 路由器是指运行 VRRP 的路由器，它是物理实体。虚拟路由器是指 VRRP 协议虚拟逻辑上的路由器。一组 VRRP 路由器协同工作，共同构成一台虚拟路由器。该虚拟路由器对外表现为一个具有唯一固定 IP 地址和 MAC 地址的逻辑路由器。

主路由器和备份路由器是 VRRP 中的两种路由器角色。一个 VRRP 组中只有 1 台处于主控角色的路由器，还有一个或者多个处于备份角色的路由器。VRRP 使用选举机制从一组 VRRP 路由器中选出 1 台作为主路由器，负责 ARP 响应和转发 IP 数据包，VRRP 组中的其他路由器作为备份的角色处于待命状态。当由于某种原因主路由器发生故障时，备份路由器能在几秒钟的时延后升级为主路由器。由于切换速度非常迅速而且终端不用改变默认网关的 IP 地址和 MAC 地址，故对终端使用者系统是透明的。

如图 3-3 中 Router A、Router B、Router C 都是 VRRP 路由器，这 3 台路由器通过运行 VRRP 虚拟出了 1 台路由器，将虚拟路由器的 IP 地址设置为 Router A 的 IP 地址 10.1.1.1，网络中主机的默认网关都为虚拟路由器的 IP 地址。

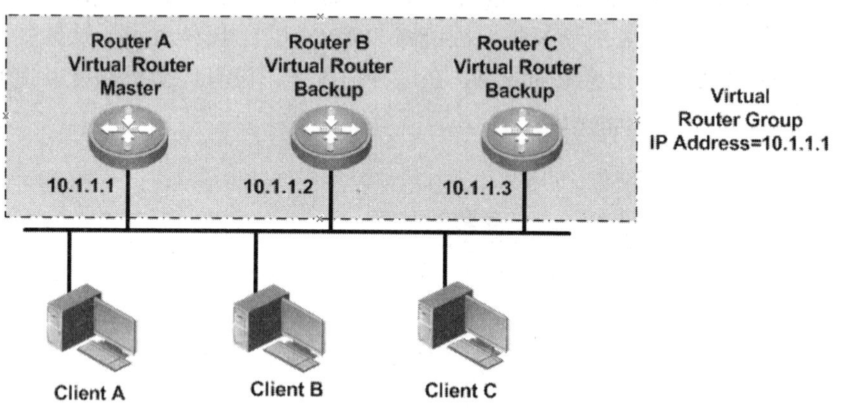

图 3-3　虚拟路由器组

在为 VRRP 指定 VRID 时使用十进制数字，当 VRRP 将 VRID 嵌入到虚拟 MAC 地址中时将其转化为十六进制。

图 3-3 中，由于虚拟路由器使用 Router A 物理以太网接口的 IP 地址，因此 Router A 就担当了主路由器的角色，Router A 被称为 IP 地址拥有者（owner）。作为主路由器，Router A 控制虚拟路由器的 IP 地址，并负责对发送到该虚拟 IP 地址的数据包进行转发。Router B 和 Router C 为备用路由器。如果主路由器 Router A 发生故障，Router B 和 Router C 作为备用路由器优先级较高的将替代为主路由器。当 Router A 恢复正常后，将再次成为主路由器。

每个 VRRP 组中的路由器都有唯一的标识，VRID 范围为 0~255，这个范围决定运行 VRRP 的路由器属于哪一个 VRRP 组。VRRP 组中的虚拟路由器对外表现为唯一的虚拟 MAC 地址，地址的格式为 00-00-5E-00-01-[VRID]。主路由器负责对发送到虚拟路由器 IP 地址的 ARP 请求做出响应，并以该虚拟 MAC 地址做应答。这样无论如何切换，都保证给终端设备的是唯一一致的 IP 和 MAC 地址，避免了切换对终端设备的影响。

如图 3-4 所示，R1 与 R2 同属于 VRRP 组 1，即 VRID 为 1。由于虚拟 IP 地址为 R1 的 IP 地址 10.1.1.1，所以 R1 成为该组中的主路由器，R2 成为备份路由器。这时在 R2 上使用 **show ip arp** 命令查看 ARP 缓存表，可以看到 ARP 表中存在一条虚拟地址 10.1.1.1 与虚拟 MAC 地址 0000.5e00.0101 的绑定条目。由于 VRID 为 1，所以虚拟 MAC 地址的最后两个十六进制位为 01，构成了虚拟 MAC 地址 0000.5e00.0101。

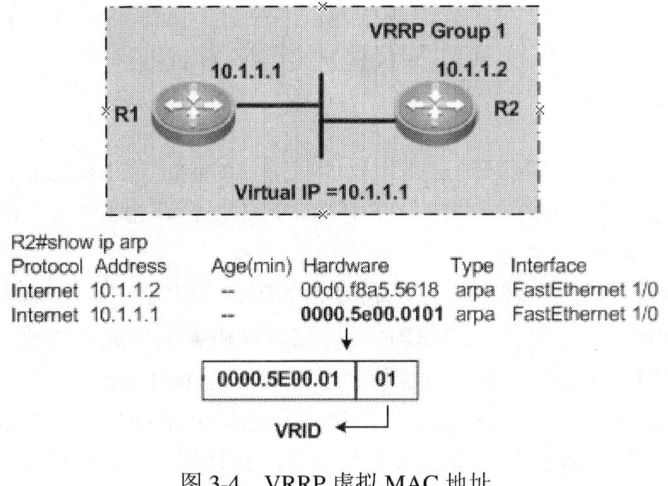

图 3-4　VRRP 虚拟 MAC 地址

3.2.2　VRRP 状态

VRRP 路由器在运行过程中有 3 种状态，分别是 Initialize、Master 和 Backup。

> 免费 ARP 报文是一种特殊的 ARP 报文，报文中的发送者 IP 地址和目标 IP 地址都是本地的 IP 地址。免费 ARP 通常用于进行 IP 地址冲突检测和通知其他设备更新 ARP 表项。

1. Initialize 状态

系统启动后进入 Initialize 状态，在此状态时，路由器不对 VRRP 报文做任何处理。当收到接口 UP 的消息后，将进入 Backup 状态或 Master 状态。

2. Master 状态

当路由器处于 Master 状态时，它将执行以下任务。

- 定期发送 VRRP 通告。
- 发送免费 ARP（gratuitous ARP）报文，以便网络内各主机知道虚拟 IP 地址所对应的虚拟 MAC 地址。
- 响应对虚拟 IP 地址的 ARP 请求，且响应的是虚拟 MAC 地址，而不是接口的真实 MAC 地址。
- 转发目的 MAC 地址为虚拟 MAC 地址的 IP 报文。
- 如果路由器是虚拟 IP 地址的拥有者，则接收目的 IP 地址为虚拟 IP 地址的 IP 报文，否则丢弃 IP 报文。

在 Master 状态中，只有当接收到接口的 shutdown 事件时才会转为 Initialize 状态。

3. Backup 状态

当路由器处于 Backup 状态时，它将执行以下任务。

- 接收 Master 发送的 VRRP 报文，从中了解 Master 的状态。
- 对虚拟 IP 地址的 ARP 请求不做响应。
- 丢弃目的 MAC 地址为虚拟 MAC 地址的 IP 报文。
- 丢弃目的 IP 地址为虚拟 IP 地址的 IP 报文。

同样，在 Backup 状态中，只有当接收到接口的 shutdown 事件时才会转为 Initialize 状态。

3.3 VRRP 选举机制

VRRP 使用选举机制来确定路由器的状态（Master 或 Backup）。运行 VRRP 的一组路由器对外组成了一个虚拟路由器，其中一台路由器处于 Master 状态，而其他的处于 Backup 状态。

运行 VRRP 的路由器都会发送和接收 VRRP 通告消息，在通告消息中包含了自身的 VRRP 优先级信息。VRRP 通过比较路由器的优先级进行选举，优先级高的路由器将成为主路由器，其他路由器都为备份路由器。

如果 VRRP 组中存在 IP 地址拥有者，即虚拟 IP 地址与某台 VRRP 路由器的地址相同时，IP 地址拥有者将成为主路由器，并且具有最高的优先级 255。如果 VRRP 组中不存在 IP 地址拥有者，VRRP 路由器将通过比较优先级来确定主路由器。默认情况下，VRRP 路由器的优先级为 100。当优先级相同时，VRRP 将通过比较 IP 地址来进行选举，IP 地址大的路由器将成为主路由器。

如图 3-5 所示，RouterA 和 RouterB 的 VRRP 优先级为 150，RouterC 的 VRRP 优先级为默认的 100，那么主路由器将在 RouterA 和 RouterB 之间产生。由于 RouterA 和 RouterB 的优先级相同，所以需要通过比较接口的 IP 地址。最终由于 RouterB 具有更大的接口 IP 地址，所以 RouterB 将成为该组的主路由器（Master），RouterA 和 RouterC 成为备份路由器（Backup）。

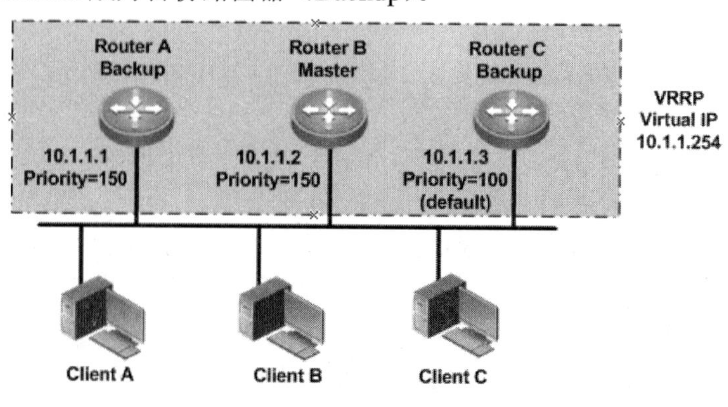

图 3-5　VRRP 选举

当 RouterB 出现故障后，拥有第二高优先级的 RouterA 将接替主路由器的角色。

3.4 VRRP 定时器

VRRP 在运行过程中使用两个定时器来进行状态检测。

- **通告定时器（adver-timer）**：该定时器在主路由器中使用，用来定义通告间隔（adver-interval）。主路由器以该定时器的时间间隔定期发送 VRRP 通告报文，告知其他备份路由器自己仍在线。通告间隔默认为 1 秒，也可以通过配置进行修改。
- **主路由器失效定时器（master-down-timer）**：该定时器在备份路由器中使用，用来定义主路由器失效间隔（master-down-interval）。主路由器失效间隔指的是备用路由器多长时间没有收到主路由器的通告报文后，将认为主路由器已失效，并开始选举新的主路由器。主路由器失效间隔是通告间隔的 3 倍，默认为 3 秒。

3.5 VRRP 报文格式

VRRP 只使用 VRRP 通告报文（Advertisement）一种报文类型。

VRRP 通告报文使用 IP 组播数据包进行封装，组播地址为 223.0.0.18，IANA 给其分配的协议号为 112，并且 VRRP 通告报文的 TTL 值必须为 255。

RFC 3768 中规定，如果 VRRP 路由器接收到 TTL 值不为 255 的 VRRP 通告报文，必须将其丢弃。

为了减少网络带宽的消耗，只有主路由器才周期性地发送 VRRP 通告报文。备份路由器在连续 3 个通告间隔内收不到 VRRP 通告，或收到优先级为 0 的通告报文后启动新的一轮 VRRP 选举。

VRRP 报文的格式如图 3-6 所示。

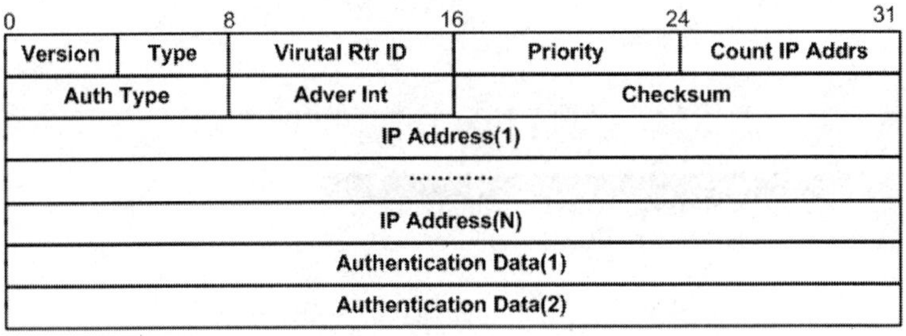

0		8	16	24 31
Version	Type	Virutal Rtr ID	Priority	Count IP Addrs
Auth Type		Adver Int	Checksum	
IP Address(1)				
…………				
IP Address(N)				
Authentication Data(1)				
Authentication Data(2)				

图 3-6　VRRP 报文格式

VRRPv2 是基于 IPv4 的，VRRPv3 是基于 IPv6 的，两个版本在功能和工作原理上都是相同的，只是针对的寻址环境不同。

VRRP 报文中各字段的含义如下。

- **Version**：VRRP 协议版本，在 RFC 3768 中定义为 2。
- **Type**：VRRP 报文的类型，目前只定义一种通告报文，取值为 1。
- **Virtual Rtr ID**：虚拟路由器 ID（VRID）。

- ❑ **Priority：**VRRP 路由器的优先级，IP 地址拥有者（owner）的优先级为 255。
- ❑ **Count IP Addrs：**VRRP 报文中的 IP 地址数量，该字段与“IP Address”字段相关。
- ❑ **Auth Type：**认证类型，RFC 3768 中认证功能已经取消，此字段值为 0，值为 1、2 时只作为对老版本（RFC 2338）的兼容。

RFC 2338 已被 RFC 3768 废弃。

- ❑ **Adver Int：**通告报文的发送间隔时间，单位为秒，默认为 1 秒。
- ❑ **Checksum：**校验和，校验范围只是 VRRP 数据，即从 VRRP 的版本字段开始的数据，不包括 IP 报头。
- ❑ **IP Address(es)：**和虚拟路由器相关的 IP 地址，数量由 Count IP Addrs 决定。
- ❑ **Authentication Data：**RFC 3768 中定义该字段只是为了和老版本（RFC 2338）兼容。

如图 3-7 所示为使用 Sniffer 捕获的 VRRP 报文。

```
IP: ----- IP Header -----
IP:
IP: Version = 4, header length = 20 bytes
IP: Type of service = 00
IP:       000. ....  = routine
IP:       ...0 .... = normal delay
IP:       .... 0... = normal throughput
IP:       .... .0.. = normal reliability
IP:       .... ..0. = ECT bit - transport protocol will ignore the CE bit
IP:       .... ...0 = CE bit - no congestion
IP: Total length     = 40 bytes
IP: Identification   = 191
IP: Flags            = 0X
IP:       .0.. .... = may fragment
IP:       ..0. .... = last fragment
IP: Fragment offset = 0 bytes
IP: Time to live    = 255 seconds/hops
IP: Protocol        = 112 (VRRP)
IP: Header checksum = 18EB (correct)
IP: Source address      = [192.168.1.1]
IP: Destination address = [224.0.0.18]
IP: No options
IP:
VRRP: ----- Vitual Router Redundency Protocol Header -----
VRRP:
VRRP: Version                  = 2
VRRP: Type                     = Advertisement (1)
VRRP: Virtual Router  ID       = 30
VRRP: Priority                 = 120
VRRP: IP Address Count         = 1
VRRP: Authentication Type      = 0 (No Authentication)
VRRP: Advertisement Interval   = 1
VRRP: VRRP Checksum            = A438
VRRP: IP address               = 192.168.1.254
VRRP: Authentication ID (1)    = 0
VRRP: Authentication ID (2)    = 0
```

图 3-7　使用 Sniffer 捕获的 VRRP 报文

从上图中捕获的 VRRP 报文可以看出。

- ❑ 版本（Version）字段的值为 2。
- ❑ 类型（Type）字段的值为 1，代表 VRRP 通告报文。
- ❑ 虚拟路由器 ID（VRID）字段的值为 30。
- ❑ 优先级（Priority）字段的值为 120。
- ❑ IP 地址数量（IP Address Count）字段的值为 1。

- 验证类型（Authentication Type）字段的值为 0，表示不进行验证。
- 通告间隔（Advertisement Interval）字段的值为默认的 1 秒，表示该路由器以每 1 秒的间隔发送 VRRP 通告报文。
- IP 地址（IP address）字段的值为 192.168.1.254，表示虚拟路由器的 IP 地址。

3.6 VRRP 基本配置

3.6.1 配置 VRRP 组

要启用 VRRP 并使 VRRP 能够正常工作，最基本的配置是要创建 VRRP 组，并为 VRRP 组配置虚拟 IP 地址。

FC 3768 中规定，路由器收到的 VRRP 通告报文中，VRID 必须在本地接口也进行了配置。

在接口模式下，可使用如下命令创建 VRRP 组，并配置虚拟 IP 地址。

vrrp *group-number* **ip** *ip-address* [**secondary**]

- ***group-number***：VRRP 组的编号，即 VRID，取值范围为 1~255。属于同一个 VRRP 组的路由器必须配置相同的 VRID 才能正常工作。对于一台路由器将其加入到多个 VRRP 组中。
- ***ip-address***：VRRP 组的虚拟 IP 地址。虚拟 IP 地址可以是该子网中使用的地址，也可以是某台 VRRP 路由器的接口 IP 地址，即 IP 地址拥有者。虚拟 IP 地址必须与接口地址位于同一个子网中。
- **secondary**：为该 VRRP 组配置辅助 IP 地址。

如图 3-8 所示拓扑中，Router A 与 Router B 属于 VRRP 组 23，虚拟 IP 地址为 Router A 接口的地址，所以 Router A 成为该组的 IP 地址拥有者和主路由器。Host A 将其默认网关设置为虚拟 IP 地址。

同一个 VRRP 组中的路由器，配置的 VRRP 组地址必须一致。

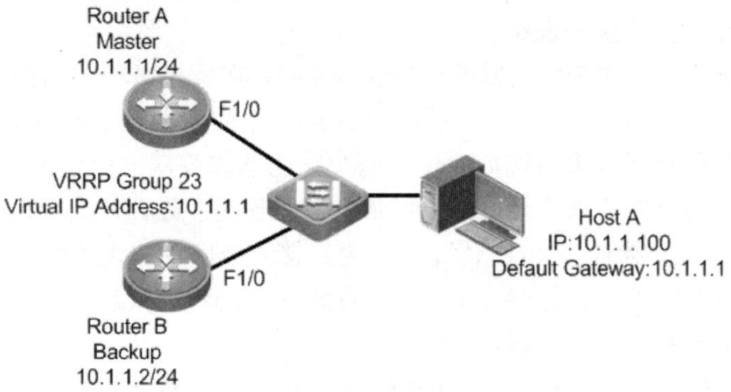

图 3-8 配置 VRRP 组

示例 3-1 和示例 3-2 为图 3-8 中的 VRRP 组配置。

示例 3-1 Router A 的 VRRP 组配置

```
RouterA(config)#interface FastEthernet 1/0
RouterA(config-if)#ip address 10.1.1.1 255.255.255.0
RouterA(config-if)#vrrp 23 ip 10.1.1.1
```

```
RouterA(config-if)#end
```

示例 3-2　Router B 的 VRRP 组配置

```
RouterB(config)#interface FastEthernet 1/0
RouterB(config-if)#ip address 10.1.1.2 255.255.255.0
RouterB(config-if)#vrrp 23 ip 10.1.1.1
RouterB(config-if)#end
```

配置完成后，可以使用命令 **show vrrp brief** 查看 VRRP 组的状态。

示例 3-3　查看 Router A 的 VRRP 状态

```
RouterA#show vrrp brief
Interface        Grp Pri Time  Own Pre State   Master addr      Group addr
FastEthernet 1/0  23 255  3     O   P  Master   10.1.1.1          10.1.1.1
```

从 Router A 的显示信息中可以看出，Router A 的优先级为 255，状态为 Master（主路由器），是 VRRP 组 23 的 IP 地址拥有者。

示例 3-4　查看 Router B 的 VRRP 状态

```
RouterB#show vrrp brief
Interface        Grp Pri Time  Own Pre State   Master addr      Group addr
FastEthernet 1/0  23 100  3     -   P  Backup   10.1.1.1          10.1.1.1
```

从 Router B 的显示信息中可以看出，Router B 的优先级为默认值 100，状态为 Backup（备份路由器）。

3.6.2　配置 VRRP 优先级

在同一个 VRRP 组中，只允许有一个 IP 地址拥有者。

前面说过，VRRP 通过比较优先级来选举主路由器和备份路由器。如果 VRRP 组中存在 IP 地址拥有者，那么其优先级为最高数值 255，并成为主路由器。如果 VRRP 组中不存在 IP 地址拥有者，即虚拟 IP 地址不与任何路由器接口地址相同，就需要通过比较优先级来选举。

默认情况下，VRRP 路由器的优先级为 100。在优先级相同的情况下，IP 地址大的将成为主路由器。如果希望指定某台路由器成为主路由器，可以手工调整其优先级来影响选举结果。例如要使用两个路由器作为双出口连接到外部网络，并希望高带宽的链路作为主要链路，低带宽链路作为主链路的备份。这种情况就可以手工调整路由器的 VRRP 优先级，为连接主链路的路由器配置更高的优先级，使其成为主路由器。此外，还可以根据路由器的性能来调整优先级，为性能好的路由器配置更高的优先级。

优先级的配置是基于接口和 VRRP 组的，也就是说对于不同的接口和不同的 VRRP 组可以分配不同的优先级值。在接口视图下，可使用以下命令修改默认的优先级。

vrrp *group-number* **priority** *number*

其中，参数 *group-number* 表示 VRRP 组号；*number* 表示优先级，取值范围为 1~254，默认为 100。实际上，VRRP 的优先级的范围为 0~254，0 被保留为特殊用途使用，255 表示 IP 地址拥有者。

如图 3-9 所示的拓扑中，Router A 与 Router B 属于 VRRP 组 50，虚拟 IP 地址为 10.1.1.50，Host A 将其默认网关设置为虚拟 IP 地址。由于不存在 IP 地址拥有者，将通过比较优先级来进行选举。这时如果希望性能更好的 Router A 作为主路由器，这可以通过调高 Router A 的优先级来实现。如果使用默认的优先级，具有较大 IP 地址的 Router B 将成为主路由器。

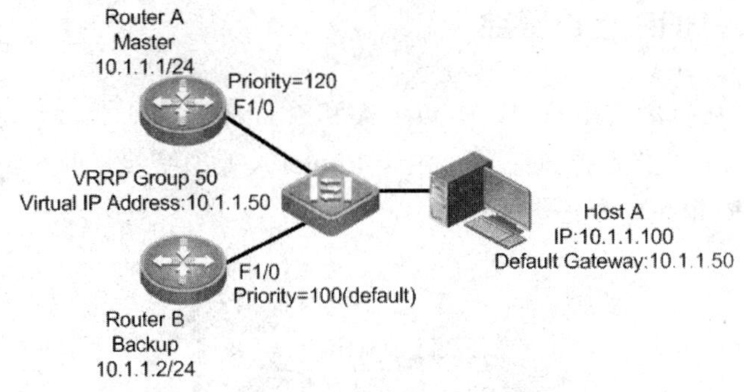

图 3-9 配置 VRRP 优先级

示例 3-5 和示例 3-6 为图 3-9 中的 VRRP 优先级配置。

示例 3-5 Router A 的 VRRP 优先级配置

```
RouterA(config)#interface FastEthernet 1/0
RouterA(config-if)#ip address 10.1.1.1 255.255.255.0
RouterA(config-if)#vrrp 50 ip 10.1.1.50
RouterA(config-if)#vrrp 50 priority 120                 ! 配置优先级为 120
RouterA(config-if)#end
```

示例 3-6 Router B 的 VRRP 优先级配置

```
RouterB(config)#interface FastEthernet 1/0
RouterB(config-if)#ip address 10.1.1.2 255.255.255.0
RouterB(config-if)#vrrp 50 ip 10.1.1.50
RouterB(config-if)#end
```

配置完成后，通过使用命令 **show vrrp brief** 命令可查看 VRRP 选举状态。

示例 3-7 查看 Router A 的 VRRP 状态

```
RouterA#show vrrp brief
Interface        Grp Pri Time  Own Pre State   Master addr    Group addr
FastEthernet 1/0  50 120  3     -   P  Master  10.1.1.1       10.1.1.50
```

从 Router A 的显示信息中可以看出，Router A 的优先级为 120，状态为 Master（主路由器）。

示例 3-8 查看 Router B 的 VRRP 状态

```
RouterB#show vrrp brief
Interface        Grp Pri Time  Own Pre State   Master addr    Group addr
FastEthernet 1/0  50 100  3     -   P  Backup  10.1.1.1       10.1.1.50
```

从 Router B 的显示信息中可以看出，Router B 使用默认的优先级 100，状态为 Backup（备份路由器）。

3.7 调整和优化 VRRP

3.7.1 配置 VRRP 接口跟踪

在如图 3-10 所示的拓扑中，Router A 和 Router B 位于分部，这两台路由器分别通过一条 T1 链路连接到总部，由于 Router A 具有更高的优先级，所以成为了主路由器，Router B 为备份路由器。

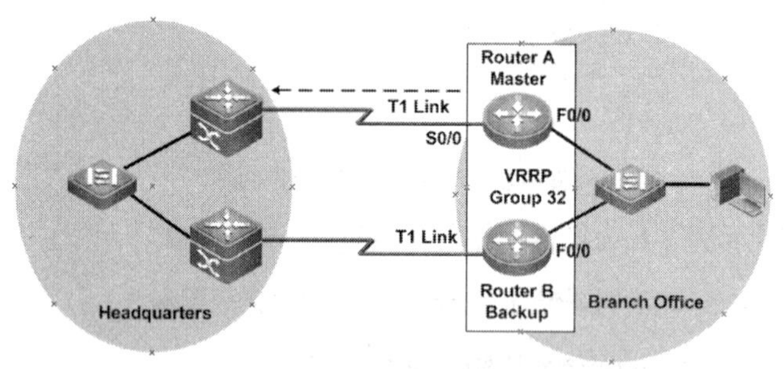

图 3-10 VRRP 接口跟踪

如果 Router A 和总部之间的 T1 链路出现了故障，RouterA 将从接口 F0/0 发送通告信息，声明自己仍是主路由器。在这种情况下，网络内部发送给总部的报文还会被发送给 Router A，但 Router A 却无法对报文进行转发。

为了解决这种问题，可以使用 VRRP 的接口跟踪机制。接口跟踪能够使 VRRP 根据路由器其他接口的状态，自动调整该路由器 VRRP 优先级。当被跟踪接口不可用时，路由器的 VRRP 优先级将降低。接口跟踪能确保当主路由器的重要接口不可用时，该路由器不再是主路由器，使备份路由器有机会成为新的主路由器。

在图 3-11 中，Router A 的 VRRP 对 S0/0 接口进行跟踪。如果接口 S0/0 和总部之间的链路出现故障，路由器会自动降低 VRRP 的优先级。这时如果 Router B 具有更高的优先级，Router B 将承担主路由器的角色。

注意：IP 地址拥有者不能配置跟踪接口。只要 IP 地址拥有者不出现故障，就永远为主路由器，且优先级永远为 255。

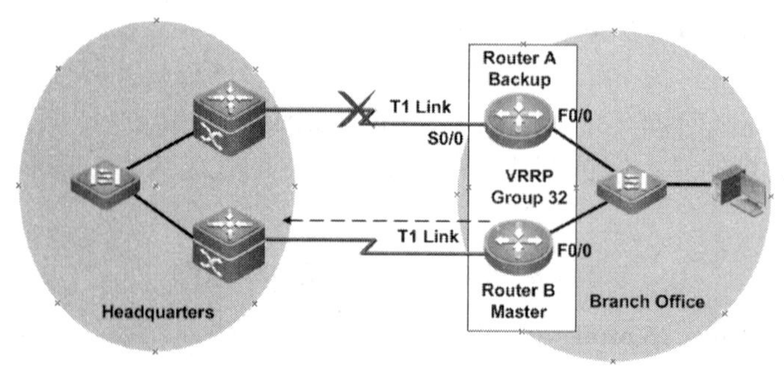

图 3-11 VRRP 接口跟踪示例

在接口视图下，可使用以下命令配置接口跟踪。

vrrp *group-number* **track** *interface* [*priority-decrement*]

其中参数 *interface* 表示被跟踪的接口；*priority-decrement* 表示 VRRP 发现被跟踪接口不可用后，所降低的优先级数值，默认为 10。当被跟踪接口恢复后，优先级也将恢复到原来的值。

需要注意的是，在配置优先级的减少值时，必须保证降低后的优先级小于现有备份路由器的优先级，以便让备用路由器接替主路由器的角色。

示例 3-9 为图 3-11 中 Router A 的接口跟踪配置。

示例 3-9 配置 VRRP 端口跟踪

```
RouterA(config)#interface Serial 0/0
RouterA(config-if)#ip address 200.1.1.2 255.255.255.0
RouterA(config-if)#exit
RouterA(config)#interface FastEthernet 0/0
RouterA(config-if)#ip address 10.1.1.1 255.255.255.0
RouterA(config-if)#vrrp 32 ip 10.1.1.254
RouterA(config-if)#vrrp 32 priority 120
RouterA(config-if)#vrrp 32 track Serial 0/0 30      ! 配置被跟踪接口和降低的优先级
RouterA(config-if)#end
```

在 Router A 的配置中，为其配置了比默认优先级（100）高的优先级 120，并且被跟踪接口为 S0/0，当 S0/0 接口不可用时，减少的优先级为 30，即优先级降低到 90，这样可以保证具有更高优先级的 Router B（100）接替主路由器的角色。

配置完成后，使用 **show vrrp** 命令可以查看 VRRP 接口跟踪信息。

示例 3-10 使用 show vrrp 命令查看接口跟踪信息

```
RouterA#show vrrp
FastEthernet 1/0 - Group 32
  State is Master
  Virtual IP address is 10.1.1.254 configured
  Virtual MAC address is 0000.5e00.0120
  Advertisement interval is 1 sec
  Preemption is enabled
    min delay is 0 sec
  Priority is 120
  Master Router is 10.1.1.1 (local), priority is 120
  Master Advertisement interval is 1 sec
  Master Down interval is 3 sec
  Tracking interface states for 1 interface, 1 up:
    up    Serial 0/0 priority decrement=30
```

示例 3-11 为 Router A 的 S0/0 链路不可用后 Router A 的 VRRP 状态。可以看到 Router A 的优先级已经降低为 90，并且状态为 Backup（备份路由器）。

示例 3-11　被跟踪接口失效后的 RouterA 的状态

```
RouterA#show vrrp brief
Interface      Grp Pri Time  Own Pre State   Master addr     Group addr
Ethernet 0      32  90   3    -   P  Backup  10.1.1.2        10.1.1.254
```

3.7.2　配置 VRRP 抢占模式

在 VRRP 运行过程中，主路由器定期的发送 VRRP 通告信息，备份路由器将侦听主路由器的通告信息。当备份路由器在主路由器失效间隔（master-down-interval）内没有接收到主路由器的通告消息时，它将认为主路由器失效，并接替主路由器的角色。

抢占模式使备份路由器接收到比自己优先级低的通告消息后，将发送高优先级的 VRRP 通告消息，并成为主路由器。

所谓的 VRRP 抢占（preempt）模式，是指当原来的主路由器从故障中恢复并接入到网络中后，它将夺回原来属于自己的角色（主路由器）。如果不使用抢占模式，它从故障恢复后将保持备份路由器的状态。

在 VRRP 运行过程中，通常推荐启用抢占模式，这样可以使主链路故障恢复后，数据仍然通过主链路传输。例如在使用一条高带宽链路和低带宽的备份链路的场景中，结合 VRRP 接口跟踪功能，可以使高带宽链路故障恢复后，仍然作为转发数据的主要链路，而不是使用低带宽的备份链路作为主要链路。

在接口模式下，可使用以下命令配置 VRRP 抢占模式。

vrrp *group-number* **preempt** [**delay** *delay-time*]

其中参数 *group-number* 表示 VRRP 组号；*delay-time* 表示抢占的延迟时间，即发送通告报文前等待的时间，单位为 s，取值范围为 1～255。默认情况下，抢占模式是启用的，并且如果不配置延迟时间，那么默认值为 0 秒，即当路由器从故障中恢复后，立即进行抢占操作。

示例 3-12 为图 3-11 所示拓扑中，Router A 的接口跟踪和抢占模式配置。当 Router A 的 T1 链路失效后，Router A 的优先级将降低到 90，并成为备份路由器，Router B 成为主路由器。当 Router A 的 T1 链路恢复后，Router A 的优先级又改成原来的 120，并且由于启用了抢占模式，它将重新接替主路由器的角色。

示例 3-12　配置 VRRP 抢占模式

```
RouterA(config)#interface Serial 0/0
RouterA(config-if)#ip address 200.1.1.2 255.255.255.0
RouterA(config-if)#exit
RouterA(config)#interface FastEthernet 0/0
RouterA(config-if)#ip address 10.1.1.1 255.255.255.0
RouterA(config-if)#vrrp 32 ip 10.1.1.254
RouterA(config-if)#vrrp 32 priority 120
RouterA(config-if)#vrrp 32 track Serial 0/0 30
RouterA(config-if)#vrrp 32 preempt                ！默认情况下启用抢占模式
RouterA(config-if)#end
```

3.7.3 配置 VRRP 定时器

在介绍 VRRP 定时器中已经说过 VRRP 路由器使用通告报文来进行选举与状态监测。当选举结束后，主路由器将定期的发送通报报文，备份路由器将进行监听。

在接口模式下，可以使用以下命令修改 VRRP 通告报文的发送间隔（adver-interval）。

属于同一个 VRRP 组中的路由器需要配置相同的通告间隔。

vrrp *group-number* **timers advertise** *advertise-interval*

其中参数 *group-number* 表示 VRRP 组号；*advertise-interval* 表示通告报文的发送间隔，单位为 s（秒），取值范围为 1~255，默认为 1 秒。

配置通告间隔时需要注意，较小的通告间隔会消耗一定的带宽和系统资源，尤其是当路由器加入了多个 VRRP 组时。但是较小的通告间隔提供了更快的故障检测和切换；较大的通告间隔可以节省带宽和系统资源，但是不能提供最快的故障检测和切换。

在网络链路质量较差的环境中，为了使路由器在收到正常的通告报文前就进行状态切换，可以调高定时器的值，这将有助于提高网络的稳定性。在正常的网络环境中，推荐使用默认的定时器值。

对于 VRRP 中的另外一个定时器，主路由器失效间隔（master-down-interval），不能通过命令来对其进行配置，主路由器失效间隔是通过通告报文的时间间隔进行计算的，它的值为通告间隔的 3 倍。

示例 3-13 为配置 VRRP 定时器。

示例 3-13　配置 VRRP 定时器

```
Router(config)#interface FastEthernet 0/0
Router(config-if)#ip address 10.1.1.1 255.255.255.0
Router(config-if)#vrrp 1 ip 10.1.1.1
Router(config-if)#vrrp 1 timers advertise 2        !将通告报文的间隔修改为 2 秒
Router(config-if)#end
```

3.7.4 配置 VRRP 定时器学习功能

用户可以配置定时器学习功能，使备份路由器从主路由器发送的通告报文中学习通告定时器的值，计算本地的路由器失效间隔。

在接口模式下，可使用以下命令配置 VRRP 定时器学习功能。

vrrp *group-number* **times learn**

默认情况下，主路由器失效间隔是通过本地接口配置的通告间隔进行计算的，默认为 3s。

示例 3-14　配置 VRRP 定时器

```
Router(config)#interface FastEthernet 0/0
Router(config-if)#ip address 192.168.1.1 255.255.255.0
Router(config-if)#vrrp 1 ip 192.168.1.254
```

```
Router(config-if)#vrrp 1 timers learn            ! 配置定时器学习功能
Router(config-if)#end
```

3.7.5 配置 VRRP 验证

VRRP 的验证功能已经在最新的 RFC 3768 中被删除，在 RFC 2338 中描述了 VRRP 验证功能。

VRRP 支持对 VRRP 报文的认证。在一个安全性要求不高的网络环境中，可以考虑不使用认证，这样发送和接收 VRRP 报文的路由器不对报文进行认证处理。但是在一个有安全性要求的网络环境中，要对 VRRP 报文增加认证机制。使用认证后，路由器对发送的 VRRP 报文增加认证字，而接收 VRRP 报文的路由器会将收到的 VRRP 报文认证字与本地配置的认证字进行比较，若相同，就认为是一个合法的 VRRP 报文；若不相同，则认为是一个不合法 VRRP 报文，并将其丢弃。

锐捷网络设备实现的 VRRP 支持明文验证，在同一个 VRRP 组中的路由器必须设置相同的验证口令。需要注意的是，明文验证也只能提供非常有限的安全性。

在接口模式下，可以使用以下命令配置 VRRP 明文验证。

vrrp *group-number* **authentication** *string*

其中参数 *string* 表示明文密码，它将被插入到 VRRP 报文中。默认情况下，未启用 VRRP 认证。

示例 3-15　配置 VRRP 定时器

```
Router(config)#interface FastEthernet 0/0
Router(config-if)#ip address 10.1.1.1 255.255.255.0
Router(config-if)#vrrp 1 ip 10.1.1.1
Router(config-if)#vrrp 1 authentication ruijie         ! 配置明文验证密码
Router(config-if)#end
```

3.8 VRRP 负载均衡

在标准的 VRRP 运行环境中，主路由器负责转发到达虚拟 IP 地址的数据，备份路由器不负责数据的转发，只侦听主路由器的状态，在必要的时刻进行故障切换。在主路由器承担数据转发任务的同时，备份路由器的链路将处于空闲状态，这必然造成了带宽资源的浪费。如图 3-10 所示的拓扑中，Router B 的 T1 链路的带宽将被浪费。

为了能够提高冗余性，并避免造成带宽资源的浪费，可以在 VRRP 中使用负载均衡。VRRP 负载均衡是通过将路由器加入到多个 VRRP 组实现的，使 VRRP 路由器在不同的组中担任不同的角色，如图 3-12 所示。

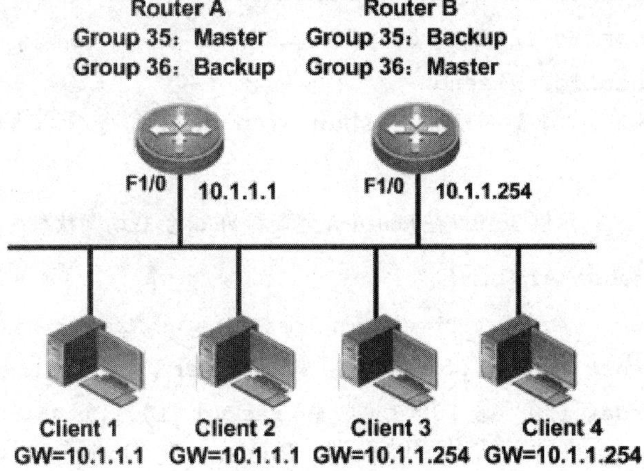

图 3-12 VRRP 负载均衡

图 3-12 中，RouterA 和 RouterB 的 F1/0 接口都加入到了 VRRP 组 35 和 VRRP 组 36。RouterA 在 VRRP 组 35 中作为 IP 地址拥有者担任主路由器，在 VRRP 组 36 中担任备份路由器；RouterB 在 VRRP 组 36 中作为 IP 地址拥有者担任主路由器，在 VRRP 组 35 中担任备份路由器。VRRP 组 35 的虚拟地址为 10.1.1.1，VRRP 组 36 的虚拟地址为 10.1.1.254。在客户端的配置中，Client1 和 Client2 的默认网关为 VRRP 组 35 的虚拟地址 10.1.1.1，Client3 和 Client4 的默认网关为 VRRP 组 36 的虚拟地址 10.1.1.254。

通过这样的部署和配置，可以看到 Client1 和 Client2 发送到其他子网的数据流由 RouterA 转发，Client3 和 Client4 发送到其他子网的数据流由 RouterB 转发。这样 Router A 和 RouterB 带宽都被合理地利用，避免了某条链路由于作为备份而产生的空闲状态。当在图 3-11 中的拓扑使用 VRRP 负载均衡时，RouterA 和 RouterB 的两条 T1 链路都能够被有效的利用，这不仅提高了冗余性，还提供了流量的负载均衡。

实际上，VRRP 并不具备对流量进行监控的机制，它的负载均衡是通过使用多个 VRRP 组来实现的，并且这种负载均衡还需要终端配置的配合，即让不同的终端将数据发送到不同的 VRRP 组。

示例 3-16 和示例 3-17 为图 3-12 中 VRRP 负载均衡的配置。

示例 3-16 RouterA 的 VRRP 负载均衡配置

```
RouterA(config)#interface FastEthernet 1/0
RouterA(config-if)#ip address 10.1.1.1 255.255.255.0
RouterA(config-if)#vrrp 35 ip 10.1.1.1
RouterA(config-if)#vrrp 36 ip 10.1.1.254
RouterA(config-if)#end
```

示例 3-17 RouterB 的 VRRP 负载均衡配置

```
RouterB(config)# interface FastEthernet 1/0
RouterB(config-if)#ip address 10.1.1.254 255.255.255.0
```

```
RouterB(config-if)# vrrp 35 ip 10.1.1.1
RouterB(config-if)#vrrp 36 ip 10.1.1.254
RouterB(config-if)#end
```

示例 3-18 和示例 3-19 是使用 **show vrrp brief** 命令查看 VRRP 负载均衡的状态。

示例 3-18　在 RouterA 上查看 VRRP 负载均衡状态

```
RouterA #show vrrp brief
Interface      Grp Pri Time  Own Pre State    Master addr    Group addr
FastEthernet 1/0 35 255  3    O   P  Master    10.1.1.1        10.1.1.1
FastEthernet 1/0  36 100 3  -  P  Backup  10.1.1.254      10.1.1.254
```

从 Router A 的显示结果可以看到，RouterA 在 Group35 中为主路由器，在 Group36 中为备份路由器。

示例 3-19　在 RouterB 上查看 VRRP 负载均衡状态

```
RouterB #show vrrp brief
Interface      Grp Pri Time  Own  Pre State  Master addr    Group addr
FastEthernet 1/0 35 100  3   -    P  Backup  10.1.1.1       10.1.1.1
FastEthernet 1/0 36 255 3  O   P  Master   10.1.1.254    10.1.1.254
```

从 RouterB 的显示结果可以看到，RouterB 在 Group36 中为主路由器，在 Group35 中为备份路由器。

3.9　VRRP 的监控与维护

3.9.1　查看 VRRP 运行状态

只有使用 vrrp group—number ip ip—address 命令将路由器加入到 VRRP 组以后，才可以查看 VRRP 的状态信息。

VRRP 提供了一些 **show** 命令，使用这些命令可以查看 VRRP 的运行状态信息。

使用以下命令可以查看 VRRP 的状态信息。

show vrrp [*group-number* | **brief**]

其中参数 *group-number* 表示查看特定 VRRP 组的状态信息；**brief** 表示查看 VRRP 的概要信息。如果不指定参数，则显示所有 VRRP 组的状态信息。

示例 3-20、示例 3-21 和示例 3-22 为查看 VRRP 状态信息。

示例 3-20　查看 VRRP 状态信息

```
Router#show vrrp 1
FastEthernet 0/0 - Group 1
  State is Master
  Virtual IP address is 10.1.1.254 configured
    Virtual MAC address is 0000.5e00.0101
  Advertisement interval is 1 sec
```

```
  Preemption is enabled
    min delay is 0 sec
 Priority is 120
 Authentication is enabled
  Master Router is 10.1.1.1 (local), priority is 120
  Master Advertisement interval is 1 sec
  Master Down interval is 3 sec
  Tracking state of 1 interface, 1 up:
    up FastEthernet 0/1 priority decrement=30
```

show vrrp 命令的显示信息中各字段的含义如下。

- **State is Master：**本地路由器的状态为主路由器（Master）。
- **Virtual IP address is 10.1.1.254 configured：**虚拟 IP 地址为 10.1.1.254。
- **Virtual MAC address is 0000.5e00.0101：**虚拟 MAC 地址为 0000.5e00.0101。
- **Advertisement interval is 1 sec：**VRRP 通告间隔为 1 秒。
- **Preemption is enabled：**抢占模式已启用。
- **min delay is 0 sec：**抢占延迟为 0 秒。
- **Priority is 120：**优先级为 120。
- **Authentication is enabled：**验证已启用。
- **Master Router is 10.1.1.1 (local), priority is 120：**主路由器的地址是 10.1.1.1，即本地路由器，优先级为 120。
- **Master Advertisement interval is 1 sec：**主路由器通告间隔为 1 秒。
- **Master Down interval is 3 sec：**主路由器失效间隔为 3 秒。
- **Tracking state of 1 interface, 1 up：**1 个接口被跟踪，状态为 UP。
- **up FastEthernet 0/1 priority decrement=30：**本跟踪接口的状态为 UP，优先级降低值为 30。

示例 3-21　查看 VRRP 的概要信息

```
Router#show vrrp brief
Interface     Grp  Pri  Time Own Pre State   Master addr     Group addr
FastEthernet 0/0 1   120  3    -  P    Master 10.1.1.1    10.1.1.254
```

show vrrp brief 也是一个常用的 VRRP 验证命令，它显示信息中各字段的含义如下。

- **Interface：**加入 VRRP 组的本地接口。
- **Grp：**VRRP 组编号。
- **Pri：**本地 VRRP 优先级。
- **Time：**主路由器失效定时器的值。
- **Own：**是否为 IP 地址拥有者，“-”表示不是 IP 地址拥有者，“O”表示为 IP 地址拥有者。
- **Pre：**是否启用抢占模式，“-”表示未启用抢占，“P”表示启用抢占。
- **State：**本地路由器的状态。

- **Master addr**：主路由器的地址。
- **Group addr**：VRRP 组的虚拟地址。

使用以下命令可以查看接口的 VRRP 状态信息。

show vrrp interface *interface*

示例 3-22　查看 VRRP 接口状态信息

```
Router#show vrrp 1
FastEthernet 0/0 - Group 1
  State is Master
  Virtual IP address is 10.1.1.254 configured
  Virtual MAC address is 0000.5e00.0101
  Advertisement interval is 1 sec
  Preemption is enabled
    min delay is 0 sec
Priority is 120
Authentication is enabled
  Master Router is 10.1.1.1 (local), priority is 120
  Master Advertisement interval is 1 sec
  Master Down interval is 3 sec
  Tracking state of 1 interface, 1 up:
    up FastEthernet 0/1 priority decrement=30
```

3.9.2　调试 VRRP

VRRP 提供了一系列的 **debug** 命令可以让用户对 VRRP 的运行状态进行调试和排错。

使用以下命令打开 VRRP 的调试功能。

debug vrrp [**errors** | **events** | **packets** | **state**]

如果不指定参数，则打开所有的调试功能。

- **errors**：打开 VRRP 的错误调试功能。
- **events**：打开 VRRP 的事件调试功能。
- **packets**：打开 VRRP 的报文调试功能。
- **state**：打开 VRRP 的状态调试功能。

示例 3-23　打开 VRRP 状态调试功能

```
Router#debug vrrp state
  Jan 31 03:08:24 Router %7:%VRRP-6-STATECHANGE: FastEthernet 0/0
Group 1 state Init to Backup.
  Jan 31 03:08:26 Router %7:%VRRP-6-STATECHANGE: FastEthernet 0/0 Grp
1 state Backup -> Master.
```

从以上调试信息可以看出，接口 F0/0 启用后，VRRP 状态从 Initialize 过渡到 Backup，然后从 Backup 过渡到 Master。

示例 3-24　打开 VRRP 报文调试功能

```
Router#debug vrrp packets
Jan 31 03:30:24 Router %7:VRRP: Grp 1 sending Advertisement checksum 6efd.
Jan 31 03:30:25 Router %7:VRRP: Grp 1 sending Advertisement checksum 6efd.
Jan 31 03:30:26 Router %7:VRRP: Grp 1 sending Advertisement checksum 6efd.
Jan 31 03:30:27 Router %7:VRRP: Grp 1 sending Advertisement checksum 6efd.
Jan 31 03:30:28 Router %7:VRRP: Grp 1 sending Advertisement checksum 6efd.
```

从以上调试信息可以看出，Master 路由器正在发送 VRRP 通告报文。

示例 3-25　打开 VRRP 错误调试功能

```
Router#debug vrrp errors
Jan 31 03:32:55 Router %7:VRRP: Grp 1 Advertisement from 10.1.1.1 has different interval 1 sec.
Jan 31 03:32:56 Router %7:VRRP: Grp 1 Advertisement from 10.1.1.1 has different interval 1 sec.
Jan 31 03:32:57 Router %7:VRRP: Grp 1 Advertisement from 10.1.1.1 has different interval 1 sec.
Jan 31 03:32:58 Router %7:VRRP: Grp 1 Advertisement from 10.1.1.1 has different interval 1 sec.
```

从以上调试信息可以看出，路由器收到了与本地通告间隔不一致的通告报文。

3.10　VRRP 配置示例

3.10.1　配置多个子网中的 VRRP

如图 3-13 所示的拓扑中，Router A 和 Router B 都连接到 VLAN 10（10.1.1.0/24）和 VLAN 20（20.1.1.0/24）两个子网。Router A 在 VLAN 10 中担任 Master，在 VLAN 20 中担任 Backup；Router B 在 VLAN 10 中担任 Backup，在 VLAN 20 中担任 Master。这样，VLAN 10 中去往 ISP 的流量将通过 Router A 转发，VLAN 20 中去往 ISP 的流量将通过 Router B 转发。

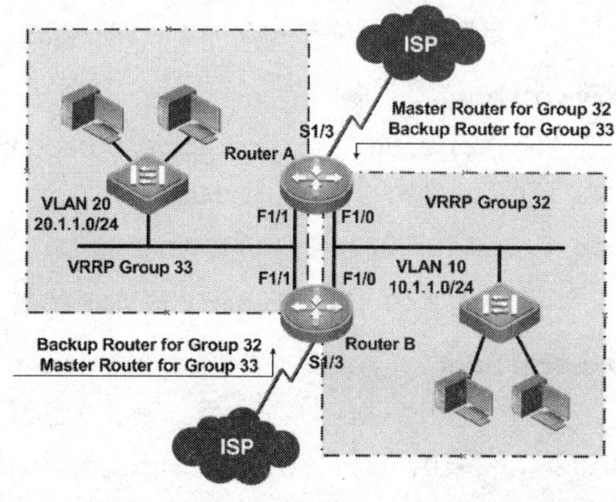

图 3-13　配置多个子网中的 VRRP

示例 3-26 Router A 的 VRRP 多组配置

```
RouterA(config)#interface serial 1/3
RouterA(config-if)#ip address 200.1.1.1 255.255.255.252
RouterA(config-if)#exit
RouterA(config)#interface FastEthernet 1/0
RouterA(config-if)#ip address 10.1.1.1 255.255.255.0
RouterA(config-if)#vrrp 32 priority 120
RouterA(config-if)#vrrp 32 ip 10.1.1.254
RouterA(config-if)#vrrp 32 track serial 1/3 30
RouterA(config-if)#exit
RouterA(config)#interface FastEthernet 1/1
RouterA(config-if)#ip address 20.1.1.1 255.255.255.0
RouterA(config-if)#vrrp 33 ip 20.1.1.254
RouterA(config-if)#end
```

示例 3-27 Router B 的 VRRP 多组配置

```
RouterB(config)#interface serial 1/3
RouterB(config-if)#ip address 201.1.1.1 255.255.255.252
RouterB(config-if)#exit
RouterB(config)#interface FastEthernet 1/0
RouterB(config-if)#ip address 10.1.1.2 255.255.255.0
RouterB(config-if)#vrrp 32 ip 10.1.1.254
RouterB(config-if)#exit
RouterB(config)#interface FastEthernet 1/1
RouterB(config-if)#ip address 20.1.1.2 255.255.255.0
```

使用 **show vrrp brief** 命令查看 VRRP 的运行状态。

```
RouterB(config-if)#vrrp 33 priority 120
RouterB(config-if)#vrrp 33 ip 20.1.1.254
RouterB(config-if)#vrrp 33 track serial 1/3 30
RouterB(config-if)#end
```

示例 3-28 查看 Router A 的 VRRP 状态

```
RouterA#show vrrp brief
Interface         Grp Pri Time  Own Pre State    Master addr     Group addr
FastEthernet 1/0   32  120 3     -    P  Master   10.1.1.1        10.1.1.254
FastEthernet 1/1   33  100 3     -    P  Backup   20.1.1.2        20.1.1.254
```

示例 3-29 查看 Router B 的 VRRP 状态

```
RouterB#show vrrp brief
Interface         Grp Pri Time  Own Pre State    Master addr     Group addr
FastEthernet 1/0 32 100   3      -   P  Backup   10.1.1.1        10.1.1.254
FastEthernet 1/1 33 120   3      -   P  Master   20.1.1.2        20.1.1.254
```

从 Router A 和 Router B 的 VRRP 状态中可以看出，Router A 为 Group32 的 Master，负责转发 VLAN 10 的数据；Router B 为 Group33 的 Master，负责转发 VLAN 20 的数据。

3.10.2 配置多个子网中的 VRRP 负载均衡

如图 3-14 所示的拓扑比图 3-13 中的拓扑更加复杂一些，不同的是图 3-14 在一个 VLAN 中配置了两个 VRRP 组，为单个 VLAN 内的数据进行负载分担。

VLAN 10 中配置了两个 VRRP 组 Group31 和 Group32。Router A 在 Group31 中为 Backup，在 Group32 中为 Master；Router B 在 Group31 中为 Master，在 Group32 中为 Backup。

VLAN 20 中也配置了两个 VRRP 组 Group33 和 Group34。Router A 在 Group33 中为 Backup，在 Group34 中为 Master；Router B 在 Group33 中为 Master，在 Group34 中为 Backup。

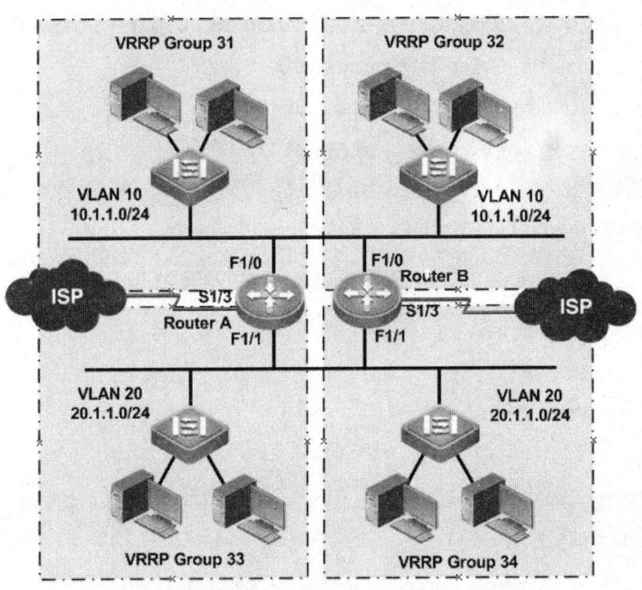

图 3-14 配置多个子网中的 VRRP 负载均衡

示例 3-30 在 RouterA 上配置多个 VLAN 中的多个 VRRP 组

```
RouterA(config)#interface FastEthernet 1/0
RouterA(config-if)#ip address 10.1.1.1 255.255.255.0
RouterA(config-if)#vrrp 31 ip 10.1.1.253
RouterA(config-if)#vrrp 32 priority 120
RouterA(config-if)#vrrp 32 ip 10.1.1.254
RouterA(config-if)#vrrp 32 track serial 1/3 30
RouterA(config-if)#exit
RouterA(config)#interface FastEthernet 1/1
RouterA(config-if)#ip address 20.1.1.1 255.255.255.0
RouterA(config-if)#vrrp 33 ip 20.1.1.254
```

```
RouterA(config-if)#vrrp 34 priority 120
RouterA(config-if)#vrrp 34 ip 20.1.1.253
RouterA(config-if)#vrrp 34 track serial 1/3 30
RouterA(config-if)#end
```

示例 3-31　在 RouterB 上配置多个 VLAN 中的多个 VRRP 组

```
RouterB(config)#interface FastEthernet 1/0
RouterB(config-if)#ip address 10.1.1.2 255.255.255.0
RouterB(config-if)#vrrp 31 priority 120
RouterB(config-if)#vrrp 31 ip 10.1.1.253
RouterB(config-if)#vrrp 31 track serial 1/3 30
RouterB(config-if)#vrrp 32 ip 10.1.1.254
RouterB(config-if)#exit
RouterB(config)#interface FastEthernet 1/1
RouterB(config-if)#ip address 20.1.1.2 255.255.255.0
RouterB(config-if)#vrrp 33 priority 120
RouterB(config-if)#vrrp 33 ip 20.1.1.254
RouterB(config-if)#vrrp 33 track serial 1/3 30
RouterB(config-if)#vrrp 34 ip 20.1.1.253
```

使用 **show vrrp brief** 命令查看 VRRP 的运行状态。

示例 3-32　查看 Router A 的 VRRP 状态

```
RouterA#show vrrp brief
Interface          Grp Pri Time  Own Pre State   Master addr    Group addr
FastEthernet 1/0    31 100   -     -   P  Backup  10.1.1.2 10.1.1.253
FastEthernet 1/0    32 120   -     -   P  Master  10.1.1.1 10.1.1.254
FastEthernet 1/1    33 100   -     -   P  Backup  20.1.1.2 20.1.1.254
FastEthernet 1/1    34 120   -     -   P  Master  20.1.1.1 20.1.1.253
```

示例 3-33　查看 Router B 的 VRRP 状态

```
RouterB#show vrrp brief
Interface         Grp Pri Time  Own Pre State    Master addr      Group addr
FastEthernet 1/0 31 120  -  -  P  Master  10.1.1.2          10.1.1.253
FastEthernet 1/0 32 100  -  -  P  Backup  10.1.1.1          10.1.1.254
FastEthernet 1/1 33 120  -  -  P  Master  20.1.1.2          20.1.1.254
FastEthernet 1/1 34 100  -  -  P  Backup  20.1.1.1          20.1.1.253
```

从 **show** 命令显示的结果可以看到，Router A 在 Group32 和 Group34 中为 Master，在 Group31 和 Group33 中为 Backup；Router B 在 Group31 和 Group33 中为 Master，在 Group32 和 Group34 中为 Backup。

需要注意的是，如果在该拓扑中实现负载分担，还需要为子网中的不同客户端配置不同的网关地址。

3.11 总 结

VRRP 作为一种冗余备份解决方案，在共享多路访问介质（如以太网）上提供了网关的冗余性，使得当活动网关发生故障后，备份网关能够进行故障切换并接替转发工作。

虚拟路由器是指 VRRP 协议虚拟逻辑上的路由器。一组 VRRP 路由器协同工作，共同构成一台虚拟路由器。该虚拟路由器对外表现为一个具有唯一固定 IP 地址和 MAC 地址的逻辑路由器。

主路由器和备份路由器是 VRRP 中的两种路由器角色。一个 VRRP 组中只有一台处于主控角色的路由器，可以有一个或者多个处于备份角色的路由器。VRRP 使用选举机制从一组 VRRP 路由器中选出一台作为主路由器，负责 ARP 响应和转发 IP 数据包，VRRP 组中的其他路由器作为备份的角色处于待命状态。

VRRP 路由器在运行过程中，分别有 Initialize、Master 和 Backup 这 3 种状态。处于 Master 状态的路由器将负责转发发送到虚拟 MAC 地址和虚拟 IP 地址的报文。

运行 VRRP 的路由器都会发送和接收 VRRP 通告消息，通告消息中包含了自身的 VRRP 优先级信息。VRRP 通过比较路由器的优先级进行选举，优先级高的路由器将成为主路由器，其他路由器都为备份路由器。如果 VRRP 组中存在 IP 地址拥有者，即虚拟 IP 地址与某台 VRRP 路由器的地址相同时，IP 地址拥有者将成为主路由器，并且 IP 地址拥有者将具有最高的优先级 255。

VRRP 使用两个定时器。通告定时器（adver-timer）用来定义主路由器发送通告报文的时间间隔。主路由器失效定时器（master-down-timer）用来定义备用路由器多长时间没有收到主路由器的通告报文后，将认为主路由器已失效，并开始选举新的主路由器。

VRRP 只使用 VRRP 通告报文（Advertisement）一种报文类型。VRRP 通告报文使用 IP 组播数据包进行封装，组播地址为 223.0.0.18，IP 协议号为 112。只有主路由器才周期性的发送 VRRP 通告报文。

接口跟踪能够使 VRRP 根据路由器其他接口的状态自动调整该路由器 VRRP 优先级。接口跟踪能确保当主路由器的重要接口不可用时，该路由器不再是主路由器，使备份路由器有机会成为新的主路由器。

VRRP 抢占模式是指当原来的主路由器从故障中恢复并接入到网络中后，将夺回原来属于自己的角色（主路由器）。

为了提高冗余性，避免造成带宽资源的浪费，可以在 VRRP 中使用负载均衡。VRRP 负载均衡是通过将路由器加入到多个 VRRP 组，使 VRRP 路由器在不同的组中担任不同的角色。

3.12 复习题

（1）VRRP 运行过程中会经历哪 3 种状态？

（2）VRRP 报文的组播地址是多少？协议号是多少？

（3）VRRP 是如何进行选举的？

（4）VRRP 使用几个定时器？各定时器的作用是什么？

（5）什么是 IP 地址拥有者？

（6）VRRP 使用什么方法实现流量的负载均衡？

（7）VRRP 接口跟踪的作用是什么？

（8）判断正误：用户可配置的 VRRP 优先级范围为 0~255。

（9）判断正误：VRRP 虚拟 IP 地址要与接口地址处于同一个子网中。

（10）使用抢占模式的优点是什么？

第4章　路由信息协议（RIP）

本章重点

- RIP 回顾
- RIPv1 和 RIPv2 的区别
- 配置 RIP 版本
- RIP 汇总与配置
- RIP 定时器与配置

RIP（Routing information Protocol，路由信息协议）是应用较早、使用较普遍的内部网关协议（Interior Gateway Protocol，IGP），适用于小型网络，并在一个自治系统(AS)内进行路由信息的传递。RIP 协议是基于距离矢量算法(Distance Vector Algorithms，DVA）的一种路由协议。它使用跳数（RIP 的度量值）来衡量到达目标地址的路由距离。在 RFC1058、RFC1723 的标准文档中有描述。RIP 有不同的 3 个版本，分别是支持 IPv4 的 RIP v1 和 RIP v2，支持 IPv6 的 RIPng。

RIP 路由协议在 RFC 1058 和 RFC 1723 有详细地介绍。

4.1　RIP 的基本原理及回顾

作为有类路由协议的 RIP 完全以跳数作为计算源到目的地的度量值。启用 RIP 的路由器会以广播方式以每 30 秒的间隔向直连邻居发送自己的路由表副本，通告本地网络给其邻居，由于其更新方式（周期更新）可能导致路由环路问题。RIP 使用最大跳数、水平分割、抑制定时器、触发更新的方式来避免路由产生环路。

4.1.1　度量值

启用 RIP 的路由器以跳数作为度量值，每个本地网络被作为路由条目发出时会自加一跳。最大跳数为 16 跳，当一个路由条目的跳数累加到 16 跳时就从路由表中删除。

4.1.2　更新方式

启用 RIPv1 的路由器会以每 30 秒一次的频率复制自己的路由表副本作为路由更新发送给其直连邻居，更新方式为广播，即以 254.254.254.255 为目的地址发送更新报文。而启用 RIPv2 的路由器更新方式为组播更新，即以 224.0.0.9 为目的地址发送更新，这样做可以尽量减少由于更新引起的广播流量，增加链路带宽的使用效率。

4.1.3 计时器

无论 RIPv1 还是 RIPv2 都严格遵循如下定时器（这里必须说明一下，RIPng 在定时器方面和 RIPv1 与 RIPv2 略微有些不同，不同点将会在 IPv6 的篇章中详细介绍）。

- 更新时间（Updata）：每 30 秒发送更新报文。
- 无效时间（Invaild）：一条路由出现故障后在 180 秒内则为无效。
- 保持时间（Hold-down）：减小路由表内安装不正确路由的周期时间，默认为 180 秒。
- 删除时间（Flush）：当到达这个时间后就将该路由条目从路由表内删除，默认 240 秒。

4.1.4 RIP 的环路和防环机制

RIP 路由协议为了防止环路的产生，采用了水平分割、毒性反转、触发更新等技术来解决环路的问题。

RIP 的路由更新机制会导致网络环路的产生，所以 RIP 提供了几种防止路由环路的机制。

1. RIP 的环路问题

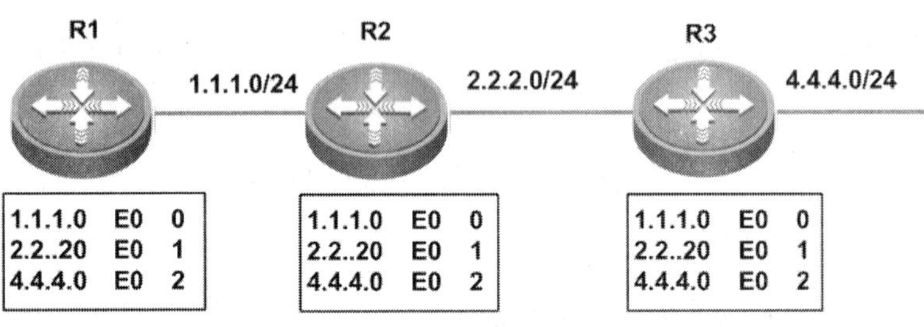

图 4-1 RIP 的环路问题（1）

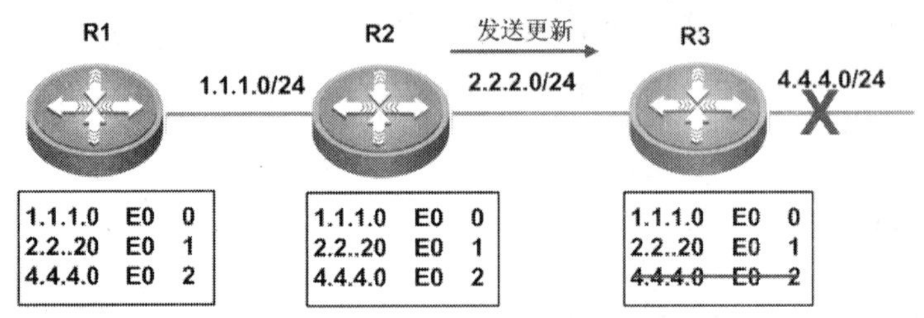

图 4-2 RIP 的环路问题（2）

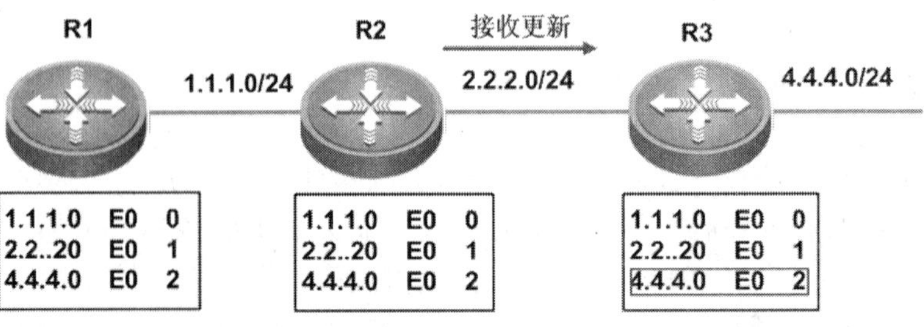

图 4-3 RIP 的环路问题（3）

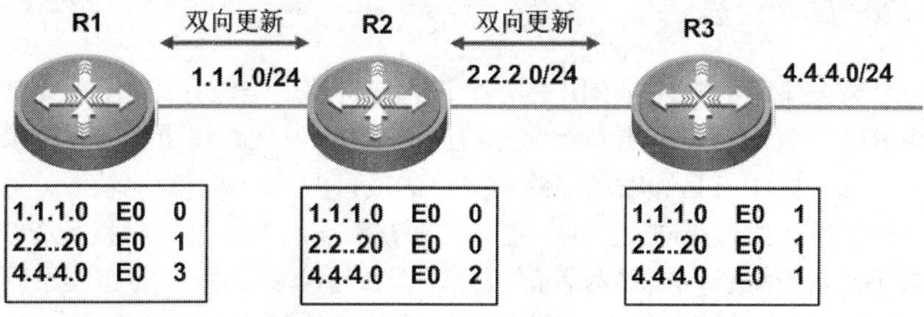

图 4-4 RIP 的环路问题（4）

由于 RIP 规定超过 16 跳时就认定为不可达，所以 RIP 路由协议只能适用于小型网络架构。

仔细观察上图4-1中各路由器的路由表，在图4-2中，R3路由器上的4.4.4.0/24网络出现故障时，4.4.4.0/24 的网络就在 R3 的路由表里被删除了，但与此同时 R3 的更新周期没有到，导致 R3 无法将消息迅速的传递给其他邻居路由器。在图 4-3 中，R3 的更新周期未到，而这个时候 R2 的更新周期到来，那么 R2 就会将自己的路由表副本传递给 R3，R3 收到从 R2 传递过来的更新，发现该副本有到达 4.4.4.0/24 网段的条目，就立刻学习此条目，并且该条目 Metric 值从 0 变成 1，通过观察发现，其实 R2 到达 4.4.4.0 网络是从 R3 到达的，所以这个时候 R3 上所有到达 4.4.4.0/24 网络的数据，会先查找本地路由表并且根据路由表的下一跳将数据传递给 R2，然后 R2 根据路由表再传递回 R3，但实际上 R3 又会根据路由表的查找，又将数据传递给 R2，这显然形成了环路。试想一下随着各个路由器更新行为的发生，这个错误的信息会被无止境的传递下去，并且 4.4.4.0/24 网络的跳数随着传递次数增加而增加，这将形成一个无比巨大的环路，如图 4-4。

2. RIP 解决环路机制

在最初开发 RIP 的时候就发现路由环路的问题，所以已经在 RIPv1 和 RIPv2 中集成了几种防止环路的机制：

- **最大跳数：** 当一个路由条目作为副本发送出去的时候就会自加 1 跳，跳数最大为 16 跳，16 跳意味着此网络永不可达了。
- **水平分割：** 路由器不会把从某个接口学习到的路由再从该接口广播或者以组播的方式发送出去。
- **带毒性反转的水平分割：** 路由器从某些接口学习到的路由有可能从该接口发送出去，只是这些路由已经具有毒性，即跳数都为 16 跳。
- **抑制定时器：** 当路由表中的某个条目所指网络消失时，路由器并不会立刻的删除该条目，而是严格按照前面所介绍的计时器时间现将条目设置为无效并挂起，在到达 240 秒时才删除该条目，这么做的目的是为了尽可能利用这个时间等待发生改变的网络恢复。
- **触发更新：** 因网络拓扑发生变化导致路由表发生改变时，路由器立刻产生更新通告给直连邻居，不再需要等待 30 秒的更新周期，这样做是为了将网络拓扑的改变立刻通告给其他邻居路由器。

以上就是 RIP 产生环路的问题和解决方法。

4.1.5 RIP 自动汇总

RIP 路由协议的自动汇总，会把所有路由汇总成为有类型路由。这样自动会造成路由黑洞，所以在配置 RIP 的时候要关闭自动汇总功能。

作为距离矢量路由协议的 RIP 有一个最大的特性就是边界汇总，所谓的边界汇总是由 RIP 的发送行为和更新行为导致的。RIP 在发送路由更新的时候会将更新报文中的每个路由条目和发送该路由更新的接口做一个对比，比较双方地址是否属于统一主网，如果是同一主网，那么还要判断发送的条目掩码和发送该条目的接口掩码是否一样长，如果两者都一样，那么这个就是所谓的连续子网，则该条目套用接口掩码发送出去，即是可以带子网信息，而再不是单一的主网信息。

如果发现条目和发送接口是不同主网，那么直接将该条目自动汇总为主类网地址，发送出去，这个就是所谓的自动汇总或者叫边界汇总，但如果发现是同一主网，但掩码长度不一致，那么 RIP 将直接删除该条目，这也就是 RIPv1 不支持不连续子网和不支持 VLSM 的原因，图 4-5 可以明确解释 RIP 的更新行为和现象。

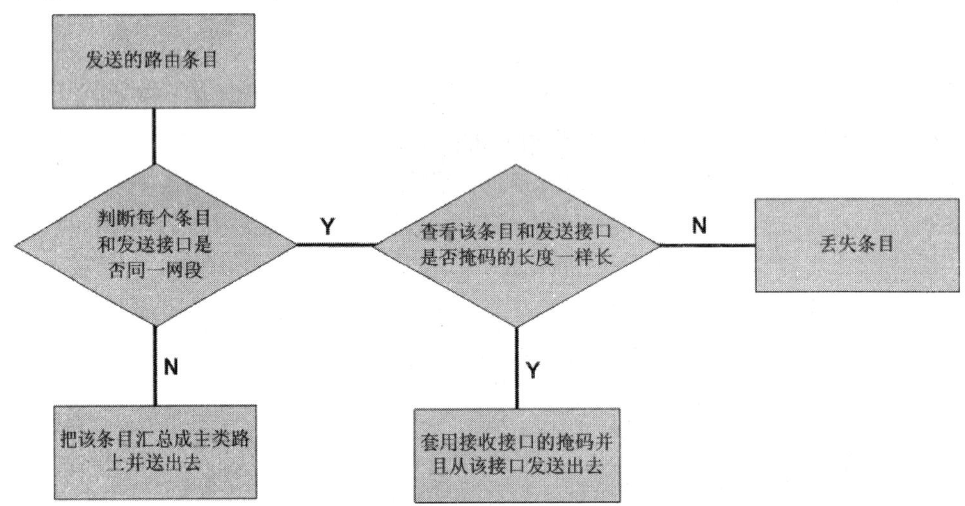

图 4-5　RIP 发送更新行为流程图（发送）

上面解释了发送行为，接下来来看接收行为。当一个接口收到一个 RIP 更新时，它也会将收到的条目和接受该更新的条目作对比，以确定是否同一主网。如果不是直接汇总成主类网，并接受，如果接收的条目和接收该条目的接口是同一主网，那么还要判断这样的一个条目是否已经存在于本地路由表或者是否可以从其他接口学习到，如果已经存在于本地路由表或者可以从其他接口学习到，那么 RIP 将忽略该条目，因为他认为本地已经有一个该条目路由，没必要再学习重复的路由条目。这也就是 RIPv1 不支持不连续子网的原因，图 4-6 可以明确解释 RIP 的更新行为和现象。

这些特性同样在RIPv2 中也存在只不过由于RIPv2 发送的更新中携带了子网掩码，所以 RIPv2 支持 VLSM 和 CIDR，也支持不连续子网。

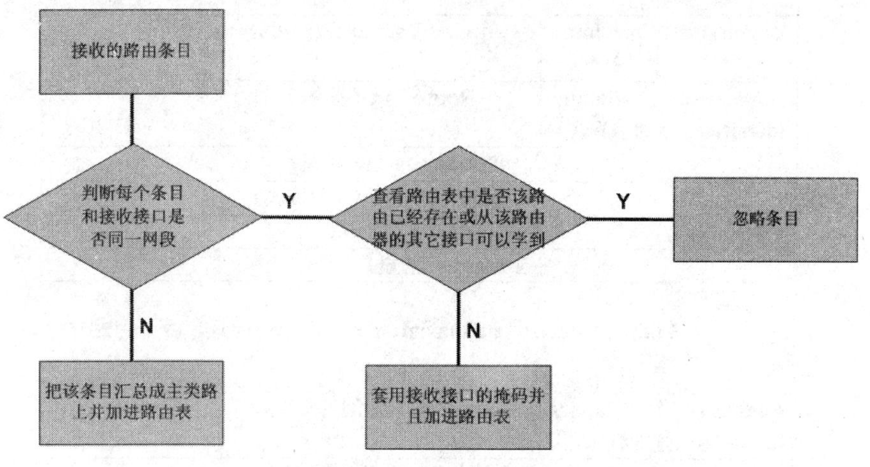

图 4-6　RIP 发送更新行为流程图（接收）

RIP 路由协议是以跳数作为衡量路由好坏的标准，RIP 路由协议的 metric 值不能大于 16，如果大于 16 则认为目标不可达。在 RIP 路由协议消息包中最多可以承载 25 条路由条目。

4.1.6　RIPv1 和 RIPv2 的分组格式

RIP 路由协议的版本 1 和版本 2 最根本的区别是：版本 1 是有类的路由协议，而版本 2 为无类的路由协议，版本 2 支持 VLSM，并在发送更新时候会携带子网掩码。

RIPv1 Message Format（RIP v1 消息格式）如图 4-7 所示。

Command(命令)	Version(版本)	Unused(set to all zeros)
Address Family Identifier(地址族标志)		Unused(set to all zeros)
IP Address(ip 地址)		
Unused(set to all zeros)		
Unused(set to all zeros)		
Metric(度量)		

Multiple field, up to a maximum of 25(多个字段，最大位 25)

Address Family Identifier(地址族标志)	Unused(set to all zeros)
IP Address(ip 地址)	
Unused(set to all zeros)	
Unused(set to all zeros)	
Metric(度量)	

图 4-7　RIPv1 Message Format

- **命令（Command）**——只取值 1 或 2，1 表示该消息是请求消息，2 表示该消息是响应消息。其他的取值都不被使用或保留用作私有用途。
- **版本号（Version）**——对于 RIPv1，该字段的值设为 4。
- **地址族标识（Address Family Identifier,AFI）**——对于 IP 该项设置为 2。只有一个例外的情况，该消息是路由器（或主机）整个路由选择表的请求信息。
- **IP 地址（IP Address）**——路由的目的地址。这一项可以是主网络地址，子网地址或者主机路由地址。
- **度量（Metric）**——RIP 的 Metric 值是跳数。该字段的取值范围是 1~16 之间。

RIPv2 Message Format（RIP v2 消息格式），如图 4-8 所示。

Command（命令）	Version（版本）	Unused（set to all zeros）
Address Family Identifier（地址族标志）		Route Tag（路由标记）
IP Address（ip 地址）		
Subnet Mask（子网掩码）		
Next Hop（下一跳）		
Metric（度量）		

Multiple field, up to a maximum of 25（多个字段，最大位 25）

Address Family Identifier（地址族标志）	Route Tag（路由标记）
IP Address（ip 地址）	
Subnet Mask（子网掩码）	
Next Hop（下一跳）	
Metric（度量）	

图 4-8 RIPv2 Message Format

- **命令（Command）**——只取值 1 或 2，1 表示该消息是请求消息，2 表示该消息是响应消息。其他的取值都不被使用，或保留用作私有用途。
- **版本号（Version）**——对于 RIPv2，该字段值设为 2。如果设置为 0 或者是无效的 RIPv1 格式，那么这个消息将被丢弃。RIPv2 处理无效的 RIPv1 消息
- **地址族标识(Address Family Identifier,AFI)**——对于 IP 该项设置为 2。只有一个例外的情况，该消息是路由器（或主机）整个路由选择表的请求信息。
- **路由标记（Route Tag）**——提供这个字段用来标记外部路由或重分配到 RIPv2 协议中的路由。默认的情况是使用这个 16 位的字段来携带从外部路由选择协议注入到 RIP 中路由的自主系统号。虽然 RIP 协议自己并不使用这个字段，但是在多个地点和某个 RIP 域相连的外部路由中，需要使用这个路由标记字段来交换路由信息。这个字段也可以用来把外部路由编成“组”，以便在 RIP 域中更容易的控制这些路由。
- **IP 地址（IP Address）**——路由的目的地址。这一项可以是主网络地址，子网地址或者主机路由地址。
- **子网掩码（Subnet Mask）**——是一个确认 IP 地址哪几位是网络位和哪几位主机位的一组以 1 开头 0 结尾的 32 位二进制数。
- **下一跳（Next Hop）**——它指出的下一跳地址，其度量值比在同一个子网上的路由器更靠近目的地。如果这个字段设置位是全 0（0.0.0.0），说明路由器的地址是最好的下一跳地址。
- **度量（Metric）**——RIP 的 Metric 是跳数。该字段的取值范围是 1~16 之间。

4.2 RIP V1 和 RIPV2 区别

RIPv1 和 RIPv2 的区别其实并不是很大，如表 4-1 所示。

在配置 RIP 路由协议时，如果不配置路由协议的版本，则路由器会默认发送版本 1 的消息包，接收任意版本的消息包，所以你会发现版本 1 会学习到版本 2 的路由，但版本 2 学习不到版本 1 的路由，就是这个原因。

表 4-1 RIPv1 和 RIPv2 的区别

RIP version 1	RIP version 2
Classful	Classless
不支持 VLSM	支持 VLSM
不支持不连续子网	支持不连续子网
广播式更新	组播式更新（224.0.0.9）
自动汇总（不可关闭）	自动汇总（可关闭）
不支持手工汇总	支持手工汇总
不支持路由认证	支持路由认证

4.3 配置 RIP 的版本

4.3.1 配置 RIP

RIP 在默认配置时默认版本为 1，但众所周知版本为 1 的 RIP 有很多缺陷，比如不支持 VLSM（可变长子网掩码），所以在实际应用环境中是配置 RIP V2 的情况更多一些，配置 RIP 的版本号用如下命令：

Router(config- route)#**version** [1/2]

默认情况下，路由器会默认采用版本 1，可以使用 **show ip rip** 来查看 RIP 的版本，如示例 4-1 所示。

这里只需要关心显示信息中的 **Default version control: send version 1, receive any version**，是配置的默认版本为 1 的 RIP 协议，并且发送 RIPV1 的信息，但接收更新的版本可以是任意版本。接着通过输入 version 2 命令来改变 RIP 的版本信息，如示例 4-2 所示：

可以通过 show ip rip 命令再一次查看 RIP 版本信息。

如显示信息所示 **Default version control: send version 2, receive version 2** 提示版本信息为 version 2，并且发送和接收的更新版本也为 version 2。

如果 RIP 版本号不匹配，那么配置 RIP 的路由器之间是无法交换路由更新报文的，所以在实施 RIP 时要特别注意 RIP 版本问题。

示例 4-1 使用命令 show ip rip 来查看 RIP 版本 1

```
R3#show ip rip
Routing Protocol is "rip"
  Sending updates every 30 seconds, next due in 17 seconds
  Invalid after 180 seconds, flushed after 120 seconds
```

```
  Outgoing update filter list for all interface is: not set
  Incoming update filter list for all interface is: not set
  Default redistribution metric is 1
  Redistributing:
  Default version control: send version 1, receive any version
    Interface             Send  Recv  Key-chain
    FastEthernet 0/0       1    12
    Loopback 0             1    12
  Routing for Networks:
    192.168.30.0
    192.168.40.0
  Distance: (default is 120)
```

示例 4-2　使用命令 show ip rip 来查看 RIP 版本 2

```
R3#show ip rip
Routing Protocol is "rip"
  Sending updates every 30 seconds, next due in 16 seconds
  Invalid after 180 seconds, flushed after 120 seconds
  Outgoing update filter list for all interface is: not set
  Incoming update filter list for all interface is: not set
  Default redistribution metric is 1
  Redistributing:
  Default version control: send version 2, receive version 2
    Interface             Send  Recv  Key-chain
    FastEthernet 0/0       2     2
    Loopback 0             2     2
  Routing for Networks:
    192.168.30.0
    192.168.40.0
  Distance: (default is 120)
```

4.3.2　RIPv1 与 RIPv2 的兼容性

在配置 RIP 路由协议的兼容性开关时，需要注意在哪个接口上接收版本 1 的消息，哪个接口上接收版本 2 的消息。这对网络带宽的占用及安全很重要。

如图 4-9 所示，R1 和 R2 运行的是 RIPv2 路由协议，而 R3 运行的 RIPv1 路由协议，默认情况下，R1 和 R2 无法学习到 R3 的路由，同样 R3 也学习不到 R1 和 R2 的路由，所以在配置 RIP 路由协议时，需要注意 RIPv1 和 RIPv2 的兼容性问题。

- RFC1723 用 4 个设置定义了一个“兼容性开关”，用来允许版本 1 和版本 2 之间的互操作。
- RIP-1——只有 RIPv1 的消息传送。
- RIP-1 兼容性——RIPv2 使用广播方式代替组播方式来通告消息，以便 RIPv1 可以接收它们。

- RIP-2——RIPv2 使用组播方式通告消息到目的地址 224.0.0.9。
- None——不发送更新。

RFC 建议这个开关基于每个接口上配置。另外 RFC1723 定义了一个“接收控制开关”来控制更新的接收。这个开关的 4 个设置如下。

- RIP-1。
- RIP-2。
- Both。
- None。

每个接口上配置，在设置 4 的设置时，可以使用访问控制列表来过滤 UDP 源端口 520，或在该接口上不包含 network 语句，可配置一个路由过滤列表完成。

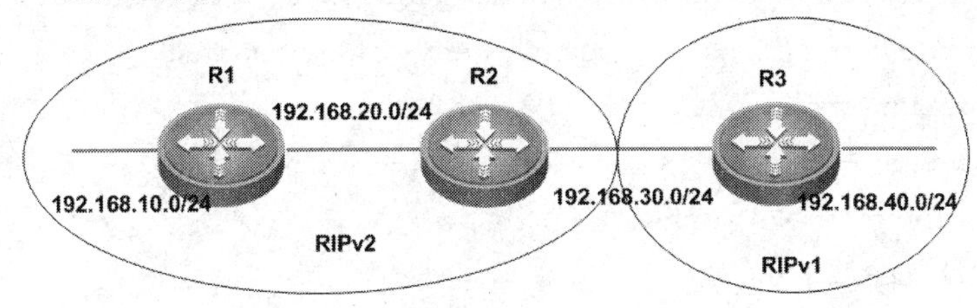

图 4-9 RIPv1 与 RIPv2 的兼容性

4.3.3 兼容性配置

配置命令需要在接口模式下配置：

ip rip [send | receive] **version** [1 | 2]

定义 RIP 在接口上发送或接收版本 1 或版本 2 的数据包。

RFC1723 中建议基于接口级别的“兼容性开发”，在 RGNOS 可以通过命令 **ip rip send version** 和 **ip rip receive version** 来实现。

上图 4-9 的配置过程如图 4-10 所示。可以在路由协议模式下使用命令 no version 恢复到默认状态。

在配置完成后，R1 和 R2 能够学习到 R3 的路由，同样 R3 也能学习到 R1 和 R2 的路由。可以使用命令 **show ip route** 和 **show ip rip** 来查看结果。如示例 4-3、示例 4-4 所示。

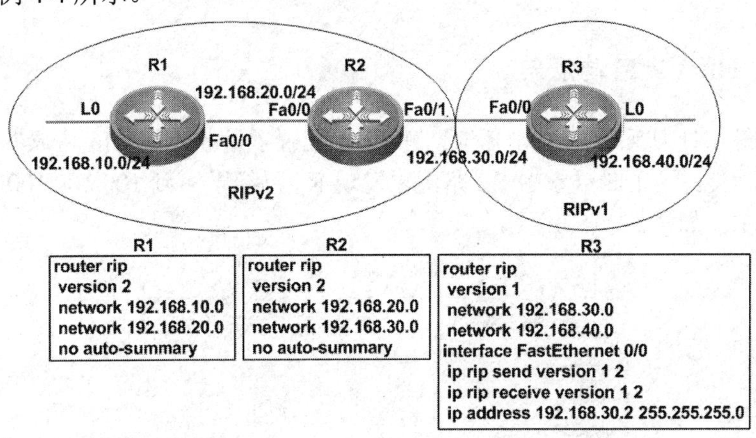

图 4-10 RIP 版本兼容性配置

示例 4-3 使用命令 show ip rip 来查看 R3 的 RIP 版本

```
R3#show ip rip
Routing Protocol is "rip"
  Sending updates every 30 seconds, next due in 10 seconds
  Invalid after 180 seconds, flushed after 120 seconds
  Outgoing update filter list for all interface is: not set
  Incoming update filter list for all interface is: not set
  Default redistribution metric is 1
  Redistributing:
  Default version control: send version 1, receive version 1
    Interface            Send  Recv   Key-chain
    FastEthernet 0/0      12   12
    Loopback 0            1    1
  Routing for Networks:
    192.168.30.0
    192.168.40.0
  Distance: (default is 120)
```

示例 4-4 使用命令 show ip route 来查看 R1 路由表

```
R1#show ip route
C 192.168.10.0/24 is directly connected, Loopback 0
C 192.168.10.1/32 is local host.
C 192.168.20.0/24 is directly connected, FastEthernet 0/0
C 192.168.20.1/32 is local host.
R 192.168.30.0/24 [120/1] via 192.168.20.2, 00:00:20, FastEthernet 0/0
R 192.168.40.0/24 [120/2] via 192.168.20.2, 00:00:20, FastEthernet 0/0
```

4.4 RIP 的汇总与配置

4.4.1 RIPV2 自动汇总

如图 4-11 所示。在路由器 R1 和 R2 上配置了最基本的 RIP 协议并关闭了自动汇总功能，这个时候察看 R2 路由表发现 R2 已经学习到 100.100.100.0/24 这个特定路由，如示例 4-5 所示。

因为 RIP 路由协议版本 2 支持 VLSM，所以在配置手工汇总时，对子网掩码的界定很重，如果汇总范围过大会产生路由黑洞。

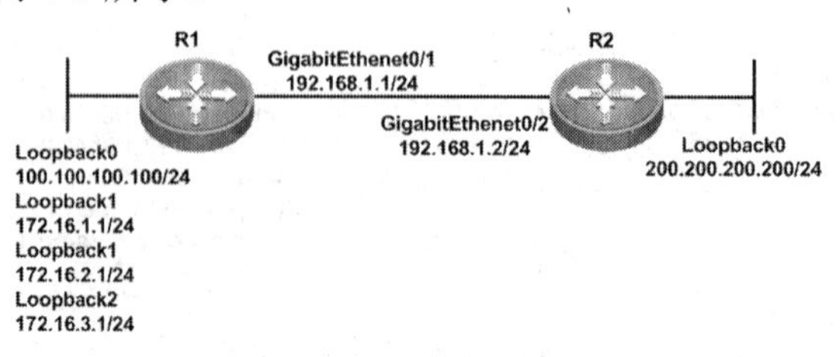

图 4-11 RIP 汇总

示例 4-5 使用命令 show ip route 来查看路由表

```
R2#show ip route
Codes: C - connected, S - static,  R - RIP B - BGP
       O - OSPF, IA - OSPF inter area
       N1 - OSPF NSSA external type 1,N2-OSPF NSSA external type 2
       E1 - OSPF external type 1, E2 - OSPF external type 2
       i - IS-IS, L1 - IS-IS level-1, L2 - IS-IS level-2, ia - IS-IS
inter area
       * - candidate default
Gateway of last resort is no set
R 100.100.100.0/24 [120/1] via 192.168.4.1, 00:00:07, GigabitEthernet 0/0
C    192.168.4.0/24 is directly connected, GigabitEthernet 0/0
C    192.168.4.2/32 is local host.
C    200.200.200.0/24 is directly connected, Loopback 0
C    200.200.200.200/32 is local host.
```

为了看到 RIP 的自动汇总现象，必须在 R1 及 R2 的 RIP 配置里开启 RIP 自动汇总功能，命令如示例 4-6 所示。

示例 4-6 配置 RIP 关闭自动汇总

```
R1(config)#Rrouter RIP
R1(config-router)#version 2
R1(config-router)#auto-summary
```

在开启 RIP 自动汇总后再一次察看 R2 路由表，发现对于 R1 的 100.100.100.0/24 网络 R2 只学习其汇总网络 100.0.0.0/8。证明了 RIP 默认自动汇总行为。如示例 4-7 所示。

示例 4-7 使用命令 show ip route 来查看路由表

```
R2#show ip route
Codes: C - connected, S - static,  R - RIP B - BGP
       O - OSPF, IA - OSPF inter area
       N1 - OSPF NSSA external type 1,N2-OSPF NSSA external type 2
       E1 - OSPF external type 1, E2 - OSPF external type 2
       i - IS-IS, L1 - IS-IS level-1, L2 - IS-IS level-2, ia - IS-IS
inter area
       * - candidate default
Gateway of last resort is no set
R 100.0.0.0/8 [120/1] via 192.168.4.1, 00:02:07, GigabitEthernet 0/0
C 192.168.4.0/24 is directly connected, GigabitEthernet 0/0
C 192.168.4.2/32 is local host.
C 200.200.200.0/24 is directly connected, Loopback 0
C 200.200.200.200/32 is local host.
```

4.4.2 RIPV2 的手动汇总

只有 RIPv2 协议才支持手动汇总，可以将本地的多个同一主网的子网通过命令汇总为一条路由通告出去，这样可以减少路由表大小，从而达到优化网络的目的。命令如下：

Router(config-if)#**ip summary-addrss rip** *summary-address netmask*

手动汇总在 RIP 里的作用，如图 4-11 所示。首先在 R1 上创建 3 个环回接口，分别模拟 3 个属于同一 172.16.0.0/16 主网的不同子网，配置如示例 4-8 所示。

示例 4-8 配置环回接口

```
R1(config)#interface Loopback 0
R1(config-if)#ip address 172.16.4.1 255.255.255.0
R1(config)#interface Loopback 1
R1(config-if)#ip address 172.16.2.1 255.255.255.0
R1(config)#interface Loopback 2
R1(config-if)#ip address 172.16.3.1 255.255.255.0
```

在不做任何手动汇总并关闭自动汇总下，使用 **show ip route** 命令查看 R2 路由表信息，信息如示例 4-9 所示。

这里 R2 学习到 3 个关于 172.16.0.0/16 的子网路由，但实际上这 3 个子网都属于主网 172.16.0.0/24，所以可以在 R1 上输入手动汇总命令使 R2 只学习一条主网信息,从而来减少 R2 路由表条目，命令如示例 4-10 所示。

在输入该命令后 R2 只会学习有关 172.16.0.0/16 位网络的路有条目，而不再学习具体的特定路由，这样大大的减少了 R2 路由表大小，并且增加了路由效率。通过查看 R2 路由表可以证明该现象。如示例 4-11 所示。

示例 4-9 使用命令 show ip route 来查看路由表

```
R2#show ip route
Codes:  C - connected, S - static,  R - RIP B - BGP
        O - OSPF, IA - OSPF inter area
        N1 - OSPF NSSA external type 1,N2-OSPF NSSA external type 2
        E1 - OSPF external type 1, E2 - OSPF external type 2
        i - IS-IS, L1 - IS-IS level-1, L2 - IS-IS level-2, ia - IS-IS
inter area
        * - candidate default
Gateway of last resort is no set
R 100.100.100.0/24 [120/1] via 192.168.4.1,00:00:08,GigabitEthernet 0/0
R 172.16.4.0/24 [120/1] via 192.168.4.1, 00:00:08, GigabitEthernet 0/0
R 172.16.2.0/24 [120/1] via 192.168.4.1, 00:00:08, GigabitEthernet 0/0
R 172.16.3.0/24 [120/1] via 192.168.4.1, 00:00:08, GigabitEthernet 0/0
C 192.168.4.0/24 is directly connected, GigabitEthernet 0/0
C 192.168.4.2/32 is local host.
C 200.200.200.0/24 is directly connected, Loopback 0
```

```
C 200.200.200.200/32 is local host.
```

示例 4-10　配置手工路由汇总

```
R1(config)#interface GigabitEthernet 0/1
R1(config-if)#ip summary-address rip 172.16.0.0 255.255.255.0
```

示例 4-11　使用命令 show ip route 来查看路由表

```
R2#show ip route
Codes: C - connected, S - static,  R - RIP B - BGP
       O - OSPF, IA - OSPF inter area
       N1 - OSPF NSSA external type 1,N2-OSPF NSSA external type 2
       E1 - OSPF external type 1, E2 - OSPF external type 2
       i - IS-IS, L1 - IS-IS level-1, L2 - IS-IS level-2, ia - IS-IS
inter area
       * - candidate default
Gateway of last resort is no set
R 100.100.100.0/24 [120/1] via 192.168.4.1, 00:00:13, GigabitEthernet 0/0
R 172.16.0.0/16 [120/1] via 192.168.4.1, 00:00:13, GigabitEthernet 0/0
C 192.168.4.0/24 is directly connected, GigabitEthernet 0/0
C 192.168.4.2/32 is local host.
C 200.200.200.0/24 is directly connected, Loopback 0
```

4.5　RIP 计时器与配置

本节讲述 RIP 的计时器配置，可以通过修改 RIP 计时器来大大改进 RIP 的更新效率，但需要说明的是，一旦决定修改 RIP 的计时器，就必须将网络上所有 RIP 的计时器值保持一致。

一般不建议去修改该计时器，如果把计时器修改的过小或过大，都会影响到 RIP 的执行效率。

修改定时器的命令如下：**timers basic** *update invalid flush*，具体参数见表 4-2 所示。

表 4-2　timers basic 参数

参数	描述
update	路由更新时间，以秒计，update 定义了路上器发送更新报文的周期。RGNOS 软件每接收到更新报文，invalid 和 flush 时钟复位。默认每隔 30 秒发送一次路由更新报文
invalid	路由无效时间，以秒计，从最近一次有效更新报文开始计时，invalid 定义了路由表中路由没有按时更新而变为无效时间。路由无效时间至少应为路由更新时间的 3 倍。如果在路由无效时间内没有收到任何更新报文，相应的路由信息将变为无效。invalid 时间内接收到路由更新报文，时钟会复位。invalid 默认时间为 180 秒
flush	路由清除时间，以秒计，从最近一次有效更新报文开始计时。flush 默认时间为 240 秒

4.6 总 结

本章对 RIP 路由协议又进行了一个系统的介绍，主要是在 RIP 路由协议的高级应用方面进行更深入的讲解，你会通过本章内容更深入了解 RIP 路由协议，本章主要讲述了如下内容：

RIPv1 和 RIPV2 两个版本的区别及两个版本的配置兼容性开关。

RIP 的汇总包括自动汇总和手动汇总。

RIP 定时器的配置及应该注意的事项。

RIP 偏移列表的作用及配置。

为了安全的考虑，对 RIP 的证种类及配置进行详细的讲解。

为了在生产环境中更好运用 RIP 路由协议，对 RIP 配置过程中经常出现的问题进行讲解。

4.7 复习题

（1）RIPv2 消息格式中包含了哪 3 个新的字段？

（2）除了上述问题 1 中的 3 个字段定义的扩展特性外，RIPv2 相比 RIPv1 还有哪两个主要的改变？

（3）在 RIPv2 中有几种汇总方式？其配置命令是什么？

（4）当 RIPv1 和 RIPv2 在一个网络中，那么需要配置其兼容性开关，其配置命令是什么？

第 5 章　开放式最短路径优先协议（OSPF）

本章重点

◆ 链路状态路由协议的特点
◆ OSPF 的工作机制概述
◆ OSPF 的报文类型
◆ OSPF 的邻居状态与数据库同步
◆ OSPF 的区域概念
◆ OSPF 的网络类型
◆ OSPF 的基本配置

开放式最短路径优先协议（OSPF，Open Shortest Path First）是 IETF（Internet Engineering Task Force）于 1988 年提出的一种链路状态路由选择协议，它服务于 IP 网络，OSPF 是一个内部网关协议（IGP，Interior Gateway Protocol），它工作在一个自治系统中，用于自治系统内部的路由选择信息交换。

OSPF Version 2 RFC 2328

RFC1131 详细说明了 OSPF 协议的版本 1，这个版本从来没有在实验平台以外使用过，OSPF 协议的版本 2，也就是目前仍然使用的版本，最初说明是在 RFC1247 里描述的，最新的 OSPF 协议说明是 RFC2325。

5.1　链路状态路由协议的特点

链路状态是指路由器接口、链路和邻居的状态，例如包括接口的地址、网络类型、Up 状态和 DOWN 状态等。链路状态信息被封装在链路状态通告消息中扩散到每个路由器，并用来建立一个拓扑数据库，这个数据库是依靠收到的所有路由器发送的链路状态通告而构建成的。Diskjtra 算法运行在每个使用了拓扑数据库的路由器上，该算法将本地路由器放置于 SPT（Shortest Path Tree，最短路径树）根处的位置上，其他路由器和子网作为树的叶子节点，它根据到达各个叶子节点的费用计算到达目的的最短路径。

链路状态路由协议（Link-State Routing Protocol）具有以下特征：

❑ 对网络发生的变化能够快速响应。
❑ 当网络发生变化的时候发送触发式更新（Triggered Update）。
❑ 发送周期性更新（链路状态刷新）。

链路状态路由协议只在网络拓扑发生变化以后产生路由更新。当链路状态发生变化以后，检测到变化的路由器生成并发送 LSA（Link-State Advertisement，链路状态通告），并通过组播地址发送给所有的邻居路由器。接收到 LSA 的每个路由器都回复制一份 LSA，更新它自己的链路状态数据库（Link-State Database，LSDB），然后再将 LSA 转发给其他的邻居。这种扩散机制被称为泛洪（Flooding），该机制保证了所有的路由器在更新自己的路由表之前更新它自己的 LSDB。

通过使用 Dijkstra 算法（或称 SPF 算法）来计算到达目标网络的最佳路径，建立一个 SPF 树，然后从 SPF 树里选出最佳路径并放进路由表里，如图 5-1 所示。

LSDB (link state database, LSD) 链路状态数据库。

SPF (shortest path first) 最短路径优先。

Link-State Data Structures：链路状态数据结构。

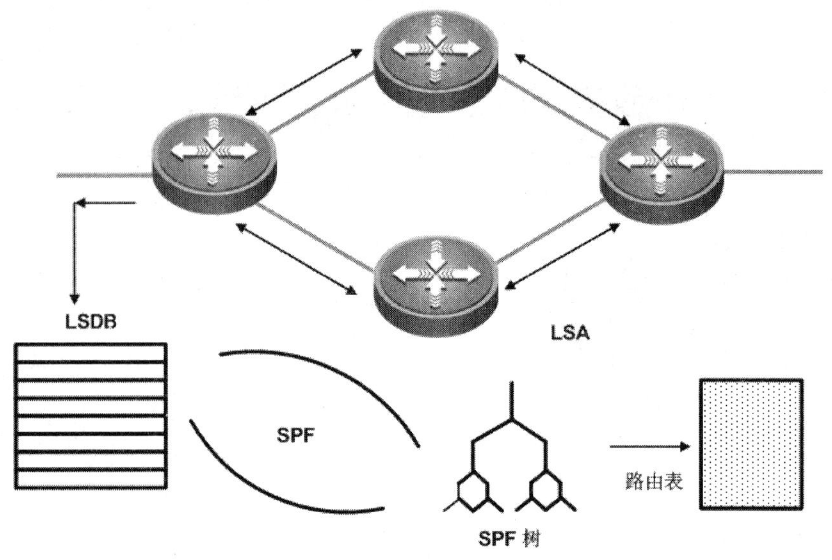

图 5-1 链路状态协议

链路状态路由协议在一个特定的区域（Area）里从邻居处收集网络信息，一旦路由信息都被收集齐以后，每个路由器开始通过使用 Dijkstra 算法独立计算到达目标网络的最佳路径。

为了能够做出更好的路由决策，OSPF 路由器必须维护以下信息：

- **邻居表（Neighbor Table）**：也称邻接数据库（Adjacency Database）。邻居表存储了邻居路由器的信息，如果一个 OSPF 路由器和它的邻居路由器失去联系，它会重新计算到达目标网络的路径。
- **拓扑表（Topology Table）**：也称作 LSDB，OSPF 路由器通过 LSA 学习到其他的路由器和网络状况信息，LSA 存储在 LSDB 中。
- **路由表（Routing Table）**：也就是路由表，也称转发数据库（Forwarding Database），包含了到达目标网络的最佳路径的信息。

链路状态路由协议和距离矢量路由协议的一个重要区别就是：距离矢量路由协议是基于流言的路由协议（Routing By Rumors），也就是说，距离矢量路由协议依靠邻居发给它的信息来作路由决策，而且路由器不需要保持完整的网络信息。而运行了链路状态路由协议的路由器则拥有完整的网络信息，而且每个路由器自己做出路由决策。

5.2 OSPF 的工作机制概述

5.2.1 OSPF 邻居关系

运行 OSPF 的路由器通过交换 Hello 报文和别的路由器建立邻接(Adjacency）关系，过程如图 5-2 所示。

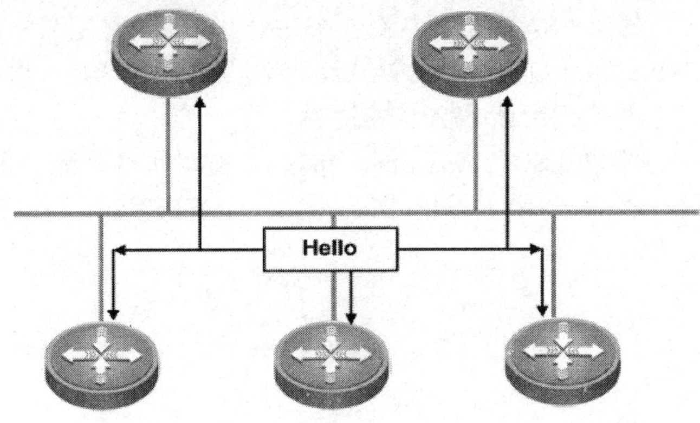

图 5-2　广播网络中的 Hello 报文

①路由器采用多播地址作为目标地址发送 Hello 报文。

②Hello 报文交换完毕，邻居关系形成。

③接下来通过交换 LSA 进行 LSDB 的同步，同步完成后，双方将进入完全邻接状态，形成邻接关系。

④如果需要的话，路由器发送新的 LSA 给其他的邻居，来保证整个区域内 LSDB 的完全同步。

对于 LAN 链路，OSPF 还需要选举一个路由器作为指定路由器（DR，Designated Router）和一个备份指定路由器（BDR，Backup Designated Router）。所有其他路由器都和 DR 以及 BDR 形成完全邻接状态，而且只传输 LSA 给 DR 和 BDR。DR 从邻居接收 LSA，然后再将其泛洪给其他所有非 DR 路由器。

DR 的主要功能就是保证在一个 LAN 内的所有路由器拥有相同的数据库，而且把完整的数据库信息发送给新加入的路由器。其他路由器之间还会形成非 DR/BDR，即 DROthers 的邻居关系，该状态称为双向关系（Two-Way）。

LSA 包含了始发路由器的链路状态信息，LSA 具有以下特征：

- LSA 被扩散到整个区域。
- LSA 有序列号和寿命，以确保每台路由器都知道自己有最新的 LSA 版本。
- LSA 被定期刷新以确保拓扑信息的有效性，直到 LSA 从 LSDB 中被删除。
- LSA 的扩散是可靠的，接收方接收到 LSA 后，将向发送方发送一个 LSAck（LSA 确认）报文。

Designated Router（DR）：指定路由器

Backup Designated Router（BDR）：备份指定路由器

DROTHERs：非指定路由和备份指定路由器的路由器。

Two—Way Adjacency：双向通信关系，是邻居关系，不是邻接关系，他们之间不能同步 LSDB。

在 RFC2328 Version 2 中定义了邻居关系（Neighbors）和邻接关系（Adjacency）。

5.2.2　OSPF 泛洪机制

扩散是一个在相邻路由器间分发链路状态通告的过程，扩散过程使网络中的所有路由器都收到 LSA 通告消息。为了使这个过程可靠，每个链路状态通告都必须得到应答。

每条 LSA 条目都有老化时间，这是通过老化定时器（Aaging Ttimer）来控制的。在 OSPF 中，每隔 1800 秒（30 分钟），原始生成该 LSA 条目的路由器都会重新泛洪 LSA，这个过程也称为 LSA 刷新。当 LSA 在 LSDB 中的寿命到达 3600 秒（1 小时）后，该 LSA 被认为无效，然后会从 LSDB 中清除。

LSA：链路状态通告，在 OSPF 中，链路状态协议所使用的是包含有关邻居和路径成本信息的广播报文，LSA 被接收方路由器用来维护它们的路由选择表。

关于 LSA 老化定时器详细可参照 RFCA2328 的描述。

在 OSPF 中，每个 LSA 条目还具有一个序列号，序列号用来标识一个 LSA 的版本。当 OSPF 路由器刷新一条 LSA 后，会将其序列号增加，这样接收路由器就可以通过序列号来判断该 LSA 的实时性。

LSA 通告是承载在 LSU（Link-State Update，链路状态更新）报文中的，一个 LSU 报文可以包含多个 LSA 条目。图 5-3 描述了 OSPF 路由器在收到一个 LSA 后所做的处理过程。

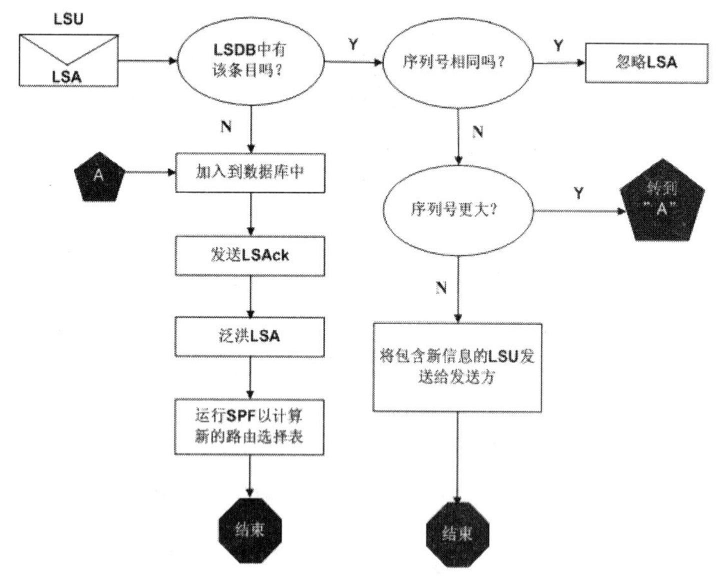

图 5-3　LSA 工作原理

当 OSPF 路由器收到 LSA 后：

- 如果 LSDB 中没有这样的条目，则将其加入到 LSDB 中，返回一个链路状态确认（LSAck）报文，并将该 LSA 扩散到其他路由器，然后进行 SPF 计算，并更新路由选择表。
- 如果 LSDB 中存在这样的条目，且 LSA 中包含的信息与之相同，则忽略。
- 如果 LSDB 中存在这样的条目，且 LSA 中包含的信息更新，则将其加入到 LSDB 中，返回一个 LSAck，并将该信息扩散到其他路由器，然后进行 SPF 计算，并更新路由选择表。
- 如果 LSDB 中存在这样的条目，但 LSA 中包含的信息更成旧，则将一个包含新信息的 LSA 发送给对方。

5.2.3　OSPF 路由器类型

OSPF 路由器有 4 种不同的类型：内部路由器（Internal Router）、区域边界路由器（ABR，Area Border Router）、自治系统边界路由器（ASBR，Autonomous System Boundary Router）和骨干路由器（Backbone Router）。

1. 内部路由器

内部路由器是指在一个 OSPF 区域内部的路由器，这些路由器不与其他区域相连，并且只维护其所在区域的 LSDB。

内部路由器与区域内的其他路由器交换 LSA，也包括作为区域边界的路由器。图 5-4 显示了在整个 Area 10 中泛洪 LSA 的情形，并且最下方的路由器为内部路由器。相同区域中的 OSPF 路由器无需彼此直接相连就能共享 LSA 信息。OSPF 路由器直接把 LSA 报文发送到区域中的每一个路由器，并且使用任何可用的链路来转发这些 LSA。

区域：网段和它们所连接设备的逻辑集合。区域通常通过路由器与其他区域相连接，从而构成一个自治系统。

OSPF 路由器能同时直接寻址并发送 LSA 至区中所有的路由器（泛洪），这和 RIP 使用的“邻居至邻居”的收敛方法完全不同。这样的结果是区域内的路由器几乎同时收敛到新拓扑结构。

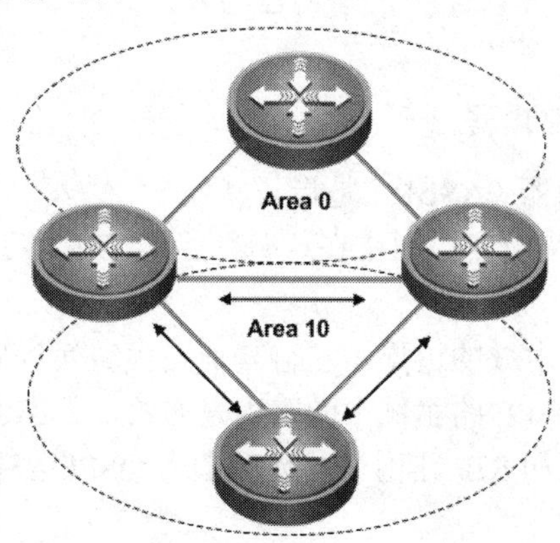

图 5-4　区域内部路由器

OSPF 区域内的拓扑信息不会被传输到区域边界之外，因此，收敛不是在自治系统中的所有路由器上发生，而只发生在受影响的区域中。这种收敛方式既加速了收敛，又增加了网络的稳定性。

2. 区域边界路由器

区域边界路由器（ABR）是同时连接多个区域的路由器，ABR 维护多个区域的 LSDB，并且作为区域之间路由信息共享的“中间人”。在 OSPF 中，所有的区域都必须与骨干区域（Area 0）相连，所以作为 ABR，它至少要连接到骨干区域和一个非骨干区域。

如图 5-5 所示，同时连接 Area 0 和 Area 10 的两个路由器作为 ABR，用来在 Area 0 和 Area 10 之间交换路由信息。

内部路由器：所有接口都属于同一个区域的路由器。

骨干路由器：指至少有一个接口是和骨干区域相连的路由器。

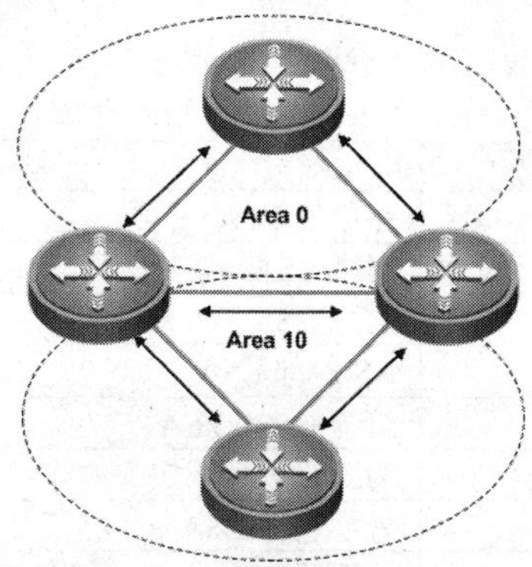

图 5-5　区域边界路由器

OSPF 支持在 ABR 上对区域内的路由进行汇总，路由汇总不但减小了路由表的规模，而且提高了网络的稳定性。关于 OSPF 路由汇总的内容将在后续的章节中进行介绍。

3. 骨干路由器

骨干路由器是指在骨干区域（Area 0）内的路由器，这些路由器只维护骨干区域的 LSDB。在 OSPF 中，所有非骨干区域之间的信息都要通过骨干区域进行中转。

如图 5-6 所示，处于最上方的路由器为骨干路由器。

图 5-6　骨干路由器

4. 自治系统边界路由器

自治系统边界路由器（ASBR）是指与其他路由域相连的 OSPF 路由器，通常在这些路由器上使用了多种路由协议，例如 OSPF 和 RIP。

ASBR 为 OSPF 路由域的边界，它将其他路由域（例如 RIP）中的路由引入到 OSPF 中，并且将 OSPF 路由域中的路由发布给其他路由域。如图 5-7 所示，同时连接 OSPF 路由域和 RIP 路由域的路由器为 OSPF ASBR。

OSPF 是通过 LSA 中的信息来构画出网络拓扑结构的。

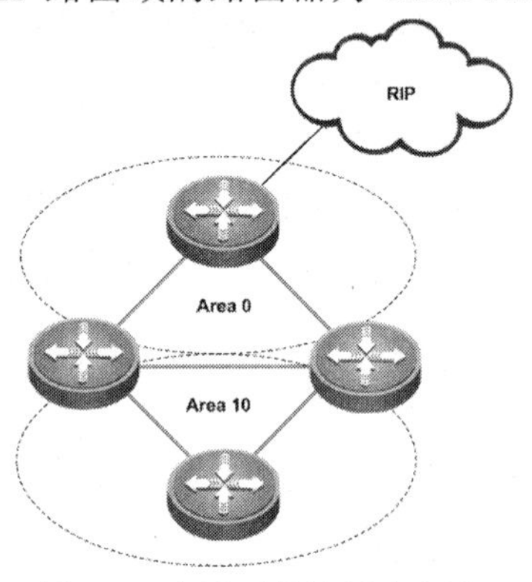

图 5-7　自治系统边界路由器

5.2.4　LSDB

LSA 是 OSPF 链路状态数据库（LSDB）的基本元素，表 5-1 总结了 OSPF 的 LSA 类型。

表 5-1　OSPF LSA 类型

LSA 类型	描述
1 类	路由器 LSA
2 类	网络 LSA
3 类和 4 类	汇总 LSA
5 类	AS 外部 LSA
6 类	组播 OSPF LSA
7 类	为次末节区域定义的
8 类	外部属性 LSA
9、10 和 11 类	不透明 LSA

在 OSPF 的一个区域内，所有路由器都拥有一个相同 LSDB。区域内部路由器只维护本区域内的 LSDB，ASBR 将同时维护多个区域的 LSDB。OSPF LSDB 如示例 5-1 所示。

示例 5-1　OSPF LSDB

```
RB#show ip ospf database
            OSPF Router with ID (110.1.1.1) (Process ID 10)
                Router Link States (Area 0.0.0.0)
Link ID        ADV Router       Age  Seq#        CkSum  Link count
10.1.3.1        10.1.3.1        131  0x8000000b  0x2ebe   2
110.1.1.1       110.1.1.1       731  0x80000003  0x3020   1
                Network Link States (Area 0.0.0.0)
Link ID        ADV Router       Age  Seq#        CkSum
10.1.5.2        10.1.3.1        733  0x80000001  0xa417
                Summary Link States (Area 0.0.0.0)
Link ID        ADV Router       Age  Seq#        CkSum  Route
10.1.1.0      110.1.1.1   743  0x80000001  0xe4f9  10.1.1.0/24
100.1.1.0     110.1.1.1   734  0x80000001  0x4441  100.1.1.0/24
110.1.1.0     110.1.1.1   724  0x80000001  0xc1b9  110.1.1.0/24
175.15.1.1   110.1.1.1    658  0x80000001  0xe348  175.15.1.1/32
175.15.5.1   110.1.1.1    658  0x80000001  0xd852  175.15.5.1/32
175.15.3.1   110.1.1.1    658  0x80000001  0xcd5c  175.15.3.1/32
```

成本：cost，一种仲裁值，一般基于路数、介质带宽或其他度量方法，可由网络管理员分配，并且用于比较通过网络互联环境的各种路径。成本值被路由选择协议用来决定到具体目的地的最佳路径。成本越低，路径越佳，在 OSPF 中，这是一个分配给链路的值。该度量值是基于介质的速率。它有时被称为路径成本。

5.2.5　SPF 算法

SPF 算法是 OSPF 路由协议的基础。SPF 算法有时也被称为 Dijkstra 算法，这是因为最短路径优先算法 SPF 是 Dijkstra 发明的。SPF 算法将每一个路由器作为根（ROOT）来计算其到每一个目的地路由器的距离，每个路由器根据一个统一的数据库计算出路由域的拓扑结构图，该结构图类似于一棵树，在 SPF 算法中，被称为最短路径树（SPF）。在 OSPF 路由协议中，最短路径树的树干长度，即 OSPF 路由器至每一个目的地路由器的距离，称为 OSPF 的花费值（Cost）。OSPF 的 Cost 与链路的带宽成反比，带宽越高，Cost 越小，表示 OSPF 到目的地的距离越近。

所有的路由器拥有相同的 LSDB 后，把自己放进 SPF 树中的 Root 里，然后根据每条链路的花费（Cost），选出花费最低的作为最佳路径，最后把最佳路径放进 Forwarding Database（路由表）里。

链路状态的算法非常简单，在这里将链路状态算法概括为以下 4 个步骤：

步骤 1　当路由器初始化或当网络结构发生变化（例如增减路由器，链路状态发生变化等）时，路由器会产生链路状态广播数据包 LSA（Link-State Advertisement），该数据包里包含路由器上所有相连链路，即为所有端口的状态信息。

步骤 2　所有路由器会通过一种被称为泛洪（Flooding）的方法来交换链路状态数据。Flooding 是指路由器将其 LSA 数据包传送给所有与其相邻的 OSPF

路由器，相邻路由器根据其接收到的链路状态信息更新自己的数据库，并将该链路状态信息转送给与其相邻的路由器，直至稳定的一个过程。

步骤 3　当网络重新稳定下来，也可以说 OSPF 路由协议收敛完成时，所有的路由器会根据其各自的链路状态信息数据库计算出各自的路由表。该路由表中包含路由器到每一个可到达目的地的 Cost 以及到达该目的地所要转发的下一个路由器（next-hop）。

步骤 4　当网络状态比较稳定时，网络中传递的链路状态信息是比较少的，或者可以说，当网络稳定时，网络中是比较安静的。这也正是链路状态路由协议区别与距离矢量路由协议的一大特点。

图 5-8 说明了 SPF 计算的过程。

SPF：最短路径优先算法。对路径长度进行叠代、以确定最短路径生成树的一种路由选择算法。通常用于链路状态型路由算法，有时也称为 Dijkstra's 算法。

SPF 算法用于检查 LSDB 中的 LSA 来得出路由加权值的数据模型。

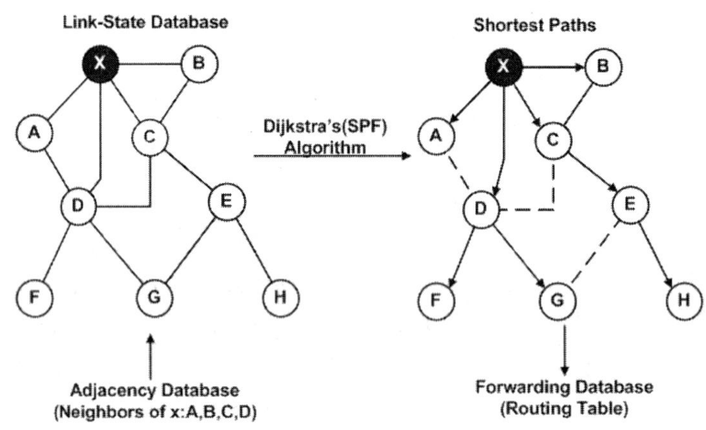

图 5-8　SPF 算法

路由器 H 向路由器 E 通告，以表明自己的存在，路由器 E 将路由器 H 和自己的通告传递给邻居（路由器 C 和路由器 G）。路由器 G 将这些通告及自己的通告传递给路由器 D。依此类推。

LSA 的通告遵守水平分割规则，即路由器不将 LSA 通告给提供该 LSA 的路由器。在这个例子中，路由器 E 不会将路由器 H 的 LSA 再通告给路由器 H。

路由器 X 有 4 台邻居路由器：A、B、C、D。它从这些路由器那里收到了网络中所有其他路由器的 LSA。根据这些 LSA，它能够推断出路由器之间的所有链路，并绘制出图 5-8 所示的路由器连接情况。图 5-8 的右边是通过计算得到的最佳路径（SPF 树）。根据这些最佳路径，将前住每台路由器连接的目标网络的路由加入到路由选择表中，并将相应邻居路由器（A、B、C、D）指定为下一跳地址。

5.3　OSPF 的报文类型

OSPF 报文是由多重封装构成的，封装在 IP 报头部内的是 5 种 OSPF 报文类型中的一种，每一种报文类型都是由一个 OSPF 报头部开始，这个 OSPF 报头对于所有的报文类型都是相同的。OSPF 报头之后是 OSPF 报文数据流，并且根据报文类型的不同会有所不同。图 5-9 所示为 OSPF 报文封装结构。

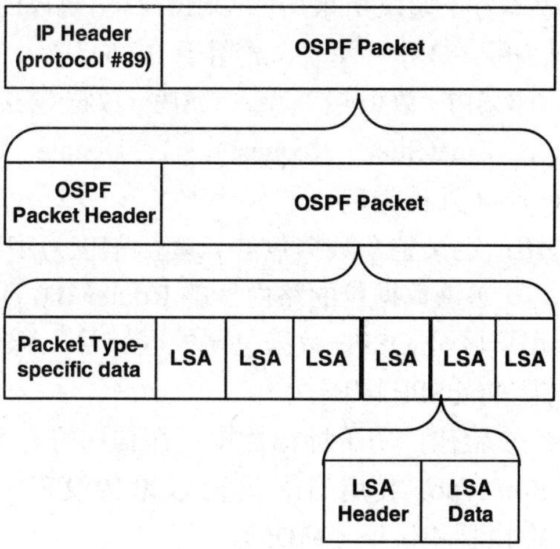

OSPF 有 5 种分别用于不同目的的报文，所有 OSPF 报文类型都有一个通用的 20 字节 OSFP 协议头。

图 5-9　OSPF 报文由一系列封装组成

OSPF 有 5 种报文类型，这 5 种报文类型直接封装到 IP 报文的有效负载中，OSFP 报文不使用传输控制协议（TCP）和用户数据报协议（UDP）。OSPF 要求使用可靠的报文传输机制，但由于没有使用 TCP，OSPF 将使用确认报文来实现确认机制。

表 5-2 描述了 5 种 OSPF 报文类型。

表 5-2　OSPF 报文

类型	名称	描述
1	Hello	发现邻居并在它们之间建立邻接关系
2	数据库描述（DBD）	检查路由器的数据库之间是否同步
3	链路状态请求（LSR）	向另一台路由器请求特定的链路状态信息
4	链路状态更新（LSU）	发送请求的链路状态信息
5	链路状态确认（LSAck）	对其他类型的报文进行确认

路由器 ID 用于在自治系统中唯一地标识该路由器。在路由器 ID 被选择了之后，它将一直不改变，除非路由器重启、被选择作为路由器 ID 的接口关闭，或者是这个接口上的 IP 地址已经被删除或取代。

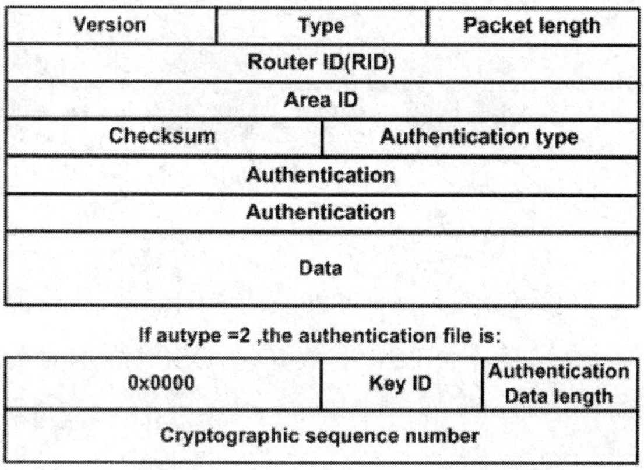

在 OSPF 路由协议的数据包中，其数据包头长为 24 个字节。在 IP 报头中，协议标识符 89 表示 OSPF 报文，所有 OSPF 报文开头的报文格式都相同，该报头中包含以下字段，如图 5-10 所示。

图 5-10　OSPF 报文报头的格式

- **Version**：版本号，定义所采用的 OSPF 路由协议的版本，用于 IPv4 的是 OSPF 第 2 版。OSPF 版本 3 适用于 IPv6。
- **Type**：定义 OSPF 数据包类型。OSPF 数据包共有 Hello，Database Description，Link-State Request，Link-State Update，Link-State Acknowledgment 五种类型。
- **Packet length**：定义整个数据包的长度，单位为字节。
- **Router ID**：发送该数据包的路由器的 Router ID，以 IP 地址来表示。
- **Area ID**：用于区分 OSPF 数据包属的区域号，所有的 OSPF 数据包都属于一个特定的 OSPF 区域。
- **Checksum**：校验位，用于标记数据包在传递时有无误码。
- **Authentication type**：使用的认证模式。0 为没有认证；1 为简单口令认证；2 为加密检验和认证（MD5）。
- **Authentication**：是指报文认证的必要信息，认证可以是 autype 字段中指定的任何一种认证模式，如是 autype＝0，将不检查这个认证字段，因此可以包含任何内容，如果 autype＝1，这个字段包含一个最长为 64 位的口令，如果 autype＝2，这个字段将包含一个 Key ID、认证数据长度和一个不减小的加密序列号。
- **Data**：包含的信息随 OSPF 报文类型而异：
- 对于 Hello 报文，包含一个由已知邻居组成的列表。
- 对于 DBD 报文，包含 LSDB 摘要，其中包括所有已知路由器的 ID、最后使用用序列号和一些其他字段。
- 对于 LSR 报文，包含需要的 LSU 类型和能够提供所需 LSU 的路由器 ID。
- 对于 LSU 报文，包含完整的 LSA 条目，一个 OSPF 更新报文中可以包含多个 LSA 条目。
- 对 LSAck 报文，该字段为空。

如图 5-11 所示的拓扑图，采用 Sniffer 软件基于这种网络捕获各种不同的 OSPF 数据报文，进行分析。

当认证是普通文本认证，则这个 64 比特的字段包含有认证密钥。如果是消息摘要认证，则这个 64 比特的认证字段重新定义为一些其他的参数。可以阅读 RFC2328，了解关于 MD5 认证方案的更多细节。

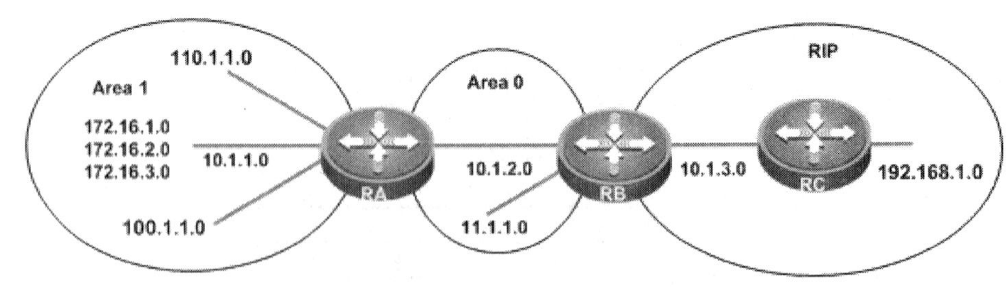

图 5-11　OSPF 网络拓扑图

如图 5-12 所显示，这是一个 LSR 的数据包，OSPF 版本为 2，RID 为 110.1.1.1，区域 ID 为 0.0.0.1。

```
OSPF: ------ OSPF Header ------
OSPF:
OSPF: Version = 2,    Type = 4 (Link State Update),    Length = 136
OSPF: Router ID          = [110.1.1.1]
OSPF: Area ID            = [0.0.0.1]
OSPF: Header checksum = 34C1 (correct)
OSPF: Authentication: Type = 0 (No Authentication),    Value = 00 00 00 00 00 00 00 00
OSPF:
OSPF: Number of Advertisements = 3
OSPF: Link State Advertisment # 1
OSPF: Link state age          = 2 (seconds)
OSPF: Optional capabilities   = 02
OSPF:                 .0.. .... = Opaque-LSAs not forwarded
OSPF:                 ..0. .... = Demand Circuit bit
OSPF:                 ...0 .... = External Attributes bit
OSPF:                 .... 0... = no NSSA capability
OSPF:                 .... .0.. = no multicast capability
OSPF:                 .... ..1. = external routing capability
OSPF:                 .... ...0 = no Type of Service routing capability
OSPF: Link state type         = 5 (AS external link)
OSPF: Link state ID           = [192.168.1.0]
OSPF: Advertising Router      = [10.1.3.1]
OSPF: Sequence number         = 2147483649,    Checksum = 031A
OSPF: Length                  = 36
OSPF: Network mask        = [255.255.255.0]
OSPF: Type of service     = 80
OSPF:          1... .... = Type 2 external metric
OSPF:          .... .000  = routine
OSPF: Metric              = 60
OSPF: Forwarding Address = [0.0.0.0]
OSPF: External Route Tag = 0x00000000
OSPF:    Local Info       = 0x00000000
OSPF:
OSPF: Link State Advertisment # 2
OSPF: Link state age          = 2 (seconds)
OSPF: Optional capabilities   = 02
```

图 5-12　利用 Sniffer 捕获的 OSPF 报文

5.3.1　Hello 报文

Hello 协议用来建立和保持 OSPF 邻居关系，采用多播地址 224.0.0.5。网络中的 OSPF 路由器必须彼此“看到”对方后才能共享信息，因为 OSPF 根据路由器之间的链路状态来进行路由选择，这一过程是使用 Hello 协议来完成。Hello 协议通过确保邻居之间的双向通信来建立和维护邻接关系。路由器在从邻居那里收到的 Hello 报文中“看到”自己后，便进入了双向通信状态。

Hello 报文用于在两个路由器之间形成一个邻居关系，包括有广播/非广播的环境中，Hello 报文用于选举指定路由器和备份指定路由器。在广播介质中，Hello 报文目的地址是224.0.0.5。在非广播介质中，目的地址是单播地址。

图 5-13 所示为 Hello 报文格式。

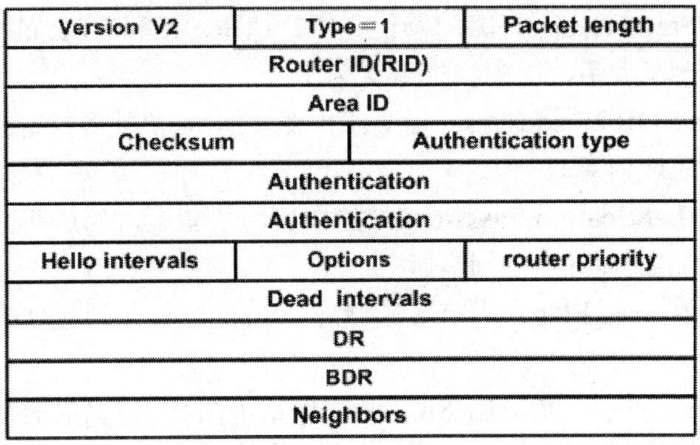

Version V2	Type=1	Packet length
Router ID(RID)		
Area ID		
Checksum	Authentication type	
Authentication		
Authentication		
Hello intervals	Options	router priority
Dead intervals		
DR		
BDR		
Neighbors		

图 5-13　Hello 报文格式

- **Router ID（RID）**：路由器 ID，OSPF 路由器具有唯一的标识符，称为路由器 ID。路由器的 32 位长的一个唯一标识符。路由器 ID 的选举规则是，如果 Loopback 接口不存在的话，就选物理接口中 IP 地址等级最高的那个，否则就选取 Loopback 接口。这个路由器 ID 对于建立邻居关系和协调 LSU 交换非常重要。在选举 DR/BDR 的过程中，如果 OSPF 优先级相同，则 RID 将用于决定谁赢得选举。如果该接口故障，则路由器就不可达。为了避免发生这种情况，最好定义一个回环接口作为强制的 OSPF 路由器 ID。

- **Hello/Dead intervals**：Hello 间隔和失效间隔，定义了发送 Hello 报文频率（默认在一个多路访问网络中间隔为 10s），Dead 间隔是 4 倍于 Hello 包间隔。邻居路由器之间的这些计时器必须设置成一样，否则将不会建立邻接关系，如图 5-14 所示。

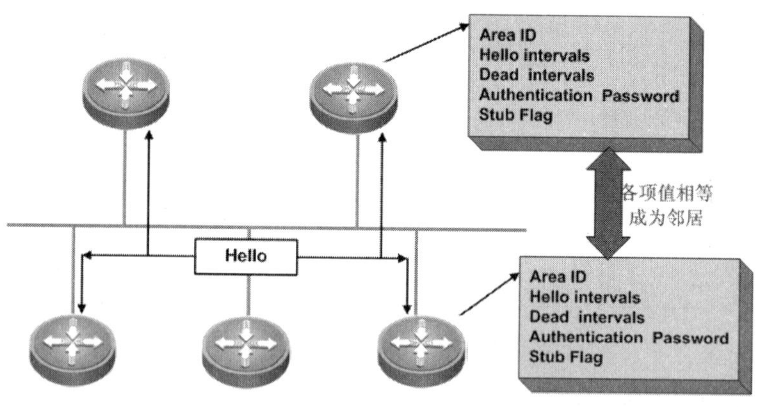

图 5-14　成为邻居时，Hello 报文参数

- **Neighbors**：邻居列表，邻居字段中包含已建立双向通信关系的邻接路由器。路由器在邻居发送的 Hello 报文的邻居字段中"看到"自己后，便表明双向通信关系已建立。
- **Area ID**：区域 ID，为了能够通信，OSPF 路由器的接口必须属于同一网段中的同一区域（Area），即共享子网以及子网掩码信息，这些路由器拥有的链路状态信息相同。
- **Router priority**：路由器优先级，选举 DR 和 BDR 的时候使用，8 位长的一串数字，优先级值默认为 1。

Router priority：这个字段在选举 DR 和 BDR 时扮演着重要角色。优先级为 0 表示这个路由器将不参与 DR 的选举。

- **DR/BDR IP address**：指定路由器（DR）和备份指定路由器（BDR）的 IP 地址信息。
- **Authentication Password**：如果启用了验证，邻居路由器之间必须交换相同的密码信息。此项可选。
- **Stub Area Flag**：未节区域标志，Stub Area 是通过使用默认路由代替路由更新的一种技术。

如图 5-15 所示，是应用 Sniffer 软件基于图 5-11 抓取的数据包。这是一个 Hello 报文，RID 为 175.15.3.1，Authentication Type=0 没有采取验证模式，区域 ID 为 0.0.0.1。

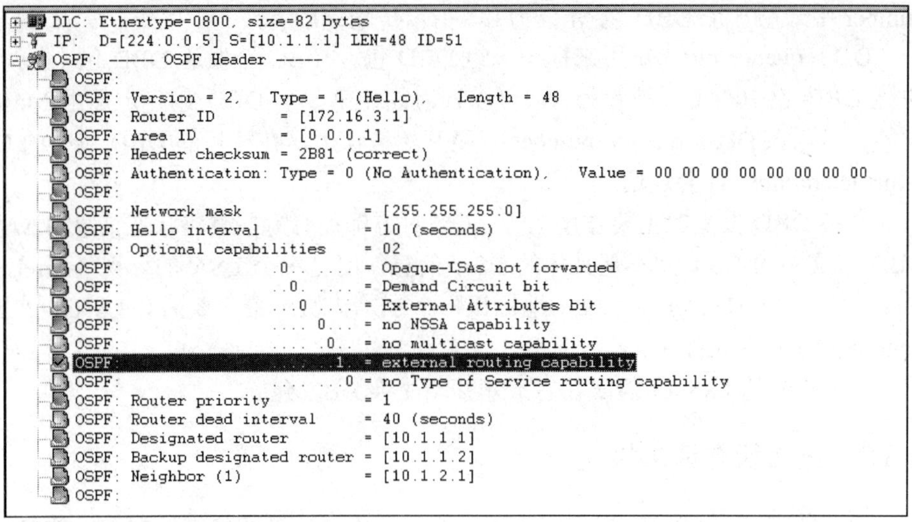

```
DLC: Ethertype=0800, size=82 bytes
IP:  D=[224.0.0.5] S=[10.1.1.1] LEN=48 ID=51
OSPF: ----- OSPF Header -----
  OSPF:
  OSPF: Version = 2,   Type = 1 (Hello),   Length = 48
  OSPF: Router ID        = [172.16.3.1]
  OSPF: Area ID          = [0.0.0.1]
  OSPF: Header checksum = 2B81 (correct)
  OSPF: Authentication: Type = 0 (No Authentication),   Value = 00 00 00 00 00 00 00 00
  OSPF:
  OSPF: Network mask              = [255.255.255.0]
  OSPF: Hello interval            = 10 (seconds)
  OSPF: Optional capabilities     = 02
  OSPF:                 .0.. .... = Opaque-LSAs not forwarded
  OSPF:                 ..0. .... = Demand Circuit bit
  OSPF:                 ...0 .... = External Attributes bit
  OSPF:                 .... 0... = no NSSA capability
  OSPF:                 .... .0.. = no multicast capability
  OSPF:                 .... ..1. = external routing capability
  OSPF:                 .... ...0 = no Type of Service routing capability
  OSPF: Router priority           = 1
  OSPF: Router dead interval      = 40 (seconds)
  OSPF: Designated router         = [10.1.1.1]
  OSPF: Backup designated router = [10.1.1.2]
  OSPF: Neighbor (1)              = [10.1.2.1]
  OSPF:
```

图 5-15 利用 Sniffer 软件采集的 Hello 报文

5.3.2 数据库描述报文

当 OSPF 中的两个路由器初始化连接时，要交换数据库描述（DBD）报文。这个报文类型用于描述，而非实际地传送 OSPF 路由器的链路状态数据库内容。由于数据库的内容可能相当长，所以可能需要多个数据库描述报文来描述整个数据库。实际上，保留了一个域用于标识数据库描述报文序列。接收方对报文的重新排序使其能够真实地复制数据库描述报文。

图 5-16 所示为数据库描述报文的格式。

第一个 DBD 报文用于选举主从关系和配置由主设备选举的最初的序列号。有最大路由器 ID 的路由器变成主设备并对数据库同步进行初始化。主路由器发送序列号，从路由器进行确认。

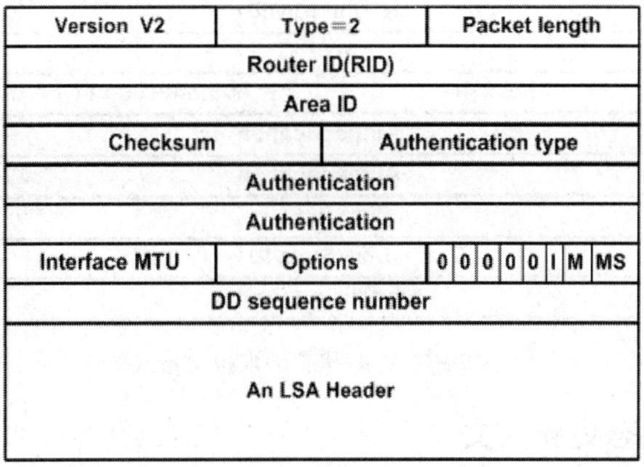

Version V2	Type=2	Packet length
Router ID(RID)		
Area ID		
Checksum	Authentication type	
Authentication		
Authentication		
Interface MTU	Options	0 0 0 0 0 I M MS
DD sequence number		
An LSA Header		

图 5-16 数据库描述报文格式

在DBD报文中的Interface MTU字段用来检查两端OSPF路由器接口的MTU是否匹配。在 Virtual-link 中的 Interface MTU 字段为 0。

在交换 DBD 报文时，需要协商主从，比较 ROUTER-ID，低的为 Master。MS 位是用来描述谁是主谁是从的角色。其中 M/S 为被设置为 1，那该路由器为 Master。反之为 Slave。

I/M 是二个位，用于传输 DBD 包时所使用的，I 位初始位，当每一个 DBD 包发送时它为被设置为 1。M 位为 More DBD Packet，在同一个 DD sequence number 中最后一个 DBD 包 M 位为 0，指示传输完毕。

DD sequence number 用来标识一组 DBD 包。当第一个发送 DBD 包（也就是说该 DBD 包中的 I 位被置为 1，可以认为往往第一个 DBD 包一定是由 Master 发的）时，该 DD sequence number 字段开始被使用，在往后的 DBD 包中的 DD sequence number 都会递增 1。

交换 DBD 报文的主要作用在于，了解对方都拥有哪些链路状态信息（LSA），DBD 报文中的 LSA 并不是具体的 LSA 信息，而是每个 LSA 的标识（An LSA Header）。LSA Header 用于唯一地标识一个 LSA，其中最主要的有 LS type/Link State ID/Advertising Router。

在 OSPF 的 ExStart 邻居壮态下才开始交换 DBD 包。

5.3.3 链路状态请求报文

链路状态请求（LSR）报文用于请求相邻路由器的链路状态数据库中的信息。表面上讲，在收到一个 DBD 报文之后，OSPF 路由器可以发现自己的数据库所缺少的信息。这样，路由器会发送一个或几个链路状态请求报文给它的邻居（具有更新信息的路由器）以得到更多的链路状态信息。

链路请求报文，它在部分路由数据库丢失或者过时的情况下被发送。链路请求报文用于取回那些已丢失的数据库信息的精确部分。

LSR 中使用以下信息来唯一地标识要请求的 LSA：

- ❑ 链路状态（LS）类型号（1 到 5）。
- ❑ LS 标识。
- ❑ 通告路由器。

图 5-17 所示为 LSR 报文的格式。

Version V2	Type=3	Packet length
Router ID(RID)		
Area ID		
Checksum	Authentication type	
Authentication		
Authentication		
LS type		
Link State ID		
Advertising Router		

图 5-17 链路状态请求报文格式

5.3.4 链路状态更新报文

链路状态更新（LSU）报文用于把 LSA 发送给它的邻居，这些更新报文是用于对 LSA 请求的应答。一个 LSU 中可以包括多个 LSA 条目，常用的有 5 种不同的 LSA 报文类型，这些报文类型用从 1～5 的类型号标识。

图 5-18 所示为 LSU 报文格式。

Version V2	Type=4	Packet length
Router ID(RID)		
Area ID		
Checksum	Authentication type	
Authentication		
Authentication		
LSAs		
LSAs ……		

图 5-18 LSU 数据包格式

以下为 OSPF 中常用的 5 种 LSA：

- **Router LSA（路由器 LSA，类型 1）**：路由器 LSA 描述了路由器的链路状态，例如接口的花费值、接口的地址等信息。所有这样的链路都必须在一个 LSA 报文中进行描述。同时，路由器必须为它属于的每个区域产生一个路由器 LSA。所以，区边界路由器将产生多个路由器 LSA。
- **Network LSA（网络 LSA，类型 2）**：网络 LSA 与路由器 LSA 相似，它描述的是连接到某个网段的所有路由器的链路状态和花费信息。只有指定路由器（DR）才会生成网络 LSA。
- **Network Summary LSA（网络汇总 LSA，类型 3）**：只有 OSPF 网络中的边界路由器 ABR 才会生成这种 LSA。当 ABR 将一个区域的路由信息或者是汇总后的路由信息通告给另一个区域时，使用网络汇总 LSA。
- **ASBR Summary LSA（ASBR 汇总 LSA，类型 4）**：类型 4 与类型 3LSA 的关系密切。二者的区别是类型 3 描述区内路由，而类型 4 描述的是 OSPF 网络之外的路由。
- **AS-External LSA（自治系统外部 LSA，类型 5）**：AS 外部 LSA 用于描述 OSPF 网络之外的目的地。这些目的地可以是特定主机或是外部网络地址。作为和外部自治系统相联的 ASBR 负责把外部路由信息在整个 OSPF 路由域中传播。

关于 LSA 报头在 RFC2328 中有详细地描述，可以参阅。

图 5-19 显示了 LSA 报头格式。

LS age	Options	LS type
Link State ID		
Advertising Router		
LS sequence number		
LS Checksum	length	

图 5-19 LSA 报头格式

所有的 LSA 使用一个通用的头格式。这个头 20 字节长并附加于标准的 24 字节 OSPF 头后面。LSA 头唯一地标识了每种 LSA。所以，它包括关于 LSA 类型、链路-状态 ID 及通告路由器 ID 的信息。下面是 LSA 头域：

- **LS age**——LSA 头中的前两个字节包含 LSA 的年龄（age）。这个年龄是自从 LSA 产生时已消逝的秒数。
- **Options**——下面的字节由一系列标志组成，这些标志标识了 OSPF 网络能提供的各种可选的服务。

- **LS type**——1 字节 LS 类型指出 5 种 LSA 类型中的一种。每种 LSA 类型的格式是不同的。
- **Link State ID**——链路状态 ID 域 4 字节长用于指明 LSA 描述的特定网络环境区域。此域与前面提及的 LS 类型域关系紧密。实际上，这个域的内容直接依赖于 LS 类型。比如，在路由器 LSA 中，链路状态 ID 包含产生了这个报文的 OSPF 路由器 ID。
- **Advertising Router**——通告路由器。该字段填入生成该 LSA 的路由器的 Router ID。
- **LS sequence number**——表示该 LSA 的序列号，OSPF 路由器在刷新 LSA 时会递增每个 LSA 报文的序列号。接收路由器可以根据序列号来判断该实力是否是最新的 LSA 实例。
- **LS Checksum**——3 字节的 LS 校验和用于检查 LSA 在传输到目的地的过程中是否受到破坏。校验和采用简单的数学算法。它的输出结果依赖于其输入，并且有高度的一致性。给定相同的输入，校验和算法总是给出相同的输出。LS 校验和域使用部分 LSA 报文内容（包括头，不包括 LS 年龄和校验和域）来生成校验和值。源节点运行 Fletcher 算法并把结果存于 LS 校验和域中。目的节点执行相同的算法并把结果与存储在校验和域中的结果比较，如果两个值不相同，就可以认为报文在传输过程中被破坏。
- **Length**——LS 长度域用于通知接收方 LSA 的长度（以字节为单位），此域为 1 个字节长。

图 5-20 所示是应用 Sniffer 软件抓取的数据包，这是一个 LSU 报文，其中包含了一个 1 类 LSA 和 1 个 2 类 LSA。RID 为 175.15.3.1，authentication type=0 没有采取验证模式，区域 ID 为 0.0.0.1。

关于 LSA 报头在 RFC2328 中有详细的描述，可以参阅。

在 LSA 头部中的选项 link state type =2（network links）这是一个 2 类的 LSA 类型。Link state ID 为 10.1.1.1，advertising router=175.15.3.1，network mask=255.255.255.0。

链路状态确认报文以组播的形式发送，如果路由器状态是 DR 或 BDR，确认将被发送到 OSFP 路由器组播地址 224.0.0.5，如果路由器状态不是 DR 或 DBR，确认将被发送到所有 DR 路由器组播地址 224.0.0.6。

```
OSPF: ----- OSPF Header -----
  OSPF:
  OSPF: Version = 2,   Type = 4 (Link State Update),   Length = 132
  OSPF: Router ID        = [172.16.3.1]
  OSPF: Area ID          = [0.0.0.1]
  OSPF: Header checksum = ED87 (correct)
  OSPF: Authentication: Type = 0 (No Authentication),   Value = 00 00 00 00 00 00 00 00
  OSPF:
  OSPF: Number of Advertisements = 2
  OSPF: Link State Advertisment # 1
  OSPF: Link state age          = 3600 (seconds)
  OSPF: Optional capabilities = 02
  OSPF:              .0.. .... = Opaque-LSAs not forwarded
  OSPF:              ..0. .... = Demand Circuit bit
  OSPF:              ...0 .... = External Attributes bit
  OSPF:              .... 0... = no NSSA capability
  OSPF:              .... .0.. = no multicast capability
  OSPF:              .... ..1. = external routing capability
  OSPF:              .... ...0 = no Type of Service routing capability
  OSPF: Link state type         = 1 (Router links)
  OSPF: Link state ID           = [172.16.3.1]
  OSPF: Advertising Router      = [172.16.3.1]
  OSPF: Sequence number         = 2147483660,   Checksum = 112C
  OSPF: Length                  = 72
  OSPF: Router type flags        = 00
  OSPF:               .... 0... = Not a wild-card multicast receiver
  OSPF:               .... .0.. = Not endpoint of active virtual link
  OSPF:               .... ..0. = Non AS boundary router
  OSPF:               .... ...0 = Non Area border router
  OSPF: Reserved                 = 0
  OSPF: Number of router links = 4
  OSPF:   Link ID                 = [10.1.1.1] (IP address of Designated Router)
  OSPF:   Link Data               = [10.1.1.1]
  OSPF:   Link type               = 2 (Connection to a transit network)
  OSPF:   Number of TOS metrics = 0,   TOS 0 metric = 1
  OSPF:
```

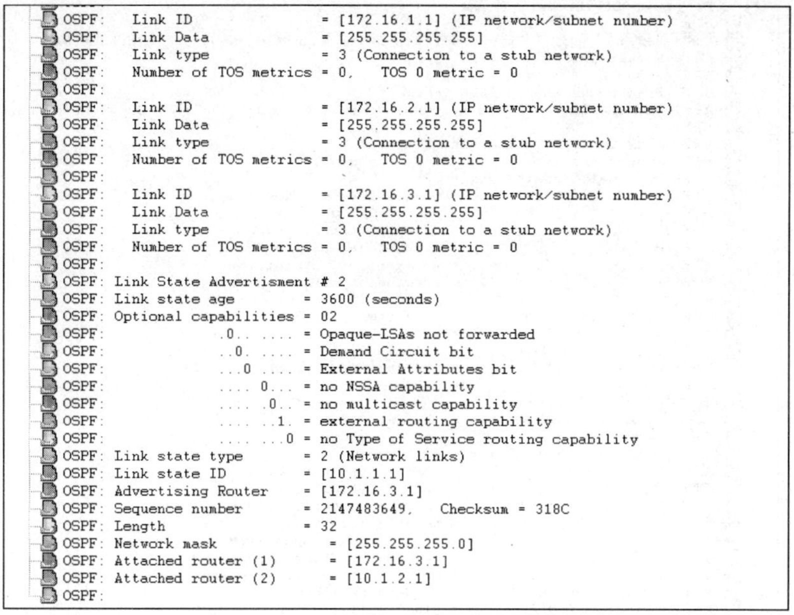

```
OSPF:    Link ID              = [172.16.1.1] (IP network/subnet number)
OSPF:    Link Data            = [255.255.255.255]
OSPF:    Link type            = 3 (Connection to a stub network)
OSPF:    Number of TOS metrics = 0,    TOS 0 metric = 0
OSPF:
OSPF:    Link ID              = [172.16.2.1] (IP network/subnet number)
OSPF:    Link Data            = [255.255.255.255]
OSPF:    Link type            = 3 (Connection to a stub network)
OSPF:    Number of TOS metrics = 0,    TOS 0 metric = 0
OSPF:
OSPF:    Link ID              = [172.16.3.1] (IP network/subnet number)
OSPF:    Link Data            = [255.255.255.255]
OSPF:    Link type            = 3 (Connection to a stub network)
OSPF:    Number of TOS metrics = 0,    TOS 0 metric = 0
OSPF:
OSPF: Link State Advertisment # 2
OSPF: Link state age          = 3600 (seconds)
OSPF: Optional capabilities   = 02
OSPF:             .0.. .... = Opaque-LSAs not forwarded
OSPF:             ..0. .... = Demand Circuit bit
OSPF:             ...0 .... = External Attributes bit
OSPF:             .... 0... = no NSSA capability
OSPF:             .... .0.. = no multicast capability
OSPF:             .... ..1. = external routing capability
OSPF:             .... ...0 = no Type of Service routing capability
OSPF: Link state type         = 2 (Network links)
OSPF: Link state ID           = [10.1.1.1]
OSPF: Advertising Router      = [172.16.3.1]
OSPF: Sequence number         = 2147483649,    Checksum = 318C
OSPF: Length                  = 32
OSPF: Network mask                = [255.255.255.0]
OSPF: Attached router (1)         = [172.16.3.1]
OSPF: Attached router (2)         = [10.1.2.1]
OSPF:
```

图 5-20　利用 Sniffer 捕获的 LSR 报文

5.3.5　链路状态确认报文

第 5 种 OSPF 报文是链路状态确认（LSAck）报文。OSPF 的特点是可靠的泛洪 LSA 报文(LSA 表示链路状态通告(Advertisement)，而不是链路状态应答)，可靠性意味着通告的接收方必须应答。否则，源节点将没有办法知道是否 LAS 已到达目的地。当接收方收到 LSA 后，将使用 LSAck 报文进行确认。图 5-21 显示了 LSAck 报文的格式。

OSPF Version 2
RFC 2328

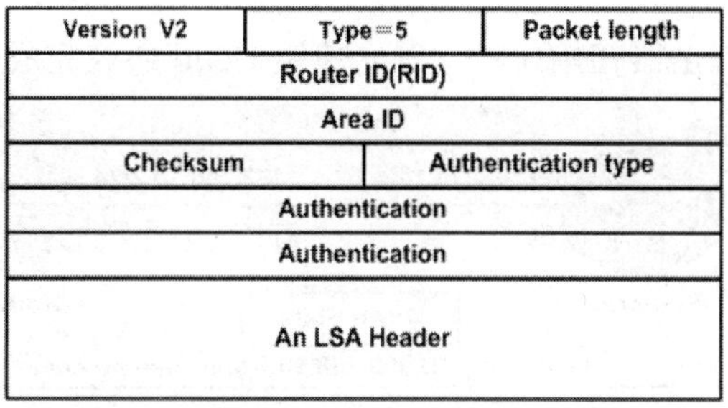

Version V2	Type=5	Packet length
Router ID(RID)		
Area ID		
Checksum	Authentication type	
Authentication		
Authentication		
An LSA Header		

图 5-21　LSAck 报文格式

LSAck 报文唯一的标识其要应答的 LSA 报文。标识以包含在 LSA 头中的信息为基础，包括 LS 顺序号和通告路由器。LSA 与应答报文之间无需 1 对 1 的对应关系。多个 LSA 可以用一个报文来应答。

如图 5-22 所示是用 Sniffer 软件抓取的数据包。这是一个 LSAck 报文，RID 为 175.15.3.1，Authentication Type=0 没有采取验证模式，区域 ID 为 0.0.0.1。Type=5（Link Ltate Acknowledgment）。

在 two-way 通信建立之后，就做出决定是否和邻居形成一个邻接关系，这个决定基于邻居状态和网络类型。如果网络类型是广播和非广播的，则仅仅与 DR 和 BDR 路由器建立邻接关系。在其他网络类型中，两个邻居路由器之间建立邻接关系。

```
OSPF: ----- OSPF Header -----
OSPF:
OSPF: Version = 2,   Type = 5 (Link State Acknowledgment),   Length = 64
OSPF: Router ID         = [10.1.2.1]
OSPF: Area ID           = [0.0.0.1]
OSPF: Header checksum = 762F (correct)
OSPF: Authentication: Type = 0 (No Authentication),   Value = 00 00 00 00 00 00 00 00
OSPF:
OSPF: Link State Advertisement Header # 1
OSPF: Link state age          = 3600 (seconds)
OSPF: Optional capabilities = 02
OSPF:                 .0.. .... = Opaque-LSAs not forwarded
OSPF:                 ..0. .... = Demand Circuit bit
OSPF:                 ...0 .... = External Attributes bit
OSPF:                 .... 0... = no NSSA capability
OSPF:                 .... .0.. = no multicast capability
OSPF:                 .... ..1. = external routing capability
OSPF:                 .... ...0 = no Type of Service routing capability
OSPF: Link state type         = 1 (Router links)
OSPF: Link state ID           = [172.16.3.1]
OSPF: Advertising Router      = [172.16.3.1]
OSPF: Sequence number         = 2147483660,   Checksum = 112C
OSPF: Length                  = 72
OSPF:
OSPF: Link State Advertisement Header # 2
OSPF: Link state age          = 3600 (seconds)
OSPF: Optional capabilities = 02
OSPF:                 .0.. .... = Opaque-LSAs not forwarded
OSPF:                 ..0. .... = Demand Circuit bit
OSPF:                 ...0 .... = External Attributes bit
OSPF:                 .... 0... = no NSSA capability
OSPF:                 .... .0.. = no multicast capability
OSPF:                 .... ..1. = external routing capability
OSPF:                 .... ...0 = no Type of Service routing capability
OSPF: Link state type         = 2 (Network links)
OSPF: Link state ID           = [10.1.1.1]
OSPF: Advertising Router      = [172.16.3.1]
OSPF: Sequence number         = 2147483649,   Checksum = 318C
OSPF: Length                  = 32
OSPF:
```

图 5-22　利用 Sniffer 捕获到的 LSAck 报文

5.4　OSPF 的邻居状态与数据库同步

5.4.1　建立双向通讯

运行 OSPF 的路由器初始化时，首先使用 Hello 协议完成如下交换过程，如图 5-23 所示。

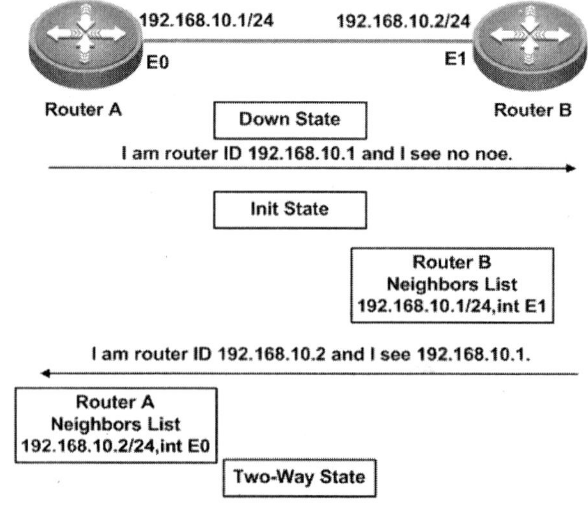

图 5-23　建立双向通讯

①起初路由器 A 处于 DOWN 状态，它首先从其 OSPF 接口向外发送 Hello

报文，通过使用多播地址 224.0.0.5 开始发送 Hello 包。

②路由器 B 接收到 Hello 包，把路由器 A 加进自己的 Neighbor List 中，并进入 Init 状态，然后以单播的形式发送 Hello 包对路由器 A 做出应答。

③路由器 A 收到以后把所有从 Hello 包里找到的 RID 加进自己的 Neighbor List 中，进入 Two-Way 状态。

④如果链路是广播型网络，比如以太网，接下来选举 DR 和 BDR，这一过程发生在交换信息之前。

⑤发送 Hello 报文保证信息交换，路由器每隔 10 秒交换 Hello 报文。

5.4.2 发现网络路由和添加链路条目

当选举完 DR 和 BDR，进入 Exstart 状态，接下来就可以对链路状态信息进行发现并创建自己的 LSDB，如图 5-24 所示。

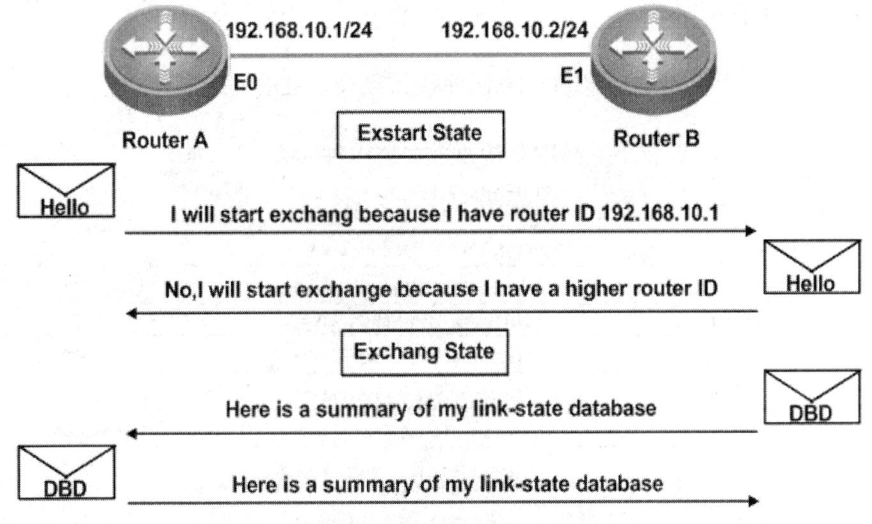

图 5-24 发现网络路由

- 在 Exstart 状态里，路由器和 DR/BDR 形成主从关系（RID 等级最高的为主，其他的为辅）。
- 主从交换 DBD 报文，路由器进入 Exchange 状态。
- DBD 包含了出现在 LSDB 中的 LSA 条目头部信息，条目信息可以为一条链路（Link）或者一个网络。每个 LSA 条目头部信息包括链路状态类型、宣告路由器的地址、链路耗费和序列号（版本号）。
- 路由器收到 DBD 报文以后，将使用 LSAck 做出确认；还将和自己本身就有的 DBD 进行比较。
- 如果 DBD 信息中有更新更全的链路状态条目，路由器就发送 LSR 给其他路由器，该状态为 Loading 状态。收到 LSR 以后，路由器做出响应，以 LSU 作为应答，其中包含了 LSR 所需要的完整信息。收到 LSU 以后，再次做出确认，发送 LSAck。
- 路由器添加新的条目到 LSDB 中，进入 Full 状态，至此，区域内的所有路由器的 LSDB 都相同。

在 Exstart 状态选举出了主从设备。用于 DBD 交换的第一个序列号也在这个状态中决定。

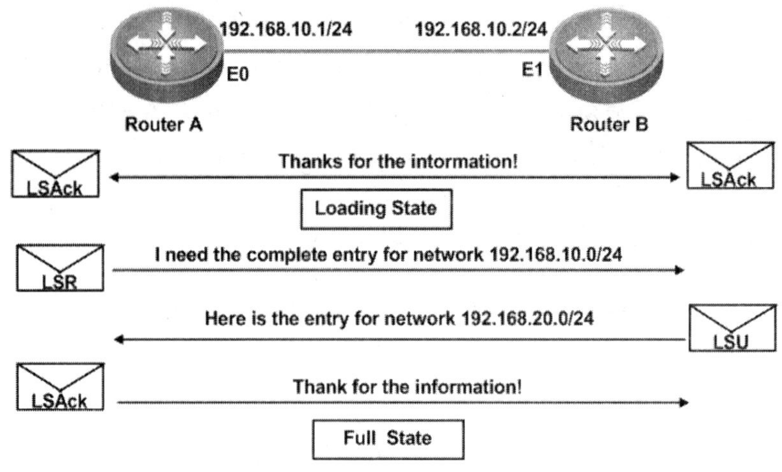

图 5-25 添加链路状态条目

5.4.3 OSPF 状态

可以阅读文档 RFC 2328，对 OSFP 有更多地了解。

图 5-26 说明了 OSPF 启动时的各种状态以及 LSDB 的交换过程。

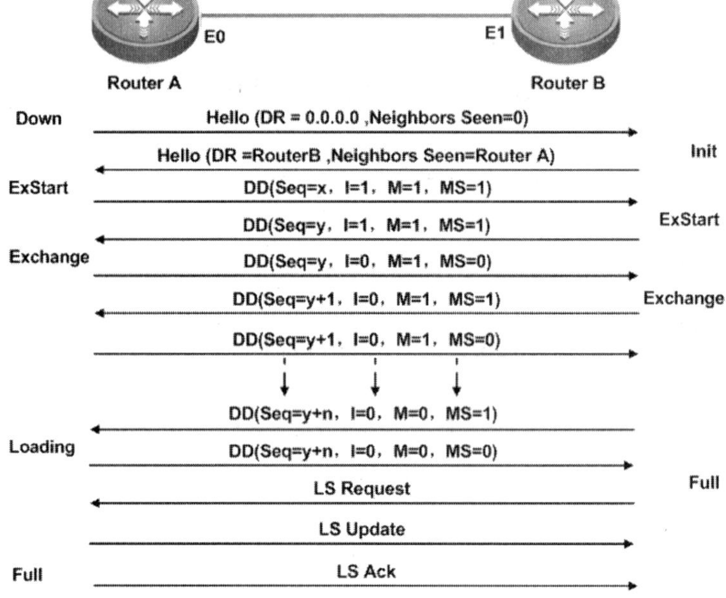

图 5-26 OSPF 启动过程

- **DOWN 状态**：两台路由关闭。
- **Init 状态**：发送 DR 字段为零（因为还没有选出 DR）的 Hello 报文（224.0.0.5）。
- **2-way 状态**：2 个 OSPF 路由器从 Hello 中发现互相的 Router ID。
- **Exstart 状态**：预启动状态，OSPF 路由器建立主从关系，然后协商一个序列号（因为 IP 是不可靠的传输采用确认＋超时重传就可以）准备传送，头两个 DD 报文为空，不包含 LSA 的数据。

RouterA：

DD seq=x，I=1，M=1，MS=1

I 是第一个报文

M 是 More 表示还有后续报文

MS 是表示 Router 1 是 Master

RouterB：

DD seq=y，I=1，M=1，MS=1

I 是第一个报文

M 是 More 表示还有后续报文

MS 是表示 Router 2 是 Master

究竟谁是 Master 呢，就会选一个 Router ID 大的作为 Master。

谁当了 Master 序列号就用谁生成的那个数，在这里应该是 RouterB 的 y。

- **Exchange 状态**：和 DR 开始交换数据，Master 先发送 LSDB 报文，此报文只是一个 Index 不包含实际的路由数据，Slave 也发送报文，看谁的序列号高，序列高的数据新，相邻路由器可以根据数据库描述数据包的序列号与自身数据库的数据做比较，若发现接收到的数据比数据库内的数据序列号大，则相邻路由器会针对序列号较大的数据发出请求，并用请求得到的数据来更新其链路状态数据库。RouterA 先发送 DD 报文序列号用 Master 的并且 MS 字段为 0。RouterB 回应报文把序列号加 1 表示已经收到了刚才的 DD 报文并且也包含自己的 DD 报文，下一个 Router 1 的 DD 报文还用 Y＋1 来表示因为 Slave 无权把序列号加 1。如果 DD 报文中的 M＝0 那么表示 DD 报文发送结束。
- **Loading 状态**：装入状态，如果新加入的路由器从 DD 报文中找到自己需要的信息，则发送 LSR 报文，请求发送数据，对端发送 LSU 报文，此报文包含所需的全部数据。
- **Full 状态**：收到 LSU 报文后发送确认，完成 Full 状态。

图 5-27 显示了邻居状态机，灰色为可以长期存在的状态，白颜色为短暂状态。2-Way 为 2 个 DROther 之间的状态。

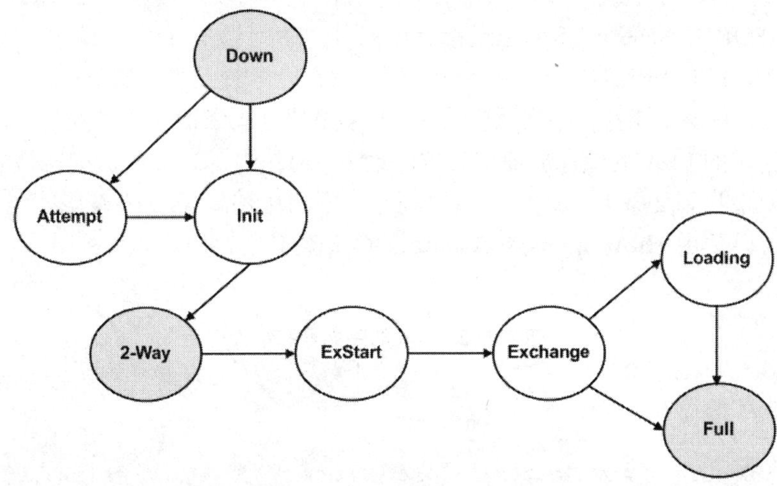

图 5-27　OSPF 邻居状态机

5.4.4 维护路由选择信息

当链路状态发生变化以后，路由器将泛洪 LSA 来对其他路由器做出通知，如图 5-28 所示。

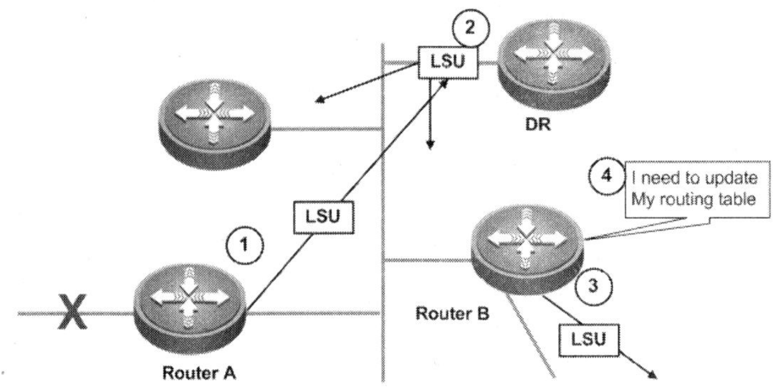

图 5-28 维护路由表信息

老化时间是一个用来指明LSA的生存时间的16位无符号整数，以秒（s）为单位计，大小范围是 0～3600。

①路由器意识到链路产生变化以后，对多播地址 224.0.0.6 和所有的 DR/BDR 发送 LSU，其中 LSU 包含了更新了的 LSA 条目。

②DR 对 LSU 做出确认，接着对多播地址 224.0.0.5 继续泛洪，每个收到 LSU 的路由器对 DR 做出确认（反馈 LSAck）。

③如果路由器连接了其他网络，将通过转发 LSU 给 DR（在点到点网络是转发给邻居路由器）来对其他网络进行泛洪。

④他路由器通过 LSU 来更新自己的 LSDB，然后使用 SPF 算法重新计算最佳路径。

⑤链路状态条目的最大生存周期是 60 分钟，60 分钟之后，它将从 LSDB 中被删除。

5.4.5 OSPF 链路状态序列号

LSDB 中的每个 LSA 记录都有序列号，序列号是 32 位长，以 0x80000001 开头，0x7FFFFFFF 结尾。OSPF 路由器默认每 30 分钟泛洪一次 LSA 来保证 LSDB 的同步，每泛洪 1 次，序列号就加 1。如果序列号达到最大并回到初始值的时候，已经存在的 LSA 的生存周期将设置为最大(1h)并刷新 LSDB(造成网络波动)。

如果收到 2 条 LSA，将比较序列号，序列号越高表示 LSA 版本越新。

可以使用 **show ip ospf database** 命令查看生存周期和序列号，如示例 5-2 所示。

示例 5-2 LSA 的序列号和最大寿命

```
            Router Link States (Area 0.0.0.10)

  Link ID      ADV Router       Age  Seq#        CkSum  Link count
  195.1.1.1    195.1.1.1        835  0x80000006  0xd6bc   1
  195.1.1.2    195.1.1.2        836  0x80000005  0xd6ba   1
            Network Link States (Area 0.0.0.10)
```

```
 Link ID     ADV Router      Age  Seq#       CkSum
10.1.5.1    195.1.1.1       861  0x80000001  0xe901
                 Summary Link States (Area 0.0.0.10)
Link ID     ADV Router      Age  Seq#        CkSum   Route
10.1.1.0    195.1.1.1       775  0x80000003  0xc5be  10.1.1.0/24
10.1.5.0    195.1.1.1       916  0x80000001  0xaaa9  10.1.5.0/24
10.1.3.0    195.1.1.1       886  0x80000001  0xa9a8  10.1.3.0/24
10.1.4.0    195.1.1.1       635  0x80000001  0xa8a7  10.1.4.0/24
10.1.5.0    195.1.1.2       847  0x80000001  0x8cf3   10.1.5.0/24
20.1.1.1    195.1.1.2       844  0x80000001  0x3743   20.1.1.1/32
20.1.5.1    195.1.1.2       844  0x80000001  0x2c4d   20.1.5.1/32
195.15.0.0   195.1.1.1 359  0x80000001  0xb513  195.15.0.0/21
                 ASBR-Summary Link States (Area 0.0.0.10)
Link ID     ADV Router      Age  Seq#       CkSum
10.1.3.1    195.1.1.1        714  0x80000001  0x87c9
                 Router Link States (Area 0.0.0.30 [Stub])
Link ID     ADV Router      Age  Seq#       CkSum  Link count
195.15.5.1   195.15.5.1      736  0x80000004 0xc264 7
195.1.1.1    195.1.1.1       729  0x80000004 0xacf4 1
                 Network Link States (Area 0.0.0.30 [Stub])
Link ID     ADV Router      Age  Seq#       CkSum
10.1.1.2    195.1.1.1       735  0x80000001 0xcf13
                 Summary Link States (Area 0.0.0.30 [Stub])
Link ID     ADV Router      Age  Seq#       CkSum  Route
0.0.0.0     195.1.1.1       763  0x80000003 0x7d15 0.0.0.0/0
                 AS External Link States
Link ID     ADV Router      Age  Seq#       CkSum  Route       Tag
175.15.0.0  10.1.3.1    297  0x80000001 0x5098 E2 175.15.0.0/21   0
175.15.1.0  175.15.5.1  1490 0x80000001 0x58e4 E2 175.15.1.0/24   0
175.15.5.0  175.15.5.1  1490 0x80000001 0x4dee E2 175.15.5.0/24   0
175.15.3.0  175.15.5.1  1490 0x80000001 0x42f8 E2 175.15.3.0/24   0
175.15.4.0  175.15.5.1  1490 0x80000001 0x3703 E2 175.15.4.0/24   0
175.15.5.0  175.15.5.1  1490 0x80000001 0x2c0d E2 175.15.5.0/24   0
175.15.5.0  175.15.5.1  1490 0x80000001 0x2117 E2 175.15.5.0/24   0
RB#
```

区域 0 是一个骨干区域，如果配置了一个以上的区域，它就是必须存在的，所有的区域必须与区域 0 相连，否则，需要虚拟链路。

以上示例中的关键字解释如下：

- **Link ID**：标识 LSA。
- **ADV Router**：通告 LSA 的路由器。
- **Age**：最长寿命计数器，单位为秒，最长寿命为 1 小时（3600 秒）。
- **Seq#**：**LSA** 序列号，初始值为 0x80000001，每当 LSA 被更新时都加 1。
- **Checksum**：LSA 的校验和。

- Link Count：直接连接的链路总数，只用于路由器 LSA 中，链路计数包括所有的点到点链路、中转链路和末节链路，除点到点串行链路导致计数增加 2 外，其他所有串行链路都导致链路计数增加 1，每条以太网链路也导致增加 1。

5.5 OSPF 区域概念

链路状态路由选择协议通常将网络划分成区域，以减少 SPF 算法的计算量。使用分区域的拓扑后，区域内的路由器数量以及在区域内扩散的 LSA 数量较少，这意味着区域内的链路状态数据库较小，其结果是，SPF 算法的计算量更小，收敛需要的时间更短。OSPF 区域是一组逻辑上的 OSPF 路由器，每一个区域都是通过它自己的链路状态数据库来描述的，而且每台路由器也都只需要维护路由器本身所在的区域的链路状态数据库。

OSPF 的网络设计要求层次化，包括如下 2 层：

关于区域的详细内容可参阅 RFC2328 文档。

- **中转区域：**Transit Area（Backbone 或 area 0）。
- **常规区域：**Regular Areas（Nonbackbone areas）。

中转区域（Transit Area）负责的主要功能是 IP 包快速和有效的传输。中转区域互连 OSPF 其他区域。一般的，这个区域里不会出现端用户（End User）。

每一个区域都有着该区域独立的网络拓扑数据库及网络拓扑图。对于每一个区域，其网络拓扑结构在区域外是不可见的。同样，在每一个区域中的路由器对其域外的其余网络结构也不了解。这意味着 OSPF 路由域中的网络链路状态数据广播被区域的边界挡住了，这样做有利于减少网络中链路状态数据包在全网范围内的广播，这也是 OSPF 将其路由域或一个 AS 划分成很多个区域的重要原因。

在 OSPF 路由协议中，存在一个骨干区域（Backbone 或 Area 0），骨干区域必须是连续的，同时也要求其余区域必须与骨干区域直接相连。骨干区域主要工作是在其余区域间传递信息。所有的区域，包括骨干区域之间的网络结构情况是互不可见的，当一个区域的路由信息对外广播时，其路由信息是先传递至区域 0（骨干区域），再由区域 0 将该路由信息向其余区域。

常规区域（Regular Areas）负责的主要功能就是连接用户和资源。这种区域一般是根据功能和地理位置来划分。一般的，一个常规区域不允许其他区域的流量通过它到达另外一个区域，必须穿越中转区域。中转区域还可以有很多子类型，比如末节区域（Stub Area）和绝对末节区域（Locally Area）。

OSPF 区域特征：

- 减少了路由选择表条目。
- 将区域内拓扑变化的影响限制在本地。
- 将 LSA 扩散限制在区域内。
- 要求采取层次网络设计。

在链路状态路由协议中，OSPF 路由器越多，LSDB 就越大。这可能对了解完整的网络信息有帮助，但是随着网络的增长，可扩展性的问题就会越来越大。

采用的折中方案就是引入区域的概念。在某一个区域里的路由器只维护该区域中所有路由器或链路的详细信息和其他区域的部分信息。当某个路由器或某条链路出故障以后，信息只会在那个区域内进行传递，区域以外的路由器不会收到该信息。OSPF 要求层次化的网络设计，并且所有非骨干区域都要与骨干区域 Area 0 相连，如图 5-29 所示。

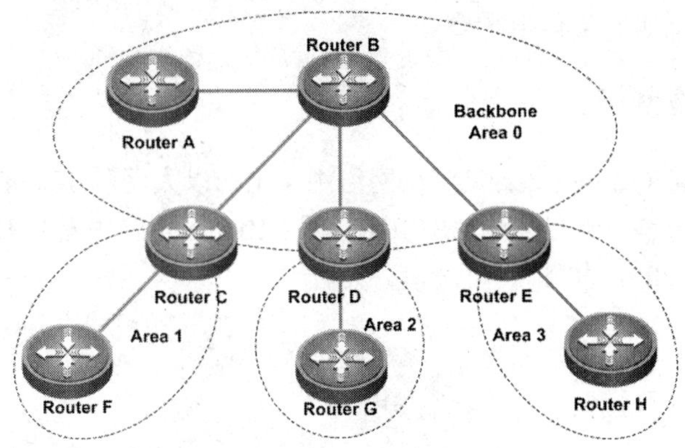

图 5-29　OSPF 区域

在 OSPF 中，建议每个区域中路由器的数量为 50～100 个。上图中，路由器 A 和路由器 B 是骨干路由器，路由器 C、路由器 D 和路由器 E 就是 ABR，ABR 通常具有以下特征：

- 分隔 LSA 泛洪的区域。
- 是区域间路由汇总的位置。
- 为每个区域维护 LSDB。

区域是通过一个 32 位的区域 ID（Area ID）来标识的，如图 5-30 所示。区域 ID 可以表示成一个十进制的数字，也可以表示成一个点分十进制的数字，使用哪一种格式来标识一个具体的区域 ID，通常是根据使用的方便性来选择，比如区域 0 和区域 0.0.0.0 的使用效果是相同的，还有区域 16 和区域 0.0.0.16 等。在上述这些实例中，可以首先选用十进制的方式表示，如果要在 32323232332 和区域 195.165.1.1 两种表示方式中选择一种方式的话，那么后面一种方式可能是比较好的一种选择。

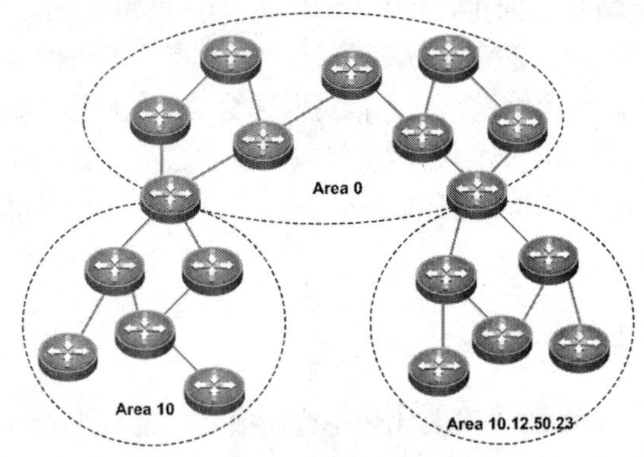

图 5-30　OSPF 区域标识

5.6 OSPF 的网络类型

OSPF 有 4 种网络类型：广播网络、非广播多路访问网络、点到点网络和点到多点网络），根据网络的类型不同，OSPF 的工作方式也不同，熟悉 OSFP 在各种网络模型上如何工作很重要。

5.6.1 广播网络

在广播式网络类型中，DR 和 BDR 被选举用于在网段中减少泛洪。OSPF 的组播能力用于形成邻接关系和在网段上有效地分发信息到其他路由器上。

多路访问（Multiaccess）广播网络中（比如以太网和 Token Ring），需要进行 DR/BDR 的选举，所有的非 DR/BDR（即 DROther）路由器和 DR/BDR 形成完全邻接关系（Full），如图 5-31 所示。

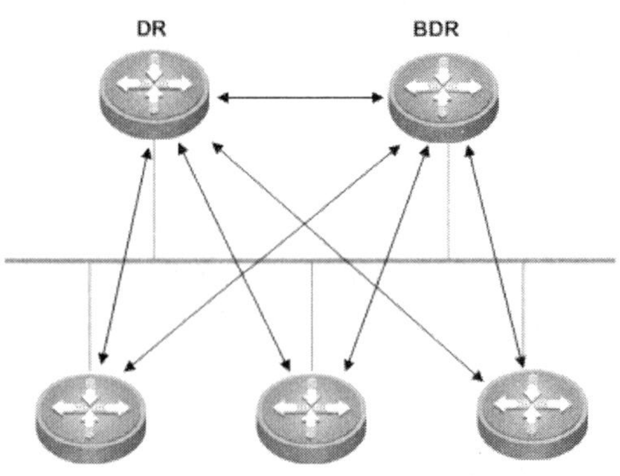

图 5-31 广播式网络

选举 DR 和 BDR 的优点有如下方面：

- **减少路由更新数据流**：DR 和 BDR 是多路访问网络上的链路状态信息交换中心，每台路由器都必须与 DR 和 BDR 建立邻接关系。网段上的路由器只将链路信息发送给 DR 和 BDR，而不是同所有其他路由器交换链路状态信息。DR 收到路由器发送的链路状态信息后，将其转发给网络中其他的所有路由器。当有新的路由器加入到网络中后，它只需要与 DR 同步数据库即可，无需与网络中的所有路由器都进行数据库的同步。
- **管理链路状态同步**：DR 和 BDR 确保网络上的其他路由器拥有相同的关于互连网络的链路状态信息，从而减少了路由选择错误。

非 DR/BDR 路由器将链路状态信息发送给 DR 是使用多播地址 224.0.0.6，然后 DR 使用多播地址 224.0.0.5 再将链路状态信息发送给非 DR/BDR 路由器。在广播网络中，OSPF 的 Hello 间隔（Hello-interval）是 10 秒，死亡间隔（Dead-interval）是 40 秒。

5.6.2 DR 和 BDR 的选举

当选举 DR/BDR 的时候要比较 Hello 报文中的优先级（Priority），优先级高的为 DR，次高的为 BDR，默认优先级都为 1。在优先级相同的情况下就比较 RID，RID 等级最高的为 DR，次高的为 BDR。当把优先级设置为 0 以后，OSPF 路由器就不能成为 DR/BDR，只能成为 DROTHER。

在 DR 和 BDR 出现之前，每一台路由器和他的邻居之间成为完全网状的 OSPF 邻居关系，邻居关系数目是 n(n-1)/2，n 表示路由器的数目。这样 5 台路由器之间将需要形成 10 个邻接关系。当选举完 DR 和 BDR 后，网络中的路由器只与 DR 和 BDR 建立连接关系，如图 5-32 所示。

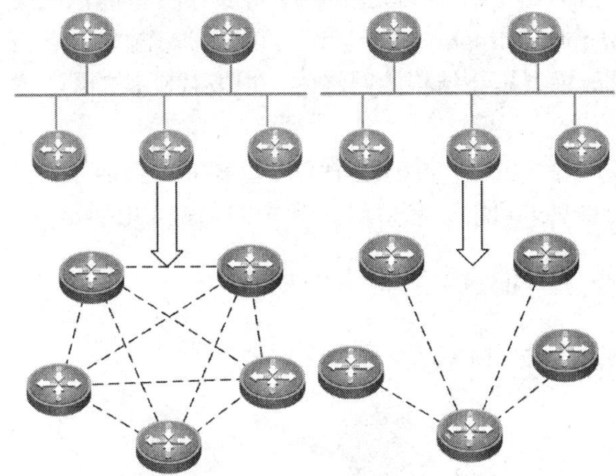

图 5-32　DR 和 BDR

在广播网络中，如果每个路由器之间都建立邻接关系，那么还会产生 LSA 的冗余扩散问题。在 DR/BDR 环境中，将不会出现类似问题。

当网络中新加入一个优先级更高的的路由器，不会影响现有的 DR/BDR，除非 DR 出故障，BDR 随即升级为 DR，并重新选举 BDR，如果是 BDR 出故障了就重新选举 BDR。

在路由器中设置 OSPF 接口优先级的命令如下：

Router(config-if)#**ip ospf priority** *number*

number 的范围是 0~255，表示接口的 OSPF 优先级，默认的优先级为 1。

5.6.3　非广播多路访问网络

非广播多路访问（NBMA）网络，例如帧中继、ATM 和 X.25 这样的网络，不支持广播的能力，但是具有多路访问的特点。OSPF 在 NBMA 网络中也要选举出 DR 和 BDR。

默认在 NBMA 网络中，Hello 报文的发送时间间隔和 Dead 时间间隔分别是 30 秒和 120 秒。NBMA 网络中的邻居不是自动发现的，需要手工建立一张邻居列表。

默认情况下，OSPF 将帧中继（ATM）的主接口、点对多点子接口看作是 NBMA 网络，将点对点子接口看作是点到点网络。

5.6.4　点到点网络

点到点网络一般采用 PPP 或者 HDLC 进行封装的串行接口，OSPF 将自动检测接口类型，并且在点到点网络中，OSPF 不需要进行 DR/BDR 的选举。邻居通过发送使用多播地址 224.0.0.5 的 Hello 报文来动态发现邻居。点到点网络中，默认 Hello 报文的发送间隔是 10 秒，Dead 间隔是 40 秒。OSPF 将帧中继（ATM）

的点对点子接口看作是点到点网络。

5.6.5 点到多点网络

事实上，没有哪一种网络是属于点到多点网络的，通过在接口上 **ip ospf network point-to-multipoint** 命令的，可以将接口配置为点到多点网络。点到多点网络通常用于星型拓扑结构的网络中，以取代默认的网络类型，并简化 OSPF 配置。

在点到多点网络中，不需要选举 DR 和 BDR，邻居是自动发现的。点到多点网络中，默认的 Hello 间隔是 30 秒，死亡间隔是 120 秒。

5.6.6 OSPF 在 NBMA 网络中的配置

如图 5-33 所示 NBMA 网络（帧中继）。

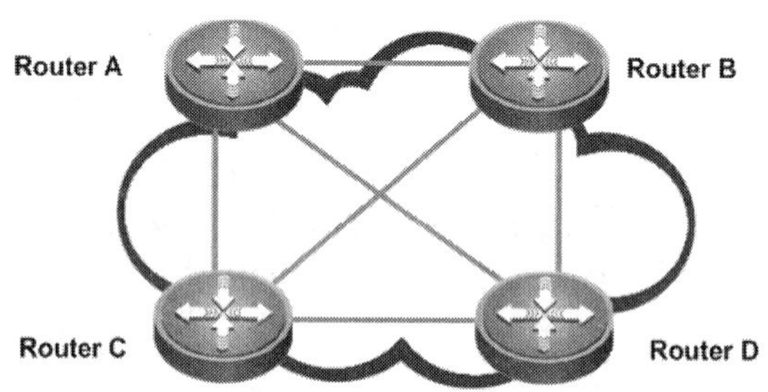

图 5-33　NBMA 网络

定义 OSPF 网络类型的命令如下：

Router(config-if)#**ip ospf network** { **broadcast** | **nonbroadcast** | **point-to-point** | **point-to-multipoint** [**nonbroadcast**] }

几种选项的含义如下：

- **Broadcast**：将接口配置为广播类型。广播网络中使用多播 Hello 报文自动发现邻居，并选举 DR/BDR，通常广播网络需要全互连的拓扑。
- **Nonbroadcast（NBMA）**：将接口配置为 NBMA 类型。NBMA 网络中不支持自动的邻居发现，但是需要选举 DR/BDR，并且要手工配置邻居。
- **Point-to-multipoint**：将接口配置为点到多点类型。点到多点相当于是多个点到点链路，支持自动发现邻居，不需要选举 DR/BDR。该网络类型的配置工作简单。
- **Point-to-multipoint nonbroadcast**：如果 VC 中多播和广播能力没有启用的话就不能使用 point-to-multipoint 模式，因为路由器没办法多播 Hello 包，邻居必须人工指定，不需选举 DR/BDR。
- **Point-to-point**：将接口配置为点到点类型，当只有 2 个路由器的接口要形成邻接关系的时候才使用。点到点网络中不选举 DR/BDR。

对 NBMA 类型手工指定邻居使用如下命令：

Router(config-router)#**neighbor** *ip-address* [**priority** *number*] [**poll-interval** *number*] *ip-address* 为邻居的 IP 地址。

priority *number* 为邻居的优先级，如果设置为 0 的话将不能成为 DR/BDR。

poll-interval *number* 是轮询的间隔时间，单位为秒。NBMA 接口发送 Hello 包给邻居之前等待的时间。

如图 5-34 所示，把邻居的优先级设置为 0，保证路由器 A 为 DR。在部分互连的 NBMA 网络中，只需在 DR/BDR 上使用 **neighbor** 命令，如果拓扑结构是星形的话，**neighbor** 命令应该使用在中心路由器上。在全互连的 NBMA 网络中，应该在所有的路由器上使用 **neighbor** 命令，除非是手工指定 DR/BDR。

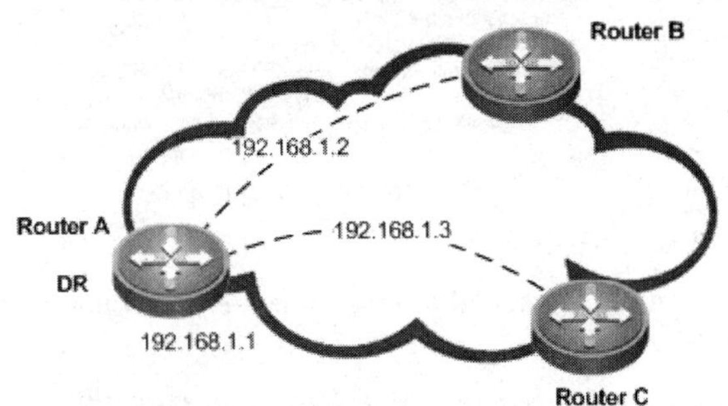

图 5-34　NBMA 配置示例

查看 OSPF 邻居信息：**show ip ospf neighbor** [*type number*] [*neighbor-id*] [**detail**]

如图 5-35 所示为 Point-to-multipoint 模式。

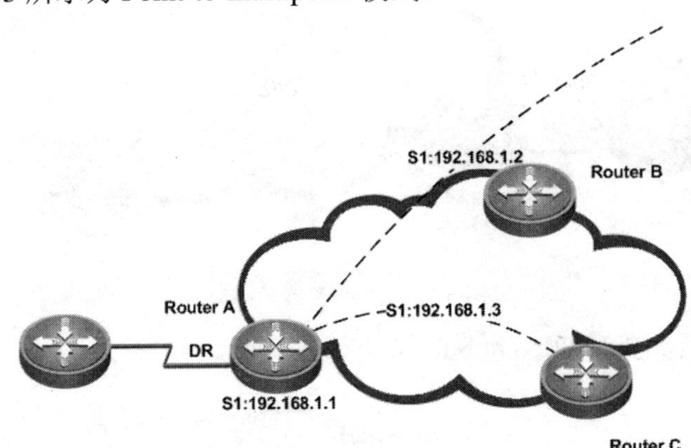

图 5-35　点到多点网络

如图 5-36 所示为 Point-to-multipoint 的配置。

Point-to-multipoint Nonbroadcast 这个模式是 RFC 兼容的 Point-to-multipoint 的扩展，邻居必须手工指定，不选举 DR/BDR，使用在某些邻居不能自动发现的场合下。

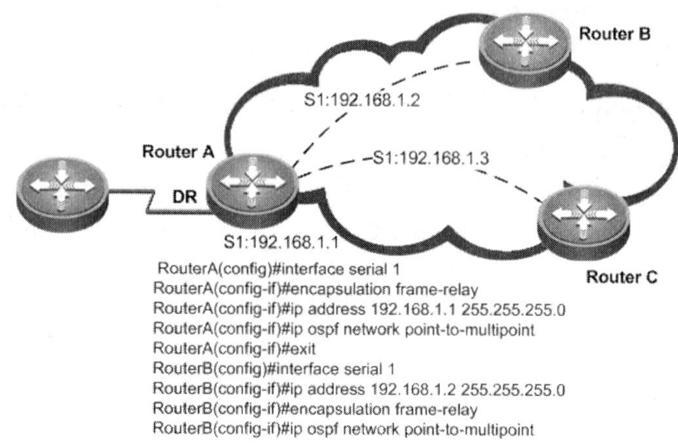

图 5-36　点到多点配置

定义 Subinterface 的命令如下：

Router(config)#**interface serial** *number.subinterface-number*] { **point-to-point** | **multipoint** }

默认在 Point-to-point 的帧中继 Subinterface 的 OSPF 模式是 Point-to-point 模式，在 Multipoint 的帧中继 Subinterface 的 OSPF 模式是 NBMA（Nonbroadcast）模式，在帧中继物理接口的 OSPF 模式也是 NBMA 模式。

图 5-37 是一个 Point-to-point Subinterface 的例子，每条 VC 要求一个单独的子网。

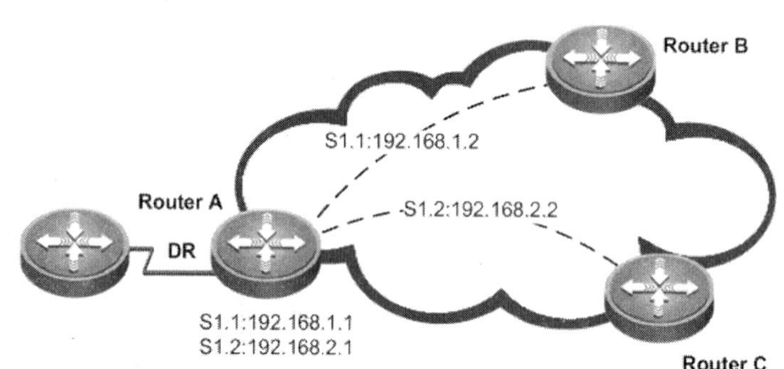

图 5-37　点到多点子接口

图 5-38 是一个 Multipoint Subinterface 的例子。

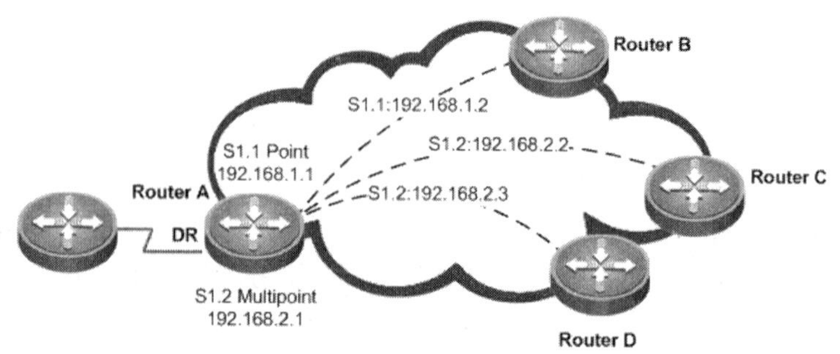

图 5-38　多点子接口网络

第 1 个 Subinterface S1.1 为 Point-to-point 模式，OSPF 把第 2 个 Multipoint Subinterface S1.2 当作 NBMA 模式。

5.6.7 NBMA 拓扑上的 OSPF 小结

表 5-2 为 OSPF 在 NBMA 网络上操作的总结。

表 5-3 OSPF 在拓扑小结

OSPF 模式	NBMA 拓扑	子网地址	Hello 定时器	邻接关系	范例
NBMA	全互联	相同	30 秒	手工配置选举 DR/BDR	配置了帧中继的串行接口
广播	全互联	相同	10 秒	自动发现选举 DR/BDR	LAN 接口，如以太网
点到多点	部分互联或星型	相同	30 秒	自动发现不需要 DR/BDR	无需 DR 的帧中继 OSPF 模式
点到多点非广播	部分互联或星型	相同	30 秒	手工配置不需要 DR/BDR	无需 DR 的帧中继 OSPF 模式
点到点	部分互联或使用星型的子接口	每个子接口各不相同	10 秒	自动发现不需要 DR/BDR	T1 串行接口

5.6.8 OSPF 路由选择表和路由类型

表 5-4 列出了各种 OSPF 路由类型，以及路由在路由表中的表示方法。

表 5-4 OSPF 路由类型

路由指示符	路由类型	描述
O	OSPF 区域内路由	路由器所在区域内的网络，以路由器 LSA 和网络 LSA 的方式通告
O IA	OSPF 区域间路由	位于路由器所在区域之外，但在 OSPF 自主系统内的网络，以汇总 LSA 的方式通告
O E1	1 类外部路由	位于当前自主系统之外的网络，以外部 LSA 的方式被通告
O E2	2 类外部路由	

从上表中可以看出，OSPF 将外部路由分为两类，外部类型 1（O E1）和外部类型 2（O E2）。这两种类型的路由的差别是，它们计算路由花费值的方法不同。

- **E1**：OE1 外部路由的花费值为外部成本加上报文经过每条链路的内部成本，如图 5-39 所示。多台 ASBR 将同一条外部路由通告到同一 AS 中时，应该使用这种类型，以避免次优路径选择。
- **E2**：OE2 外部路由的花费值只包含其外部成本。只有一台 ASBR 将外部路由通告到 AS 中时，应该使用这种类型。OE2 为默认的类型，如示例 5-3 所示。

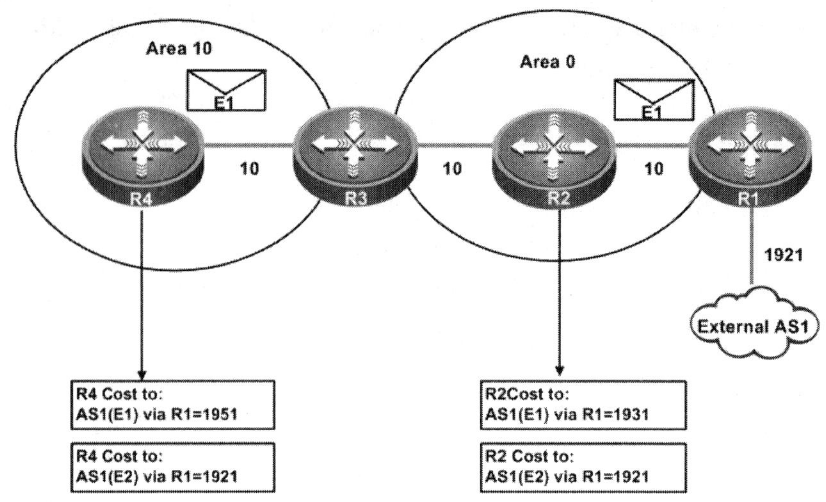

图 5-39 计算 E1 和 E2 路由成本

在示例 5-3 中，使用 OE2 表示的是一条外部类型 2 的外部路由。用方括号起的两个数字[110/20]分别是前往目标网络的路由的管理距离和总成本，OSPF 的管理距离是 110。

示例 5-3 show ip route 命令

```
RC#show ip route
Codes: C - connected, S - static, R - RIP B - BGP
       O - OSPF, IA - OSPF inter area
       N1 - OSPF NSSA external type 1,N2-OSPF NSSA external type 2
       E1 - OSPF external type 1, E2 - OSPF external type 2
       i - IS-IS, L1 - IS-IS level-1, L2 - IS-IS level-2, ia - IS-IS
inter area
       * - candidate default
Gateway of last resort is no set
O IA 10.1.1.0/24 [110/2] via 10.1.2.1, 04:42:44, FastEthernet 0/0
C    10.1.2.0/24 is directly connected, FastEthernet 0/0
C    10.1.2.2/32 is local host.
C    10.1.4.0/24 is directly connected, Loopback 1
C    10.1.4.1/32 is local host.
O IA 20.1.1.1/32 [110/2] via 10.1.2.1, 04:42:44, FastEthernet 0/0
O IA 20.1.2.0/24 [110/1] via 10.1.2.1, 04:42:44, FastEthernet 0/0
C    20.1.3.0/24 is directly connected, Loopback 0
C    20.1.3.1/32 is local host.
O E2 192.168.10.0/24 [110/20]via 10.1.2.1,00:56:35,FastEthernet 0/0
```

5.7 OSPF 的基本配置

5.7.1 配置 OSPF 进程

配置 OSPF 路由进程，并定义与该 OSPF 路由进程关联的 IP 地址范围，以及该范围 IP 地址所属的 OSPF 区域。属于该 IP 地址范围的接口将发送、接收 OSPF 报文，并且对外通告链路状态信息。

要创建 OSPF 路由进程，在全局配置模式中执行以下命令，如表 5-5 所示。

表 5-5 配置 OSPF 进程

步骤	命令	作用
步骤 1	Router(config)#**router ospf** process-id	创建 OSPF 路由进程
步骤 2	Router(config-router)#**network** *network* *wildcard* **area** *area-id*	定义接口所属区域

process-id 只是在本路由器有效，所以可以设置成和其他路由器的 process-id 一样的值，***network*** 和 ***wildcard*** 为网络地址和反向掩码。

5.7.2 配置 OSPF 接口参数

OSPF 允许用户更改某些特定的接口参数，用户可以根据实际应用的需要将这些参数任意设置。应该注意的是，一些参数的设置必须保证跟与该接口相邻的路由器的相应参数一致，这些参数通过 **ip ospf hello-interval，ip ospf dead-intervl** 和 **ip ospf authentication-key** 三个接口参数进行设置，当使用这些命令时应该注意邻居路由器也有同样的配置。

要配置 OSPF 接口参数，在接口配置模式中执行以下命令，如表 5-6 所示。

表 5-6 配置 OSPF 接口参数

命令	作用
Router(config-if)#**ip ospf cost** *cost*	指定该接口的花费
Router(config-if)#**ip ospf retransmit-interval** *seconds*	定义 OSPF 链路状态通告重传时间间隔
Router(config-if)#**ip ospf transmit-delay** *seconds*	设置 OSPF 发送一个更新报文的时间
Router(config-if)#**ip ospf priority** *priority*	设置 OSPF 优先级，用于指定路由器的选举
Router(config-if)#**ip ospf hello-interval** *seconds*	设置发送 Hello 报文时间间隔
Router(config-if)#**ip ospf dead-interval** *seconds*	设置无效时间间隔，在该时间内如果没接收到邻居的 Hello 报文，则宣告邻居无效
Router(config-if)#**ip ospf authentication-key** *key*	设置 OSFP 明文认证密钥
Router(config-if)#**ip ospf message-digest-key** *key-id* **md5** *key*	设置 OSPF MD5 认证密钥

5.7.3 配置 OSPF 以适应不同物理网络

要配置网络类型，在接口配置模式中执行以下命令，如表 5-7 所示。

表 5-7　配置 OSPF 网络类型

命令	作用
Router(config-if)#**ip ospf network** { **broadcast** | **non-broadcast** | **point-to-multipoint** [**non-broadcast**] | **point-to-point** }	配置 OSFP 网络类型

默认情况下的网络类型如下：

- 点到点网络类型：PPP、SLIP、帧中继点到点子接口、X.25 点到点子接口封装时。
- NBMA 网络类型（Non-Broadcast）：帧中继、X.25 封装的主接口和点到多点子接口。
- 广播网络类型：以太网封装。
- 默认类型没有点到多点网络类型。

5.7.4 配置 Router ID

OSPF 路由器 ID 唯一标识了网络中的每一台路由器，OSPF 路由进程启动时将选择路由器 ID。在整个 OSPF 自主系统中，路由器 ID 不能重复，否则可能会导致路由计算错误。关于 RID 的选举有如下事宜：

- 如果不存在回环接口是，选择物理接口地址等级最高的作为 RID（假如没有设置回环接口的话），接口不是必须参与 OSPF 进程，但是它的状态必须是 Up。
- 假如回环接口存在的话，选举回环接口地址作为 RID（因为回环接口永远不会 DOWN 掉）。
- 通过使用 **router-id** 命令配置的 RID 具有最高的优先级。

一旦 RID 设置了，将不会改变，即使设置为 RID 的接口 DOWN 掉了，RID 也不会改变，除非路由器重新启动，或者 OSPF 进程重启。

手工设置下次 OSPF 启动以后所采用的 RID：

Router(config)#**router ospf** *process-id*

Router(config-router)#**router-id** *ip-address*

注意本次设置的新 RID 只会在下次 OSPF 进程中生效，也可以重启路由器或者使用 **clear ip ospf process** 命令重启 OSPF 进程来改变 RID。

要查看 RID 的信息可以使用 **show ip ospf** 命令，如示例 5-4 所示。

示例 5-4　查看路由器 ID

```
RB#show ip ospf
 Routing Process "ospf 10" with ID 20.1.5.1
 Process uptime is 2 minutes
 Process bound to VRF default
 Conforms to RFC2328, and RFC1583Compatibility flag is enabled
 Supports only single TOS(TOS0) routes
```

```
 Supports opaque LSA
 SPF schedule delay 5 secs, Hold time between two SPFs 10 secs
 LsaGroupPacing: 240 secs
 Number of incomming current DD exchange neighbors 0/5
 Number of outgoing current DD exchange neighbors 0/5
 Number of external LSA 0. Checksum 0x000000
 Number of opaque AS LSA 0. Checksum 0x000000
 Number of non-default external LSA 0
External LSA database is unlimited.
 Number of LSA originated 2
 Number of LSA received 5
Log Neighbor Adjency Changes : Enabled
 Number of areas attached to this router: 1
   Area 0 (BACKBONE)
       Number of interfaces in this area is 3(3)
       Number of fully adjacent neighbors in this area is 2
       Area has no authentication
       SPF algorithm last executed 00:00:49.480 ago
       SPF algorithm executed 6 times
       Number of LSA 5. Checksum 0x02760e
```

5.7.5 配置 OSPF 单区域

图 5-40 显示了 OSPF 单区域的配置方式，3 个路由器都属于 Area 0 中。

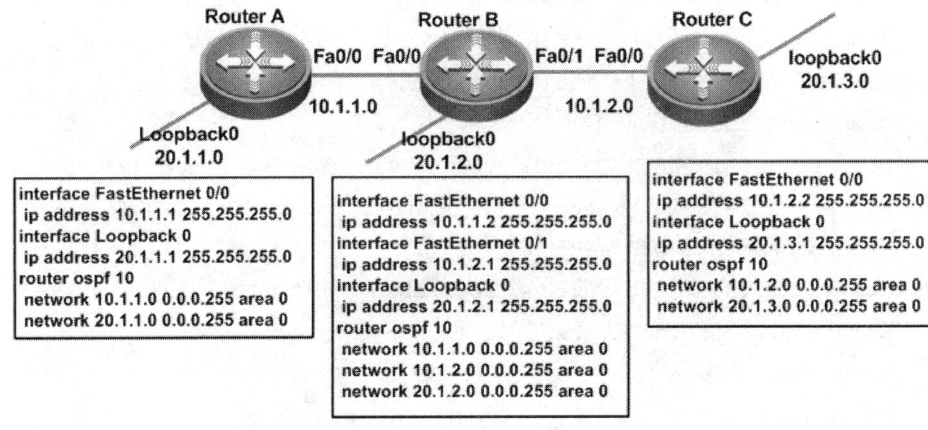

图 5-40　单区域 OSPF 配置

5.7.6 配置 OSPF 多区域

图 5-41 描述了 OSPF 多区域的配置，路由器 A 和路由器 B 的接口 fa0/0 在区域 0 中，路由器 C 和路由器 B 的接口 fa0/1 在区域 10 中，路由器 B 担任 ABR 的角色。

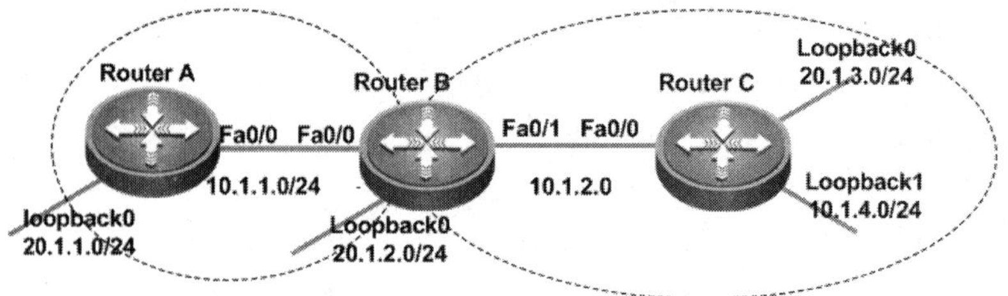


```
interface FastEthernet 0/0
 ip address 10.1.1.1 255.255.255.0
interface Loopback 0
 ip address 20.1.1.1 255.255.255.0
router ospf 10
 network 10.1.1.0 0.0.0.255 area 0
 network 20.1.1.0 0.0.0.255 area 0
```

```
interface FastEthernet 0/0
 ip address 10.1.1.2 255.255.255.0
interface FastEthernet 0/1
 ip address 10.1.2.1 255.255.255.0
interface Loopback 0
 ip address 20.1.2.1 255.255.255.0
router ospf 10
 network 10.1.1.0 0.0.0.255 area 0
 network 10.1.2.0 0.0.0.255 area 10
 network 20.1.2.0 0.0.0.255 area 0
```

```
interface FastEthernet 0/0
 ip address 10.1.2.2 255.255.255.0
interface Loopback 0
 ip address 20.1.3.1 255.255.255.0
interface Loopback 1
 ip address 10.1.4.1 255.255.255.0
router ospf 10
 network 10.1.2.0 0.0.0.255 area 10
 network 10.1.4.0 0.0.0.255 area 10
 network 20.1.3.0 0.0.0.255 area 10
```

图 5-41　配置 OSFP 多区域

5.7.7　查看 OSFP 的运行情况

show ip ospf [*process-id*]命令显示 OSFP 路由进程的运行信息概要，如果没有指定进程号，就显示所有 OSPF 进程信息，否则只是显示指定路由进程的信息。如示例 5-5 所示。

示例 5-5　显示 show ip ospf 信息

```
RB#show ip ospf
 Routing Process "ospf 10" with ID 20.1.5.1
 Process uptime is 1 hour 19 minutes
 Process bound to VRF default
 Conforms to RFC2328, and RFC1583Compatibility flag is enabled
 Supports only single TOS(TOS0) routes
 Supports opaque LSA
 This router is an ABR, ABR Type is Alternative Cisco (RFC3509)
 SPF schedule delay 5 secs, Hold time between two SPFs 10 secs
 LsaGroupPacing: 240 secs
 Number of incomming current DD exchange neighbors 0/5
 Number of outgoing current DD exchange neighbors 0/5
 Number of external LSA 0. Checksum 0x000000
 Number of opaque AS LSA 0. Checksum 0x000000
 Number of non-default external LSA 0
 External LSA database is unlimited.
 Number of LSA originated 10
 Number of LSA received 17
 Log Neighbor Adjency Changes : Enabled
 Number of areas attached to this router: 2
    Area 0 (BACKBONE)
```

```
      Number of interfaces in this area is 2(2)
      Number of fully adjacent neighbors in this area is 1
     Area has no authentication
      SPF algorithm last executed 00:21:21.540 ago
      SPF algorithm executed 15 times
      Number of LSA 5. Checksum 0x02d391
   Area 10
      Number of interfaces in this area is 1(1)
      Number of fully adjacent neighbors in this area is 1
      Number of fully adjacent virtual neighbors through this area
is 0
      Area has no authentication
      SPF algorithm last executed 00:21:10.200 ago
      SPF algorithm executed 2 times
      Number of LSA 5. Checksum 0x02c585
```

以上显示信息中部分字段的解释如下：

- **Hold time between two SPFs**：两次运算的时间间隔。
- **Number of areas attached to this router**：OSPF 区域个数。
- **Number of interfaces**：该区域关联的接口数目。
- **Area has no authentication**：该区域是否采用认证，认证模式。
- **SPF algorithm executed**：该区域执行了几次 SPF 运算。

show ip ospf interface 命令用来查看接口的 OSPF 信息，如示例 5-6 所示。

示例 5-6 show ip ospf interface 命令

```
RB#show ip ospf interface fastEthernet 0/1
FastEthernet 0/1 is up, line protocol is up
  Internet Address 10.1.5.1/24, Ifindex 2, Area 0.0.0.10, MTU 1500
  Matching network config: 10.1.5.0/24
  Process ID 10, Router ID 20.1.5.1,Network Type BROADCAST,Cost: 1
  Transmit Delay is 1 sec, State BDR, Priority 1
  Designated Router (ID) 20.1.3.1, Interface Address 10.1.5.2
  Backup Designated Router (ID) 20.1.5.1, Interface Address 10.1.5.1
  Timer intervals configured,Hello 10,Dead 40,Wait 40,Retransmit 5
    Hello due in 00:00:02
  Neighbor Count is 1, Adjacent neighbor count is 1
  Crypt Sequence Number is 9995
  Hello received 209 sent 208, DD received 3 sent 4
  LS-Req received 1 sent 1, LS-Upd received 4 sent 5
  LS-Ack received 5 sent 3, Discarded 0
```

以上示例各字段信息如表 5-8 所示。

表 5-8 show ip ospf interface 命令字段信息

字段	描述
line protocol is	接口操作协议状态
Internet Address	接口 IP 地址
Area	所属 OSPF 区域
Process ID	OSFP 进程号
Router ID	路由器 ID
Network Type	网络类型
Cost	接口花费
Transmit Delay is	OSPF 接口传输延时
Hello	Hello 报文时间间隔
Dead	邻居无效时间
Retransmit	LSA 重传时间间隔
Neighbor Count	邻居数目
Adjacent neighbor count	毗邻邻居数目

show ip ospf neighbor 命令显示邻居列表，包括它们的OSPF路由器ID、OSPF优先级、邻接关系状态及失效时间等信息，如示例 5-7 所示。

show ip ospf neighbor [**detail**] [*interface-type interface-number*] [*neighbor-id*]可以显示指定的邻居信息。

- **detail**：显示邻居的详细信息。
- *interface-type interface-number*：显示指定接口的邻居信息。
- *neighbor-id*：显示指定邻居信息。

示例 5-7 show ip ospf neighbor 命令

```
RB#show ip ospf neighbor
OSPF process 10:
Neighbor ID    Pri  State      Dead Time   Address   Interface
10.1.1.1       1   Full/BDR   00:00:36   10.1.1.1   FastEthernet 0/0
20.1.3.1       1   Full/DR    00:00:31   10.1.5.2   FastEthernet 0/1
RB#show ip ospf neighbor 20.1.3.1
OSPF process 10:
 Neighbor 20.1.3.1, interface address 10.1.5.2
   In the area 0.0.0.10 via interface FastEthernet 0/1
   Neighbor priority is 1, State is Full, 6 state changes
   DR is 10.1.5.2, BDR is 10.1.5.1
   Options is 0x42 (*|O|-|-|-|-|E|-)
   Dead timer due in 00:00:38
   Neighbor is up for 01:35:51
     Database Summary List 0
   Link State Request List 0
```

```
Link State Retransmission List 0
Crypt Sequence Number is 0
Thread Inactivity Timer on
Thread Database Description Retransmission off
Thread Link State Request Retransmission off
Thread Link State Update Retransmission off
```

以上示例中各字段信息如表 5-9 所示。

表 5-9 show ip ospf neighbor 命令字段

字段	描述
Neighbor	邻居路由器标识
Pri	邻居 OSPF 优先级
State	OSPF 邻居连接状态。FULL 说明处于稳定状态，DR 说明该邻居为指定路由器，BDR 说明该邻居为备份指定路由器，DROTHER 说明该邻居不是 DR/BDR，点到点网络类型没有 DR/BDR
Dead Time	显示宣布该邻居的失效时间
Address	邻居直连接口的 IP 地址
Interface	显示学到该邻居的接口
In the area	显示学习到该邻居的区域
Options	Hello 报文 E 比特选项内容，0 说明该区域为 STUB，2 说明该区域不是 STUB 区域

debug ip ospf events 命令用于打开 OSPF 的事件调试开关，显示与 OSPF 相关的事件，如建立邻接关系、扩散信息、DR 选举和 SPF 计算，如示例 5-8 所示。

示例 5-8 debug ip ospf events 命令

```
RB#debug ip ospf events
Sep 9 02:11:50 RB %7:Neighbor router[FastEthernet 0/0:10.1.1.5-10.1.1.1]: Status change Down -> Init
Sep 9 02:11:50 RB %7:Neighbor router[FastEthernet 0/0:10.1.1.5-10.1.1.1]: Status change Init -> 5-Way
Sep 9 02:11:50 RB %7:OS[FastEthernet 0/0:10.1.1.2]: Join to AllDRouters Multicast group
Sep 9 02:11:50 RB %7:Neighbor router[FastEthernet 0/0:10.1.1.5-10.1.1.1]: Status change 5-Way -> ExStart
Sep 9 02:11:52 RB %7:Neighbor router[FastEthernet 0/1:10.1.5.1-20.1.3.1]: Status change ExStart -> Exchange
Sep 9 02:11:52 RB %7:Neighbor router[FastEthernet 0/1:10.1.5.1-20.1.3.1]: Status change Exchange -> Loading
Sep 9 02:11:52 RB %7:LSA[0.0.0.10:Type1:20.1.3.1:20.1.3.1]: Instance(0x7b05c30) created with Link State Update
Sep 9 02:11:52 RB %7:LSA[0.0.0.10:Type2:10.1.5.2:20.1.3.1]: Instance(0x7b05c30) created with Link State Update
```

```
   Sep     9    02:11:52    RB    %7:Neighbor    router[FastEthernet
0/1:10.1.5.1-20.1.3.1]: Status change Loading -> Full
```

5.8 总　结

开放式最短路径优先协议（OSPF，Open Shortest Path First）是 IETF（Internet Engineering Task Force）于 1988 年提出的一种链路状态路由选择协议，它工作在一个自治系统中，用于自治系统内部的路由选择信息交换。

链路状态路由协议只在网络拓扑发生变化以后产生路由更新，它通过使用 Dijkstra 算法（或称 SPF 算法）来计算到达目标网络的最佳路径，建立一个 SPF 树，然后从 SPF 树里选出最佳路径并放进路由表里。

运行 OSPF 的路由器通过交换 Hello 报文和别的路由器建立邻接（Adjacency）关系。链路状态扩散是一个在相邻路由器间分发链路状态通告的过程，扩散过程使网络中的所有路由器都收到 LSA 通告消息。

OSPF 路由器有 4 种不同的类型：内部路由器（Internal Router）、区域边界路由器（ABR，Area Border Router）、自治系统边界路由器（ASBR，Autonomous System Boundary Router）和骨干路由器（Backbone Router）。

OSPF 有 5 种报文类型，这 5 种报文类型直接封装到 IP 报文的有效负载中，OSFP 报文不使用传输控制协议（TCP）和用户数据报协议（UDP）。OSPF 要求使用可靠的报文传输机制，但由于没有使用 TCP，OSPF 将使用确认报文来实现确认机制。

OSPF 将网络划分成区域，以减少 SPF 算法的计算量。使用分区域的拓扑后，区域内的路由器数量以及在区域内扩散的 LSA 数量较少，这意味着区域内的链路状态数据库较小，其结果是，SPF 算法的计算量更小，收敛需要的时间更短。OSPF 区域是一组逻辑上的 OSPF 路由器，每一个区域都是通过它自己的链路状态数据库来描述的，而且每台路由器也都只需要维护路由器本身所在的区域的链路状态数据库。OSPF 的网络设计要求层次化，包括中转区域 Transit Area（Backbone 或 Area 0）和常规区域 Regular Areas（Nonbackbone Areas）。

OSPF 有 4 种网络类型：广播网络、非广播多路访问网络、点到点网络和点到多点网络），根据网络的类型不同，OSPF 的工作方式也不同。

5.9 复习题

（1）在路由选择表中，如何标识区域内路由的链路状态信息？（　）

A．这种路由用 O 标记

B．这种路由用 I 标记

C．这种路由用 IO 标记

D．这种路由用 EA 标记

（2）默认情况下，外部属于哪类？（ ）

A．E1

B．E2

C．E5

D．没有默认类型，OSPF 选择最准确类型

（3）下列哪个 IP 地址，用于将更新后的 LSA 条目发送给 OSPF DR 和 BDR？（ ）

A．单播地址 224.0.0.5

B．单播地址 224.0.0.6

C．多播地址 224.0.0.5

D．多播地址 224.0.0.6

（4）为确保数据库的准确性，OSPF 每间隔多长时间刷新每条 LSA 记录？（ ）

A．60 分

B．30 分

C．60 秒

D．30 秒

（5）下列哪项不是选择路由器 ID 的方式？（ ）

A．使用最大的物理接口 IP 地址

B．使用最小的物理接口 IP 地址

C．环回地址总是优先于接口地址，因为环回接口永远不会 DOWN

D．在设置路由器 ID 方面，命令 **router-id** 的优先级最高，它优先于其他任何方式

（6）链路状态路由选择协议使用两层的区域层次结构，这种结构由哪两种区域组成？（ ）

A．中转区域

B．传输区域

C．常规区域

D．链接区域

（7）选举 DR 和 BDR 时，下列那个描述是错误的？（ ）

A．优先级最高的路由器为 DR

B．优先级次高的路由器为 BDR

C．如果所有路由器的优先级皆为默认值，则 RID 最小的路由器为 DR

D．优先级为 0 的路由器不能成为 DR 或 BDR

（8）在 OSPF 路由选择协议中，如果想使两台路由成为邻居，那么其在 Hello 报文必须相同的选项是哪些？（ ）

A．末节区域的标志位相同

B．验证口令相同

C．Hello 时间间隔相同

D．区域 ID 相同

第 6 章　路由重分发与路由控制

本章重点

- ◆ 路由重分发
- ◆ 路由重分发的作用
- ◆ 路由重分发的原则
- ◆ 配置路由重分发
- ◆ 路由控制与过滤
- ◆ 被动接口
- ◆ 调整 AD 值

6.1　路由重分发

除了少数特例外，在相同路由器上存在不止一种路由选择协议并不意味着重新分配自动产生，重新分配必须被明确地配置。在没有使用重新分配的单一路由器上配置多种路由选择协议的方法叫做午夜航船(Ships In the Night，SIN) 路由选择。

路由重分发是指连接到不同路由选择域的边界路由器，在不同路由选择域（自主系统）之间交换和通告路由选择信息的能力。

6.1.1　路由重分发的作用

当路由器使用路由选择协议进行路由通告时，如果该路由是通过其他方式获取的，那么路由器将要执行路由重分发。这里所谓的其他方式可能是另外一个路由选择协议、静态路由或直连目标网络，例如，路由器可能同时运行 OSPF 进程和 RIP 进程。如果设置 OSPF 进程通告来自 RIP 进程的路由，这就叫做重分发 RIP。

在整个 IP 互联网络中，如果从配置管理和故障管理的角度看，一个自治系统内最好能够运行单一的路由选择协议，而不是多种路由选择协议。然而，现代的互联网络又常常强迫我们接受多协议 IP 路由选择域这个现实。当部门、分公司乃至整个公司合并时，必须统一它们原来的自主互联网络。

在大部分案例中，将要被合并的互联网络之间存在很大差异性，这种差异性使得单一路由选择协议的迁移成为一项复杂的任务。在某些案例中，公司的策略可能会强制使用多种路由选择协议，而在少数场合还会出现因其他原因而采用多种路由选择协议。

多厂商环境是需要重分发路由的另一个原因。为了配合路由器可能运行的多个路由协议进程，RG-NOS 软件提供了路由信息从一个路由进程重分发到另外一个路由进程的功能。比如，可以将 EIGRP 路由域的路由重分发到 RIP 路由域中，也可以将 RIP 路由域的路由重分发到 EIGRP 域中，路由的相互重分发可以在所有的 IP 路由协议之间运行。

重分发后，所有目标网络都将被加入到路由选择表中，且路由决策是根据表中网络现状做出的，但路由选择协议只通告通过其进程获悉的网络；路由选择进程之间不共享有关网络系统的信息时，被称为夜航式路由选择（Ships In Night，SIN）。

当多种路由协议被拼凑在一起时，使用路由重分发是很有必要的，而且重分发也是严谨的互联网络设计的一部分。图 6-1 给出了一个例子，一个运行 OSPF 协议的自治系统与另一个运行 RIP 协议的自治系统相连，每个自治系统中内部路由器对各自的网络都有完整的了解，但如果不使用重分发，它们将不会知道另一个自治系统中的路由。RouterA 是边界路由器，它同时运行有 OSPF 进程和 RIP 进程。

不使用重分发时，RouterA 执行夜航路由选择：RouterA 使用参与 OSPF 的接口将 OSPF 路由选择更新传递给 OSPF 邻居，使用参与 RIP 的接口将 RIP 路由选择更新传递给 RIP 邻居。RouterA 在 RIP 和 OSPF 之间不交换路由选择信息，如果 OSPF 路由选择域中的路由器需要获悉 RIP 域中的路由，RouterA 必须在 RIP 和 OSPF 之间重分发路由。

RouterA 通过其 Fa0/1 接口上运行的 RIP 路由选择协议，从 RouterB 那里学到了网络 192.168.1.0。配置路由重分发后，RouterA 将通过其 Fa0/0 接口上的 OSPF 协议将该信息重新分发给 RouterB，同样，路由选择信息也将沿相反方向从 OSPF 向 RIP 传递。

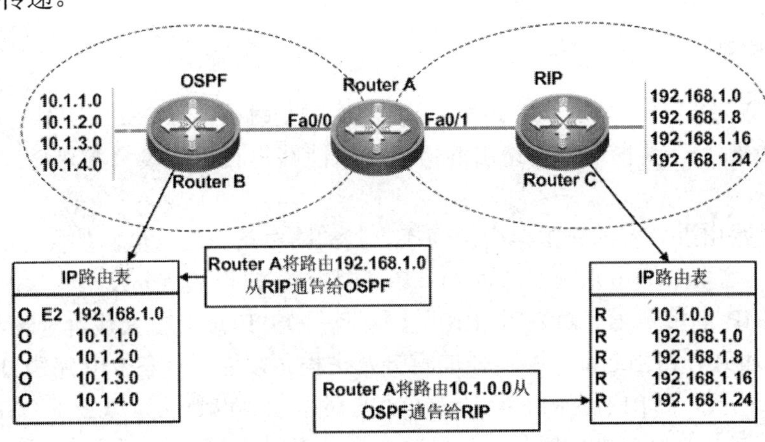

图 6-1 路由重分发

重分发来的路由被视为外部路由，而优先选择内部路由。

重分发可能会带来路由环路和次路由出现，为避免这些问题，可使用默认路由、被动接口、分发列表，只配置单方向上的重分发如 RIP 重分发到 EIGRP，修改度量值，修改管理距离等方式。

在重分发时控制路由更新，可以实现隐藏网络、防止环路、控制流量、有利安全等效果，方式有：

①被动接口：被动接口不参与路由进程中，在 RIP 和 IGRP 中它不发送更新

只侦听；而在 OSPF 和 EIGRP 中，这种接口不侦听也不发送更新或者 Hello 报文，因此它们不建立邻居关系。

②静态路由：由手工配置，在末节小型网络中适用，像拨号网络。这种重分发静态路由也常用于 BGP 和 IGP 之间，如可以定义一个静态超网将 IGP 路由重发到 BGP 中。从支持 VLSM 的路由协议重分发到不支持 VLSM 的路由协议时也常用到静态超网路由。

③默认路由：在没有针对性的目标网络时就用默认路由，如果没有默认路由时分组将丢失。IGP 常用默认路由连到 BGP 域，在末节网络也常用默认路由连接到大型网中。

④空接口：是一个虚拟接口，被用做静态路由的逻辑下一跳，所有前往该网络的数据流都被路由到一个黑洞中。常用在无类路由与有类路由之间重新分发。

⑤分发列表：分发列表是应用在路由选择进程的访问控制列表，用于决定哪些路由将被加入路由表或通过更新发送出去。

⑥路由图：route map 是一种复杂的访问列表，可用于进行条件编程。符合 match 条件时则执行 set 修改结果。它与分发列表功能相同，只是指定条件可能更复杂。

6.1.2 路由重分发的原则

IP 路由选择协议之间的特性相差非常大，对路由重分发影响最大的协议特性是度量和管理距离的差异性，以及每种协议的有类和无类能力，在重分发时如果忽略了对这些差异的考虑，将导致出现某些或全部路由交换失败，最坏情况将造成路由环路和黑洞。

路由器通告与其接口直接相连的链路时，使用的初始度量值是根据接口的特征得到的，路由选择信息传递到其他路由器后，度量值将增加。

1. 度量

如果向 OSFP 重分发 RIP 路由，RIP 的度量是跳数，而 OSPF 使用的是代价。在这种情况下，接收重分发路由的协议必须能够将自己的度量与这些路由联系起来。

执行路由重分发的路由器必须为接收到的路由指派度量值。如图 6-2、示例 6-1 所示。这里 RIP 被重分发进入 OSPF，同时 OSPF 也被重分发进入 RIP，OSPF 不理解 RIP 的度量值（跳数），RIP 也不理解 OSPF 度量值（代价），因此在向 OSPF 传递 RIP 路由之前，路由器的重分发进程必须为每一条 RIP 路由分配代价度量值，同样，路由器在向 RIP 传递 OSPF 路由之前也必须为每一条 OSPF 路由分配跳数度量值。如果分配了不正确的度量，重新分配将会失败。

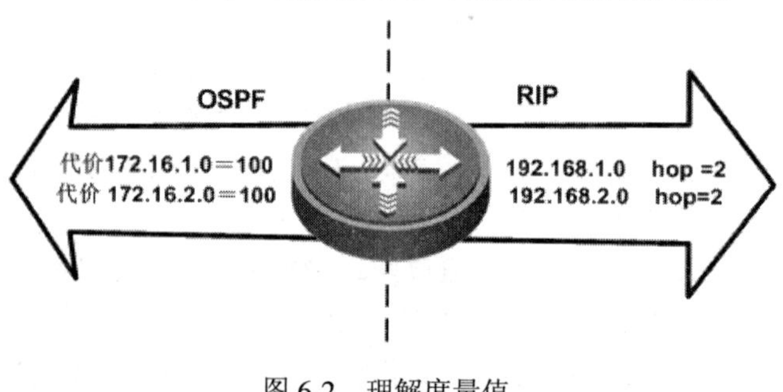

图 6-2 理解度量值

示例 6-1 show ip route 结果

```
RA#show ip route
O  172.16.1.1/32 [110/100] via 10.1.1.1, 02:31:24, FastEthernet 0/0
O  172.16.2.1/32 [110/100] via 10.1.1.1, 02:31:24, FastEthernet 0/0
R  192.168.1.0/24 [120/2] via 10.1.2.2, 00:00:04, FastEthernet 0/1
R  192.168.2.0/24 [120/2] via 10.1.2.2, 00:00:04, FastEthernet 0/1
```

这种路由重分发时，必须给重分发而来的路由指定的度量值被称为默认度量值或种子度量值，它是在重分发配置期间定义的。指定重分发路由的种子度量值后，该度量值将在自治系统内部正常递增。唯一的例外是 OSPF E2 路由，它将保持初始度量值，而不管在自治系统内部传播多远。

可以使用命令 default-metric 配置重分发路由的种子度量值。

RIP 默认将种子度量值 0 视为无穷大，度量值无穷大向路由器表明，该路由不可达，因此不应该通告它。因此将路由重分发到 RIP 中时，必须手工指定其种子度量值，否则重分发而来的路由可能不会被通告。

在 OSPF 中，重分发而来的路由默认为外部路由 2 类（E2），度量值为 20，但重分发而来的 BGP 路由除外，其默认为 2 类，度量值为 1。如表 6-1 列出了一条路由被重分发到各种 IP 路由选择协议时的默认种子度量值。

重分发路由选择信息时，将种子度量值设置为一个大于接收 AS 中最大度量值的值，将有助于防止次优路由选择和路由选择环路。

表 6-1 默认种子度量值

将路由重分发到该协议中	默认种子度量值
RIP	无穷大
OSPF	BGP 路由为 1，其他路由为 20
IS-IS	0
BGP	BGP 度量值被设置为 IGP 度量值

在 IS-IS 中，重分发而来的路由的默认度量值为 0。但与 RIP 不同的是，IS-IS 并不会将种子度量值 0 视为不可达。

在图 6-3 所示的示例中，在路由器 C 上将从 RIP 重分发到 OSPF 中的路由的种子度量值设置为 30，该路由被重分发为 E2 路由。因此在路由器 D 中，到达网络 10.1.1.0、10.1.3.0、10.1.4.0 的度量值为指定的 RIP 种子度量值（30），路由 10.1.6.0、10.1.2.0 则是从直连网络重分发来的，它的度量值为默认种子度量值（20）。在 OSPF 区域中，不需要考虑这些路由原本在 RIP 中的度量值，因为 OSPF 区域中的路由器 D 只会简单地将前往这些网络的数据流转发给边界路由器——路由器 C，然后由路由器 C 在 RIP 网络中以合适的方式转发这些数据。

在路由器 C 上将从 OSPF 重分发到 RIP 中的路由的种子度量值设置为 1，因此在路由器 B 前往 92.168.1.0、192.168.2.0 成为种子度量值（1）。

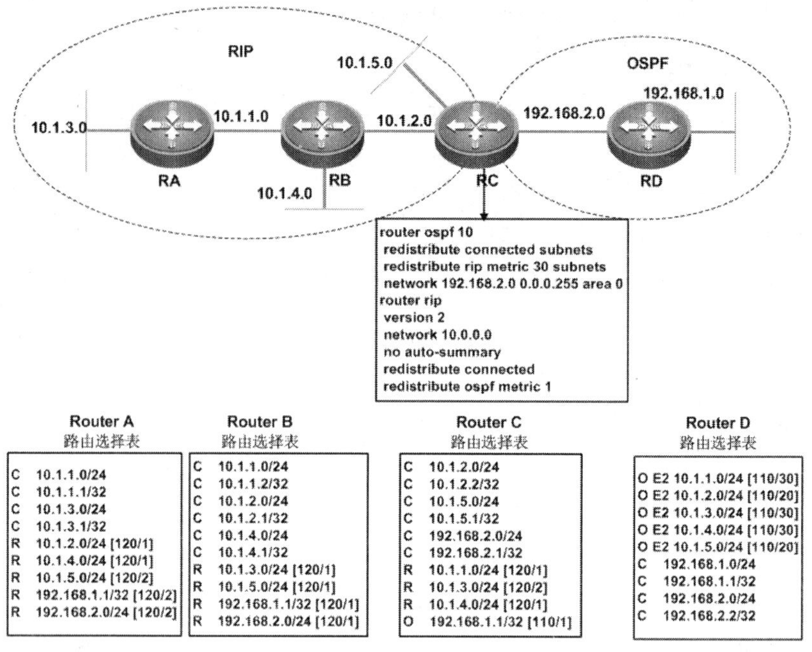

图 6-3 OSPF 和 RIP 之间的路由重分发

2. 管理距离

度量差异性产生了另一个问题，如果路由器正在运行多个路由选择协议，并从每个协议都学习到一条到达相同目标网络的路由，那么应该选择哪一条路由呢？因为每一个路由选择协议都使用自己的度量方案定义最优路径，比较不同的度量值，例如代价和跳数。

这个问题的答案是管理距离，正像为路由分配度量就可以确定首选路径一样，因为要确定首选路由源，所在需要向路由源分配管理距离。把管理距离看作可信度的一种量度，管理距离越小，协议的可信度越高。

3. 从无类别路由协议向有类别路由协议重分发

有类路由选择协议不能通告携带子网掩码的路由，路由器所接收到的每一条路由，无外有下面两种情况之一：

- ❑ 路由器有一个或多个接口连接到主网上。
- ❑ 路由器没有接口连接到主网络上。

在第一种情况下，为了正确确定报文目标地址的子网，路由器必须使用自身接口上为主网配置的掩码，在第二种情况下，公告信息中仅包含主网络地址，因为路由器不知道使用哪一个子网掩码。

图 6-4 中的路由器有 4 个接口分别连接到 10.1.0.0 的各个子网上，该主网络采用了 VLSM——两个接口的子网的掩码为 27 位，另两个为 30 位。路由器运行有类路由协议 RIP，那么它将不能从 27 位掩码推出 30 位掩码的子网，并且也不能从 30 位掩码推出 27 位掩码的子网，因此无法解决掩码冲突问题。

从接口通告的子网仅包括在 10.1.1.0 的子网中，仅仅那些子网掩码与接口掩码相同的子网，才会从此接口通告。那么本图中网络最后结果是接口 E0 和 E1

的 RIP 邻居路由器不知道掩码为 27 位的子网，接口 S0 和 S1 的 RIP 邻居路由器也不知道掩码为 30 位子网。

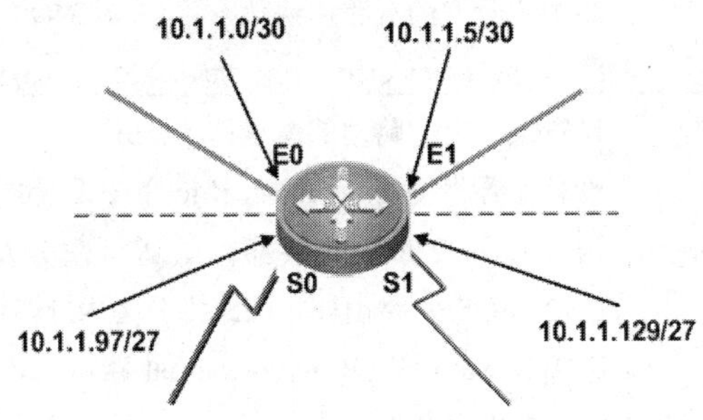

图 6-4　运行有类路由协议

仅在掩码相同的接口之间通告路由这一特性，在从无类路由选择协议向有类路由选择协议重分发时也会出现。如图 6-5 所示，OSPF 是无类路由协议，支持 VLSM，而 RIP 是有类路由协议。由于 RouterA 的 RIP 进程使用 24 位掩码，因此 10.1.6.0/26 和 10.1.6.0/28 不一致，所以不能通告到 RIP 中。为解决这一问题，在配置路由重分发时，需要使用关键字 subnets。

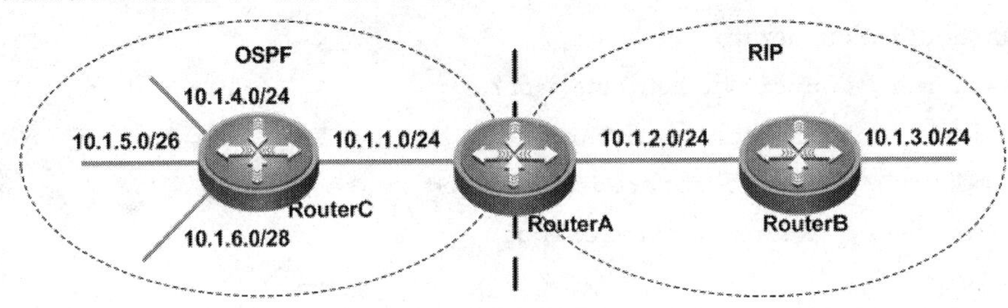

图 6-5　OSPF 与 RIP 重分发

6.1.3　配置路由重分发

重分发支持所有路由选择协议、静态路由和直连路由。路由重分发到一种路由选择协议时，需要在接收重分发路由的路由选择进程下配置 redistribute 命令。

实现重分发之前，需要考虑以下几点：

- 只能在支持相同协议栈的路由协议之间进行重分发。例如，可以在 IP RIP 和 OSPF 之间执行重分发，因为它们都支持 TCP/IP 协议栈，但不能在 IPX RIP 和 OSPF 之间进行重分发，因为 IPX RIP 支持 IPX/SPX 协议栈，而 OSPF 不支持该协议栈。
- 配置重分发的方法随路由选择协议组合而异。有的路由协议之间会自动进行重分发，如 IGRP 和 EIGRP 有相同 AS 号时。有些路由选择协议要求配置重分发期间的度量值，但有些路由选择协议则没有这种要求。

1. RIP 协议的 redistribute 命令

使用路由配置命令 **redistribute** *protocol* [**metric** *metric-value*] [**match** internal | external nssa-external *type*] [**route-map** *map-tag*]将路由重分发到 RIP 协议中。参数见表 6-2 所示。

表 6-2 redistribute ospf 参数

参数	描述
protocol	路由重分发的源路由协议，目前 RGNOS 软件支持以下几种路由源：connected、rip、static、ospf、bgp。
metric *metric-value*	设置重分发的路由的度量值(1..16)。 没有配置将使用 default-metric 命令设置的 metric 值。
match internal | external nssa-external *type*	设置重分发路由的条件。只适合重分发的源路由协议为 OSPF。OSPF 路由域中的路由分为内部路由（internal）、外部路由（external）和 nssa-external 路由，其中外部路由又分为 type-1 和 type-2 两种，type 值就为 1 或 2。
route-map *map-tag*	应用路由图进行重分发控制

如示例 6-2 使用命令 router rip 进入 RIP 路由协议进程，然后使用命令 redistribute 指定需要重分发到 RIP 中的路由协议。

重分发到 RIP 中时，除了静态路由和直连路由外，其他重分发路由的默认度量值为无穷大，静态路由和直连路由的默认度量值为 1。

示例 6-2 配置 RIP 的重分发

```
RA(config)#router rip
RA(config-router)#redistribute ospf ?
  match      Redistribution of OSPF routes
  metric     Metric for redistributed routes
  route-map  Route map reference
  <cr>
```

如图 6-6 所示是一个将路由重分发到 RIP 中的例子。本例子中有 3 台路由器 RouterA、RouterB、RouterC，其中 RouterC 和 RouterA 的接口 Fa0/0 位于 OSPF 进程中，RouterB 和 RouterA 的接口 Fa0/1 位于 RIPv2 进程中。

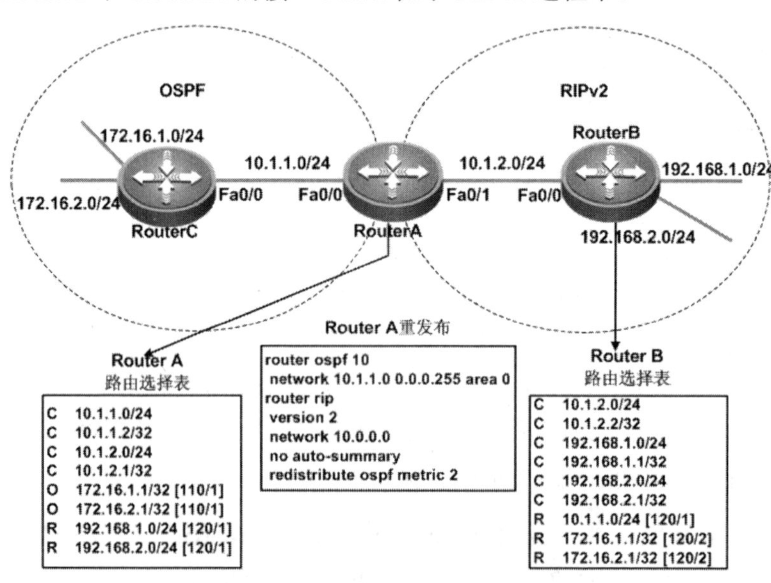

图 6-6 路由被重发布到 RIP 中

需要将 OSPF 路由重分发到 RIP 进程中，并将种子度量值指定为 2，这样 RouterB 从路由 A 中获得前往 172.16.1.0、172.16.2.0 两条路由。

2. OSPF **协议的** redistribute **命令**

使用路由配置命令 **redistribute** *protocol* [**metric** *metric-value*] [metric-type {1|2}] [tag *tag-value*] [**route-map** *map-tag*]将路由重分发到 OSPF 协议中。参数见表 6-3 所示。

no redistribute *protocol* [metric] [metric-type] [ag] [route-map]命令是删除重分发。

静态路由是指在路由器上手工配置的路由，静态路由通常用于以下情况：当两个自治系统必须交换路由选择信息时，定义要使用的特定路由。即通过 WAN 链路前往目的地的路由，以清除动态路由选择协议的影响，不在该链路上启用路由选择更新。

表 6-3 redistribute rip 参数

参数	描述
protocol	路由重分发的源路由协议，目前 RGNOS 软件支持以下几种路由源：connected、rip、static、ospf、bgp
metric *metric-value*	设置重分发的路由的度量值范围(1..16777214)。没有配置将使用 default-metric 命令设置的 metric 值
metric-type	设置重分发的路由度量类型。默认值为:2
tag *tag-value*	设置重分发的路由的 tag(0..2147483647)。默认值为:0
route-map *map-tag*	应用路由图进行重分布控制，关联的 route-map 的名字。默认没有关联 route-map

如示例 6-3 使用命令 router ospf 进入 OSPF 路由选择进程，然后使用命令 redistribute 指定将重分发到其中的 RIP 路由协议。

重分发到 OSPF 中时，除了静态路由和直连路由外，其他重分发路由的默认度量值为 20，默认度量值类型为 2，且默认不重分发子网。

示例 6-3 配置 OSPF 的重分发

```
RA(config)#router ospf
RA(config-router)#redistribute rip ?
metric       Set OSPF External Type 2 metrics
metric-type  OSPF exterior metric type for redistributed routes
route-map    Route map reference
subnets      Consider subnets for redistribution into OSPF
tag          Set tag for routes redistributed into OSPF
<cr>
```

图 6-7 所示是一个将路由重分发到 OSPF 中的例子。本例子中有 3 台路由器 RouterA、RouterB、RouterC，其中 RouterC 和 RouterA 的接口 Fa0/0 位于 OSPF 进程中，RouterB 和 RouterA 的接口 Fa0/1 位于 RIPv2 进程中。

需要将 RIP 路由重分发到 OSPF 进程中，并将种子度量值指定为 100，这样 RouterC 从路由 A 中获得前往 192.168.1.0、192.168.2.0 的两条路由。

因为 OSFP 是无类路由协议，而 RIP 是有类的路由协议，所以在重发布的时候需要指定关键字 subnets。

在重分发时，注意E1或E2路由类型的选择，因为配置失误会出现次优路由的产生。

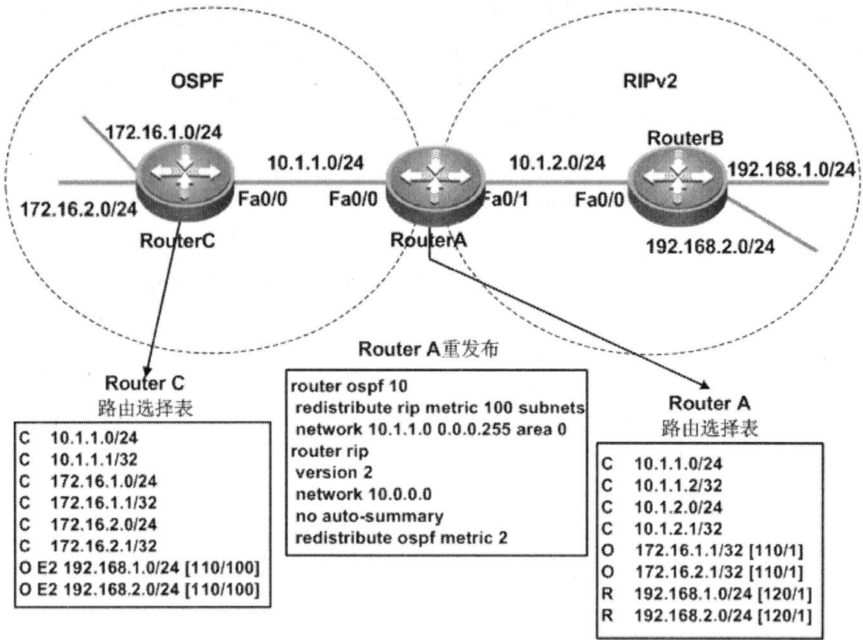

图 6-7 路由被重发布到 OSPF 中

3. 直连路由、静态路由和默认路由

如图 6-8 所示的网络图中有 4 台路由器，分别为 OSPF 和 RIP 路由进程，需要配置路由重分发。路由器 A、路由器 B 和路由器 C 的接口 Fa0/0 在 RIPv2 路由进程中，路由器 D 和路由器 C 的接口 Fa0/1 在 OSPF 路由进程中。路由器 C 是边界路由器，在路由器 C 上有一条默认路由，还有一条去往 100.2.0.0 网络的路由。

示例 6-14 显示了路由器 A 和路由器 D 的路由表。在路由器 A 上没有去往网络 192.168.2.0/24 的路由，在路由器 D 上没有去往 10.1.2.0/24 的路由。因为 192.168.2.0/24 和 10.1.2.0/24 两个网段是路由器 C 上的直连路由。

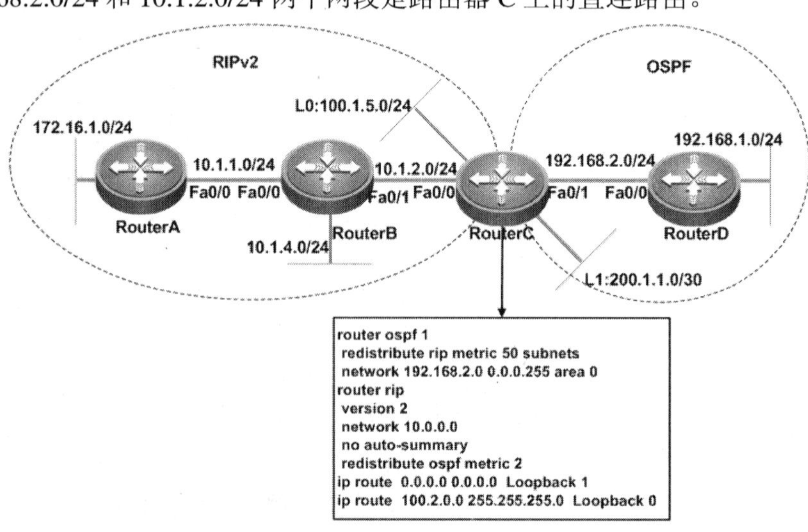

图 6-8 OSPF 与 RIP 重分发

这样在路由器 A 与 192.168.2.0 网段是无法通信，同样路由器 D 也无法与 10.1.2.0 网段也无法通信。所以重分发的配置中，需要配置重分发直连路由。

示例 6-4　路由器 A 和路由器 D 的路由表

```
RA#show ip route
Gateway of last resort is no set
C  10.1.1.0/24 is directly connected, FastEthernet 0/0
C  10.1.1.1/32 is local host.
R  10.1.2.0/24 [120/1] via 10.1.1.2, 00:00:24, FastEthernet 0/0
R  10.1.4.0/24 [120/1] via 10.1.1.2, 00:00:24, FastEthernet 0/0
C  172.16.1.0/24 is directly connected, Loopback 0
C  172.16.1.1/32 is local host.
R  192.168.1.1/32 [120/3] via 10.1.1.2, 00:00:24, FastEthernet 0/0
RD#show ip route
Gateway of last resort is no set
O E2 10.1.1.0/24 [110/50] via 192.168.2.1,00:28:46, FastEthernet 0/0
O E2 10.1.4.0/24 [110/50] via 192.168.2.1,00:28:46, FastEthernet 0/0
O E2 172.16.1.0/24[110/50]via 192.168.2.1,00:28:46,FastEthernet 0/0
C  192.168.1.0/24 is directly connected, Loopback 0
C  192.168.1.1/32 is local host.
C  192.168.2.0/24 is directly connected, FastEthernet 0/0
C  192.168.2.2/32 is local host.
```

路由器 C 上还有一条默认路由和一条静态路由，路由器 D 和路由器 A 也无法与 100.2.0.0/25 网段进行通信，因此在路由器 C 上的静态路由和默认路由也需要重分到 OSPF 和 RIP 中，这样整个网络拓扑才完全畅通。

重分发直连路由：

RIP 协议重分发直连路由配置命令：**redistribute connected** [metric *metric-value*]，如果不指定 metric 值，那么默认为 1。

OSPF 协议重分发直连路由配置命令：**redistribute connected** [*subnets*] [**metric** *metric-value*] [**metric-type** { 1 | 2 }] [**tag** *tag-value*] [**route-map** *map-tag*]，如果不指定 metric 值，那么默认为 20。如果不指定 metric-type 值，默认为 E2 类型路由。Subnets 支持无类别路由。具体参数见表 6-4 所示。

表 6-4　redistribute static 参数

参数	描述
metric *metric-value*	设置重分发的路由的度量值。范围(1..16777214)
metric-type	设置重分发的路由度量类型。默认值为:2
tag *tag-value*	设置重分发的路由的 tag(0..2147483647)。默认值为:0
route-map *map-tag*	应用路由图进行重分布控制，关联的 route-map 的名字。默认没有关联 route-map

重分发静态路由：

RIP 协议重分发静态路由配置命令：**redistribute static** [**metric** *metric-value*]，如果不指定 metric 值，那么默认为 1。

OSPF 协议重分发直连路由配置命令：**redistribute static** [*subnets*] [**metric** *metric-value*] [**metric-type** { 1 | 2 }] [**tag** *tag-value*] [**route-map** *map-tag*] ，如果不指定 metric 值，那么默认为 20。如果不指定 metric-type 值，默认为 E2 类型路由。subnets 支持无类别路由。具体参数如表 6-5 所示。

表 6-5 redistribute static 参数

参数	描述
metric *metric-value*	设置重分发的路由的度量值。范围(1..16777214)
metric-type	设置重分发的路由度量类型。默认值为:2
tag *tag-value*	设置重分发的路由的 tag(0..2147483647)。默认值为:0
route-map *map-tag*	应用路由图进行重分布控制，关联的 route-map 的名字。默认没有关联 route-map

重分发默认路由：

RIP 协议重分发默认路由：命令 **default-information originate** 用于重分发默认路由，该命令设置 RIP 是否产生默认路由，使用命令的 no 选项可以关闭该功能或删除其相关联的 route-map。

default-information originate [**route-map** *route-map-name*]

no default-information originate [*route-map*]

OSPF 协议重分发默认路由：命令 **default-information originate** 用于重分发默认路由，该命令设置自治系统边界路由器产生一条默认路由，该命令的 no 选项关闭该功能或删除配置。具体参数如表 6-6 所示。

default-information originate [**always**] [**metric** *metric-value*] [**metric-type** *type-value*] [**route-map** *map-name*]

no default-information originate [always] [metric] [metric-type] [route-map]

表 6-6 default-information originate 命令参数

参数	描述
always	不管本路由器是否存在默认路由总是公告默认路由
metric *metric-value*	默认路由的度量值。范围(1..16777214)，默认值是 10
metric-type *type-value*	计算外部路由度量的类型。默认值是 2
route-map *map-name*	关联的 route-map 的名字。默认没有关联 route-map

如图 6-9 所示，是配置 OSFP 路由协议与 RIP 路由协议完整配置。

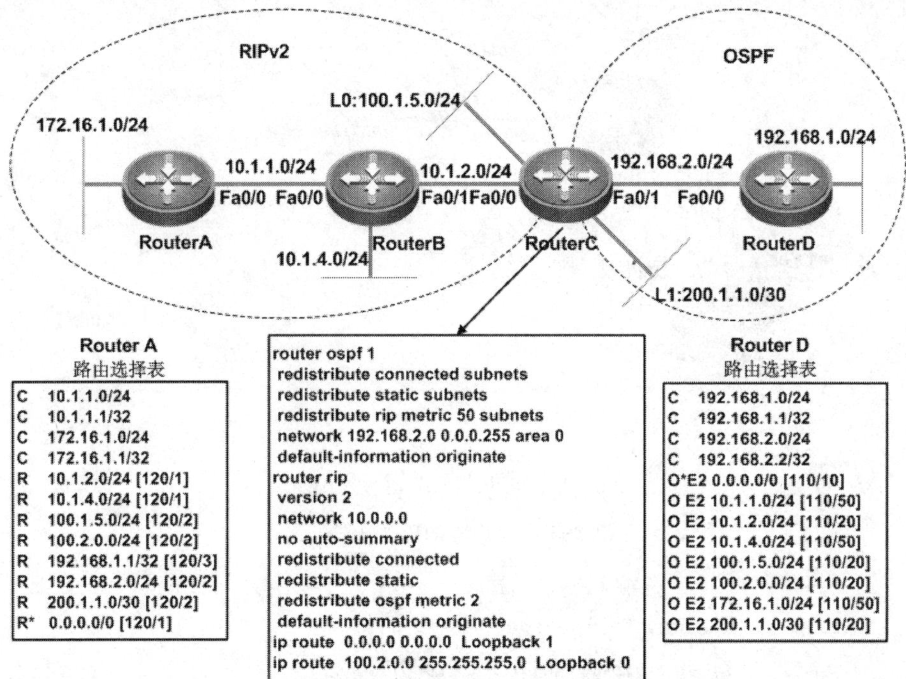

图 6-9 OSPF 与 RIP 重分发配置

SIN 路由选择法通常指的是在相同路由器上多种路由选择协议为多种可路由协议进行路由选择，但是它也可指在单一路由器上两个 IP 协议为单独的 IP 域进行路由选择。

4. 配置路由重分发

重分发分为双向重分发和单向重分发两种情况。

双向重分发：在两个路由选择进程之间重分发所有路由。

单向重分发：将一条路由传递给一种路由选择协议，同时只将通过该路由选择协议获得的网络传递给其他路由选择协议。

最安全的的重分发是只在网络中一台边界路由器上进行单向重分发，但这将可能导致网络的单点故障。

重分发配置步骤：

步骤 1 进入需要配置重分发的边界路由器。使用命令 redistribute 进行配置。

步骤 2 确定哪种路由协议为核心路由协议（主干协议），哪种路由协议为边缘路由协议。

步骤 3 确定是否需要将边缘路由协议中的所有路由传播到核心协议中，是否采用路由分发列表、被动接口、空接口等技术进行控制和过滤路由。是否将核心协议中的路由重分发到边缘路由协议中，要根据网络环境的具体情况而定。

步骤 4 确定在核心路由协议中是否采用汇总路由来简化重分发，从而减少路由表的大小。

步骤 5 最后使用验证和测试命令，进行重分发后的测试。

通过下面两个示例对路由重分发进行配置。如图 6-10 是配置 RIP 与 OSPF 重分发，具体配置如示例 6-5 所示。

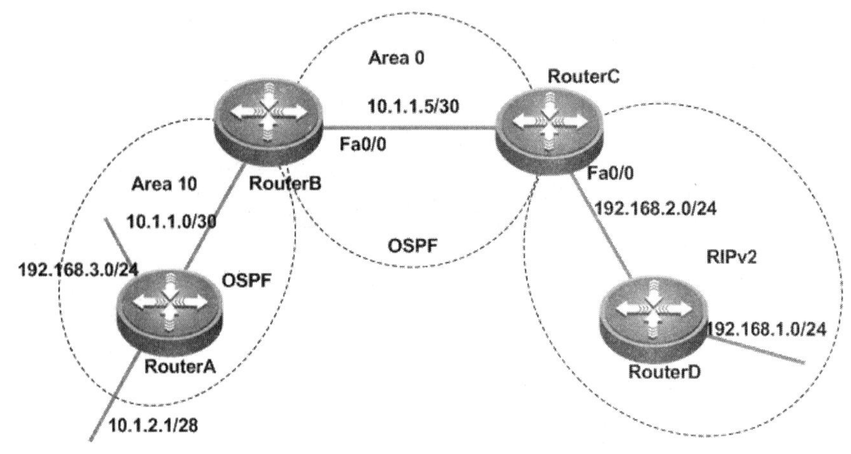

图 6-10　OSPF 与 RIP 重分发配置

示例 6-5　OSPF 与 RIP 重分发配置

```
RA#
RA(config)#interface FastEthernet 0/0
RA(config-if)#ip address 10.1.1.1 255.255.255.252
RA(config)#interface Loopback 0
RA(config-if)#ip address 10.1.2.1 255.255.255.240
RA(config)#interface Loopback 1
RA(config-if)#ip address 192.168.3.1 255.255.255.0
RA(config)#router ospf 10
RA(config-router)#network 10.1.1.0 0.0.0.3 area 1
RA(config-router)#network 10.1.2.0 0.0.0.15 area 1
RA(config-router)#network 192.168.3.0 0.0.0.255 area 1
RB#
RB(config)#interface FastEthernet 0/0
RB(config-if)#ip address 10.1.1.2 255.255.255.252
RB(config)#interface FastEthernet 0/1
RB(config-if)#ip address 10.1.1.5 255.255.255.252
RB(config)#router ospf 10
RB(config-router)#network 10.1.1.0 0.0.0.3 area 1
RB(config-router)#network 10.1.1.4 0.0.0.3 area 0
RC#
RC(config)#interface FastEthernet 0/0
RC(config-if)#ip address 10.1.1.6 255.255.255.252
RC(config)#interface FastEthernet 0/1
RC(config-if)#ip address 192.168.2.1 255.255.255.0
RC(config)#router ospf 10
RC(config-router)#redistribute connected subnets
RC(config-router)#redistribute rip metric 50 subnets
```

```
RC(config-router)#network 10.1.1.4 0.0.0.3 area 0
RC(config)#router rip
RC(config-router)#version 2
RC(config-router)#network 192.168.2.0
RC(config-router)#no auto-summary
RC(config-router)#redistribute connected
RC(config-router)#redistribute ospf metric 1
RD#
RD(config)#interface FastEthernet 0/0
RD(config-if)#ip address 192.168.2.2 255.255.255.0
RD(config)#interface Loopback 0
RD(config-if)#ip address 192.168.1.1 255.255.255.0
RD(config)#router rip
RD(config-router)#version 2
RD(config-router)#network 192.168.1.0
RD(config-router)#network 192.168.2.0
RD(config-router)#no auto-summary
```

上示例显示了重分发路由的配置，通过 **show ip route** 命令查看 RouterA 的路由表。具体如示例 6-6 所示。

示例 6-6　显示路由表

```
RA#show ip route
Codes:  C - connected, S - static,  R - RIP B - BGP
        O - OSPF, IA - OSPF inter area
        N1 - OSPF NSSA external type 1,N2-OSPF NSSA external type 2
        E1 - OSPF external type 1, E2 - OSPF external type 2
       i - IS-IS,L1-IS-IS level-1,L2-IS-IS level-2,ia-IS-IS inter area
        * - candidate default
Gateway of last resort is no set
C    10.1.1.0/30 is directly connected, FastEthernet 0/0
C    10.1.1.1/32 is local host.
O IA 10.1.1.4/30 [110/2] via 10.1.1.2, 00:17:08, FastEthernet 0/0
C    10.1.2.0/28 is directly connected, Loopback 0
C    10.1.2.1/32 is local host.
O E2 192.168.1.0/24 [110/50] via 10.1.1.2, 00:15:00,FastEthernet 0/0
O E2 192.168.2.0/24 [110/20] via 10.1.1.2, 00:14:58,FastEthernet 0/0
C    192.168.3.0/24 is directly connected, Loopback 1
C    192.168.3.1/32 is local host.
```

通过上示例可以看到重分发路由已经学习到，O IA 代表的是区域间的路由，O E2 代表的是外部路由，从 RIP 路由协议中学习到的。从外部路由协议学习到的路由默认为 E2 类型路由。可以通过使用 metric-type 命令参数来修改路由类型。

6.2 路由控制与过滤

路由过滤是指对进出站路由进行控制，使得路由器只学到必要、可预知的路由，对外只向可信任的路由器通告必要的、可预知的路由。路由的泄漏和混乱，是会影响网络正常运行的。因此特别是电信运营商和金融业务网络，十分有必要配置路由过滤。

路由过滤的用途之一是对路由通告施加严格的控制，任何时刻如果路由器执行相互重新分配——在两个或多个路由选择协议之间相互共享路由——为了确保沿着唯一的方向通告路由，那应该使用路由过滤器。如图 6-11 所示。

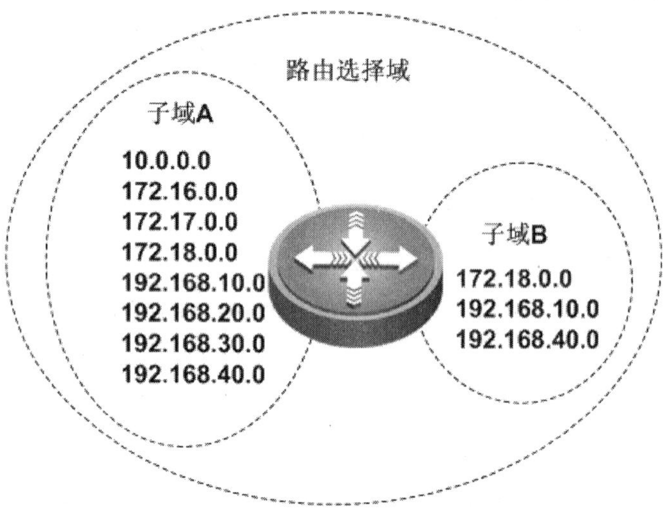

图 6-11　路由选择域

上图则给出了路由过滤器的另一种用途，在这里，一个路由选择域分割为多个子域，每个子域包含多个路由器。连接两个子域的路由器将对路由进行过滤，以便子域 B 中的路由器仅知道子域 A 中的部分路由，这种过滤可能是出于安全考虑，以便 B 域中的路由器仅知道已被授权的子网，或这样做只不过是通过减少不必要的路由来维持 B 域内路由器的路由选择表和更新信息的大小。

此外，路由过滤的另一个常见用途是建立路由防火墙，公司部门或政府机关常常需要被互连在一起，然而他们却处于独立的管理控制之下，如果管理员不能控制这个互联网络的所有部分，那么网络会很容易受到错误配置影响甚至恶意路由攻击。如果在互联网络中路由器上使用路由过滤，那么将确保路由器仅接收合法的路由，这种方法又是一种安全的方式，但是在这种情况下，管制的是出站路由，而不是入站路由。

外部路由可以进入到路由表中，路由表中的路由也可以被通告出去，那么路由过滤正是通过管制这些出入路由表的路由来工作的。路由过滤对链路状态路由选择协议的影响和对距离矢量路由选择协议的影响稍有不同，运行距离矢量协议的路由器是基于自身路由表通告路由的，其结果是路由过滤选择将会对路由器通告给邻居路由器的路由有影响。

另一方面，运行链路状态协议的路由器是基于自身链路状态数据库的信息确定它们的路由，而不是基于邻居路由器所通告的路由条目，路由过滤对链路状态的通告或链路状态数据库没有影响，所以路由过滤会对配置了过滤的路由器的路由表产生影响。但不会对邻居路由器的路由表条目有任何影响。正因为这种特性，路由过滤主要被用在进入链路状态域的重新分配点上，例如 OSPF 的 ASBR，在那里路由过滤可以控制那些进入或离开该域的路由。在链路状态域内，路由过滤器的效用是受限制的。

一般通过以下几种技术来实现路由的控制与过滤。

6.2.1 被动接口

为了防止本地网络上的路由器动态地学到路由，可以配置被动接口 passive-interface，不允许路由更新报文从该网络接口发送出去。既然没有路由更新报文从路由器接口发送出去，该接口所连接的路由器自然就学不到路由信息了，该特性可以应用在所有的 IGP 路由协议上。

路由必须位于路由选择表中才能重分发

passive-interface 命令可以将一个特定接口设置为被动状态。也可以将所有路由器接口设置为被动状态，使用 default 选项将设置所有路由器接口。

被动接口将阻止通过该接口发送指定协议的路由选择更新。被动接口不参与路由进程中，在 OSPF 路由域中，如果路由器接口配置了 passive-interface，该接口在 OSPF 路由域中就表现为一个残余网络，而且该接口将不发送更新路由信息也不接收更新路由信息。实际上，配置了 passive-interface，该接口将不发送 OSPF 的 Hello 报文，所以该接口就不可能有邻居的存在，也不会交换路由。

RIP 的表现与 OSPF 不太一样，RIP 路由器接口配置了 passive-interface 后，不发送路由更新报文，但是还可以接收路由更新报文，而且 RIP 可以通过定义邻居的方式只给指定的邻居发送更新报文。

路由器配置命令 **passive-interface** *type number* [**default**]用于禁止通过指定的路由器接口发送路由选择更新，该命令可用于将特定接口设置为被动状态，也可以将所有路由器接口设置为被动状态，使用 **default** 选项将所有路由器接口设置为被动状态。表 6-7 描述了该命令的参数。

表 6-7 passive-interface 命令

参数	描述
type number	指定不发送路由选择更新（对于链路状态路由选择协议是建立邻接关系）的接口类型和接口号
default	（可选）将路由器所有接口的默认状态设备为被动状态

网络管理员需要在所有接口上配置路由选择协议，然后在不需要建立邻接关系的接口上配置 **passive-interface** 命令。这种解决方案意味着需要输入许多 **passive-interface** 命令。现在，可以使用一条命令 **passive-interface default**，将所有接口的默认状态设置为被动状态；然后使用命令 **no passive-interface** 在需要建立连接关系的接口上启用路由选择，如图 6-12 所示。

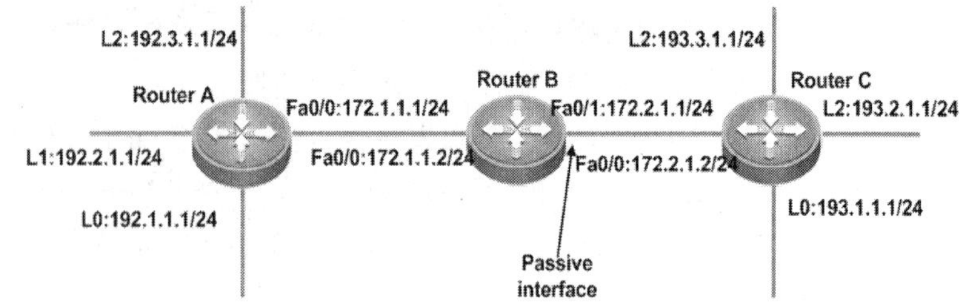

图 6-12 passive-interface 命令限制接口上的路由选择数据流

RA、RB、RC 之间起 RIPv2 路由协议，把 RB 的 Fa0/1 接口配置为 passive-interface，观察配置前后路由表的变化。基本配置如示例 6-7 所示。

示例 6-7 路由器 A、B、C 基本配置所示

```
RA(config)#router rip
RA(config-router)#version 2
RA(config-router)#network 172.1.0.0
RA(config-router)#network 192.1.1.0
RA(config-router)#network 192.2.1.0
RA(config-router)#network 192.3.1.0
RA(config-router)#no auto-summary
RB(config)#router rip
RB(config-router)# version 2
RB(config-router)#network 172.1.0.0
RB(config-router)#network 172.2.0.0
RB(config-router)#no auto-summary
RC(config)#router rip
RC(config-router)# version 2
RC(config-router)#network 172.2.0.0
RC(config-router)#network 193.1.1.0
RC(config-router)#network 193.2.1.0
RC(config-router)#network 193.3.1.0
RC(config-router)#no auto-summary
```

基本配置完成，在 RA 与 RB 起 Loopback 接口的目的是为了后面测试用。然后观察 R1 与 R3 的路由表，如示例 6-8 所示。

在进行路由重分发时，应该需要注意以下几个问题：路由选择环路、路由选择信息不兼容、会聚时间不一致。

示例 6-8 查看路由器 A、C 路由表

```
RC#show ip route
R     172.1.1.0/24 [120/1] via 172.2.1.1, 00:00:13, FastEthernet 0/0
C     172.2.1.0/24 is directly connected, FastEthernet 0/0
C     172.2.1.2/32 is local host.
R     192.1.1.0/24 [120/2] via 172.2.1.1, 00:00:13, FastEthernet 0/0
R     192.2.1.0/24 [120/2] via 172.2.1.1, 00:00:13, FastEthernet 0/0
R     192.3.1.0/24 [120/2] via 172.2.1.1, 00:00:13, FastEthernet 0/0
```

```
C    193.1.1.0/24 is directly connected, Loopback 0
C    193.1.1.1/32 is local host.
C    193.3.1.0/24 is directly connected, Loopback 1
C    193.3.1.1/32 is local host.
```

```
RA#show ip route
C    172.1.1.0/24 is directly connected, FastEthernet 0/0
C    172.1.1.1/32 is local host.
R    172.2.1.0/24 [120/1] via 172.1.1.2, 00:00:13, FastEthernet 0/0
C    192.1.1.0/24 is directly connected, Loopback 0
C    192.1.1.1/32 is local host.
C    192.2.1.0/24 is directly connected, Loopback 1
C    192.2.1.1/32 is local host.
C    192.3.1.0/24 is directly connected, Loopback 2
C    192.3.1.1/32 is local host.
R    193.1.1.0/24 [120/2] via 172.1.1.2, 00:00:13, FastEthernet 0/0
R    193.2.1.0/24 [120/2] via 172.1.1.2, 00:00:13, FastEthernet 0/0
R    193.3.1.0/24 [120/2] via 172.1.1.2, 00:00:13, FastEthernet 0/0
```

在配置被动接口的时候，必须在路由模式下配置。

上面加黑字体的是 RA 和 RB 上的路由。

在 RB 上，将 Fa0/1 配置为被动接口，如示例 6-9 所示。

示例 6-9　在路由器 B 上配置 passive-interface

```
RB(config)#router rip
RB(config-router)#passive-interface fastEthernet 0/1
RB(config-router)#end
```

配置被动接口 **passive-interface default** 命令会将所有接口都配置为被动接口，这条命令是用在路由器接口非常多的情况下，然后用 **no passive-interface** 命令设置必须接收路由更新的接口。

这样通过使用 **show ip route** 命令查看 RA 与 RB 的路由表有什么变化？如示例 6-10 所示。

示例 6-10　配置 passive-interface 之后，查看路由器 A、C 的路由表

```
RA#show ip route
C    172.1.1.0/24 is directly connected, FastEthernet 0/0
C    172.1.1.1/32 is local host.
R    172.2.1.0/24 [120/1] via 172.1.1.2, 00:00:17, FastEthernet 0/0
C    192.1.1.0/24 is directly connected, Loopback 0
C    192.1.1.0/24 is directly connected, Loopback 0
C    192.1.1.1/32 is local host.
C    192.2.1.0/24 is directly connected, Loopback 1
C    192.2.1.1/32 is local host.
C    192.3.1.0/24 is directly connected, Loopback 2
```

```
C    192.3.1.1/32 is local host.
R    193.1.1.0/24 [120/2] via 172.1.1.2, 00:00:17, FastEthernet 0/0
R    193.2.1.0/24 [120/2] via 172.1.1.2, 00:00:17, FastEthernet 0/0
R    193.3.1.0/24 [120/2] via 172.1.1.2, 00:00:17, FastEthernet 0/0
RC#show ip route
C    172.2.1.0/24 is directly connected, FastEthernet 0/0
C    172.2.1.2/32 is local host.
C    193.1.1.0/24 is directly connected, Loopback 0
C    193.1.1.1/32 is local host.
C    193.3.1.0/24 is directly connected, Loopback 1
C    193.3.1.1/32 is local host.
```

RC 的路由表发生了变化，没有 RA 的路由了。也就是说，RC 上的路由可以通过被动接口发送出去，但是外面的路由无法通过被动接口发送进来。

被动接口的作用就是能够防止不必要的路由更新进入某个网络，并且还能阻止 OSPF，ISIS 的 Hello 包的通过。

在复杂的网络环境中，如果遇到如图 6-13 所示，路由器 A 的 10.1.1.0/24 网段允许路由器 C 学习到，但不允许路由器 B 学习到，在这种情况下可以利用 **passive-interface** 和单播更新来解决。

路由器通告与其接口直接相连的链路时，使用的初始度量值是根据接口的特征得到的，路由选择信息传递到其他路由器，度量值将增加。

简要配置如示例 6-11 所示。

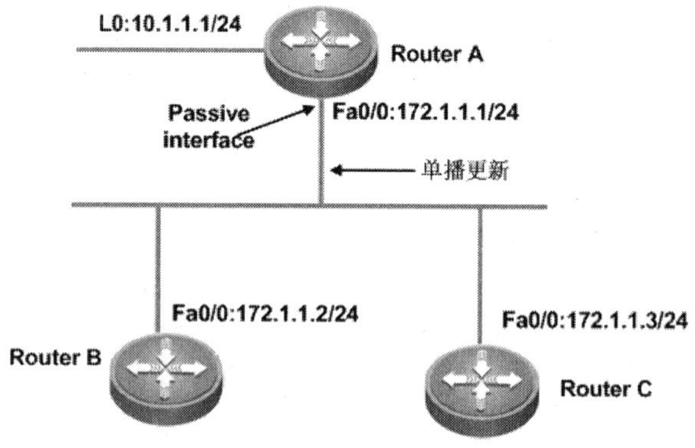

图 6-13　被动接口与单播更新

示例 6-11　配置单播更新

```
RA(config)#router rip
RA(config-router)#passive-interface fastEthernet 0/0
RA(config-router)#neighbor 172.1.1.3
```

6.2.2　调整 AD 值

管理距离（distance）是确定一个路由协议的有效性或可信度的一种度量值。在各种路由协议中，从最可信到最不可信进行了排序。这是用于确定多路径中的哪一条是到达目的地的最佳路径的第一个标准。用于不同路由协议的默认管理距离值已在表 6-8 中以可信度的顺序列出。

由该表可以判断出，如果一个运行 RIP 和 OSPF 的路由器，分别具有 1 条来自不同路由协议的到达 172.16.0.0 网络的路由，OSPF 路由是最可信的。因此，该路由被放在路由表中。

尽管该表只显示了用于管理距离的默认值，需要改变时也可以改变其中的默认值。例如，当从 RIP 迁移到 OSPF 时，OSPF 路由可以设置为一个比默认 RIP 更高的管理距离，或者 RIP 可以设置为一个比默认 OSPF 更低的管理距离。这使得两个路由协议可以创建各自的路由表，并且提供一个关于哪个路由协议提供了最佳路径的参考。一旦创建了 OSPF 路由表，就可以重新设置默认级别，并且已连接到网络的 OSPF 路由信息将被用来作为到达目的网络的最佳路径。

1. 根据管理距离选择路由

表 6-8　默认管理距离

路由源	默认管理距离
Connectedinterface	0
Static route out an interface	0
Static route to a next hop	1
External BGP	20
OSPF	110
IS-IS	115
RIP　v1,v2	120
Internal BGP	200
Unknown	255

根据配置的路由选择协议不同，选择到达目标网段的路径也不相同。而对于路由选择协议，如 RIP、OSPF、IS-IS 协议，它们自身选择路径的决策也各不相同，在图 6-14 所示的拓扑中，Router A 会选择不同的路径前住 Router F 连接的网络 192.1.1.0/24。根据不同路由协议，决策路由的路径也不同。

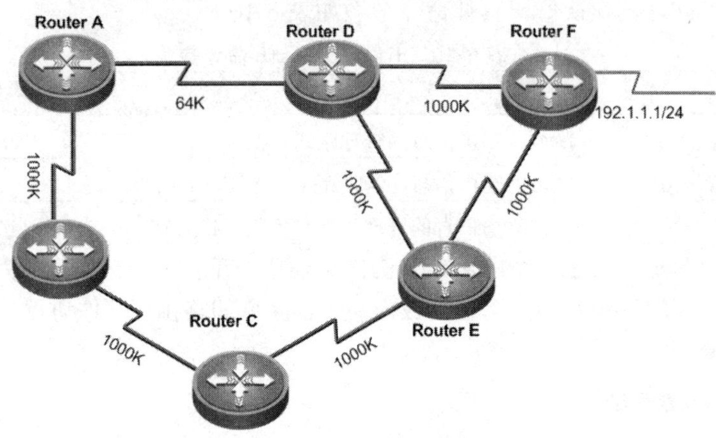

图 6-14　选择网络路径

- ❑ RIP 协议：它的管理距离为 120，根据跳数选择 RouterA－RouterD－RouterF 的路径，这条路径的跳数为 2，而另一条路径的跳数为 4。
- ❑ OSPF 协议：它的管理距离为 110，通常默认度量值为 100Mbps 除以接口带宽，其中接口带宽是指每条链路的速度，以 Mbps 为单位。路径

RouterA—RouterD—RouterF 的默认度量值为（100Mbps/64kbps）+（100Mbps/1Mbps）=（100Mbps/0.064Mbps）+（100Mbps/1Mbps）= 1562＋100＝1662。另一条路径是 RouterA—RouterB—RouterC－RouterE－Router F，它的默认度量值为 100＋100＋100＋100＝400。因此 OSPF 协议将选择路径 RouterA—RouterB—RouterC－RouterE－RouterF。尽管 OSPF 和 IS-IS 都是链路状态路由协议，也都能快速汇聚，但 OSPF 协议比 IS-IS 协议更可信，因为 OSPF 协议的默认度量值是根据带宽计算的，从而更有可能选择快速路径。

2. 修改管理距离

distance 命令是设置路由协议的管理距离，其参数设置如表 6-9 所示。distance *weight*，使用该命令的 no 选项（no distance）将该设置恢复成默认值。

distance *weight* { ip-address | *wildcard* | [access-list-number] }

no distance *distance* { ip-address | *wildcard* | [access-list-number] }

表 6-9 distance 命令参数

参数	描述
Weight	路由管理距离，取值在 1～255 之间。管理距离为 255 的路由将被丢弃
ip-address	路由源的 IP 地址。OSPF 要求该 IP 地址为路由器标识
Wildcard	比较路由源 IP 地址的匹配符，0 表示比较，1 表示忽略
access-list-number	访问列表号（1-99）。只对符合访问列表的路由进行管理距离的修改。

当有多个路由进程通告同一目标网络的路由，特别是在做路由的冗余备份时经常会遇到这种情况，此时可以通过手工修改指定路由的管理距离，达到线路备份的目的。另外通过灵活设定管理，也可以达到路由过滤的效果。

在 OSPF 路由协议中该命令的格式与 RIP 路由协议中有所不同。**distance ospf** { [**intra-area** *dist1*] [**inter-area** *dist2*] [**external** *dist3*] }，该命令的 no 和 default 选项可以恢复其默认值。具体命令参数如表 6-10 所示。

表 6-10 distance osfp 命令参数

参数	描述
intra-area *dist1*	区域内路由信息的管理距离。范围（1～255）
inter-area *dist1*	区域间路由信息的管理距离。范围（1～255）
external *dist3*	外部路由信息的管理距离。范围（1～255）

路由重分发支持所有的路由选择协议，静态路由和直连路由也可以被重分发，让路由选择协议能够通过这些路由。

管理距离代表了一个路由信息源的可信度。范围 0~255，OSPF 对不同的路由使用不同的管理距离，比如区域内路由，区域间路由，其他协议重分配的路由都可以分别设置。

3. 配置管理距离

如图 6-15 所示，3 台路由器 Router A、Router B、Router C 运行 RIP 路由协议，RouterA 分别与 RouterB、RouterC 连接。通过配置 Router A 的 RIP 管理距离，使得 Router A 只能学到 RouterB 通告的路由，并忽略所有路由器 C 的通告。并且从 RouterB 学到路由的管理距离为 99。

配置的要点是将默认情况下将学到路由的路由管理距离全部设置为 255，只有 RouterB 通告的路由管理距离设为 99，具体配置如示例 6-12 所示。配置完成后使用命令 **show ip rip** 和 **show ip route** 来验证配置的结果。如示例 6-13、6-14 所示。

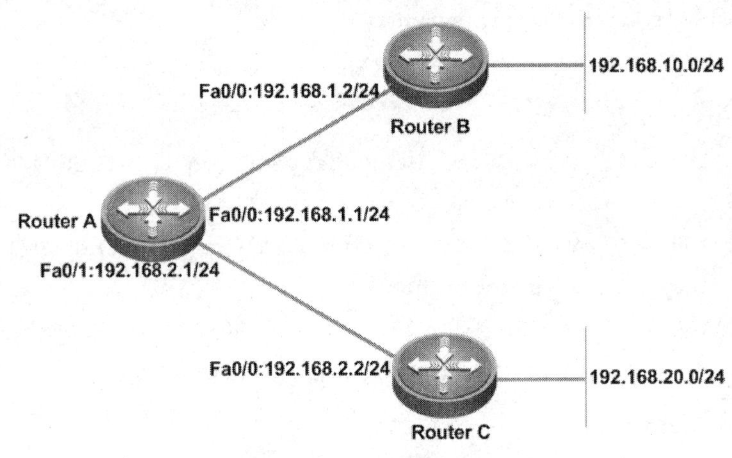

图 6-15 配置管理距离

示例 6-12 在路由器上配置管理距离

```
RA(config)#router rip
RA(config-router)#router rip
RA(config-router)#version 2
RA(config-router)#network 192.168.1.0
RA(config-router)#network 192.168.2.0
RA(config-router)#no auto-summary
RA(config-router)#distance 255
RA(config-router)#distance 99 192.168.1.2 0.0.0.0
RB(config)#router rip
RB(config-router)# version 2
RB(config-router)#network 192.168.1.0
RB(config-router)#network 192.168.10.0
RB(config-router)#no auto-summary
RC(config)#router rip
RC(config-router)#version 2
RC(config-router)#network 192.168.2.0
RC(config-router)#network 192.168.20.0
RC(config-router)#no auto-summary
RB(config)#router rip
RB(config-router)#version 2
RB(config-router)#network 192.168.1.0
RB(config-router)#network 192.168.10.0
RB(config-router)#no auto-summary
RC(config)#router rip
```

RG—NOS 是锐捷网络提供的功能强大的网络系统软件，其支持多种路由协议。现在新推出的版本更具强大的功能。

```
RC(config-router)#version 2
RC(config-router)#network 192.168.2.0
RC(config-router)#network 192.168.20.0
RC(config-router)#no auto-summary
```

示例 6-13　在路由器 A 用 show ip route 验证配置

```
RA#show ip route
C  192.168.1.0/24 is directly connected, FastEthernet 0/0
C  192.168.1.1/32 is local host.
C  192.168.2.0/24 is directly connected, FastEthernet 0/1
C  192.168.2.1/32 is local host.
R  192.168.10.0/24[99/1]via 192.168.1.2,00:00:22,FastEthernet 0/0
```

示例 6-14　在路由器 A 用 show ip rip 验证配置

```
RA#show ip rip
Routing Protocol is "rip"
  Sending updates every 30 seconds, next due in 0 seconds
  Invalid after 180 seconds, flushed after 120 seconds
  Outgoing update filter list for all interface is: not set
  Incoming update filter list for all interface is: not set
  Default redistribution metric is 1
  Redistributing:
  Default version control: send version 2, receive version 2
    Interface              Send  Recv   Key-chain
    FastEthernet 0/0        2     2
    FastEthernet 0/1        2     2
  Routing for Networks:
    192.168.1.0
    192.168.2.0
  Distance: (default is 255)
    Address            Distance  List
    192.168.1.2/32        99
```

6.3　总　结

本章所讲述的内容如下所述：

如何利用被动接口来控制路由。

如何利用调整路由协议的管理距离来控制路由。

两种重分发路由的方式：双向和单向。

在进行路由重分发时，有类路由和无类路由重分发应该注意的事项。

路由重分发时，如何配置默认度量值。

6.4 复习题

（1）什么是重分发？

（2）各种路由协议的默认种子度量值是？

（3）路由重分发的原则是什么？

（4）配置到 RIP 协议中的重分发时，参数 metric-value 是什么？

（5）什么命令将导致 RIP 生成一条默认路由？

第 7 章　网络安全控制

本章重点

- ACL
- ARP 检查
- DHCP 监听
- DAI

目前，最常用的局域网技术就是以太网技术。众所周知，以太网是一种广播介质，即网络中一个节点发送的数据都有可能会被其他节点所接收，攻击者只要接入到网络中，就很容易侦听到网络中传送的信息，这可以说是以太网先天性的缺陷。此外，在局域网中使用的各种协议、技术等都存在着安全隐患，如 ARP、STP 等，这些协议的开发者在开发协议时并没有考虑到安全因素，因此导致了协议能够被攻击者利用，产生网络攻击。

据相关数据显示，目前存在的网络安全威胁 60%以上都是来自于内部网络，也可以说是来自于局域网，例如 ARP 欺骗、MAC 地址欺骗、非法设备接入等，而且这种内部的攻击所造成的损失也是巨大的。所以，新的安全焦点已经从人们公认为最不安全的 Internet 逐渐转移到内部网络（局域网）中。

从另一个角度来看，担任局域网中数据转发的设备主要为传统的交换机、路由器，这些设备的默认策略都是对所有数据进行转发的，并且没有启用任何安全机制，这也就需要我们在这些设备上添加各种安全机制，以防范各种网络威胁。这项工作刻不容缓！如果我们能够很好地利用这些安全机制，其实已经在内部筑起了一道安全的屏障！

7.1　ACL 提供网络安全

ACL 是一种应用在交换机与路由器上的技术，其主要目的是对网络数据通信进行过滤，从而实现各种访问控制需求。ACL 技术通过数据包中的五元组（源 IP 地址、目标 IP 地址、协议号、源端口号、目标端口号）来区分特定的数据流，并对匹配预设规则的数据采取相应的措施，允许（permit）或拒绝（deny）数据通过，从而实现对网络的安全控制。

7.1.1　标准 IP ACL

标准 IP ACL 中，对数据的检查元素仅是源 IP 地址。部署 ACL 技术的顺序是：

- ❑ 分析需求；

- 编写规则；
- 根据需求与网络结构将规则应用于交换机或路由的特定接口。

下面以一个标准 IP ACL 为例，说明应用 ACL 时的步骤及注意事项。

网络结构如图 7-1 所示，要求 172.16.1.0 网段的主机不可以访问服务器 172.17.1.1，其他主机访问服务器 172.17.1.1 不受限制。

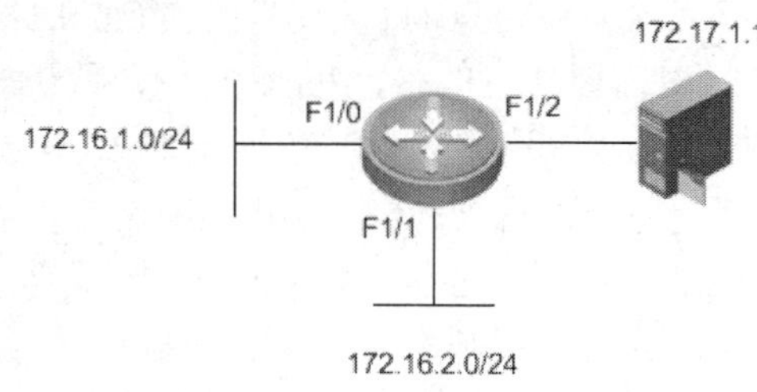

图 7-1　标准 IP ACL

需求分析

在需求中，172.16.1.0 网段的主机不可访问 IP 地址为 172.17.1.1 的服务器，其他主机访问服务器不受限制。

编写标准 IP ACL 规则

标准 IP ACL 规则的命令为：

access-list *access-list-number* { **permit** | **deny** } { **any** | *source source-wildcard* } [**time-range** *time-range-name*]

- *access-list-number*：所创建的 ACL 的编号，标准的 IP ACL 的编号范围是 1~99 和 1300~1999。
- **permit** | **deny**：对匹配此规则的数据包需要采取的措施，**permit** 表示允许数据包通过，**deny** 表示拒绝数据包通过。
- **any**：表示任何源地址。
- *source*：需要检测的源 IP 地址或网段。如在本例中，检测的源 IP 地址网段是 172.16.1.0。
- *source-wildcard* 为需检测的源 IP 地址的反向子网掩码。这里需要注意的是，此处是反掩码，例如需要检测的源 IP 地址网段是 172.16.1.0，相对应的反向子网掩码是 0.0.0.255，反掩码也称为通配符，和子网掩码相反。在这里，转化为二进制后，为 0 的项是需要匹配的项，为 1 的项是不需匹配的项。

很多人认为，反向子网掩码只是单纯地将子网掩码反过来，这种认识是错误的。反向子网掩码是一种用来进行字段匹配的工具，本质上与子网掩饰是不同的。

在本例中，只需要过滤源 IP 地址属于 172.16.1.0 网段的数据，因此源 IP 的前 3 个字段为需要检查的字段，所以在本例中，ACL 规则可以写为：

access-list 1 deny 172.16.1.0 0.0.0.255

time-range *time-range-name*：规则生效的时间范围，并指定时间范围的名称。

在本例中，能够很容易地确定出 ACL 规则中的反掩码，但是在一些时候，确定反掩码是十分困难的事情，例如在某规则中，要求检测的 IP 地址是 172.16.1.1~172.16.1.15，那么可以判断反掩码的前 3 个字节应该为 0.0.0.x，这表示对数据源 IP 的前 3 个字节都要匹配，但是 x 是否为 255 呢，显然不是，因为如果 x 为 255，转换为二进制后就是 11111111，表示对数据源 IP 的第 4 个字节不检查。因此问题的关键在于确定反掩码的第 4 字节，方法为：将源 IP 的第 4 字节转化为 8 位二进制，找出需要检测的位，在反掩码中置为 0，不需检测的位，在反掩码中置为 1。在本例中，1 为 00000001，15 为 00000111，所以可以判断，对数据的源 IP 的第 4 字节，需要检测其中的前 6 位为全 0，才符合本例的要求，那么反掩码的第 4 字节应该为 000000111，反掩码为 0.0.0.15。

另外，在应用 ACL 时需要注意的是，在 ACL 中，默认规则是拒绝所有。也就是说，在上述访问控制列表规则中只有一条拒绝 172.16.1.0 网段的规则，但实际上，在此规则后还有一条隐含规则：**access-list deny any**。

ACL 的检查原则是从上至下，逐条匹配，一旦匹配成功就执行动作，跳出列表。如果访问控制列表中的所有规则都不匹配，就执行默认规则“拒绝所有”。例如，本例中的访问控制列表规则会拒绝所有的数据流量，所以编写访问控制列表规则的时候，一定需要注意最后的默认规则“拒绝所有”。在本例中，可以在拒绝的规则后加一条规则，将 ACL 改为：

access-list 1 deny 172.16.1.0 0.0.0.255

access-list 1 permit any

这样修改后，将规则应用于端口时，只会对 172.16.1.0 网段的主机访问服务器进行限制。由于 ACL 是自上而下，逐条匹配，因此在编写 ACL 规则的时候，更精确的规则通常写在前面，如果允许通过的规则无法一一声明，可以在定义完拒绝通过的规则后利用 **permit any** 来结束。

此外还需要注意的是，编写 ACL 规则的时候，规则是逐条添加上去的，也就是说，在同一组 ACL 中，后编写的规则依次接在之前的规则后，特别要注意的是，你无法删除或者修改一组规则中的某一条，修改 ACL 规则的唯一办法是全部删除重新编写。推荐的一个方法是，先将原有的 ACL 规则复制到写字板或其他编辑程序中，然后进行添加或修改，之后将设备中原有的 ACL 使用的 **no access-list** 命令删除掉，再将修改后的 ACL 复制到配置终端界面。另一种方法是，利用 TFTP 将配置文件导出，进行编辑后再导入进设备。

应用 ACL

编写好的访问控制列表需要应用到相应的接口上才会生效。在接口模式下，使用如下命令应用 ACL：

ip access-group *access-list-number* { **in** | **out** }

access-list-number 为需要在此接口应用的访问控制列表的编号。例如在本例中，此处编号为 1。

参数{ **in** | **out** }表示在此接口上是对哪个方向的数据进行过滤，**in** 表示对进入接口的数据进行过滤，**out** 表示对接口发出的数据进行过滤。过滤方向的选择在 ACL 应用上至关重要，错误的方向选择往往导致意想不到的结果。

需要注意的是，在应用标准 IP ACL 时，通常将其放置到尽可能靠近目标的位置。例如在本例中，如果将 ACL 应用于靠近源端的端口 F1/0，那么网段 172.16.1.0 的主机除了可以访问到本网段的主机外，其他任何网络都访问不到，所以在本例中，ACL 最合适的位置是放置在接口 F1/2 上。

示例 7-1 配置标准 IP ACL

```
Router#configure terminal
Router(config)#access-list 1 deny 172.16.1.0 0.0.0.255
Router(config)#access-list 1 permit any
Router(config)#interface fastEthernet 1/2
Router(config-if)#ip access-group 1 out
Router(config-if)#end
Router#
```

ACL 的应用并无复杂之处，但是一定要牢记其运行的基本规则，并根据此规则来定义 ACL 的匹配条件与顺序等：

- ACL 的检查顺序是自上而下逐条检测，如果某条规则匹配成功，则执行此规则中的动作，同时跳出 ACL 检测。
- ACL 最后默认的规则是拒绝所有。
- 编写的 ACL 规则只有应用在端口上才会生效。

7.1.2 扩展 IP ACL

在上一节中，我们可以看到，利用访问控制能够限制网络中的主机去访问特定的资源。但是，假定连接在路由器 F1/2 接口上的是一个服务器群，除了服务器 172.17.1.1 外，还有服务器 172.17.1.2，如图 7-2 所示。

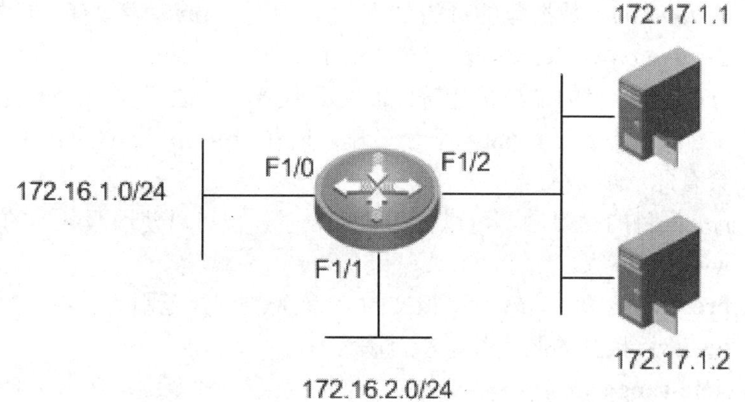

图 7-2 扩展 IP ACL

显然，使用上一节中的标准 IP ACL 无法实现此需求，因为将标准的 IP ACL 应用到 F1/2 接口上会导致两台服务器都不能被访问到。在这种场景下就需要用到扩展的 IP ACL。扩展的 IP ACL 与标准的 IP ACL 的应用规则基本相同，差别只在于扩展的访问控制列表对数据的检查元素更丰富一些。扩展 IP ACL 可以检查的元素有：源 IP 地址、目标 IP 地址、协议、源端口号、目标端口号。

注意，当使用名称代替端口号时，名称所表示的都是标准端口号。如果实际环境中修改了标准端口号，例如 HTTP 端口号改为 8080，则不能指定 www，需使用数字端口号 8080 表示，www 表示的只是 80 端口。

1. 需求分析

在本例中，如果要实现对目标地址进行过滤的需求，需要对多数据包的源 IP 地址与目的 IP 地址进行检查。

2. 编写扩展 IP ACL 规则

扩展 IP ACL 规则的命令为：

access-list *access-list-number* { **deny** | **permit** } *protocol* { **any** | *source source-wildcard* } [*operator port*] { **any** | *destination destination-wildcard* } [*operator port*] [**precedence** *precedence*] [**tos** *tos*] [**time-range** *time-range-name*] [**dscp** *dscp*] [**fragment**]

- *access-list-number*：所定义的扩展 IP ACL 的编号，扩展 IP ACL 所使用的编号范围为 100~199 和 2000~2699。
- **deny | permit**：指定对符合此规则的数据包的处理方式，**deny** 为拒绝，**permit** 为允许。
- *protocol*：协议，如 IP、ICMP、UDP、TCP 等。
- **any**：表示任何源地址。
- *source*：数据包的源 IP 地址。
- *source-wildcard*：源 IP 地址的反掩码。
- *operator*：源端口操作符，**lt** 表示小于，**eq** 表示等于，**gt** 表示大于，**neg** 表示不等于，**range** 表示范围。只有 *protocol* 为 TCP 或 UDP 时，才会有此选项。
- *port*:源端口号,可以使用数字表示,也可以使用服务器的名称,如 www、ftp 等。
- **any**：表示任何目的地址。
- *destination*：数据包的目的 IP 地址。使用“**any**”表示任何目的地址。
- *destination*-wildcard：目的 IP 地址的反掩码。
- *operator*：目的端口操作符，**lt** 表示小于，**eq** 表示等于，**gt** 表示大于，**neg** 表示不等于，**range** 表示范围。只有 *protocol* 为 TCP 或 UDP 时，才会有此选项。
- *port*：目的端口号，可以使用数字表示，也可以使用服务器的名称，如 www、ftp 等。
- **precedence** *precedence*：报文的 IP 优先级别，范围为 0~7。
- **tos** *tos*：报文的服务类型，范围为 0~15。
- **time-range** *time-range-name*：规则生效的时间范围，并指定时间范围的名称。
- **dscp** *dscp*：数据包的 DSCP（Differentiated Services Code Point）值，范围为 0~64。
- **fragment**：表示非初始分段报文。当使用这个参数后，此 ACL 规则将只会对非初始分段的报文进行检查，而不检查初始分段报文。

IP 优先级与 DSCP 一样，都是 IP 报头中用来标识数据包服务等级的字段。

3. 应用扩展 IP ACL

在接口应用扩展 IP ACL 的方式与之前的标准 IP ACL 一样。在扩展 IP ACL 中，由于对数据的检查可以做得比较精确，因此，ACL 规则可以应用在靠近源端的位置。例如在本例中的 F1/0 端口，应用 ACL 不会带来 172.16.1.0 网段的主机无法访问任何网络的问题，只是不能访问服务器 172.17.1.1。

示例 7-2　配置扩展 IP ACL

```
Router#configure terminal
Router(config)#access-list 100 deny ip 172.16.1.0 0.0.0.255 host 172.17.1.1
Router(config)#access-list 100 permit ip any any
Router(config)#interface fastEthernet 1/0
Router(config-if)#ip access-group 100 in
Router(config-if)#end
Router#
```

在上面的网络需求中，只需要指定目标地址即可满足需求。而在另一些需求中，可能还需要指定端口。例如，172.17.1.1 为公司的文件服务器，要求网段 172.16.1.0 中的主机能够访问 172.17.1.1 中的 FTP 服务和 WEB 服务，而对服务器的其他服务禁止访问。

示例 7-3　配置扩展 IP ACL

```
Router#configure terminal
Router(config)#access-list 100 permit tcp 172.16.1.0 0.0.0.255 host 172.17.1.1
eq www
Router(config)#access-list 100 permit tcp 172.16.1.0 0.0.0.255 host 172.17.1.1
eq ftp
Router(config)#access-list 100 permit tcp 172.16.1.0 0.0.0.255 host 172.17.1.1
eq ftp-data
Router(config)#access-list 100 permit ip 172.16.1.0 0.0.0.255 host 172.17.1.2
Router(config)#interface fastEthernet 1/0
Router(config-if)#ip access-group 100 in
Router(config-if)#end
```

在上面的配置命令中，www 表示端口号为 80，ftp 表示 FTP 的控制端口号 21，ftp-data 表示 FTP 的数据端口号 20。而且在本例中，没有指定源端口号，因为我们只关心目的端口，如果不指定源端口号，表示匹配所有源端口。由于 ACL 的默认操作是拒绝所有，所以最后面的拒绝其他所有流量的规则可以省略。

在锐捷设备的新软件版本中，即使用传统的 access-list 命令配置编号 ACL 后，我们在 show running-config 的配置文件中看到的也是名称 ACL 的显示方式。

7.1.3　名称 ACL

前面两节中介绍的都是编号的访问控制列表，但是我们看到，标准 IP ACL 的编号为 1~99 和 1300~1999，扩展 IP 访问控制列表的编号为 100~199 和 2000~2699，编号有耗尽的可能，而名称 ACL 则没有这种限制。除了在编写规则的语法上稍有不同外，其他诸如检查的元素、默认的规则等都与编号的访问控制列表相同。此外，名称 ACL 同样分为标准 IP ACL 和扩展 IP ACL。

1. **标准名称** IP ACL

在全局模式下，使用如下命令可以创建并配置标准名称 ACL：

ip access-list standard { *name* | *access-list-number* }

name：表示此 ACL 的名称，可以使用数字或英文字符表示，执行完此命令

后，系统将进入到标准 ACL 配置模式。需要注意，创建名称 ACL 与编号 ACL 的语法命令不同的是，名称 ACL 使用 **ip** 命令开头。

access-list-number：标准 ACL 的编号为 1~99 和 1300~1999。注意，当这里指定 ACL 的编号而不指定名称时，此 ACL 还将为一个编号的 ACL，与之前介绍的标准 ACL 一样，只不过在配置这个编号 ACL 的规则时，将在 ACL 配置模式下进行。

在 ACL 模式下，使用如下命令可以配置标准名称 ACL 的规则：

{ **permit** | **deny** } { **any** | *source source-wildcard* } [**time-range** *time-range-name*]

命令中各个参数的含义均与编号 ACL 中的相同。

2. **扩展名称** IP ACL

在全局模式下，使用如下命令可以创建并配置扩展名称 ACL：

ip access-list extended { *name* | *access-list-number* }

name：表示此 ACL 的名称，可以使用数字或英文字符表示，执行完此命令后，系统将进入到扩展 ACL 配置模式。

access-list-number：扩展 ACL 的编号为 100~199 和 2000~2699。注意，当这里指定 ACL 的编号而不指定名称时，此 ACL 还将为一个编号的 ACL，与之前介绍的扩展 ACL 一样，只不过在配置这个编号 ACL 的规则时，将在 ACL 配置模式下进行。

{ **permit** | **deny** } *protocol* { **any** | *source source-wildcard* } [*operator port*] { **any** | *destination destination-wildcard* } [*operator port*] [**time-range** *time-range-name*] [**dscp** *dscp*] [**fragment**]

命令中各个参数的含义均与编号 ACL 中的相同。

3. **应用名称** ACL

在接口应用名称 ACL 与应用编号 ACL 的方法和命令一样，只不过将编号替换为名称即可：

ip access-group *name* { **in** | **out** }

name 表示名称 ACL 的名称，要与之前创建名称 ACL 的名称保持一致。

以下示例为将示例 7-2 中的扩展编号 ACL 改为扩展名称 ACL 的配置方式。

示例 7-4　配置名称 ACL

```
Router#configure terminal
Router(config)#ip access-list extended allow_ftp_web
Router(config-ext-nacl)#permit tcp 172.16.1.0 0.0.0.255 host 172.17.1.1 eq
www
Router(config-ext-nacl)#permit tcp 172.16.1.0 0.0.0.255 host 172.17.1.1 eq
ftp
Router(config-ext-nacl)#permit tcp 172.16.1.0 0.0.0.255 host 172.17.1.1 eq
ftp-data
Router(config-ext-nacl)#permit ip 172.16.1.0 0.0.0.255 host 172.17.1.2
```

```
Router(config-ext-nacl)#exit
Router(config)#interface fastEthernet 1/0
Router(config-if)#ip access-group allow_ftp_web in
Router(config-if)#end
Router#
```

7.1.4 基于 MAC 的 ACL

之前介绍的编号和名称的标准 ACL 和扩展 ACL 都是基于 IP 的，所以称为 IP ACL。但是在某些场合基于 IP 的 ACL 可能无法满足网络的需求。例如，如图 7-3 所示为一个企业网络，它只允许公司财务部的主机（172.16.1.1）访问公司的财务服务器（172.16.1.254），不允许其他任何员工的主机访问财务服务器。

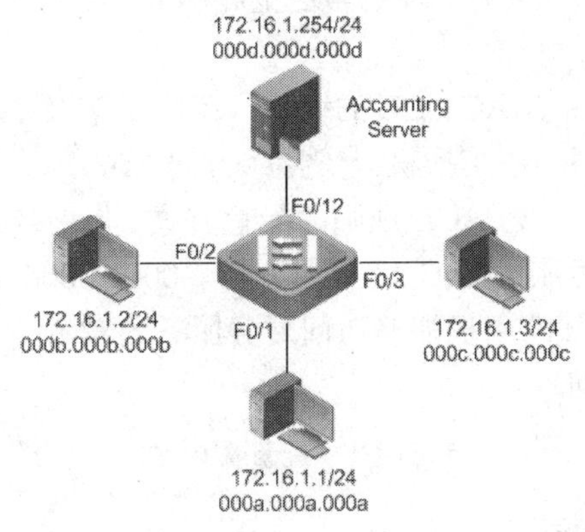

图 7-3　MAC ACL

通常 MAC ACL 都是用于一个子网内的过滤，因为跨越网段通信的数据包的 MAC 地址都会被重写。

有人可能会问，对于以上这个需求，我们使用扩展 IP ACL 不是也可以实现吗？但是如果其他员工修改其主机的 IP 地址为 172.16.1.1，那么就能够访问财务服务器了。使用基于 MAC 的 ACL 就可以避免此现象的发生。

基于 MAC 的 ACL 所检查的元素为数据包的源 MAC 地址与目的 MAC 地址。通常，主机的 MAC 地址是固定的，是不能修改的，所以根据 MAC 地址过滤的访问控制设备不会被“欺骗”。

1. 配置 MAC ACL

在全局模式下，使用如下命令可以创建并配置基于 MAC 的 ACL：

mac access-list extended { *name* | *access-list-number* }

name：表示 MAC ACL 的名称。当执行完此命令后，系统将进入到 MAC ACL 视图。

access-list-number：MAC ACL 的编号，范围是 700~799。

进入 MAC ACL 模式后，使用如下命令配置 MAC ACL 的访问控制规则：

- { **permit** | **deny** } { **any** | **host** source-mac-address } { **any** | **host** destination-mac-address } [ethernet-type] [**time-range** time-range-name]
- **permit** | **deny**：指定对符合此规则的数据包的处理方式，**deny** 为拒绝，**permit** 为允许。

- **any**：表示任何源 MAC 地址。
- **host** source-mac-address：表示源 MAC 地址。
- **any**：表示任何目的 MAC 地址。
- **host** destination-mac-address：表示目的 MAC 地址。
- *ethernet-type*：表示以太网类型。如果不指定，则表示匹配所有类型的以太网帧。
- **time-range** *time-range-name*：表示规则生效的时间范围，并指定时间范围的名称。

2. **应用** MAC ACL

在接口模式下，使用如下命令将 MAC ACL 应用到接口：

mac access-group { *name* | *access-list-number* } { **in** | **out** }

name：MAC ACL 的名称。注意，这里应用 MAC ACL 命令的开头是“**mac**”关键字，而不是“**ip**”。

access-list-number：MAC ACL 的编号。范围是 700~799。

对于 MAC ACL，一些交换机只支持入方向（**in**）的过滤，所以在配置和应用 MAC ACL 时，需要考虑 ACL 规则的配置方式，以及应用 MAC ACL 的接口。

这里我们假设财务服务器的 MAC 地址为 000d.000d.000d，现在使用 MAC ACL 实现只允许财务部的主机能够访问财务服务器。MAC ACL 被应用到接入非财务主机接口的入方向。

专家 ACL 是锐捷开发的一种新的 ACL 类型，它可以在原有 ACL 的基础上实现更精确的过滤。

示例 7-5　配置 MAC ACL

```
Switch#configure terminal
Switch(config)#mac access-list extended deny_to_accsrv
Switch(config-mac-nacl)#deny any host 000d.000d.000d
Switch(config-mac-nacl)#permit any any
Switch(config-mac-nacl)#exit
Switch(config)#interface fastEthernet 0/2
Switch(config-if)#mac access-group deny_to_accsrv in
Switch(config-if)#exit
Switch(config)#interface fastEthernet 0/3
Switch(config-if)#mac access-group deny_to_accsrv in
Switch(config-if)#end
Switch#
```

对于 MAC ACL，默认的操作也是 **deny any any**。

7.1.5 专家 ACL

我们还使用以上的场景，之前已经使用 MAC ACL 对达到财务服务器的访问进行了限制，只允许财务部的主机访问服务器。如果在财务服务器上还开放着其他的服务，如 Telnet、FTP 等，我们只希望财务部的主机能够访问财务服务器上的特定端口（财务软件程序使用的端口），而不希望其能够访问服务器上的其他服务。对于这样的需求，如果只使用 MAC ACL 进行基于 MAC 地址的过滤显然是不能做到的，因为 MAC ACL 不能够像扩展 ACL 那样进行高层信息的过滤。为了满足这种更复杂、更精确的过滤需求，提出了专家（Expert）ACL 的概念。

专家 ACL 是考虑到实际网络的复杂需求，将 ACL 的检测元素扩展到源 MAC 地址、目的 MAC 地址、源 IP 地址、目的 IP 地址、源端口、目的端口和协议，从而可以实现对数据的更精确的过滤，满足网络的复杂需求。

1. **配置专家** ACL

在全局模式下，使用如下命令可以创建并配置专家 ACL：

expert access-list extended { *name* | *access-list-number* }

name：表示专家 ACL 的名称。当执行完此命令后，系统将进入到专家 ACL 视图。

access-list-number：专家 ACL 的编号，范围是 2700~2899。

进入专家 ACL 模式后，使用如下命令配置专家 ACL 的访问控制规则：

{ **permit** | **deny** } [*protocol* | *ethernet-type*] [**VID** *vid*] [{ **any** | *source source-wildcard* }] { **host** *source-mac-address* | **any** } [*operator port*] [{ **any** | *destination destination-wildcard* }] { **host** *destination-mac-address* | **any** } [*operator port*] [**precedence** *precedence*] [**tos** *tos*] [**time-range** time-*range-name*] [**dscp** *dscp*] [**fragment**]

VID *vid* 参数表示根据以太帧中携带的 VLAN TAG 中的 VLAN ID 进行过滤。

专家 ACL 规则中的其他参数的含义与扩展 IP ACL 和 MAC ACL 中的相同，只不过在专家 ACL 中可以同时指定 MAC 地址信息（二层信息）、IP 地址信息（三层信息）和端口信息（四层），提供了更丰富、更精确的过滤项。

2. **应用专家** ACL

在接口模式下，使用如下命令将专家 ACL 应用到接口：

expert access-group { *name* | *access-list-number* } { **in** | **out** }

name：表示专家 ACL 的名称。

access-list-number：专家 ACL 的编号，范围是 2700~2899。

对于专家 ACL，一些交换机只支持入方向（**in**）的过滤，所以在配置和应用专家 ACL 时需要考虑 ACL 规则的配置方式，以及应用专家 ACL 的接口。

以下为在示例 7-5 基础上，对财务部主机访问财务服务器的服务进行限制的配置示例，只允许访问财务部服务器 TCP 5555 端口（财务软件程序使用的端口），禁止访问其他服务。对于此需求，我们只需要在示例 7-5 基础上，在接入财务部主机的 F0/1 接口添加专家 ACL 的应用，对于接入非财务主机的 F0/2 和 F0/3 接口，仍保持原有的 MAC ACL 即可。

示例 7-6 配置专家 ACL

```
Switch#configure terminal
Switch(config)#expert access-list extended allow_acchost_acc5555
Switch(config-exp-nacl)#permit tcp host 172.16.1.1 host 000a.000a.000a host
172.16.1.254 any eq 5555
```

```
    Switch(config-exp-nacl)#deny host 172.16.1.1 host 000a.000a.000a host
172.16.1.254 any
Switch(config-exp-nacl)#permit any any any any
Switch(config-exp-nacl)#exit
Switch(config)#interface fastEthernet 0/1
Switch(config-if)#expert access-group allow_acchost_acc5555 in
Switch(config-if)#end
Switch#
```

7.1.6 基于时间的 ACL

在之前介绍的各种 ACL 的规则配置中，我们可以看到，每种 ACL 规则后面都有一个可选的参数 **time-range**，此参数表示一个时间段，之前我们没有过多地介绍这个参数的使用方式。在实际的网络控制中，在不同的时间段，常常需要有不同的控制，例如在学校的网络中，希望上课时间禁止学生访问学校的某影视服务器，而下课时间则允许学生访问。在这种需求下，ACL 需要和时间段结合起来应用，即基于时间的 ACL。事实上，基于时间的 ACL 只是在 ACL 规则后面使用 **time-range** 选项为此规则指定一个时间段，只有在此时间范围内此规则才会生效，各类 ACL 规则均可以使用时间段。

时间段可以分为 3 种类型：绝对（absolute）时间段、周期（periodic）时间段和混合时间段。

- **绝对时间段**：表示一个时间范围，即从某时刻开始到某时刻结束，例如 1 月 5 日早晨 8 点到 3 月 6 日早晨 8 点。
- **周期时间段**：表示一个时间周期。例如每天的早晨 8 点到晚上 6 点，或者每周一到每周五的早晨 8 点到晚上 6 点。也就是说，周期时间段不是一个连续的时间范围，而是特定某天的某个时间段。
- **混合时间段**：我们可以将绝对时间段与周期时间段结合起来应用，称为混合时间段。例如，1 月 5 日到 3 月 6 日的每周一至周五的早晨 8 点到晚上 6 点。

1. 创建时间段

在全局模式下，使用如下命令创建并配置时间段：

time-range *time-range-name*

time-range-name 表示时间段的名称。当执行此命令后，系统将进入到时间段配置模式。

2. 配置绝对时间段

在时间段配置模式下，使用如下命令配置绝对时间段：

absolute { **start** *time date* [**end** *time date*] | **end** *time date* }

start *time date*：表示时间段的起始时间。*time* 表示时间，格式为“hh:mm”，*date* 表示日期，格式为“日、月、年”。

end *time date*：表示时间段的结束时间，格式与起始时间相同。

在配置绝对时间段时，可以只配置起始时间，或者只配置结束时间。

以下为 2007 年 1 月 1 日 8 点到 2008 年 2 月 1 日 10 点，使用绝对时间段范围表示的配置示例：

absolute start 08:00 1 Jan 2007 **end** 10:00 1 Feb 2008

3. 配置周期时间段

在时间段配置模式下，使用如下命令配置周期时间段：

periodic *day-of-the-week hh:mm* **to** [*day-of-the-week*] *hh:mm*

periodic { **weekdays** | **weekend** | **daily** } *hh:mm* **to** *hh:mm*

- *day-of-the-week*：表示一个星期内的一天或者几天，Monday，Tuesday，Wednesday，Thursday，Friday，Saturday，Sunday。
- *hh:mm*：表示时间。
- *weekdays*：表示周一到周五。
- *weekend*：表示周六到周日。
- *daily*：表示一周中的每一天。

以下为每周一到周五早晨 9 点到晚上 18 点，使用周期时间段范围表示的配置示例：

periodic weekdays 09:00 **to** 18:00

4. 应用时间段

配置完时间段后，在 ACL 规则中使用 **time-range** 参数引用时间段后才会生效，但是只有配置了 **time-range** 的规则才会在指定的时间段内生效，其他未引用时间段的规则将不受影响。

图 7-5 所示为某公司的网络，现在需要配置访问控制规则，在上班时间（9:00~18:00）不允许员工的主机（172.16.1.0/24）访问 Internet，下班时间可以访问 Internet 上的 Web 服务。

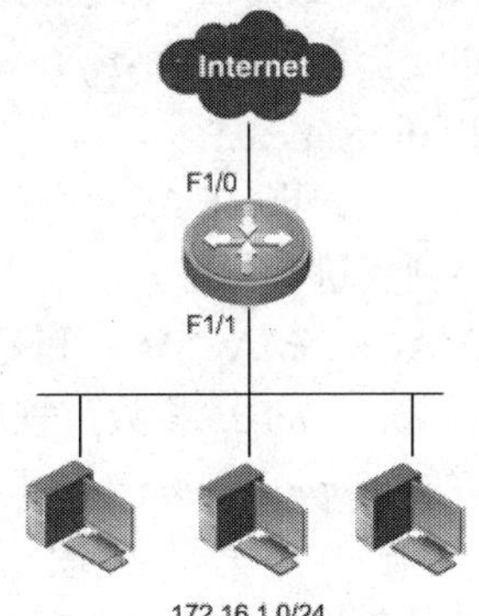

图 7-5　基于时间的 ACL

示例 7-7　配置基于时间的 ACL

```
Router#configure terminal
Router(config)#time-range off-work
Router(config-time-range)#periodic weekdays 09:00 to 18:00
Router(config-time-range)#exit
```

```
Router(config)#access-list 100 deny ip 172.16.1.0 0.0.0.255 any time-range off-work
Router(config)#access-list 100 permit tcp 172.16.1.0 0.0.0.255 any eq www
Router(config)#interface fastEthernet 1/1
Router(config-if)#ip access-group 100 in
Router(config-if)#end
Router#
```

在以上示例中，第 1 条 ACL 规则为拒绝 172.16.1.0/24 的主机访问 Internet，在此规则中引用了一个时间段“off-work”，也就是说，只有在此时间段定义的时间范围内此条规则才会生效，如果当前时间不在此时间范围内，则系统会跳过此条规则去检查下一条规则，即下班时间可以访问 Internet 的 Web 服务。最后将此 ACL 应用到内部接口的入方向以实现过滤。

NTP 是用来进行时钟同步的协议，可以使网路中各设备之间的时钟保持一致。

在使用基于时间的 ACL 时，最重要的一点是要保证设备（路由器或交换机）的系统时间的准确性，因为设备是根据自己的系统时间来判断当前时间是否在时间段范围内的。为了保证设备系统时间的准确性，我们可以使用 NTP（Network Time Protocol，网络时间协议）来保证网络中时钟的同步，或者在特权模式下使用 **clock set** 命令调整系统时间，并使用 show clock 命令查看当前系统时间。

7.1.7 ACL 的修改

之前我们已经介绍过，当使用 **access-list** 命令配置完编号 ACL 后，如果要对其进行修改，例如添加一条新的规则，那么系统默认将会添加至现有的 ACL 规则的末尾。如果要将一条新的规则插入到现有的规则中间，只能对整个 ACL 进行重新编写，显然这将带来大量的维护工作。

在使用 **ip access-list** 命令配置名称 ACL 时，系统将进入到 ACL 配置模式（如果在 **ip access-list** 命令后使用编号（*access-list-number*）的话，也会进入到 ACL 配置模式，对编号 ACL 的规则进行配置）。当进入到 ACL 配置模式后，可以在配置任何规则的命令之前添加一个序号参数（*sequence-number*），配置方式如下：

sequence-number { **permit** | **deny** } ……

这里的 *sequence-number* 是指此规则在 ACL 中的序号，也就是排序的位置。ACL 中的规则将根据序号从小到大进行排序。

对于标准 IP ACL、扩展 IP ACL、MAC ACL 和专家 ACL，进入到 ACL 配置模式后，我们都可以使用 *sequence-number* 参数为规则指定一个序号。

默认情况下，当指定规则的 *sequence-number* 时，*sequence-number* 的起始编号为 10，并且每增加一条规则，序号将递增 10。例如，当我们不指定 *sequence-number* 时，配置的第一条规则的序号为 10，第 2 条序号则为 20，以此类推（可以从 **show running-config** 或 **show access-lists** 的输出结果中看到）。这样当我们需要在现有的规则中间插入一条规则时，例如插入到序号为 10 和 20 的规则之间，就可以将新规则的序号指定为 15，这样新规则将根据序号的从小到大排列到之前的两条规则之间。

同样，使用 **no** *sequence-number* 命令可以删除一条特定的规则。

示例 7-8　插入 ACL 规则

```
Router#show access-lists test

ip access-list extended test
 10 permit tcp any any
 20 permit udp any any
 30 permit icmp any any            ! 当前名称为 test 的 ACL 规则中存在 3 条规则

Router#configure terminal
Router(config)#ip access-list extended test
Router(config-ext-nacl)#15 permit ospf any any ! 添加一条序号为 15 的规则
Router(config-ext-nacl)#end

Router#show access-lists test

ip access-list extended test
 10 permit tcp any any
 15 permit ospf any any            ! 序号为 15 的新规则被插入到原先的规则之间
 20 permit udp any any
 30 permit icmp any any
```

示例 7-9　删除 ACL 规则

```
Router#ip access-list extended test
 10 permit tcp any any
 15 permit ospf any any
 20 permit udp any any
 30 permit icmp any any

Router#configure terminal
Router(config)#ip access-list extended test
Router(config-ext-nacl)#no 20              ! 删除序号为 20 的规则
Router(config-ext-nacl)#end

Router#show access-lists test

ip access-list extended test
 10 permit tcp any any
 15 permit ospf any any
 30 permit icmp any any
```

可以在全局模式下使用如下命令对特定 ACL 的规则的默认起始序号值和递增序号值进行修改。

```
ip access-list resequence { name | access-list-number }
starting-sequence-number increment-number
mac access-list resequence { name | access-list-number }
starting-sequence-number increment-number
expert access-list resequence { name | access-list-number }
starting-sequence-number increment-number
```

starting-sequence-number：ACL 规则的起始序号值，默认为 10。

increment-number：ACL 规则的递增序号值，默认为 10。

当执行完此命令后，系统将根据新设定的值为所有 ACL 规则重新编号，重新编号的结果可以从 **show running-config** 或 **show access-lists** 的输出结果中看到。

示例 7-10　ACL 规则重编号

```
Router#ip access-list extended test
 10 permit tcp any any
 20 permit udp any any
 30 permit icmp any any

Router#configure terminal
Router(config)#ip access-list resequence test 5 5    ! 设置起始序号为 5，递增序号为
5
Router(config-ext-nacl)#end

Router#show access-lists test
ip access-list extended test
 5 permit tcp any any
 10 permit udp any any
 15 permit icmp any any
```

7.1.8 查看 ACL 信息

配置完 ACL 后，可以使用 **show running-config** 命令对配置结果进行查看和验证。但是 **show running-config** 命令的输出将包括所有配置的输出，不便于对查看信息的定位。

使用如下命令可查看 ACL 的配置信息：

show access-lists [*name* | *access-list-number*]

当不指定名称或编号时，将显示所有 ACL 的配置信息。

示例 7-11　查看 ACL 配置信息

```
Router#show access-lists test
 5 permit tcp any any
```

```
10 permit udp any any
15 permit icmp any any
```

使用如下命令可以查看ACL的应用信息，即当前ACL被应用到了哪个接口的哪个方向：

```
show access-group [ interface interface ]
show ip access-group [ interface interface ]
show mac access-group [ interface interface ]
show expert access-group [ interface interface ]
```

当不指定 **interface** 参数时，将显示所有接口的ACL应用信息。

第一条命令表示显示所有类型的ACL应用信息，后三条命令将只显示特定类型的ACL应用信息。

示例 7-12 查看ACL应用信息

```
Router#show ip access-group interface fastEthernet 1/0
ip access-group test in
Applied On interface FastEthernet 1/0

Router#show access-group interface fastEthernet 1/0
ip access-group test in
mac access-group aaa out
Applied On interface FastEthernet 1/0
```

7.2 ARP检查

RFC 826—ARP (Address Resolution Protocol)

7.2.1 ARP欺骗攻击

众所周知，ARP（Address Resolution Protocol）是局域网中用来进行地址解析的协议，它将IP地址映射到MAC地址。

图7-6所示为ARP地址解析的过程。当PC1要给PC2发送报文时，它先检查本地的ARP缓存，如果查找到PC2的MAC地址，则向网络中发送一个广播的ARP请求（ARP Request）报文，表示要请求解析PC2（7.1.1.2）的MAC地址，并且此报文的目的MAC地址为广播地址FFFF.FFFF.FFFF。由于ARP请求报文是广播报文，网络中所有的设备都会接收到，但只有IP地址与ARP请求报文中被请求解析的IP地址相同的设备才会回复。图中由于PC2的IP地址(7.1.1.2)就是PC1要请求的对象，PC2将回复一个单播的ARP应答（ARP Reply）报文，表示自己（7.1.1.2）的MAC地址是0002.0002.0002，报文的目的MAC地址为PC1的MAC地址（0001.0001.0001），也就是说，只有PC1会收到此应答。当PC1收到ARP应答报文后，它便获知了PC2的MAC地址，并将此条目加入到ARP缓存表中，用于后续的数据发送。

在一个使用以太网集线器HUB的环境中，由于HUB会将以太帧向所有端口广播，所以网络中的所有设备也将收到ARP应答报文。

IP: 10.1.1.2
MAC: 0002.0002.0002
Unicast ARP Reply:
10.1.1.2 MAC=0002.0002.0002
PC2
PC1
Broadcast ARP Request:
10.1.1.2 MAC=?
IP: 10.1.1.1
MAC: 0001.0001.0001

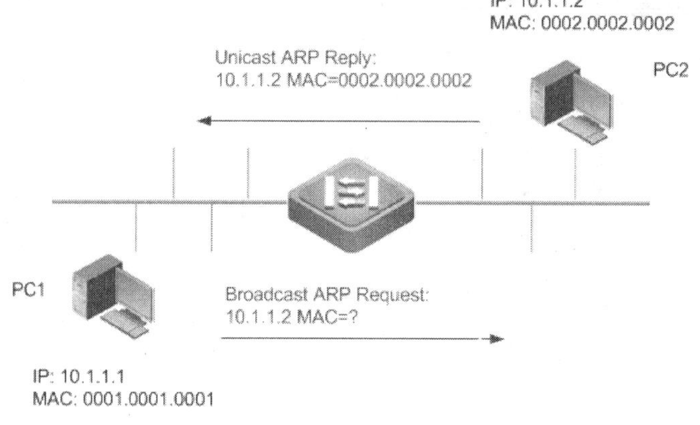

图 7-6 ARP 解析

了解了 ARP 解析的原理后，我们现在来看一下攻击者是怎样实施一个 ARP 欺骗攻击的。由于 ARP 当初被开发时，并没有考虑到安全的因素，它不存在任何的验证机制，所以就导致了 ARP 报文很容易伪造，也就是被欺骗。另一方面，发送 ARP 请求的设备并不能判断收到的 ARP 应答是否合法，是否为正确的源所发送的，只要它（例如 Windows 系统）接收到 ARP 应答报文，它就将结果放入 ARP 表中，而不管是否之前已经存在此条目，或者与之前存在的条目不一样，这就给了攻击者可趁之机。利用以上这些缺陷，攻击者就可以通过发送伪造（欺骗）的 ARP 应答报文（应答报文中的 IP 与 MAC 的绑定关系是错误的、伪造的）来更新其他设备的 ARP 缓存，导致其他设备之间不能正常进行通信。

图 7-7 所示的就是一个典型的 ARP 攻击。用户 PC 的 IP 地址为 7.1.1.2，网关出口路由器的地址为 7.1.1.1，所有 PC 要发往外部网络的数据都要通过网关。我们来看一下攻击者（Attacker，7.1.1.3）是如何发起 ARP 欺骗攻击的。

据相关数据统计，目前内部网络中遭到的攻击，最多的就是ARP欺骗攻击。

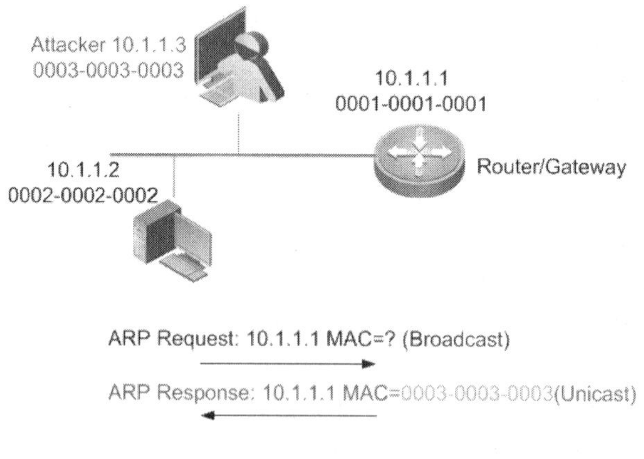

Attacker 10.1.1.3
0003-0003-0003
10.1.1.1
0001-0001-0001
Router/Gateway
10.1.1.2
0002-0002-0002
ARP Request: 10.1.1.1 MAC=? (Broadcast)
ARP Response: 10.1.1.1 MAC=0003-0003-0003(Unicast)

图 7-7 ARP 欺骗攻击

在 PC 要向外部网络发送数据时，首先它要使用 ARP 请求报文去请求网关的 MAC 地址，由于请求是广播的，攻击者也可以收到此请求报文。之后攻击者将向 PC 发送伪造的 ARP 应答报文，而且攻击者可以通过特定的工具以特定的速率连续发送伪造的 ARP 应答报文。当 PC 收到伪造的应答报文后，它会毫不犹豫地将伪造报文中的错误绑定信息加入到本地的 ARP 缓存中，不管之前是否已经获得了正确的绑定信息。攻击者在它发送的应答报文中“声称”自己就是网关，即

7.1.1.1 的 MAC 地址是 0003.0003.0003（攻击者的 MAC 地址），或者“声称”7.1.1.1 的 MAC 地址是一个网络中实际不存在的地址。这样，后续 PC 发往网关的数据都将会发送给攻击者，攻击者也就达到了欺骗的目的，可以监听到所有 PC 发往外部网络的数据，从而造成 PC 不能正常访问外部网络资源。

另一种 ARP 欺骗攻击也叫做 ARP 中间人（MITM，Man In the Middle）攻击。在这种攻击中，攻击者不但伪造网关地址，致使受害者将所有发往网关的流量都发给攻击者，而且攻击者在接收到数据后，又将数据重定向给网关，发往外部网络。外部网络返回的数据由网关发送给攻击者，然后攻击者再将数据重定向给受害者。从受害者的角度来看，它根本不知道自己发送和接收的数据都是由攻击者进行中转的，这样攻击者就能窃听到受害者与外部网络交互的所有信息，如图 7-8 所示。

在锐捷的某些系列交换机产品中，不支持使用 ARP 检查特性防止 ARP 欺骗攻击，而是使用其他的机制去防范此类攻击。

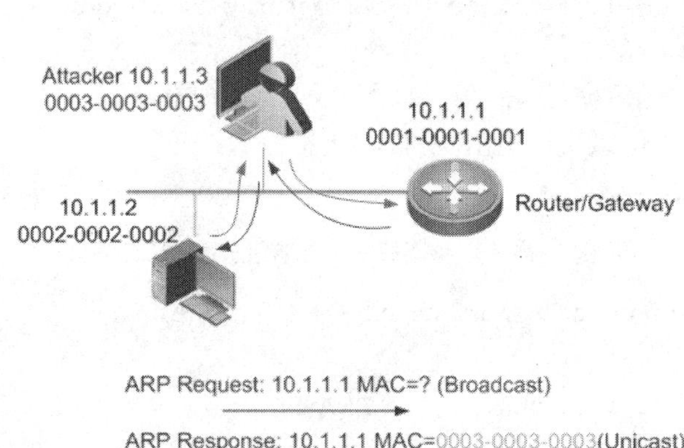

图 7-8 ARP 中间人攻击

7.2.2 配置 ARP 检查

ARP 检查特性是锐捷交换机中防范 ARP 欺骗攻击的一个安全特性。ARP 检查特性的实现要依赖于前一节介绍的端口安全特性，也就是说，要使交换机的端口具有防范 ARP 欺骗的功能，首先要启用端口安全特性。

在某些型号的交换机上，使用 show port-security 命令查看 ARP 检查的状态。

ARP 检查特性是通过查看端口所收到的 ARP 报文中嵌入的 IP 地址是否与配置的安全地址符合，如果不符合则将其视为非法的 ARP 报文。例如之前介绍的 ARP 欺骗攻击的例子所示，当启用了端口的 ARP 检查功能后，交换机将检查攻击者发送的 ARP 应答报文。由于 ARP 应答报文中嵌入的 IP 地址为 7.1.1.1（攻击者伪造的），与攻击者的实际 IP 地址（7.1.1.3）不同，那么交换机将其视为非法 ARP 报文并将其丢弃。

要启用 ARP 检查功能，需要在全局模式下使用如下命令，否则交换机不会检查收到的 ARP 报文：

port-security arp-check [cpu]

cpu 关键字表示检查发往交换机 CPU 的 ARP 报文，使用此选项可能会影响交换机 CPU 的性能，降低 CPU 效率。

由于 ARP 检查特性需要依赖于端口安全特性，在配置 ARP 检查之前首先要启用端口安全功能，在端口模式下使用如下命令启用端口安全功能：

switchport port-security

启用端口安全特性后，需要为 ARP 检查配置安全地址绑定：

switchport port-security mac-address *mac-address* **ip-address** *ip-address*

对于 ARP 检查，必须使用 **ip-address** 关键字配置 IP 地址类型的安全地址，此处指定的 IP 地址为端口接入设备的真实 IP 地址。

示例 7-13 配置 ARP 检查

```
Switch#configure
Switch(config)#port-security arp-check
Switch(config)#interface fastEthernet 0/9
Switch(config-if)#switchport port-security
Switch(config-if)#switchport    port-security    mac-address    0007.0df9.4c64
ip-address 172.16.1.64
Switch(config-if)#end
```

使用如下命令可以查看 ARP 检查的状态信息：

```
show port-security arp-check
```

示例 7-14 查看端口安全配置及安全端口信息

```
Switch#show port-security arp-check

Port Security Arp Check     : ENABLE
Port Security Arp Check Cpu : DISABLE
```

7.3 DHCP 监听

7.3.1 DHCP 攻击

DHCP 是一个非常有用的协议，它可以帮助网络中的设备自动地配置 IP 地址等信息，减小了网络编址的配置和维护工作量。在很多网络中都使用 DHCP 协议去解决编址问题。

虽然 DHCP 为我们的网络带来了极大的便利，但是就像很多其他协议一样，由于 DHCP 自身也不存在任何安全机制，它也会被攻击者利用，产生网络安全问题。正如之前的场景中描述的那样，攻击者可以在网络中私自架设 DHCP 服务器（我们称为伪 DHCP 服务器），当 DHCP 客户端请求 IP 地址等信息时，正如之前在 DHCP 章节中介绍的那样，当 DHCP 客户端发送完 DHCPDISCOVER 报文后，网络中收到此报文的 DHCP 服务器都会响应一个 DHCPOFFER 报文，但是客户端通常只会选择收到的第一个（最快到达客户端）DHCPOFFER 报文。如果伪 DHCP 的 DHCPOFFER 报文最先到达客户端，那么客户端将接收它，并且后续将使用伪 DHCP 服务器提供的 IP 地址等信息，导致客户端不能正常访问网络资源。这就是我们常说的伪 DHCP 攻击，也称为无赖（Rogue）DHCP 攻击，如图 7-9 所示。

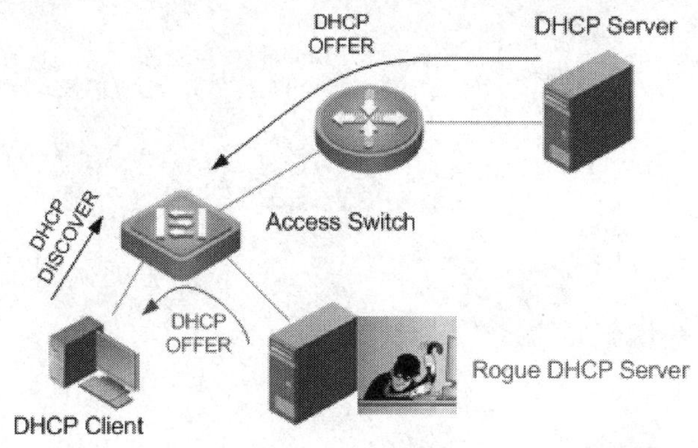

图 7-9　DHCP 攻击

另外一种利用 DHCP 进行攻击的攻击类型是 DHCP DOS（Denial Of Service，拒绝服务）攻击。攻击者通过发送大量的欺骗 DHCPDISCOVER 报文向 DHCP 服务器请求 IP 地址，造成 DHCP 服务器中的地址池迅速枯竭，使得其无法为客户端分配 IP 地址，造成客户端无法得到服务，造成网络中断。

7.3.2　DHCP 监听工作原理

DHCP 监听（DHCP Snooping）是交换机中的一种安全特性，它能够通过过滤网络中接入的伪 DHCP（非法的、不可信的）服务器发送的 DHCP 报文增强网络安全性。DHCP 监听还可以检查 DHCP 客户端发送的 DHCP 报文的合法性，防止 DHCP DOS 攻击。

当在交换机上启用了 DHCP 监听特性后，交换机将检查收到的所有 DHCP 报文。通过读取 DHCP 报文中的内容，DHCP 监听建立并维护着一个 DHCP 监听数据库，也称为 DHCP 监听绑定表，此表中包含着客户端的 IP 地址、MAC 地址、连接的端口、VLAN 号、地址租用期限等信息。

DHCP 监听特性通过信任（Trust）和非信任（Untrust）端口来辨别网络中 DHCP 服务器的合法性。对于信任端口，DHCP 监听特性将允许任何 DHCP 报文通过，信任端口通常是连接网络中合法 DHCP 服务器的端口；对于非信任端口，DHCP 监听特性将只允许 DHCPDISCOVER 与 DHCPREQUEST 通过，另外一些由 DHCP 服务器发送的报文，例如 DHCPOFFER 报文将被丢弃，这就防止了伪 DHCP 服务器通过连接到非信任端口为客户端分配 IP 地址。

如图 7-10 所示，在部署 DHCP 监听特性时，我们应该将连接合法 DHCP 服务器的端口和连接到汇聚层交换机的上行链路端口设置为 DHCP 监听信任端口，并将连接 DHCP 客户端和其他设备的端口设置为非信任端口，因为我们不期望从这些端口上接收到 DHCPOFFER 等报文。

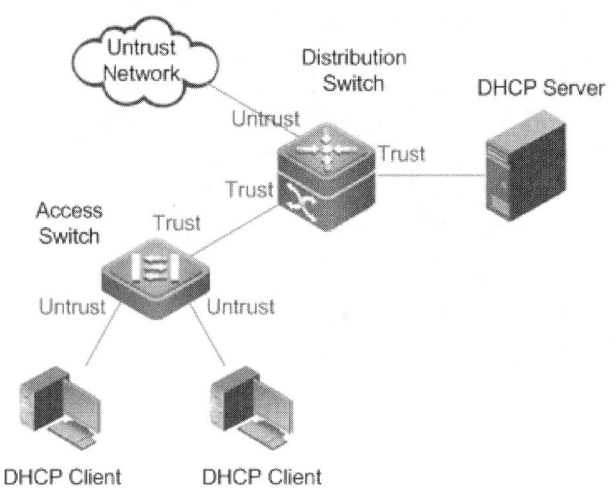

图 7-10　部署 DHCP 监听

7.3.3　配置 DHCP 监听

默认情况下，DHCP 监听功能在交换机中是未启用的，需要在全局模式使用如下命令手工将其启用：

ip dhcp snooping

启用 DHCP 监听功能后，默认情况下交换机上的所有端口都为非信任（Untrusted）端口。前面已经介绍过，我们需要将合法连接或已知 DHCP 服务器的端口与交换机上行链路端口设置为信任（Trusted）端口，在接口模式使用如下命令可将端口设置为 DHCP 监听信任端口：

ip dhcp snooping trust

DHCP 监听特性通过查看 DHCP 报文的内容，动态地建立并维护 DHCP 监听绑定表。我们也可以通过手工配置的方式配置绑定表项。若要手工配置绑定表项，需在全局模式下使用如下命令：

ip dhcp snooping binding *mac-address* **vlan** *vlan-id* **ip** *ip-address* **interface** *interface*

在 DHCP 报文中，会嵌入 DHCP 客户端的硬件地址信息，通常为 MAC 地址。

DHCP 监听数据库的信息是动态的，也就是当交换机重新启动后，数据库中的绑定表项将会丢失。我们可以在全局模式下使用如下命令将 DHCP 监听数据库中的信息写入到交换机 Flash 中的绑定文件里，当交换机重新启动时，会读取绑定文件并将其加载到 DHCP 监听数据库中，这样可以避免由于系统的重新启动导致数据库中的信息丢失。

ip dhcp snooping database write-to-flash

当执行完此命令后，交换机将在 Flash 中创建一个文件，并将数据库信息写入文件中。

除了使用上述命令手工将 DHCP 监听数据库信息写入到 Flash 中，我们也可以设定每隔一定时间后，系统自动将数据库信息写入到 Flash 文件中，在全局模式下使用如下命令进行配置：

ip dhcp snooping database write-delay *seconds*

默认情况下，DHCP 监听功能不检查从非信任端口收到的来自客户端的 DHCP 报文的合法性，这样攻击者就可以通过伪造 DHCP 报文进行 DHCP DoS 攻击。为了避免此类攻击，可以启用 DHCP 监听的 MAC 验证功能，即验证客户端发送的 DHCP 报文的源 MAC 地址是否与 DHCP 报文中的客户端硬件地址相同。如果相同，则为一个合法的 DHCP 报文，若不相同，则为一个伪造的 DHCP 报文，并将其丢弃。在全局模式下使用如下命令进行配置。

ip dhcp snooping verify mac-address

示例 7-15 配置 DHCP 监听

```
Switch#configure
Switch(config)#ip dhcp snooping
Switch(config)#interface fastEthernet 0/2! 连接合法 DHCP 服务器的端口
Switch(config-if)#ip dhcp snooping trust
Switch(config-if)#exit
Switch(config)#ip dhcp snooping verify mac-address
```

使用如下命令可以查看 DHCP 监听的配置信息，例如是否启用了 DHCP 监听、MAC 地址验证、信任接口等信息。

show ip dhcp snooping

使用如下命令可以查看 DHCP 监听绑定表的信息，包括静态和动态的表项，并且只有非信任端口才会存在绑定信息。

show ip dhcp snooping binding

示例 7-16 查看 DHCP 监听配置信息及绑定信息

```
Switch#show ip dhcp snooping

Switch DHCP snooping  status                        :  ENABLE
DHCP snooping  Verification of hwaddr status     :   DISABLE
DHCP snooping database wirte-delay time         :   0
Interface                    Trusted
---------------              -------
FastEthernet 0/2             YES

Switch#show ip dhcp snooping binding

Total number of bindings: 1

MacAddress     IpAddress   Lease(sec)  Type        VLAN  Interface
------------  --------   -------    -------      ----  --------
0015.f2dc.96a4 172.16.1.3  86266  dhcp-snooping 2 FastEthernet 0/1
```

使用如下命令可以手工清除 DHCP 监听绑定表中的信息，但静态配置的绑定条目不会被删除。

clear ip dhcp snooping binding

DAI 是一种用来在动态地址分配（DHCP）环境中防止 ARP 欺骗攻击的特性；ARP 检查则是用来在静态 IP 地址分配，且不用考虑移动性的环境中防止 ARP 欺骗攻击的解决方案。

7.4 DAI

在锐捷的某些系列交换机产品中，不支持使用DAI特性防止ARP欺骗攻击，而是使用其他的机制去防范此类攻击。

7.4.1 DAI工作原理

动态ARP检测（DAI）与7.2节介绍的ARP检查机制一样，都是交换机中用来防止ARP欺骗攻击的一种安全特性。配置ARP检查时，我们需要在端口手工配置安全IP地址。如果我们不能够定位攻击者的位置，则需要预先在所有的端口手工配置安全IP地址，而且当客户端的IP地址会改变的情况下，需要手工修改交换机端口的配置。例如，在一个使用DHCP进行IP地址分配的环境中，如果不在DHCP服务器中做特定IP与MAC地址的绑定时，我们无法预料到客户端获取的IP地址；另外，在一个移动性很强的网络中，就算客户端的IP地址是固定的，但我们也无法预料到客户端接入的端口，也就无法为ARP检查配置安全IP地址，这些因素都会阻碍ARP检查功能的部署。如果在这样的环境下部署ARP检查，那么会给网络设备的配置、网络的管理和维护带来不便。

为了解决ARP检查部署的问题，我们可以使用交换机提供的另一个防止ARP欺骗攻击的特性DAI。DAI的部署前提条件是需要DHCP环境的支持，也就是网络中客户端IP地址的分配是通过DHCP来进行的，而且DAI需要依赖上一章节中介绍的DHCP监听特性。DAI检查ARP报文合法性的依据就是DHCP监听数据库，即DHCP监听绑定表。在DHCP监听章节中已经介绍过，DHCP监听绑定表中存有客户端IP地址、MAC地址、连接的端口等信息，通过这些信息，DAI可以检查ARP报文的合法性，或者是否来自正确的端口。

DAI与DHCP监听特性一样，也将端口分为信任（Trust）与非信任（Untrust）端口。对于信任端口，DAI将不检查收到的ARP报文，认为报文都是合法的，给予放行；对于非信任端口，DAI检查收到的所有ARP报文（ARP请求与ARP响应），并根据DHCP监听表项检查ARP报文的合法性。

图7-11所示为DAI在交换环境中的部署示例。我们需要将连接客户端的端口配置为DAI Untrust端口，将交换机之间的上行链路端口配置为DAI Trust端口。由于DAI Untrust端口需要根据DHCP监听绑定表对ARP报文进行检查，所以需要DAI Untrust端口同时也为DHCP监听Untrust端口，因为DHCP监听Trust端口是不存在绑定表项的。推荐将DHCP监听端口信任状态与DAI端口信任状态保持一致，否则可能会造成网络连接性的丢失。此外，DAI是一种入端口安全特性，它不检查从端口发送出去的ARP报文。

DAI不仅可以检查ARP报文的合法性，它还提供了对于ARP报文的抑制功能，即ARP报文速率限制。攻击者可以向网络中以非常高的速率泛洪ARP报文，产生DOS攻击，而且占用大量的带宽资源。

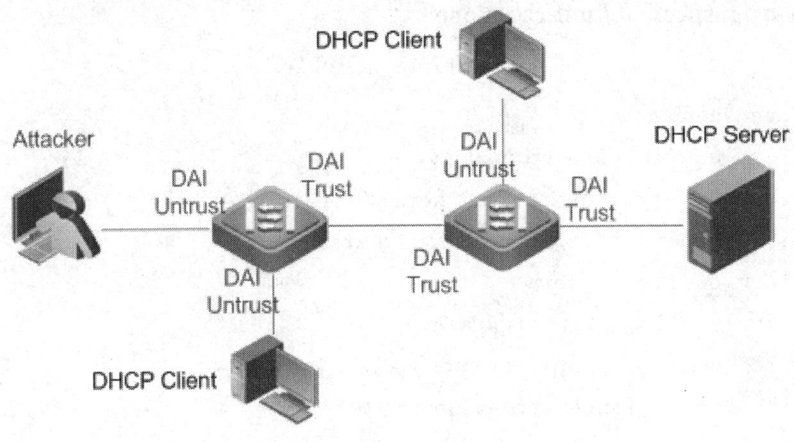

图 7-11　部署 DAI

DAI 是一种与 DHCP 监听相结合的非常有用的安全特性，而且部署起来也相对容易，推荐在动态地址分配的网络环境中部署 DAI，以避免网络受到 ARP 欺骗攻击。

7.4.2　配置 DAI

由于 DAI 需要依赖于 DHCP 监听特性，所以在配置 DAI 之前要启用交换机的 DHCP 监听功能（全局模式），并正确地配置端口的信任状态（接口模式）。

ip dhcp snooping

ip dhcp snooping trust

在全局模式下，使用如下命令启用交换机的 DAI 功能。

ip arp inspection

启用 DAI 功能后，还需要在全局模式下使用如下命令对特定 VLAN 启用 DAI。只有对 VLAN 启用 DAI 功能后，DAI 才会检查此 VLAN 收到的 ARP 报文：

ip arp inspection vlan *vlan-range*

启用 DAI 功能后，默认情况下，交换机上的所有端口都为 DAI 非信任（Untrusted）端口。前面已经介绍过，我们推荐将 DAI 的端口信任状态与 DHCP 监听端口的信任状态保持一致。在接口模式下，使用如下命令将端口设置为 DAI 信任端口。

ip arp inspection trust

使用如下命令可以配置 DAI，使其对非信任端口的进入 ARP 报文的速率进行限制。需要注意的是，DAI 不对信任端口的 ARP 报文进行限速，虽然你可以配置对信任端口进行限速的命令，但是信任端口的速率阈值将永远为 0，即不进行限速。

ip arp inspection limit-rate *pps*

默认情况下，非信任端口的速率阈值为 15 pps。

对于 Trunk 端口，可能存在同一时间内多个 VLAN 的合法 ARP 报文同时通过的情况，这时可以提高端口的速率限制，或者在接口模式下使用如下命令取消接口的速率限制：

ip arp inspection limit-rate none

示例 7-17　配置 DAI

```
Switch#configure
Switch(config)#ip dhcp snooping
Switch(config)#interface fastEthernet 0/24
Switch(config-if)#ip dhcp snooping trust
Switch(config-if)#exit
Switch(config)#ip arp inspection
Switch(config)#ip arp inspection vlan 2
Switch(config)#interface fastEthernet 0/24
Switch(config-if)#ip arp inspection trust
```

使用如下命令可以查看 DAI 的配置信息，例如哪些 VLAN 启用了 DAI。

show ip arp inspection vlan [*vlan-range*]

使用如下命令可以查看接口的 DAI 信息，如接口的信任状态和 ARP 报文速率限制阈值。

show ip arp inspection interface [*interface*]

当不使用 *interface* 参数制定具体的接口时，此命令将仅显示信任端口的信息。

示例 7-18　查看 DAI 配置信息及接口状态信息

```
Switch#show ip arp inspection vlan
Vlan     Configuration
----     -------------
2        Enable

Switch#show ip arp inspection interface
Interface          Trust State     Rate (pps)
---------------          -----------     ----------
FastEthernet 0/24 Trusted          0

Switch#show ip arp inspection interface f0/2
Interface          Trust State     Rate (pps)
---------------         -----------        ----------
FastEthernet 0/2  Untrusted        15
```

7.5　总　结

本章介绍了目前局域网中普遍存在的一些攻击，并对交换机中一些常用的防范攻击的特性进行了详细介绍。恰当地部署这些安全机制，可以在很大程度上缓解和减少局域网中出现的攻击。

ARP 检查是基于端口安全的一个特性。当启用了端口的 ARP 检查功能后，交换机将检查攻击者发送的 ARP 应答报文。通过查看端口所收到的 ARP 报文，检查其中嵌入的 IP 地址是否与配置的安全地址吻合，如果不吻合，则将其视为非法的 ARP 报文。

DHCP 监听能够通过过滤网络中接入的伪 DHCP（非法的、不可信的）发送的 DHCP 报文增强网络的安全性。DHCP 监听还可以检查 DHCP 客户端发送的 DHCP 报文的合法性，防止 DHCP DoS 攻击。

DAI 与 ARP 检查一样，都是交换机中用来防止 ARP 欺骗攻击的一种安全特性。DAI 的部署前提条件是需要 DHCP 环境的支持，也就是说，网络中客户端 IP 地址的分配是通过 DHCP 来进行，而且 DAI 需要依赖 DHCP 监听特性。DAI 检查 ARP 报文合法性的依据就是 DHCP 监听数据库及 DHCP 监听绑定表。

ACL 是在路由器与交换机中使用得最多的访问控制功能，它可以针对数据包中不同的字段对数据包进行检查，从而决定是否允许数据包通过。ACL 中包括标准 ACL、扩展 ACL、名称 ACL、MAC ACL、专家 ACL 和基于时间的 ACL。

标准 ACL 只能对数据包的源地址信息进行检查；扩展 ACL 可以对源地址、目的地址、协议、源端口号和目的端口号进行检查，也就是进行三层和四层信息的过滤；名称 ACL 是用名字进行标识的 ACL，而不是传统的使用编号进行标识，名称 ACL 也包括标准 ACL 和扩展 ACL；MAC ACL 可以对数据包的二层信息进行检查，包括源 MAC 地址、目的 MAC 地址和以太网类型；专家 ACL 相当于结合了扩展 ACL 与 MAC ACL，它可以同时对数据包的二层、三层和四层信息进行过滤，提供了更精确的访问控制，能够满足复杂的过滤需求；基于时间的 ACL 是在上述这些 ACL 规则的基础上添加时间段（time-range）选项，使得 ACL 规则只在时间段范围内生效，使用基于时间的 ACL，可以满足在不同时间段需要不同访问控制规则的复杂需求。

在部署标准 ACL 时，需要将其放置在靠近目标的位置，这样可以避免合法的通信也被标准 ACL 阻断；在部署扩展 ACL 时，因为扩展 ACL 可以实现更精确的过滤，所以可以将其放置在靠近源端的位置，这样可以避免不必要的通信在网络中传播。此外，我们在配置 ACL 规则时，需将更精确、更具体的规则放置在其他规则的前面，以避免更具体的规则被相对粗略的规则所覆盖。

7.6 复习题

（1）通常发动 ARP 欺骗攻击的攻击者通过伪造什么报文来达到欺骗的目的？

（2）判断正误：如果要成功地启用 ARP 检查功能来防止 ARP 欺骗攻击，需要首先启用端口安全特性。

（3）在配置 ARP 检查时，需要配置什么类型的安全地址？

（4）通常攻击者如何发动基于 DHCP 的攻击？

（5）DHCP 监听将端口分为哪些状态？不同状态的端口的操作各是什么？
（6）DHCP 监听数据库中都包括什么信息？
（7）DAI 是一种基于什么特性的安全功能？作用是什么？
（8）ARP 检查与 DAI 的区别是什么？
（9）DAI 中存在哪些端口状态？不同状态的端口的操作各是什么？
（10）启用 DAI 特性需要做什么配置？
（11）请简单描述标准 IP ACL 与扩展 IP ACL 的区别。
（12）判断正误：基于 MAC 的 ACL 可以对 L2、L3 和 L4 的信息进行检测。
（13）在基于时间的 ACL 中，我们可以使用哪些类型的时间段？
（14）请简单描述在部署标准 ACL 和扩展 ACL 时的原则。

第 8 章　AAA 和 802.1x

8.1　AAA 介绍

AAA 是一个提供网络访问控制安全的模型，通常用于用户登录设备或接入网络。AAA（Authentication、Authorization、Accounting，认证、授权、计费）提供了对认证、授权和计费功能的一致性框架。AAA 以模块方式提供认证、授权、计费三项服务。

- **Authentication：**认证模块可以验证用户是否可获得访问权。身份认证是在允许用户访问网络和网络服务之前对其身份进行识别的一种方法。通过定义一个身份认证方法的命名列表，并将其应用于不同的服务可以实现对用户的验证。方法列表定义了身份认证类型和执行顺序。在执行任何一个已定义的身份认证之前，必须将方法列表应用于一个特定的接口或服务。默认方法列表是一个例外。如果没有其他的方法列表被定义，则默认方法列表自动应用于所有接口或服务。但是如果将一个已定义的方法列表应用于某接口或服务，已定义的方法列表将覆盖默认方法列表。
- **Authorization：**授权模块可以定义用户可使用哪些服务或者拥有哪些权限。授权是通过定义一系列的属性对来实现的，这些属性对描述了用户被授权执行的操作。这些属性对可以存放在网络设备本地，也可以存放在远程 RADIUS 服务器上。
- **Accounting：**计费模块可以记录用户使用网络资源的情况。当计费被启用时，网络设备便开始以统计记录的方式向 RADIUS 服务器发送用户使用网络资源的情况。每个计费记录都是以属性对的方式组成的，并存放在安全服务器上，这些记录可以通过专门软件进行读取分析，从而实现对用户使用网络资源情况的记账、统计与跟踪。

对于访问控制，主要是指：
1.什么样的用户可以访问资源？
2.具有访问权限的用户可以得到哪些服务？
3.如何对使用资源的用户的行为进行记录？

事实上，除了 AAA 之外，对网络进行接入控制的方式还有很多，例如本地用户名身份认证、端口安全等。这些安全功能和 AAA 相比，区别在于它们所提供的安全等级不同，相对而言，AAA 能够提供更高等级的安全保护。

应用 AAA 具有以下优点：

- 灵活性。
- 可控性。
- 可扩展性。
- 可靠性。
- 标准化协议。

应用 AAA 的基本网络拓扑如图 8-1 所示。

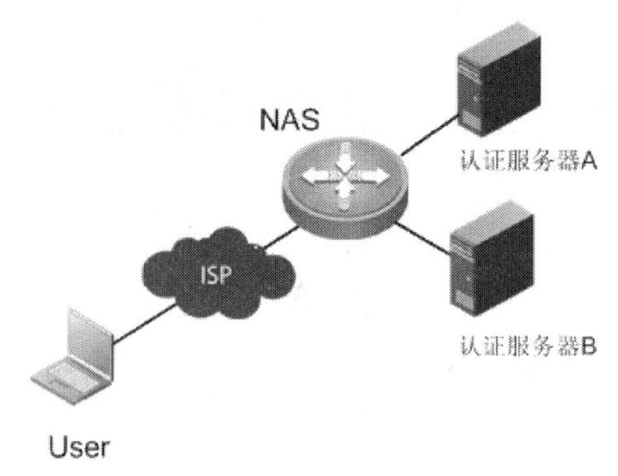

图 8-1　AAA 基本模型

当用户需要接入网络时，会向 NAS（Network Access Server，网络接入服务器）发起连接请求。NAS 是一个提供网络接入或网络服务的设备，它可以是一个服务器，或者是一台路由器或交换机。NAS 接收到用户的接入请求后，将用户的请求发送给认证服务器，通常是一台或多台 RADIUS 服务器。如图 8-1 中所示有多个认证服务器时，NAS 设备会将用户的认证信息发送给主认证服务器，由主认证服务器判断此用户是否合法，即接受（ACCEPT）或者拒绝（REJECT）后，将相应的信息发送给 NAS 设备，NAS 设备对用户采取相应的措施。当主认证服务器因为某种原因，如线路故障或设备故障导致响应超时时，NAS 设备将认证信息发送给备份服务器，由备份服务器进行接入认证。同时，如果在 NAS 设备和认证服务器上配置了授权（Authorization）和计费（Accounting）的功能，那么在用户认证通过后会进行相应的授权和计费工作。

8.2　配置 AAA

8.2.1　配置 Authentication

aaa new—model 将使路由器或交换机使用 AAA 模型进行访问控制。启用 AAA 后，一些旧的认证相关的命令将无法使用。

在 AAA 模型中，认证（Authentication）是第一步，授权和计费功能都是在认证之后的工作。在 NAS 设备上配置认证需要以下 4 个步骤。

1. **启用 AAA**

要使用 AAA 安全特性，必须先使用如下命令启用 AAA。

Router(config)#**aaa new-model**

默认情况下 AAA 为禁用状态。配置这条命令后，AAA 访问控制模型将被初始化。

2. **配置验证列表**

要配置 AAA 身份认证，首先得定义一个验证列表，然后各个应用使用已定义的列表进行认证。验证列表定义了身份认证的类型和执行顺序。除了默认验证列表（**default**），对于定义的身份认证方法，必须将其应用于特定的接口或服务才会生效。接口或服务如果没有应用特定的验证列表则应用默认验证列表。

验证列表用于定义对用户进行身份认证的多种方法，这样确保在第一种方法失败的情况下，可以使用备份验证方式和备份验证系统。NAS 首先使用验证列表中的第一种方法认证用户的身份，如果该方法验证失败（服务器无响应，不包括用户信息非法的情况），将选择方法列表中的下一种方法。如果在验证列表中的最后一种认证方式还没有成功，则身份认证宣告失败。

需要注意的是，只有在前一种方法没有应答的情况下，NAS 设备才会尝试下一种方法。如果在身份认证过程中，某种方法拒绝了用户访问，或者用户的身份信息是非法的，则身份认证过程结束，不再尝试其他的身份认证方法。

使用如下命令配置验证列表：

Router(config)#**aaa authentication** *service* { **default** | *list-name* } *method1* [*method2...*]

802.1x 也是一种访问控制机制，关于 802.1x 的详细内容请参见后续章节。

参数 *service* 表示针对哪种接入方式行为进行认证，可以选择的方式如下。

- **dot1x**：对 802.1x 的接入行为进行认证。
- **enable**：对 enable（进入特权模式）行为进行认证。
- **login**：对登录本地的行为进行认证。
- **ppp**：对 PPP 接入进行认证。

参数 *list-name* 是验证列表的名称，后续将指定的验证列表应用于具体的接口、线路或服务时将引用此名称。参数 **default** 表示配置默认的验证列表。默认情况下，默认验证列表应用到所有的接口、线路或服务。

参数 *method* 表示此验证列表中使用的认证方式，一个验证列表中可以指定多个认证方式。NAS 设备在进行验证时，先选择第 1 个方法进行认证，如果第 1 个方法由于线路故障或设备故障没有响应时，那么再通过第 2 个方法进行认证。如果所有方法都无法认证，那么结果是认证失败。认证方法可以有以下几种方式。

- **group radius**：使用所有的 RADIUS 服务器进行验证。
- **group** *group-name*：使用 RADIUS 服务器组中的服务器进行验证。
- **local**：使用本地用户数据库进行验证。当配置 **local** 参数使用本地用户数据库进行验证时，需要使用 **username** *username* **password** *password* 命令预先在本地创建用户。
- **none**：不验证。此参数可以作为最后的备用验证方式，如果由于网络或设备故障导致无法正常地进行验证时，在验证列表的最后一步可以使用 **none** 不对用户进行验证。当配置 **none** 后，将无法再配置其他的认证方式，实际上再配置任何认证方式也是没有意义的。

需要注意的是，NAS 设备只有在认证服务器没有响应或认证超时时才会选择下一种方法，如果由于用户的信息不合法，而导致 RADIUS 服务返回拒绝（REJECT）信息，NAS 将不会继续尝试后续的认证方式。

示例 8-1　AAA 认证方法列表

```
Router#configure terminal
Router(config)#aaa new-model
Router(config)#aaa authentication login abc group radius local
```

```
Router(config)#end
Router#
```

在上述示例中，在路由器上配置了名为 abc 的验证列表，使用的验证方法一为通过 RADIUS 认证，方法二为本地认证。

3. 应用验证列表

使用以下命令将验证列表应用到线路上。

Router(config-line)#**login authentication** { **default** | *list-name* }

示例 8-2　在线路上应用验证列表

```
Router#configure terminal
Router(config)#aaa new-model
Router(config)#aaa authentication login abc group radius local
Router(config)#line vty 0 4
Router(config-line)#login authentication abc
Router(config)#end
Router#
```

使用以下命令将验证列表应用到 PPP 接口。

Router(config-if)#**ppp authentication** { **default** | *list-name* }

示例 8-3　在 PPP 接口应用验证列表

```
Router#configure terminal
Router(config)#aaa new-model
Router(config)#aaa authentication ppp abc group radius local
Router(config)#interface serial 1/2
Router(config-if)#encapsulation ppp
Router(config-if)#ppp authentication abc
Router(config)#end
Router#
```

4. Authentication 配置示例

在图 8-2 所示的拓扑中，通过配置 AAA，实现对通过 Console 接口登录的用户进行 AAA 认证。

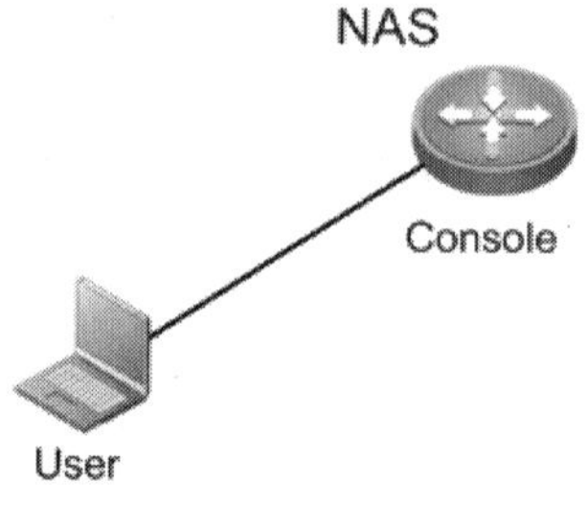

图 8-2　AAA 认证

示例 8-4　AAA 认证配置

```
Router#configure terminal
Router(config)#aaa new-model
Router(config)#username ruijie password test
Router(config)#aaa authentication login test local
Router(config)#line console 0
Router(config-line)#login authentication test
Router(config-line)#end
```

8.2.2　配置 Authorization

AAA 授权（Authorization）定义了通过认证的该用户有什么样的权限，授权是在验证通过后进行的工作。授权是通过汇集一组属性来实现的，这些属性描述了用户被授予哪些权限。认证服务器将这些属性与包含在数据库中的用户信息相比较，并将结果返回给 AAA，以确定该用户的实际权限。这个数据库可以位于所访问的 NAS 本地，也可以位于远程 RADIUS 服务器上。RADIUS 服务器通过分配一对相关的属性值对（Attribute-Value Paris），向用户授予特定权限。属性值对定义了相应用户的权限。

授权的配置与验证相似，也需要定义授权列表。同样，默认情况下，默认的授权列表 **default** 将应用于所有接口和线路。需要注意的是，授权是认证后的操作，只有用户通过认证后才能对其进行授权。

使用如下命令配置授权列表：

Router(config)#**aaa authorization network** { **default** | *list-name* } *method 1* [*method 2...*]

- **network**：对网络访问进行授权，例如 PPP、SLIP、Ethernet。
- **default**：默认授权列表。默认情况下，默认的授权列表 **default** 将应用于所有接口和线路。
- *list-name*：定义授权列表的名称，在后续将指定的授权列表应用于具体的接口、线路时，将引用此名称。
- *method*：定义授权方法，授权方法包括 **group radius**、**local** 和 **none**。

使用如下命令将授权列表应用到 PPP 接口。

Router(config-if)#**ppp authorization** { **default** | *list-name* }

示例 8-5　在 PPP 接口应用授权列表

```
Router#configure terminal
Router(config)#aaa new-model
Router(config)#aaa authorization network abc group radius local
Router(config)#interface serial 1/2
Router(config-if)#encapsulation ppp
Router(config-if)#ppp authorization abc
Router(config-if)#end
```

```
Router#
```

8.2.3 配置 Accounting

计费（Accounting）提供了收集和发送安全服务信息的方法。这些信息包括账单、审计和报告。

计费功能不仅可以跟踪用户访问的服务，同时还可以跟踪他们消耗资源的数量，例如用户标识、访问服务的开始时间、停止时间、执行的命令、包的数量以及字节数等。当激活 AAA 计费功能时，NAS 以计费的形式向 RADIUS 服务器报告用户的活动。每条计费记录包含计费属性值（AV）对，这个数据可用于网络管理、客户账单或审计的分析。

计费的配置同样包含计费列表的配置和计费列表的应用。

使用如下命令配置计费列表：

Router(config)#**aaa accounting network** { **default** | *list-name* } **start-stop** *method 1* [*method 2…*]

- **network**：对网络应用进行计费，例如 PPP、SLIP、Ethernet。
- **default**：默认计费列表。默认情况下，默认的计费列表 **default** 将应用于所有接口和线路。
- **stard-stop**：网络访问服务器在用户开始和结束访问网络的时候向 RADIUS 服务器发送计费信息。
- *list-name*：定义计费列表的名称。在后续将指定的计费列表应用于具体的接口、线路时，将引用此名称。
- *method*：定义计费方法，计费方法包括 **group radius**、**group** *group-name*。

使用如下命令将计费列表应用到 PPP 接口：

Router(config-if)#**ppp accounting** { **default** | *list-name* }

示例 8-6 在 PPP 接口应用计费列表

```
Router#configure terminal
Router(config)#aaa new-model
Router(config)#aaa accounting network abc start-stop group radius
Router(config)#interface serial 1/2
Router(config-if)#encapsulation ppp
Router(config-if)#ppp accounting abc
Router(config-if)#end
Router#
```

8.3 RADIUS 介绍

RADIUS（Remote Authentication Dial-In User Service，远程认证拨号用户服务）是一种分布式的客户机/服务器系统。它与 AAA 结合，对试图连接到服务或设备的用户进行身份认证，防止未经授权的访问。RADIUS 客户端运行在设备或网络访问服务器（NAS）上（例如接入服务器或路由器），并向 RADIUS 服务器发出身份认证请求，RADIUS 服务器包含了所有的用户身份认证和网络服务信息。由于 RADIUS 是一种完全开放的协议，很多系统如 UNIX、Windows 2000 等均将 RADIUS 服务器作为一个组件安装，因此 RADIUS 是目前应用最广泛的安全服务器。

RFC 2865—Remote Authentication Dial In User Service (RADIUS)

之所以 RADIUS 在网络中得到非常广泛的应用，是因为其具有以下特点。

- **客户/服务器模型：**网络接入设备（NAS）通常作为 RADIUS 服务器的客户端，负责将认证用户的信息发送到 RADIUS 服务器，RADIUS 服务器根据用户信息和自己数据库中的记录返回相应的结果。在某些情况下，一台 RADIUS 服务器也可作为另一台 RADIUS 服务器或其他类型的认证服务器的代理客户端。
- **安全性：**RADIUS 服务器与 NAS 之间使用共享密钥对敏感信息进行加密，该密钥不会在网络上传输。
- **可扩展的协议设计：**RADIUS 使用属性-长度-值（ALV，Attribute-Length-Value）数据封装格式，用户可以自定义其他的私有属性，扩展 RADIUS 的应用。
- **灵活的鉴别机制：**RADIUS 服务器支持多种方式对用户进行认证，支持 PAP、CHAP、UNIX login 等多种认证方式。

RADIUS 协议的模型通常由 3 部分组成，RADIUS 服务器、Client（通常是 NAS 设备）和认证客户端，如图 8-3 所示。

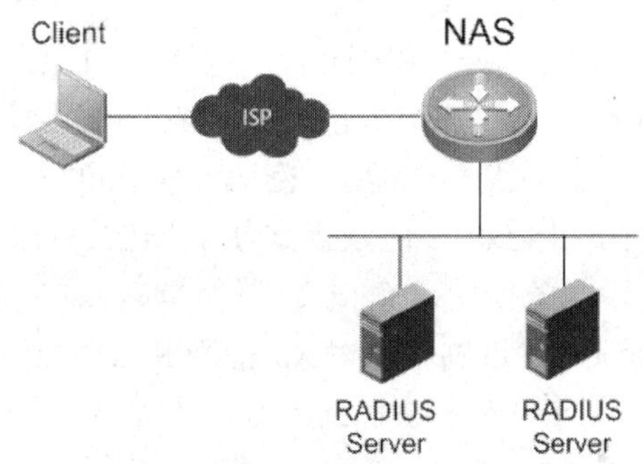

图 8-3　RADIUS 服务模型

在这个模型中，NAS 设备作为 RADIUS 服务器的客户端，而认证客户端则作为 NAS 设备的客户端，当客户端需要连接网络时，NAS 决定对用户采用何种验证方法，如 PAP，用户以明文的形式把用户名和它的密码传递给 NAS，NAS 将认证客户端的认证信息发送给 RADIUS 服务器，由 RADIUS 服务器根据数据库中的记录信息返回认证结果。

RADIUS 服务器和 NAS 设备之间的信息交换是基于 UDP，而一些其他的认证协议则是采用 TCP 进行信息的传输，例如 TACACS。采用 UDP 协议进行信息传输主要有以下优点。

- 当 NAS 设备对一个主服务器的请求失败时，能对辅助服务器（如果配置了辅助服务器）发出相同的请求，在这一点上，无连接的 UDP 占有在 RFC 2865 中，对 RADIUS 采用 UDP 作为传输协议的考虑做了详细分析。

优势。

- ❑ RADIUS 协议对时间的控制对使用 UDP 和 TCP 有所不同。RADIUS 协议传输的数据属于短信息流，不应该采用连接方式处理，因为连接建立过程会产生不能接受的建立时延和协议开销。因此，TCP 的重传机制和为了建立可靠连接而花费的时间并无必要。在验证服务中，快速的响应速度和快速的服务器切换是提高服务质量的重要指标。
- ❑ UDP 通信的对方状态无关性适合 RADIUS 的应用。在通信对方系统重启动、关机、掉电或其他原因导致网络中断的情况下，对 TCP 协议的应用，通常是使用超时控制来判断是否失去 TCP 连接的，这就需要增加一些代码来处理这些异常事件。在使用 UDP 协议的应用中，服务器或客户机均可在发生网络故障的情况下打开传输，可以完全避免任何像 TCP 应用的特殊处理。
- ❑ UDP 简化了 Server 的实现。RADIUS 服务器程序是基于多进程或多线程机制的。对每一个请求均产生一个进程或线程，以对其进行处理和应答。UDP 在这种处理过程中比 TCP 要简化一些。

8.3.1 RADIUS 认证过程

①当用户接入 NAS 的时候，NAS 设备将为用户提供一个输入模式，使用户可以输入自己的账号和密码。这个过程通常以终端方式连接，即还没有进行数据链路层的协议连接，用户设备（一般为 PC）以远程终端方式挂接在 NAS 终端服务器上。

②NAS 得到用户输入的账号和密码后，运行 RADIUS 客户程序（RADIUS 客户程序通常是 NAS 操作系统的组成部分）生成一个 RADIUS 数据包，将相关的属性字段放置其中，包括用户名、用户密码、NAS 的 IP 地址、NAS 的端口号等。在用户密码字段中，RADIUS 协议规定使用 MD5 算法进行加密。NAS 将这个数据包发给 RADIUS 服务器，这个报文叫做“Access-Request”。

③“Access-Request”通过网络从 NAS 传给 RADIUS 服务器，并等待应答。

④如果 NAS 在一段时间内未接收到应答，则作如下处理。

步骤 1　重试。重复将“Access-Request”发向同一个 RADIUS 服务器。

步骤 2　切换服务器。若超过重试次数，则切换 RADIUS 服务器，重复第一步。

步骤 3　连接出错。当前两步失败时，则认为 RADIUS 网络连接失败。

如果 RADIUS 服务器接收到客户（RADIUS Client）的请求（Access-Request）。

步骤 1　首先进行客户认定。只有合法客户的请求才作处理。RADIUS 服务器检查用户信息数据库，用户信息数据库包括合法客户的 IP 地址、对称密钥、客户类型等。

步骤 2　如果客户是合法的，RADIUS 服务器通过用户名的格式，判断用户是否为本地用户。若是本地用户，RADIUS 服务器根据用户名从用户数据库中查找记录。这条记录包括了允许用户访问的一些必要条件，例如，用户密码、被叫号码、主叫号码、NAS 的 IP 地址、NAS 端口号等。若是漫游用户，则开始一次代理会话（proxy session）。此时 RADIUS 服务器作为 NAS 设备的代理客户端，将认证信息发送给相关的认证服务器。

当用户满足条件时，RADIUS 服务器向客户（NAS）发送 Access-Accept 报文或挑战报文。

当用户不满足以上的必要条件时，RADIUS 服务器向客户（NAS）发送一个 Access-Reject 数据包。Access-Reject 数据包中可以包括字符串提示信息。NAS 接收到“Access-Reject”应答后，拒绝用户的连接请求，并向用户标明拒绝访问的提示信息。

①如果发送的是 Access-Accept 报文，由 NAS 设备向用户返回认证成功信息。如果发送的是挑战报文，则由 NAS 设备向认证客户端发起挑战。

②认证客户端收到挑战报文后，认证客户端和 NAS 设备交换认证信息。

③NAS 设备向 RADIUS 服务器发送 Access-Request 报文，请求认证。

④RADIUS 服务器向 NAS 设备返回认证结果，发送 Access-Rejec 或 Access-Accept 报文。

⑤NAS 设备向认证客户端返回认证成功或失败信息。

RADIUS 认证过程如图 8-4 所示。

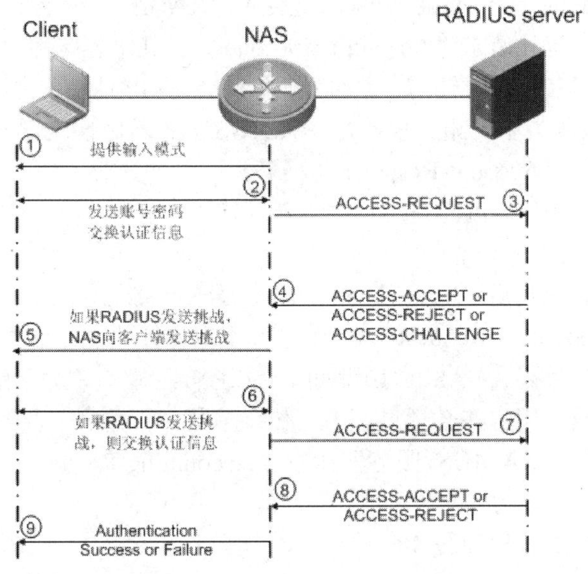

图 8-4　RADIUS 认证过程

8.3.2　RADIUS 授权过程

当所有条件均满足时，RADIUS 服务器将此用户的访问属性值（授权属性）放入“Access-Accept”数据包中发送给 NAS。用户访问属性包括服务类型（Service-Type：PPP、SLIP、telnet、rlogin）、与服务有关的参数（IP address、subnet mask、MTU、compress、hostname）、访问约束条件（filter-id、IP-Pool）等。NAS 接收到 RADIUS 服务器的“Access-Accept”应答后，根据授权属性信息提供规定的接入服务。

从第 8.3.1 节至此，RADIUS 完成了认证和授权的过程。在 RADIUS 中，认证和授权是不能分开的。

RADIUS 授权过程如图 8-5 所示。

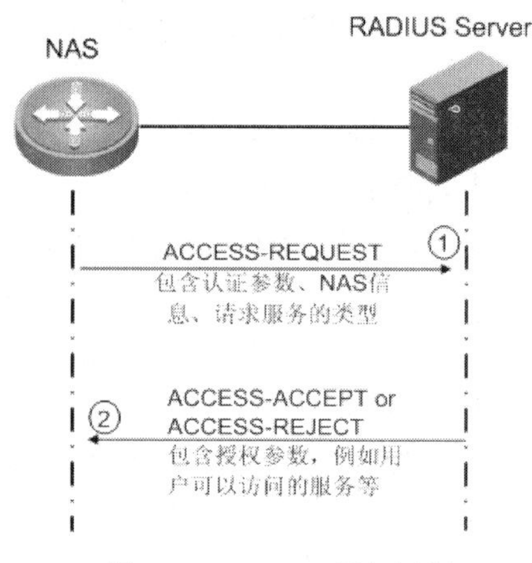

图 8-5　RADIUS 授权过程

RFC 2866—RADIUS Accounting

8.3.3　RADIUS 计费过程

①NAS 提供了接入服务后，马上向 RADIUS 服务器发送会话开始（session-start）统计请求“Accounting-Request”。其中包含用户访问所用的资源信息，例如用户名、主叫号码、被叫号码、NAS 的 IP 地址、占用 NAS 端口、分配的IP地址、服务类型及相关参数等。RADIUS 服务器接收“Accounting-Request”，进行记录并发送“Account-Response”应答。

②用户连接中断，可能是用户主动断开连接，也可能因为线路或设备的原因导致非正常中断。

③用户连接中断后，NAS 向 RADIUS 服务器发送会话结束（session-stop）统计请求“Accounting-Request”。其中包含了更详细的统计信息，例如用户名、主叫号码、被叫号码、NAS 的 IP 地址、占用 NAS 端口、分配的 IP 地址、服务类型及相关参数、用户在会话过程中上传字节数、下传字节数、上传数据包数、下传数据包数等。RADIUS 服务器接收“Accounting-Request”进行记录并发送“Account-Response”应答。

RADIUS 计费过程如图 8-6 所示。

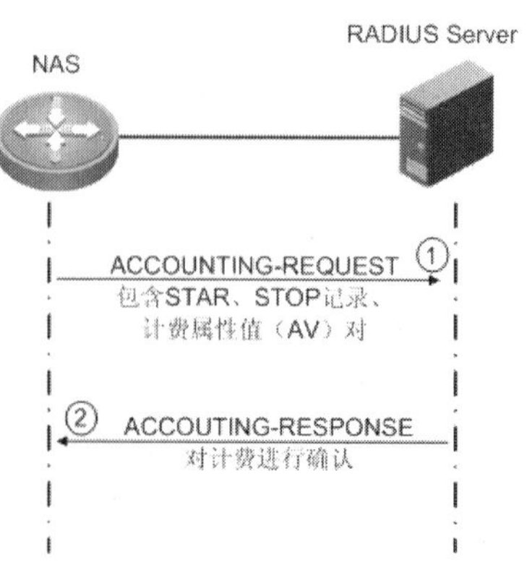

图 8-6　RADIUS 计费过程

8.4 配置 RADIUS

8.4.1 RADIUS 基本配置

如果在部署 AAA 时需要采用 RADIUS 进行验证，则需要在 NAS（路由器或交换机）上进行 RADIUS 的相关配置，以告诉 NAS 当接收到客户的访问请求时将认证请求发送给哪个 RADIUS 服务器。

1. **配置 RADIUS 服务器地址**

使用如下命令配置 RADIUS 服务器：

Router(config)#**radius-server host** *ip-address* [**auth-port** *port* | **acct-port** *port*]*

参数 *ip-address* 表示远程 RADIUS 服务器的 IP 地址；**auth-port** 参数表示配置 RADIUS 服务器的认证和授权端口号，默认情况下，RADIUS 服务器的认证和授权端口号为 UDP 1812；**acct-port** 参数表示配置 RADIUS 服务器的计费端口号，默认情况下，RADIUS 服务器的计费端口号为 UDP 1813。

在一些较早的 RADIUS 实现中，使用的认证和计费端口为 1645 和 1646。

可以使用此命令添加多个 RADIUS 服务器，当一个 RADIUS 服务器不可用时，将使用下一个配置的 RADIUS 服务器，NAS 将按照配置的顺序进行查找。

2. **配置 RADIUS 服务器密钥**

为了保证交换机与 RADIUS 服务器之间的安全通信，可以配置 RADIUS 服务器认证密钥，此密钥用来提供交换机与 RADIUS 服务器之间通信的安全性。

Router(config)#**radius-server host key** { **0** *string* | **7** *string* | *string* }

此命令设置的密钥必须与 RADIUS 服务器中设置的密钥相匹配，否则 RADIUS 服务器将丢弃认证报文。

3. **配置服务器组**

使用 **radius-server host** 命令配置完 RADIUS 服务器后，可以将多个 RADIUS 服务器放置到一个服务器组中。

使用如下命令创建服务器组：

Router(config)#**aaa group server radius** *group-name*

参数 *group-name* 表示服务器组的名称。配置完此命令后，系统将进入到服务器组视图。

在服务器组视图下，使用如下命令将 RADIUS 服务器加入到服务器组中：

Router(config-gs-radius)#**radius-server host** *ip-address* [**auth-port** *port* | **acct-port** *port*]*

此命令中的参数与全局模式下 **radius-server host** 命令的参数含义相同。但加入到服务器组中的 RADIUS 服务器必须是已经在全局模式下使用 **radius-server host** 命令定义过的。

配置完 RADIUS 服务器后，最后还需要在 AAA 的验证列表中配置 RADIUS 的验证方式（**group radius** 或 **group** *group-name*），这样 NAS 才会将请求发送给配置的 RADIUS 服务器进行验证。当使用 RADIUS 进行验证时，请确保 NAS 与 RADIUS 服务器之间可达，并且 RADIUS 服务器上已经启用了 RADIUS 的相关服务。

8.4.2 RADIUS 高级配置

1. 配置 RADIUS 超时时间

当 NAS 向 RADIUS 服务器发出请求后，如果在超时时间（timeout）内没有收到 RADIUS 服务器的响应，则会重传请求。使用如下命令配置 NAS 等待 RADIUS 服务器的响应超时时间：

Router(config)#**radius-server timeout** *seconds*

参数 *seconds* 表示超时时间，单位为秒。默认的超时时间是 5 秒。

2. 配置 RADIUS 重传次数

若 NAS 在超时时间内没有收到 RADIUS 服务器的响应，将向 RADIUS 服务器重传请求。使用如下命令配置 NAS 的重传次数：

Router(config)#**radius-server retransmit** *retries*

参数 *retries* 表示 NAS 重传请求的参数。默认的重传次数是 3 次。

3. 配置 RADIUS 服务器的死亡时间

当 NAS 向 RADIUS 服务器重传请求的次数达到最大值后，若仍没有收到 RADIUS 服务器的响应，则该 RADIUS 服务器就被标记为“死亡”。使用如下命令可以设置 RADIUS 服务器的“死亡”时间，在这个时间间隔内，NAS 将不会再向该服务器发送请求，该服务器将被立即跳过。

Router(config)#**radius-server deadtime** *minutes*

参数 *minutes* 表示 RADIUS 服务器的死亡时间，单位为分钟。默认的死亡时间是 5 分钟。

4. 配置发送请求的源接口

当路由器或交换机上存在多个接口时，如果我们想使所有的外出 RADIUS 报文都使用相同的源 IP 地址，可以使用如下命令配置 NAS 发送 RADIUS 报文使用的源接口：

Router(config)#**ip radius source-interface** *interface*

参数 *interface* 表示 NAS 发送 RADIUS 报文的源接口，NAS 将使用该接口的地址作发送 RADIUS 报文的源 IP 地址。需要注意的是，指定的源接口必须具有 IP 地址，并且状态为 UP。默认情况下，NAS 根据路由表查找到达 RADIUS 服务器的最优处接口。

8.4.3 AAA 及 RADIUS 配置示例

在图 8-7 所示的拓扑中，需要对远程登录到 NAS 设备上的用户进行 AAA 认证。认证的方法是首先使用 RADIUS 进行验证，如果 RADIUS 无法访问，则进行本地验证。

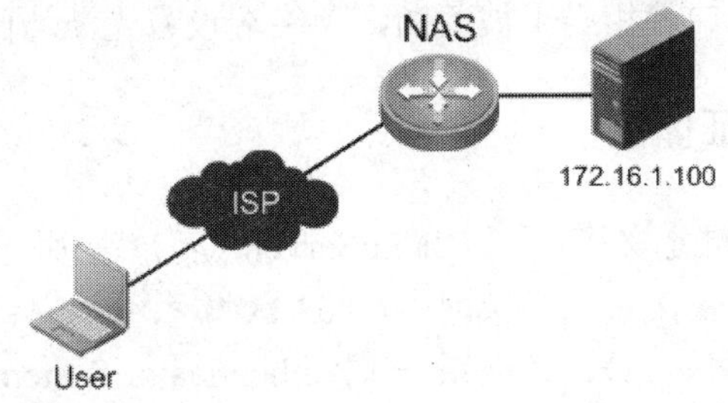

图 8-7　AAA 和 RADIUS 配置示例

示例 8-7　AAA 和 RADIUS 配置示例

```
Router#configure terminal
Router(config)#aaa new-model
Router(config)#username ruijie password test
Router(config)#aaa authentication login test group radius local
Router(config)#radius-server host 172.16.1.100
Router(config)#radius-server key 123456
Router(config)#line vty 0 4
Router(config-line)#login authentication test
Router(config-line)#end
Router#
```

8.5　802.1x 介绍

8.5.1　802.1x 概述

最初，由于 IEEE 802 局域网协议定义的局域网并不提供接入认证，只要用户能接入到局域网接入设备（例如局域网交换机），就可以访问局域网中的设备或资源，这在早期的局域网应用环境中并不存在很多的安全问题。但现今，随着网络内部攻击的泛滥，内网安全已经受到越来越多的重视，内部网络设备的非法接入也成为了极大的安全隐患。此外，由于移动办公的大规模发展，尤其是无线局域网的应用和局域网接入在运营商网络上的大规模开展，这些都有必要对端口加以控制，以实现用户级的接入控制。

起初 802.1x 的开发是为了解决 WLAN（Wireless Local Area Network，无线局域网）用户的接入认证问题，后来由于其提供的安全机制、低成本和较高的灵活性和扩展性而得到广泛的部署和应用，现在也被用来解决有线局域网的安全接入问题。

802.1x 协议是一种基于端口的网络接入控制（Port Based Network Access Control）协议。“基于端口的网络接入控制”是指在局域网接入设备的端口级别对所接入的设备进行认证和控制。如果连接到端口上的设备能够通过认证，则端口就被开放，终端设备就被允许访问局域网中的资源；如果连接到端口上的设备不能通过认证，则端口就相当于被关闭，使终端设备无法访问局域网中的资源。

8.5.2 802.1x 认证体系

IEEE 802.1x 标准定义了一个 Client/Server（客户端/服务器）的体系结构，用来防止非授权的设备接入到局域网中。802.1x 体系结构中包括三个组件：恳求者系统（Supplicant System）、认证系统（Authenticator System）和认证服务器系统（Authentication Server System），如图 8-8 所示。

RADIUS 服务器可以是第三方的服务器软件，或者是锐捷的 SAM 系统。在锐捷网络环境中，强烈推荐使用 SAM 系统，以支持更多的高级及扩展应用。

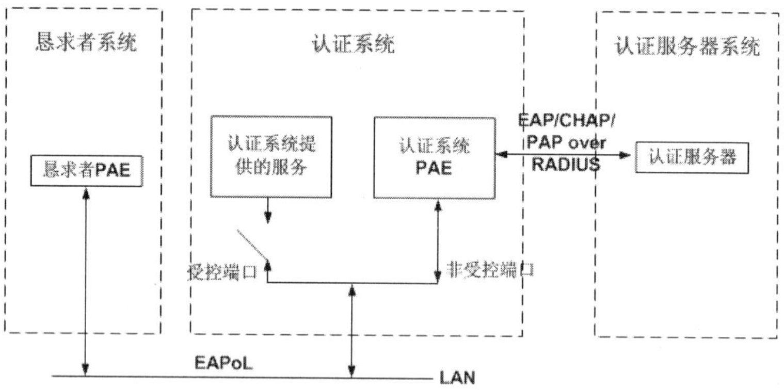

恳求者系统
恳求者PAE
认证系统
认证系统提供的服务
认证系统 PAE
受控端口
非受控端口
EAP/CHAP/PAP over RADIUS
认证服务器系统
认证服务器
EAPoL
LAN

图 8-8 802.1x 认证体系

1. **恳求者系统（Supplicant System）**

恳求者系统也称为客户端，是位于局域网链路一端的实体，它被连接到该链接另一端的设备端（认证系统）进行认证。恳求者系统通常为一个支持 802.1x 认证的用户终端设备（例如安装了 802.1x 客户端软件的 PC，或者 Windows XP 系统提供的客户端），用户通过启动客户端软件触发 802.1x 认证。

2. **认证系统（Authenticator System）**

LEAP（Lightweight EAP）是一个非标准协议，为 Cisco 公司私有协议。

认证系统对连接到链路对端的恳求者系统进行认证，它作为恳求者与认证服务器之间的“中介”。认证系统通常为支持 802.1x 协议的网络设备，如以太网交换机、无线接入点（Access Point）等，它为恳求者提供接入局域网的服务端口，该端口可以是物理端口，也可以是逻辑端口。认证系统的每个端口内部包含有受控端口和非受控端口。非受控端口始终处于双向连通状态，主要用来传递 EAPoL 协议帧，可随时保证接收认证请求者发出的 EAPoL 认证报文；受控端口只有在认证通过的状态下才打开，用于传递网络资源和服务。在认证通过之前，802.1x 只允许 EAPoL（Extensible Authentication Protocol over LAN，基于局域网的扩展认证协议）报文通过端口；认证通过以后，正常的用户数据可以顺利地通过端口进入到网络中。

认证系统与认证服务器之间也运行 EAP 协议，认证系统将 EAP 帧封装到 RADIUS 报文中，并通过网络发送给认证服务器。当认证系统接收到认证服务器返回的认证响应后（被封装在 RADIUS 报文中），再从 RADIUS 报文中提取出 EAP 信息，并封装成 EAP 帧发送给恳求者。

3. 认证服务器系统（Authentication Server System）

认证服务器是为认证系统端提供认证服务的实体，通常它都是一个 RADIUS 服务器，用于实现用户的认证、授权和计费。该服务器用来存储用户的相关信息，例如用户的账号、密码以及用户所属的 VLAN、用户的访问控制列表等。它通过从认证系统收到的 RADIUS 报文中读取用户的身份信息，使用本地的认证数据库进行认证，然后将认证结果封装到 RADIUS 报文中返回给认证系统。

8.5.3 802.1x 工作机制

802.1x 认证使用了 EAP 协议，在恳求者与认证服务器之间交互身份认证信息。在以下描述中，使用验证客户端表示恳求者，交换机表示认证系统，RADIUS 服务器表示认证服务器：

- 在客户端与交换机之间，EAP 协议报文直接被封装到 LAN 协议中（如 Ethernet），即 EAPoL 报文，如图 8-9 所示。

<table>
<tr><td>EAP-MD5</td><td>EAP-TLS</td><td>LEAP</td><td>PEAP</td><td>PEAP</td></tr>
<tr><td colspan="5">EAP</td></tr>
<tr><td colspan="5">802.1x</td></tr>
<tr><td colspan="5">LAN</td></tr>
</table>

图 8-9　EAPoL

目前最常用的为 EAP-MD5 认证方式。

- 在交换机与 RADIUS 服务器之间，EAP 协议报文被封装到 RADIUS 报文中，即 EAPoRADIUS 报文。此外，在交换机与 RADIUS 服务器之间，还可以使用 RADIUS 协议交互 PAP 和 CHAP 报文。
- 交换机在整个认证过程中不参与认证，所有的认证工作都由 RADIUS 服务器完成。RADIUS 可以使用不同的认证方式对客户端进行认证，例如 EAP-MD5、PAP、CHAP、EAP-TLS、LEAP、PEAP 等。
- 当 RADIUS 服务器对客户端身份进行认证后，将认证结果（接受或拒绝）返回给交换机，交换机根据认证结果决定受控端口的状态。

802.1x 的工作机制如图 8-10 所示。

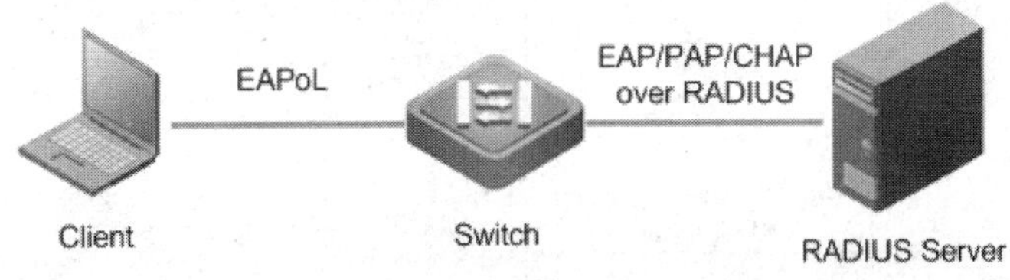

图 8-10　802.1x 工作机制

8.5.4　802.1x 认证过程

从认证方式来说，802.1x 支持两种认证模式，EAP 中继模式和 EAP 终结模式，两种模式的报文交互过程略有不同。

1. EAP 中继模式

EAP 中继模式是 IEEE 802.1x 标准中定义的认证模式，正如之前介绍的，交换机将 EAP 协议报文封装到 RADIUS 报文中，通过网络发送到 RADIUS 服务器上。对于这种模式，需要 RADIUS 服务器支持 EAP 属性。

使用 EAP 中继模式的认证方式有 EAP-MD5、EAP-TLS（Transport Layer Security，传输层安全）、EAP-TTLS（EAP-Tunneled TLS，扩展认证协议-隧道传输层安全）和 PEAP（Protected EAP，受保护的 EAP）。

- **EAP-MD5**：这种方式验证客户端的身份，RADIUS 服务器给客户端发送 MD5 挑战值（MD5 Challenge），客户端用此挑战值对身份验证密码进行加密。
- **EAP-TLS**：这种方式同时验证客户端与服务器的身份，客户端与服务器互相验证对方的数字证书，保证双方的身份都合法。
- **EAP-TTLS**：它是 EAP-TLS 的一种扩展认证方式，它使用 TLS 建立起来的安全隧道传递身份认证信息。
- **PEAP**：与 EAP-TTLS 相似，也首先使用 TLS 建立起安全的隧道。在建立隧道的过程中，只使用服务器的证书，客户端不需要证书。安全隧道建立完毕后，可以使用其他认证协议（如 EAP-Generic Token Card（GTC）、Microsoft Challenge Authentication Protocol Version 2）对客户端进行认证，并且认证信息的传递是受保护的。

MD5 是一种散列算法，它使用 128 比特的密钥对变长的消息进行 HASH 运算，输出结果是一个定长的 128 比特的散列值。MD5 通常用于身份认证和消息完整性验证。

图 8-11 所示为使用 EAP-MD5 认证方式的 EAP 中继模式的认证过程。

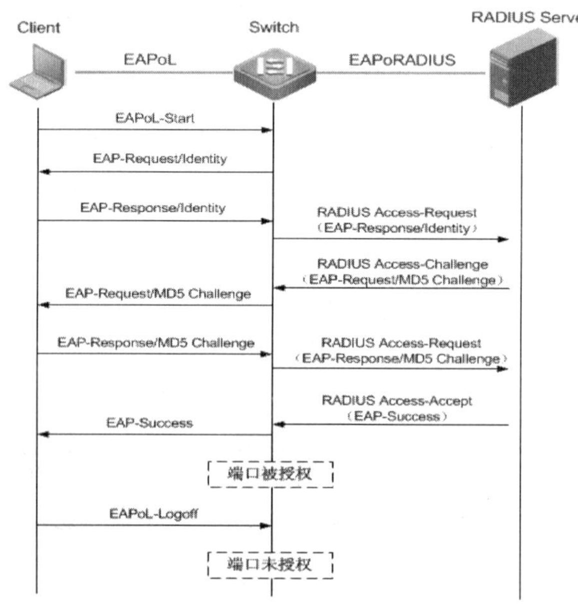

图 8-11　EAP 中继模式认证过程

EAP 中继模式（EAP-MD5）的认证过程如下。

①客户端启动 802.1x 客户端程序，向交换机发送一个 EAPoL 报文，表示开始进行 802.1x 接入认证。

②如果交换机端口启用了 802.1x 认证，将向客户端发送 EAP-Request/Identity 报文，要求客户端发送其使用的用户名（ID 信息）。

③客户端响应交换机发送的请求，向交换机发送 EAP-Response/Identity 报文，报文中包含客户端使用的用户名。

④交换机将 EAP-Response/Identity 报文封装到 RADIUS 的 Access-Request 报文中，通过网络发送给 RADIUS 服务器。

⑤RADIUS 服务器收到交换机发送的 RADIUS 报文后，使用报文中的用户名信息在本地用户数据库中查找到对应的密码后，用随机生成的挑战值（MD5 Challenge）与密码进行 MD5 运算，产生一个 128 比特的散列值。同时 RADIUS 服务器也将此挑战值通过 RADIUS 的 Access-Challenge 报文发送给交换机。

⑥交换机从 RADIUS 报文中提取出 EAP 信息（其中包括挑战值），封装到 EAP-Request/MD5 Challenge 报文中发送给客户端。

⑦客户端使用报文中的挑战值与本地的密码也进行 MD5 运算，产生一个 128 比特的散列值，封装到 EAP-Response/MD5 Challenge 报文中，发送给交换机。

⑧交换机将 EAP-Response/MD5 Challenge 信息封装到 RADIUS Access-Request 报文中，发送给 RADIUS 服务器。

⑨RADIUS 通过将收到的客户端的散列值与自己计算的散列值进行比较，如果相同则表示用户合法，认证通过，并返回 RADIUS Accept 报文，其中包含 EAP-Success 信息。

⑩交换机收到认证通过的信息后，将连接客户端的端口“开放”，并发送 EAP-Success 报文给客户端，以通知客户端验证通过。

⑪客户端可以通过发送 EAP-Logoff 报文通知交换机主动下线，终止认证状态。交换机收到 EAP-Logoff 报文后将端口“关闭”。

从 EAP 中继模式的认证过程可以看出，交换机在整个认证中扮演着一个中间人的角色，对 EAP 报文进行透传。

2. EAP 终结模式

EAP 终结模式即交换机将 EAP 信息终结，交换机与 RADIUS 服务器之间无需交互 EAP 信息，也就是说，RADIUS 服务器无需支持 EAP 属性。如果网络中的 RADIUS 服务器不支持 EAP 属性，可以使用这种认证模式。

在 EAP 终结模式中，可以使用 PAP 与 CHAP 认证方式，并且推荐使用 CHAP 认证方式，因为 PAP 使用明文传送用户名和密码信息。

图 8-12 所示为使用 CHAP 认证方式的 EAP 终结模式的认证过程。

从图 8-12 中可以看出，在 EAP 终结模式中，MD5 挑战值是由交换机生成的，随后交换机会将客户端的用户名、MD5 挑战值和客户端计算的散列值一同发送给 RADIUS 服务器，再由 RADIUS 服务器进行认证。对于 EAP 终结模式，交换机与 RADIUS 服务器之间只交换两条消息，减少了其间的信息交互量，减轻了 RADIUS 服务器的压力。

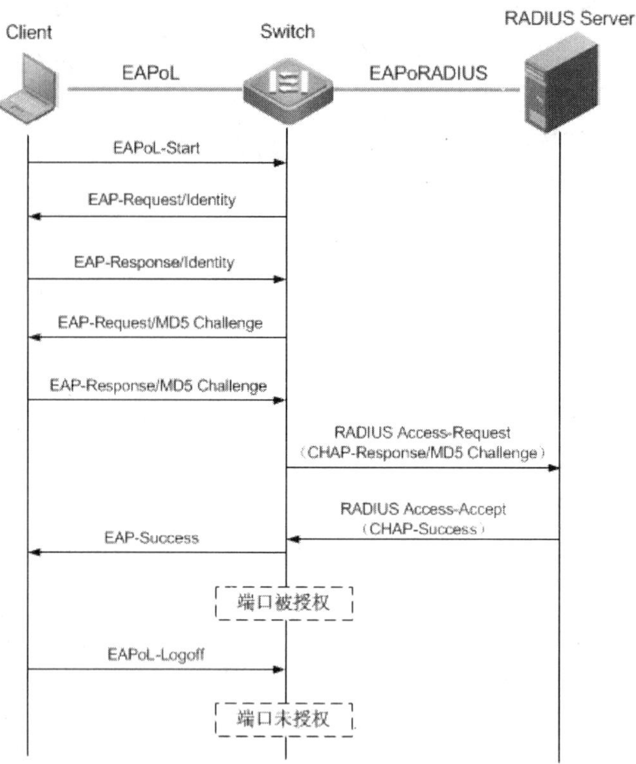

图 8-12　EAP 终结模式认证过程

8.5.5　802.1x 数据包格式

1. EAPoL 数据包格式

EAPoL 是 IEEE 802.1x 标准定义的一种报文封装格式，如图 8-13 所示，主要用于客户端和交换机之间，它使交互的 EAP 协议报文能够在 LAN 协议上传输。

Ethernet Type	Version	Type	Length	Data

图 8-13　EAPoL 报文格式

- **Ethernet Type：**以太网帧头中的以太网类型，对于 802.1x 报文，协议类型为 0x888E。
- **Version：**发送方支持的协议版本号。
- **Type：**表示 802.1x 报文的类型。00 为 EAP-Packet，表示认证信息帧，用于承载认证信息；01 为 Start，即 EAPoL-Start，表示发起 802.1x 认证；02 表示 Logoff，即 EAPoL-Logoff，表示退出认证；03 为 Key，即 EAPoL-Key，表示密钥信息帧；04 为 Encapsulated ASF Alert，用于支持 ASF（Alerting Standards Forum）的 Alerting 消息。
- **Length：**表示 Data 字段的长度。如果为 0，表示没有 Data 字段。
- **Data：**根据不同的 Type 有不同的格式。

2. EAP 数据包格式

当 EAPoL 数据包中的 Type 为 EAP-Packet（00）时，EAPoL 中的 Data 字段为 EAP 数据包，格式如图 8-14 所示。

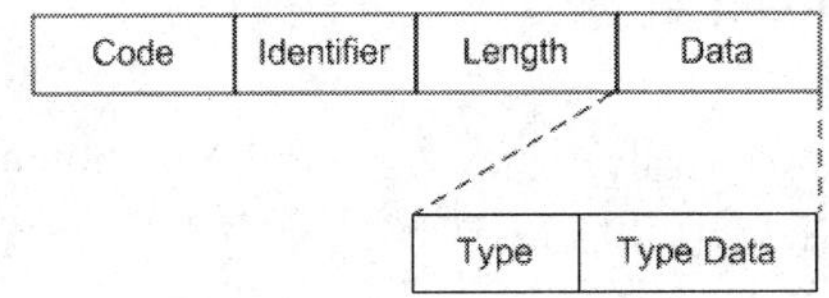

图 8-14　EAP 报文格式

- **Code**：表示 EAP 报文的类型，包括 Request、Response、Success、Failure。
- **Identifier**：进行 Request 与 Response 消息的匹配。
- **Length**：EAP 报文的长度，包括 Code、Identifier、Length、Data。
- **Data**：由 Code 字段决定。Success 与 Failure 类型的报文没有 Data 字段。Request 与 Response 类型的报文存在 Data 字段，并且 Data 字段中包括 Type 与 Type Data 字段。
- **Type**：表示 EAP 的认证类型。1 表示 Identity，用于查询身份；4 表示 MD5 Challenge，包含挑战消息。
- **Type Data**：由不同 Type 的 Request 和 Response 而定。

8.5.6　802.1x 计时器

802.1x 认证使用了多个定时器，以保证认证过程的正常进行以及认证组件间的故障检测等。

- **安静定时器（quiet-period）**：当客户端认证失败后，交换机需要等待一段时间才会再处理客户端的认证请求，这段时间即为 quiet-period。此定时器主要用于防止用户频繁地对交换机发送认证请求而对交换机造成的威胁。
- **重认证定时器（re-authperiod）**：当用户通过认证后，交换机可以主动请求客户端进行重认证。re-authperiod 表示请求客户端重认证的时间间隔。重认证机制主要用于检测用户是否还在线，使计费更加正确，而且可以防止非法用户的冒用。
- **服务器超时定时器（server-timeout）**：RADIUS 服务器的最大响应时间。如果在该时间间隔内，服务器没有对交换机发送的认证请求进行响应，交换机重发认证请求。
- **客户端超时定时器（supp-timeout）**：该计时器表示当交换机向客户端发送 EAP-Request/MD5 Challenge 报文请求 MD5 散列值后，等待客户端响应的时间。
- **发送超时定时器（tx-period）**：当客户端发起认证过程后，交换机需向客户发送 EAP-Request/Identity 请求客户端发送用户名信息，此时交换机启动 tx-period 定时器。若该定时器超时前客户端没有响应 EAP-Response/Identity 报文，交换机将重发请求报文。

8.6　802.1x 基本配置

8.6.1　AAA 及 RADIUS 配置

在交换机上，由于 802.1x 的实现是基于 AAA（Authentication、Authorization、Accounting）的，所以在启用 802.1x 认证之前需先启用 AAA 功能。在全局模式下，使用如下命令全局性地启用 AAA：

aaa new-model

一些较老的 RADIUS 实现是使用 UDP 1645 和 1646 作为认证授权和计费端口，请根据实际情况配置正确的端口号。

交换机需要将 802.1x 认证请求发往特定的 RADIUS 服务器去进行身份验证，在全局模式下，使用如下命令配置 RADIUS 服务器的地址，认证请求将被转发到此服务器上：

radius-server host *ip-address* [**auth-port** *number* | **acct-port** *number*]*

auth-port 参数表示配置 RADIUS 服务器的认证和授权端口号，默认情况下，RADIUS 服务器的认证和授权端口号为 UDP 1812；**acct-port** 参数表示配置 RADIUS 服务器的计费端口号，默认情况下，RADIUS 服务器的计费端口号为 UDP 1813。

可以使用此命令添加多个 RADIUS 服务器，当一个 RADIUS 服务器不可用时，将使用下一个配置的 RADIUS 服务器，交换机将按照配置的顺序进行查找。

若要使交换机与 RADIUS 服务器之间正常工作，需配置 RADIUS 服务器认证密钥，此密钥用来提供交换机与 RADIUS 服务器之间通信的安全性。在全局模式下使用如下命令：

radius-server host key { **0** *string* | **7** *string* | *string* }

此命令设置的密钥必须与 RADIUS 服务器中设置的密钥相匹配，否则 RADIUS 服务器将丢弃认证报文。

使用如下命令配置 802.1x 的认证列表，列表中包括使用的认证方式，如使用 RADIUS 服务器或本地认证等。在全局模式下执行如下命令：

aaa authentication dot1x { **default** | *list-name* } *method1* [method2...]

default 参数表示定义默认的验证列表，当没有指定 802.1x 引用的特定验证列表时，交换机将使用默认列表中定义的参数进行验证；*list*-name 表示创建并命名一个新的验证列表；*method* 表示验证使用的方法。

验证方法可以使用 **group radius**，即使用 RADIUS 服务器进行验证；**group** *group-name* 表示使用 RADIUS 服务器组中的服务器进行验证；**local** 表示使用本地数据库中的用户名和密码进行验证；**none** 表示无需进行验证，用户即可通过验证。此外，一个验证列表中可以指定多个验证方式。需要注意的是，当指定完 **none**（不验证）后，将无法再指定其他验证方式，**none** 通常用于当网络或服务不可用时的最后解决方案。

8.6.2　启用 802.1x

配置完 RADIUS 服务器的相关配置后，即完成了 802.1x 的准备配置工作。

在接口模式下，使用如下命令启用端口的802.1x功能：

dot1x port-control auto

当对端口配置此命令后，端口将只接收EAPoL报文，并且只有认证通过后，端口才会接收其他报文，例如用户数据报文。

启用802.1x认证功能后，默认情况下交换机将使用默认的验证列表（**default**）进行验证。可以在全局模式下使用如下命令更改802.1x认证所使用的验证列表：

dot1x authentication { **default** | *list-name* }

list-name 表示使用自定义的验证列表，此处指定的验证列表名称必须与之前使用 **aaa authentication dot1x** *list-name* 命令定义的名称相同；**default** 表示改回使用默认的验证列表。

在某些较老版本的交换机上，启用802.1x需在全局模式下执行 aaa authentication dot1x 命令，而且不支持配置验证列表。

示例 8-8　802.1x 基本配置

```
Switch#configure
Switch(config)#aaa new-model
Switch(config)#radius-server host 10.1.1.1
Switch(config)#radius-server key 12345
Switch(config)#aaa authentication dot1x ruijie group radius
Switch(config)#dot1x authentication ruijie
Switch(config)#interface fastEthernet 0/1
Switch(config-if)#dot1x port-control auto
Switch(config)#interface fastEthernet 0/2
Switch(config-if)#dot1x port-control auto
Switch(config-if)#end
Switch#
```

8.6.3　802.1x 认证典型配置示例

如图8-15所示，在接入层交换机的接入端口上启用802.1x认证，防止非法客户端接入到网络中。

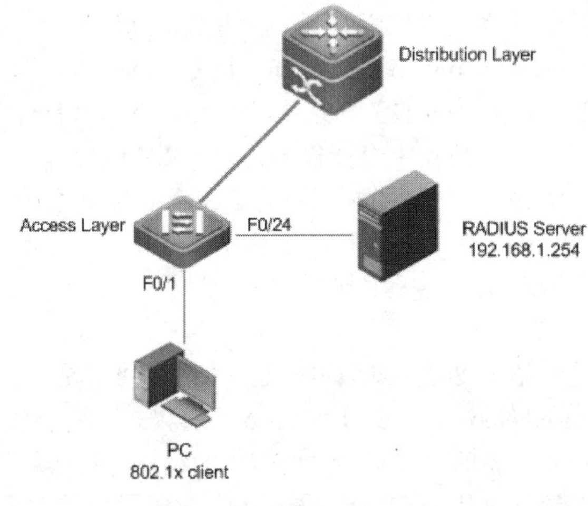

图 8-15　接入层启用 802.1x 配置示例

示例 8-9　接入层启用 802.1x 配置示例

```
Access#configure
Access(config)#interface vlan 1
Access(config-if)#ip address 192.168.1.1 255.255.255.0
Access(config-if)#exit
Access(config)#aaa new-model
Access(config)#radius-server host 192.168.1.254
Access(config)#radius-server key test
Access(config)#aaa authentication dot1x testlist group radius
Access(config)#dot1x authentication testlist
Access(config)#interface fastEthernet 0/1
Access(config-if)#dot1x port-control auto
Access(config-if)#end
Access#
```

8.7　总　结

本章详细介绍了 AAA 模型和 RADIUS 协议及其在锐捷设备上的配置。AAA 是一个提供网络接入安全的模型，通常用于用户登录设备或接入网络。AAA（Authentication、Authorization、Accounting，认证、授权、计费）提供了对认证、授权和计费功能的一致性框架。AAA 以模块方式提供认证、授权、计费三项服务。利用 AAA 模型，网络管理员可以对需要接入网络或对网络设备进行操作的用户进行集中的身份验证，并根据不同的用户赋予不同的权限。同时，在必要的情况下，需要对通过验证的用户进行计费。在 AAA 模型中，将网络设备分为认证客户端、NAS、认证服务器三类角色，其中，NAS 设备充当认证客户端和认证服务器的“中间人”，处理并中转认证客户端和认证服务器之间的认证信息。在进行 AAA 认证过程中，可以为认证、授权和计费定义多种方法，当一种方法响应超时后，NAS 设备会继续尝试下一种方法进行认证。

RADIUS（Remote Authentication Dial-In User Service，远程认证拨号用户服务）是一种分布式的客户机/服务器系统，与 AAA 结合对试图连接到服务或设备的用户进行身份认证，防止未经授权的访问。RADIUS 客户端运行在设备或网络访问服务器（NAS）上（例如接入服务器或路由器），并向 RADIUS 服务器发出身份认证请求，RADIUS 服务器包含了所有的用户身份认证和网络服务信息。本章详细介绍了 RADIUS 进行认证、授权、计费的过程，以及 RADIUS 在锐捷设备上的配置。

本章详细地介绍了 802.1x 认证协议。802.1x 协议是一种基于端口的网络接入控制（Port Based Network Access Control）协议。“基于端口的网络接入控制”是指在局域网接入设备的端口级别对所接入的设备进行认证和控制。如果连接到端口上的设备能够通过认证，则端口被开放，终端设备就被允许访问局域网中的资源；如果连接到端口上的设备不能通过认证，则端口就相当于被关闭，使终端设备无法访问局域网中的资源。

IEEE 802.1x 标准是一个 Client/Server（客户端/服务器）的体系结构，用来防止非授权的设备接入到局域网中。802.1x 体系结构中包括三个组件：恳求者系统、认证系统和认证服务器系统。

在 802.1x 认证过程中，客户端与交换机之间使用 EAPoL 协议报文承载认证信息，随后交换机将 EAP 信息封装到 RADIUS 报文中发送给 RADIUS 服务器。802.1x 有两种认证模式：EAP 中继模式和 EAP 终结模式。在 EAP 中继模式中，交换机对所有验证信息进行透传。在 EAP 终结模式中，交换机与 RADIUS 服务器之间无需交互 EAP 信息，也就是说，RADIUS 服务器无需支持 EAP 属性。如果网络中的 RADIUS 服务器不支持 EAP 属性，可以使用这种认证模式。

8.8 复习题

（1）AAA 模型包含哪 3 个模块？

（2）AAA 模型在提供网络访问控制上具有哪些优点？

（3）当在验证列表中配置了多个验证方法时，当第一种验证方法返回拒绝信息，NAS 设备是否会尝试下一种方法？

（4）默认情况下，RADIUS 服务器标准的认证和计费端口号是什么？

（5）RADIUS 模型由哪几部分组成？

（6）RADIUS 采用哪种传输层协议来传输信息？

（7）什么命令可以修改路由器或交换机发送 RADIUS 报文使用的源地址？

（8）802.1x 是一种基于什么的访问控制机制？

（9）802.1x 体系结构中都包括哪些组件？

（10）802.1x 在各个结构组件之间使用什么协议进行交互？

（11）请简单描述 EAP 中继模式与 EAP 终结模式的区别。

第 9 章　网络出口设计

9.1　NAT

NAT（Network Address Translation）是将 IP 报头中的源地址或目的地址进行翻译或转换的一种技术，主要被用来将内部私有地址转换为公有的地址。

RFC 3022—Traditional IP Network Address Translator (Traditional NAT)

NAT 的典型应用是将使用私有 IP 地址（RFC 1918）的园区网络连接到 Internet 上，这样，公司就无需给内部网络中的每个设备都分配公有 IP 地址了，这样既避免了公有地址的浪费，又节省了申请公有 IP 地址的费用，同时也减缓了 IPv4 地址空间被耗尽的速度。

9.1.1　NAT 的应用背景

IPv4 地址即将耗尽是 Internet 面临的主要问题之一。为了最大限度地利用 IPv4 地址资源，减缓 IPv4 地址的耗尽速度，人们开发了进行地址转化的 NAT 技术，它提供了一种在多个末节网络中使用相同的私有 IP 地址空间，从而减少所需公有 IP 地址数量的解决方案。

NAT 让网络管理员能够在组织内部使用私有 IP 地址空间，同时使用全球唯一的公有地址连接到 Internet 上进行通信。对于不同的内部用户组，可以使用不同的公有地址池，这使得管理互联性更为容易。

对于大多数需要连接到 Internet 的公司来说，都必须实现 NAT，ISP 为成百上千的用户提供 Internet 接入服务，但通常只被分配极少量的 IP 地址，因此 ISP 使用 NAT 将数百个内部地址映射到分配给公司的几个公网地址上。

NAT 技术让使用非公共 IP 地址的私有 IP 网络能够连接到公共网络上，如 Internet。通常，在位于末节域（内部网络）和公共网络（外部网络）之间的边界路由器上配置 NAT，如图 9-1 所示。将 IP 报文发送给外部网络之前，NAT 将内部本地地址转换为全局唯一的 IP 地址。

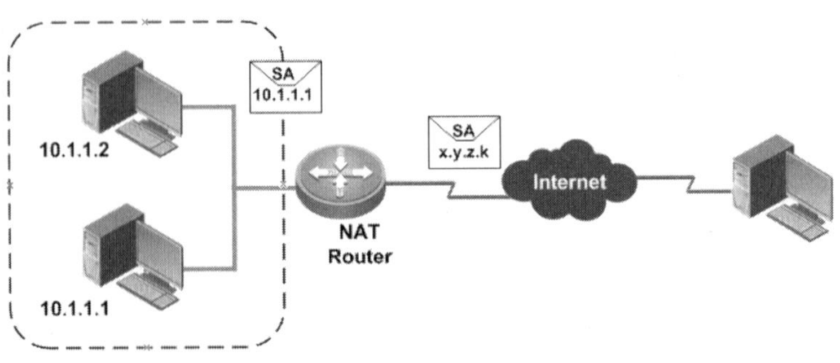

图 9-1　网络地址转换（NAT）

9.1.2 NAT 术语

表 9-1 给出了图 9-2 中使用的各种术语的定义。

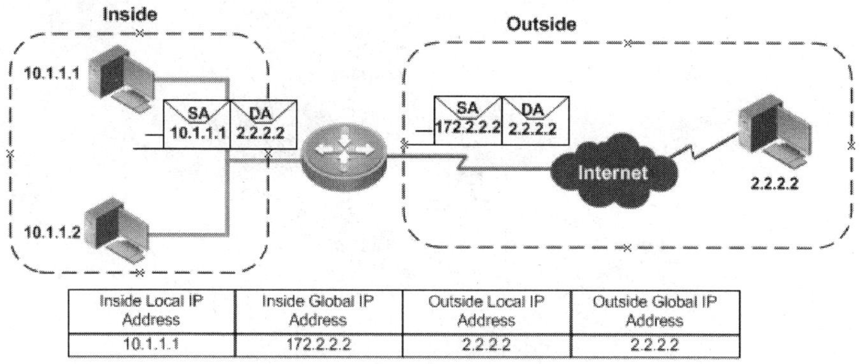

Inside Local IP Address	Inside Global IP Address	Outside Local IP Address	Outside Global IP Address
10.1.1.1	172.2.2.2	2.2.2.2	2.2.2.2

图 9-2 使用 NAT 转换内部和外部网络地址

表 9-1 NAT 术语

术语	定义
内部本地 IP 地址	分配给内部网络中的主机的 IP 地址，通常这种地址来自 RFC 1918 指定的私有地址空间
内部全局 IP 地址	内部全局 IP 地址，对外代表一个或多个内部本地 IP 地址，通常这种地址来自全局唯一的地址空间，通常是 ISP 提供的
外部全局 IP 地址	外部网络中的主机的 IP 地址，通常来自全局可路由的地址空间
外部本地 IP 地址	在内部网络中看到的外部主机的 IP 地址，通常来自 RFC 1918 定义的私有地址空间
简单转换条目	将一个 IP 地址映射到另一个 IP 地址（通常被称为网络地址转换）的转换条目
扩展转换条目	将一个 IP 地址和端口对映射到另一个 IP 地址和端口（通常被称为端口地址转换）对的转换条目

严格来说，NAT 指的就是修改 IP 报文报头，更换其中的源地址、目标地址的过程，这种处理是由专用的 NAT 软件或硬件完成的，它可以是路由器、Unix 系统、Windows 服务器或其他系统。

NAT 设备通常位于末节网络的边界，末节网络通常是这样一种网络，它只有一条到外部世界的连接。末节网络中的主机需要将数据传输给外部主机时，它将报文转发到默认网关。在这里，主机的默认网关就是 NAT 设备。

运行在路由器上的 NAT 进程（如图 9-3 所示）发现需要转换报文的源 IP 地址后，将该私有地址替换为全局地址，同时将转换记录添加到 NAT 转换表中。

当 NAT 路由器接收到外部主机发送的应答时，它查看当前的 NAT 转换表，将目标地址替换为原来的内部地址。

下面是一些有关 NAT 的概念。

- **内部/外部：** IP 主机相对于 NAT 设备的物理位置。
- **本地/全局：** 用户相对于 NAT 设备的位置或视角。

例如，内部全局地址是全局网络中的用户看到的内部网络中的 IP 主机地址，外部用户使用该地址来与内部网络中的主机通信。

NAT 转换将会增加延迟，并且不利于进行端到端的 IP 跟踪和排错。

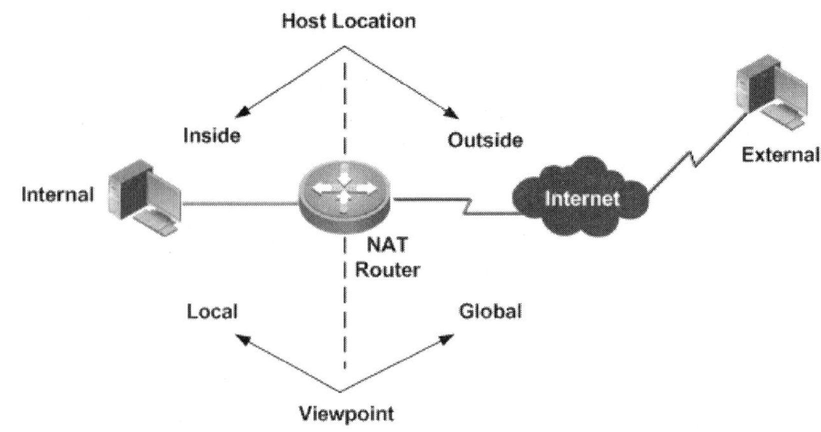

图 9-3　NAT 概念

NAT 能够让使用私有地址的网络连接到公共网络上，如图 9-4 所示。使用私有地址的内部网络将报文发送到 NAT 路由器上，后者将私有地址转换为合法的公共 IP 地址，让报文能够传输到公共网络上，如 Internet。

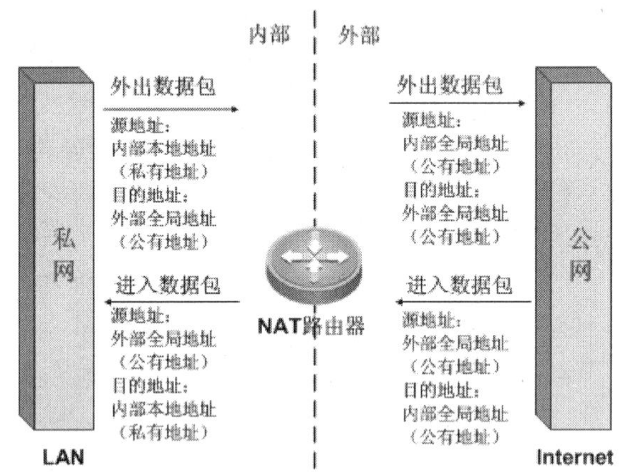

图 9-4　NAT 转换

NAT 转换包括多种不同的类型，并可用于多种目的。

- **静态 NAT**：按照一一对应的方式将每个内部 IP 地址转换为一个外部 IP 地址，这种方式经常用于企业网的内部设备需要能够被外部网络访问到时。
- **动态 NAT**：将一个内部 IP 地址转换为一组外部 IP 地址（地址池）中的一个 IP 地址。
- **超载**（Overloading）**NAT**：动态 NAT 的一种实现形式，利用不同的端口号将多个内部 IP 地址转换为一个外部 IP 地址，也称为 PAT、NAPT 或端口复用 NAT。
- **重叠**（Overlapping）**NAT**：当在内部网络中使用的 IP 地址是其他网络中已经使用的已注册 IP 地址时，NAT 路由器就需要维护一张查找表，以使用唯一的 IP 地址来替换这些已注册的 IP 地址。NAT 路由器不但要将这些内部 IP 地址转换为已注册的唯一的 IP 地址，而且还要通过静态 NAT 或动态 NAT 将外部已注册的 IP 地址转换为内部唯一的 IP 地址。

9.1.3 静态 NAT

图 9-5 说明了静态 NAT 转换的工作原理。静态 NAT 转换条目需要预先手工进行创建，即将一个内部本地地址和一个内部全局地址唯一地进行绑定。

对于静态 NAT 转换，内部本地地址与内部全局地址一对一地被静态绑定。在这种情况下，会话可以由内部主机发起，也可以由外部主机发起。

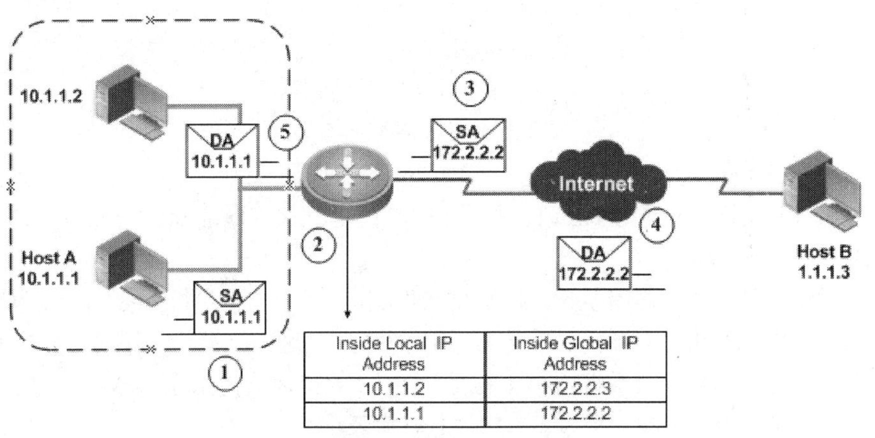

图 9-5 静态 NAT 转换

图 9-5 中的静态 NAT 转换的步骤如下。

步骤 1 Host A 要与 Host B 进行通信，它使用私有地址 9.1.1.1 作为源地址，向 Host B 发送报文。

步骤 2 NAT 路由器从 Host A 收到报文后，检查 NAT 表，发现需要将该报文的源地址进行转换。

步骤 3 NAT 路由器根据 NAT 转换表将内部本地地址 9.1.1.1 转换为内部全局地址 172.2.2.2，然后转发报文。注意，虽然网络中的内部全局地址通常是合法的公网地址，但是 NAT 并不强制要求全局地址为哪种类型的地址。

步骤 4 Host B 收到报文后，使用内部全局 IP 地址 172.2.2.2 作为目的地址来应答 Host A。

步骤 5 NAT 路由器收到 Host B 发回的报文后，再根据 NAT 转换表将该内部全局地址 172.2.2.2 转换回内部本地地址 9.1.1.1，并将报文转发给 Host A，后者收到报文后继续会话。

9.1.4 动态 NAT

图 9-6 说明了动态 NAT 的工作原理。动态地址转换也是将内部本地地址与内部全局地址一对一地转换，但是动态地址转换是从内部全局地址池中动态地选择一个未被使用的地址，对内部本地地址进行转换。动态地址转换条目是动态创建的，无需预先手工进行创建。

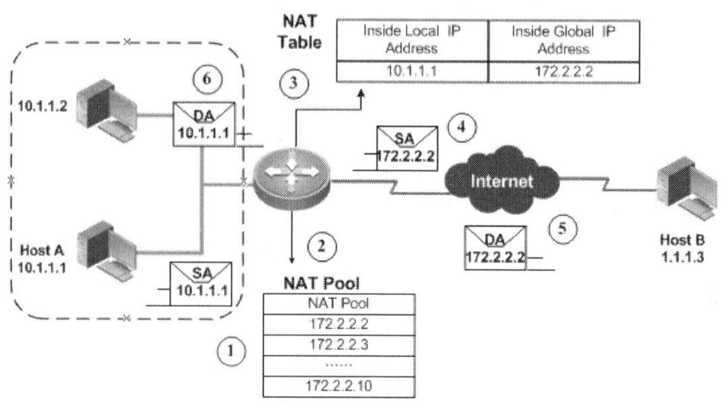

图 9-6　动态 NAT 转换

图 9-6 中的动态 NAT 转换的步骤如下。

步骤 1　Host A 要与 Host B 进行通信，它使用私有地址 9.1.1.1 作为源地址，向 Host B 发送报文。

步骤 2　NAT 路由器从 Host A 收到报文后，发现需要将该报文的源地址进行转换，并从地址池中选择一个未被使用的全局地址 172.2.2.2 用于转换。

步骤 3　NAT 路由器将内部本地地址 9.1.1.1 转换为内部全局地址 172.2.2.2，然后转发报文，并创建一条动态的 NAT 转换表项。

步骤 4　Host B 收到报文后，使用内部全局 IP 地址 172.2.2.2 作为目的地址来应答 Host A。

步骤 5　NAT 路由器收到 Host B 发回的报文后，再根据 NAT 转换表将该内部全局地址 172.2.2.2 转换回内部本地地址 9.1.1.1，并将报文转发给 Host A，后者收到报文后继续会话。

9.1.5　NAPT

NAPT 是动态 NAT 的一种实现形式，NAPT 利用不同的端口号将多个内部 IP 地址转换为一个外部 IP 地址，NAPT 也称为 PAT 或端口级复用 NAT。图 9-7 说明了 NAPT 的工作原理。

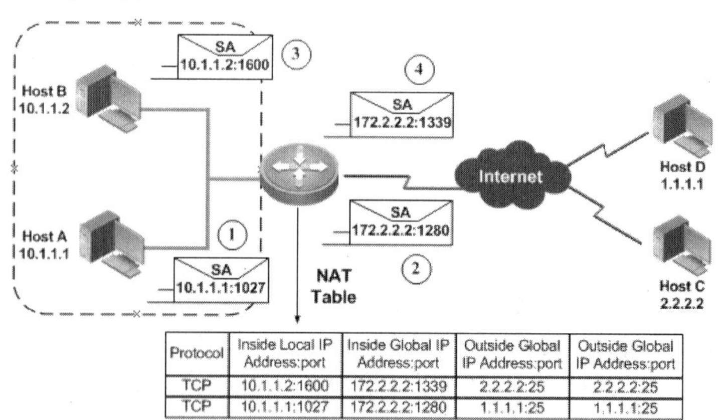

图 9-7　NAPT 工作过程

图 9-7 中所示的 NAPT 转换的步骤如下。

步骤 1　Host A 要与 Host D 进行通信，它使用私有地址 9.1.1.1 作为源地址，向 Host D 发送报文，报文的源端口号为 1027，目的端口号为 25。

步骤 2　NAT 路由器从 Host A 收到报文后，发现需要将该报文的源地址进行转换，并使用外部接口的全局地址将报文的源地址转换为 172.2.2.2，同时将源端口转换为 1280，并创建动态转换表项。

步骤 3　Host B 要与 Host C 进行通信，它使用私有地址 9.1.1.2 作为源地址向 Host C 发送报文，报文的源端口号为 1600，目的端口号为 25。

步骤 4　NAT 路由器从 Host B 收到报文后，发现需要将该报文的源地址进行转换，并使用外部接口的全局地址将报文的源地址转换为 172.2.2.2，同时将源端口转换为与之前不同的一个端口号 1339，并创建动态转换表项。

从以上的步骤可以看出，在 NAPT 转换中，NAT 路由器同时将报文的源地址和源端口进行转换，并使用不同的源端口来唯一地标识一个内部主机。这种方式可以节省公有 IP 地址，对于中小型网络来说，只需要申请一个公有 IP 地址即可。NAPT 也是目前最为常用的转换方式。

9.1.6　处理地址空间重叠的网络

图 9-8 说明了内部网络和外部网络的地址空间重叠时，NAT 的工作原理。

NAT 负载分配功能仅支持 TCP 协议。

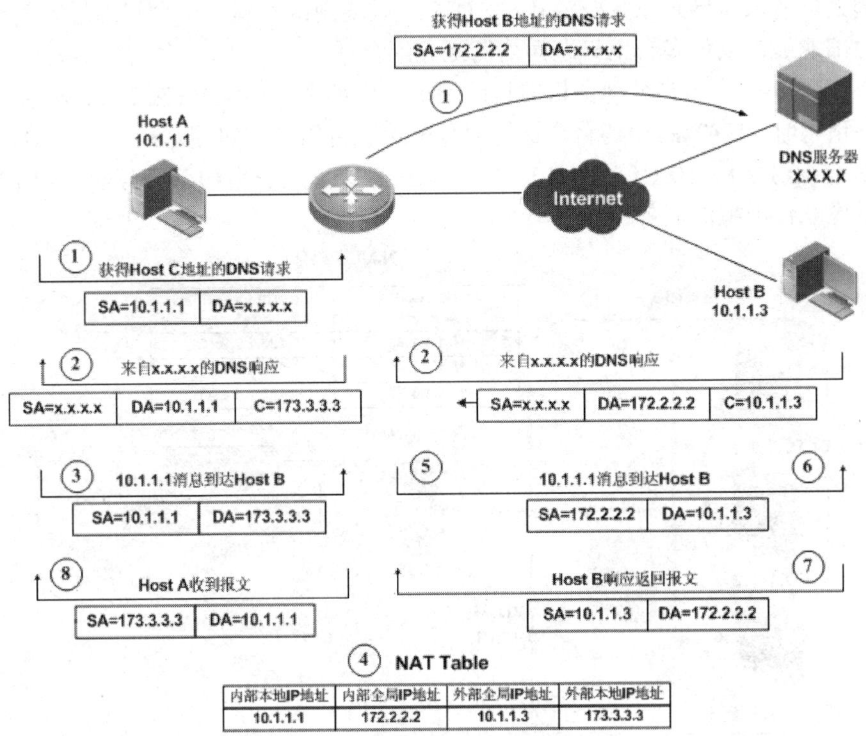

内部本地IP地址	内部全局IP地址	外部全局IP地址	外部本地IP地址
10.1.1.1	172.2.2.2	10.1.1.3	173.3.3.3

图 9-8　处理地址空间重叠的网络

步骤 1　Host A 要建立一个到达 Host B 的连接，由于 Host A 使用名称进行连接，所以它向 DNS 服务器查询 Host B 的 IP 地址。

步骤 2　DNS 服务器对请求进行响应，返回的 Host B 的 IP 地址为 9.1.1.3。路由器截获 DNS 回复并发现该地址（9.1.1.3）与内部网络重叠。路由器建立一个简单的映射条目，将重叠地址 9.1.1.3 转换为外部本地地址池中的地址 173.3.3.3，并将 DNS 回复转发给 Host A。

步骤 3　Host A 收到 DNS 回复后，使用 173.3.3.3 建立到达 Host B 的连接。

步骤 4　路由器建立内部本地地址和全局地址，以及外部全局地址和本地地址的转换表项。

步骤 5　路由器使用内部全局地址 172.2.2.2 来转换源地址 9.1.1.1，并使用 Host B 的外部全局地址 9.1.1.3 来转换外部本地地址 173.3.3.3。

步骤 6　Host B 收到报文后继续会话。

步骤 7　Host B 的返回报文的源地址为 9.1.1.3，目的地址为 172.2.2.2。

步骤 8　路由器收到 Host B 的返回报文后，使用外部本地地址 173.3.3.3 转换源地址 9.1.1.3，并使用内部本地地址 9.1.1.1 转换目的地址 172.2.2.2，然后将报文转发给 Host A。

9.1.7　TCP 负载均衡

当内部网络中存在多个运行相同服务的主机（通常是服务器）时，我们可能希望将发送到这些主机的请求均衡地分配到不同的主机上，以免某台主机由于接收到大量请求而导致系统资源耗尽。TCP 负载均衡能够将一个全局地址映射到多个内部地址，以使多台主机之间均衡地分配会话。

在图 9-9 中，当外部主机向目的地址（内部全局地址）172.2.2.2 发送 Web 服务请求时，NAT 路由器将会话轮流分配给三台内部 Web 服务器，它们的地址分别是 10.1.1.1、10.1.1.2 和 10.1.1.3。从外部来看这三台内部服务器，172.2.2.2 就好像一台虚拟的服务器。

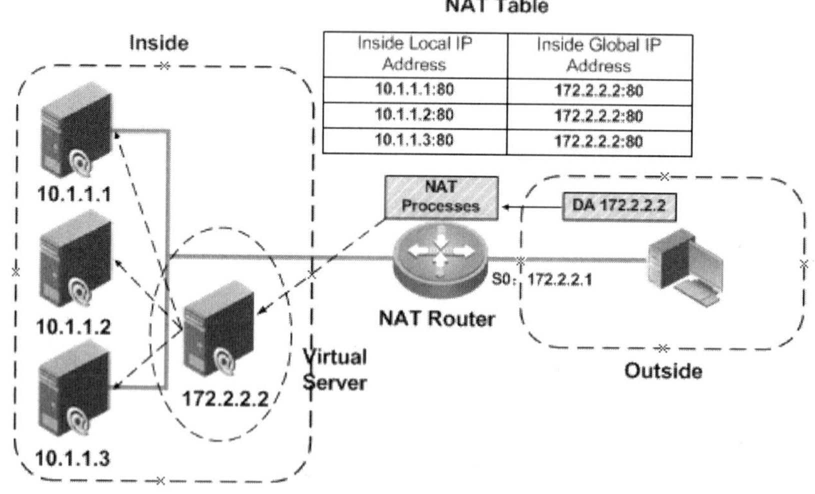

图 9-9　TCP 负载均衡

在使用 NAT 实现 TCP 负载均衡的应用中，内部网络中的主机并非必须使用私有 IP 地址，同样，外部网络也非必须使用公有地址，NAT TCP 负载均衡可以说是一种应用技术，它的目的就是用来实现连接请求的负载分布。此外，NAT TCP负载均衡只适用于TCP连接，对于非TCP连接请求，NAT进程将不会对其进行转换。

9.1.8 配置NAT

NAT的配置包括以下内容：

- ❑ 配置静态NAT。
- ❑ 配置动态NAT。
- ❑ 配置NAPT。
- ❑ 配置地址重叠中的NAT转换。
- ❑ 配置TCP负载分配。
- ❑ 验证和诊断NAT转换。

1. 配置静态NAT

（1）配置静态内部源地址转换。

配置基本的静态NAT转换的步骤如下。

步骤1 在路由器上配置IP路由选择和IP地址。

步骤2 至少指定一个内部接口和一个外部接口，方法是进入接口配置模式下，执行命令 **ip nat** { **inside** | **outside** }。这里指定内部和外部的目的是让路由器知道哪个是内部网络，哪个是外部网络，以便进行相应的地址转换。命令 **ip nat** { **inside** | **out** }中的参数如表9-2所示。

表9-2 命令ip nat { inside | out }中的参数

参数	描述
inside	指定接口为NAT内部接口
outside	指定接口为NAT外部接口

步骤3 使用全局命令 **ip nat inside source static** *local-ip* { **interface** *interface* | *global-ip* } 配置静态转换条目。要删除静态转换条目，使用该命令的no格式。命令 **ip nat inside source static** 中的参数如表9-3所示。

表9-3 命令ip nat inside source static中的参数

参数	描述
local-ip	分配给内部网络中的主机的本地IP地址
global-ip	外部主机看到的内部主机的全局唯一的IP地址
interface	路由器本地接口。如果指定该参数，路由器将使用该接口的地址进行转换

示例9-1 配置静态NAT转换

```
Router#configure terminal
Router(config)#ip nat inside source static 10.1.1.1 192.168.2.2
Router(config)#interface fastEthernet0/0
Router(config-if)#ip address 10.1.1.10 255.255.255.0
```

```
Router(config-if)#ip nat inside
Router(config-if)#interface Serial0/0
Router(config-if)#ip address 172.16.2.1 255.255.255.0
Router(config-if)#ip nat outside
```

静态 NAT 转换常用于将内部网络的主机发布到外部网络时使用。例如，内部网络有一台对外提供 Web 服务的服务器，这时就可以使用静态 NAT 转换将 Web 服务器的地址与一个公有地址进行绑定，外部网络的主机通过访问该公有地址就可以实现对内部 Web 服务器的访问。

在图 9-10 所示的某企业网的拓扑中，内网中的一台服务器的地址为 172.16.8.5，Lan-router 的 F1/0 地址是 172.16.8.1，申请到的公网地址是 200.1.8.7，网络管理员希望通过在路由器上配置静态 NAT 实现在外网中可以访问内网中的服务器。

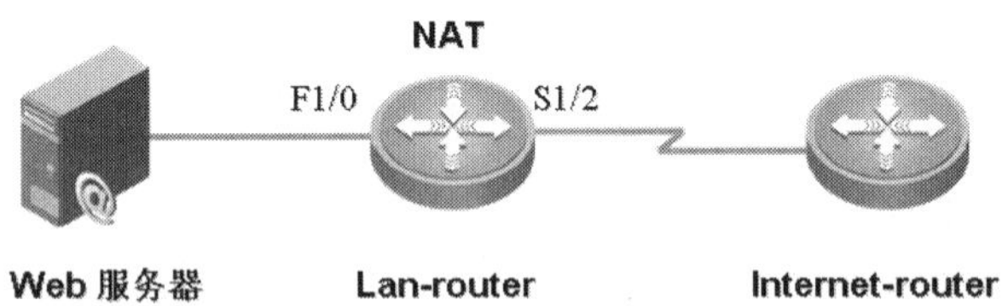

图 9-10 内网服务器提供服务

下面的示例给出了图 9-10 中实现外网访问内部网络中服务器的配置。

示例 9-2 实现内部服务器向外网提供服务的配置

```
Lan-router(config)#interface fastEthernet 1/0
Lan-router(config-if)#ip address 172.16.8.1 255.255.255.0
Lan-router(config-if)#no shutdown
Lan-router(config-if)#exit
Lan-router(config)#interface serial 1/2
Lan-router(config-if)#ip address 200.1.8.7 255.255.255.0
Lan-router(config-if)#no shutdown
Lan-router(config-if)#exit
Lan-router(config)#ip route 0.0.0.0 0.0.0.0 serial 1/2
Lan-router(config)#interface fastEthernet 1/0
Lan-router(config-if)#ip nat inside
Lan-router(config-if)#exit
Lan-router(config)#interface serial 1/2
Lan-router(config-if)#ip nat outside
Lan-router(config-if)#exit
Lan-router(config)#ip nat pool web_server 172.16.8.5 172.16.8.5 netmask
255.255.255.0
Lan-router(config)#access-list 3 permit host 200.1.8.7
Lan-router(config)#ip nat inside destination list 3 pool web_server
```

```
Lan-router(config)# ip nat inside source static tcp 172.16.8.5 80 200.1.8.7 80

Internet-router(config)#interface fastEthernet 1/0
Internet-router(config-if)#ip address 63.19.6.1 255.255.255.0
Internet-router(config-if)#no shutdown
Internet-router(config-if)#exit
Internet-router(config)#interface serial 1/2
Internet-router(config-if)#ip address 200.1.8.8 255.255.255.0
Internet-router(config-if)#clock rate 64000
Internet-router(config-if)#no shutdown
Internet-router(config-if)#end
```

(2) 配置静态端口地址转换。

配置静态端口地址转换（PAT）的步骤如下。

步骤 1　在路由器上配置 IP 路由选择和 IP 地址。

步骤 2　至少指定一个内部接口和一个外部接口，方法是进入接口配置模式下，并执行命令 **ip nat** { **inside** | **outside** }。

步骤 3　使用全局命令 **ip nat inside source static** { **tcp** | **udp** } *local-ip local-port* { **interface** *interface* | *global-ip* } *global-port* 指定静态 PAT 条目。命令 ip nat inside source static { tcp | udp }中的参数如表 9-4 所示。

表 9-4　命令 ip nat inside source static { tcp | udp }中的参数

参数	描述
local-ip	分配给内部网络中的主机的本地 IP 地址
local-port	本地 TCP/UDP 端口号，取值范围为 1~65535
global-ip	外部主机看到的内部主机的全局唯一的 IP 地址
global-port	全局 TCP/UDP 端口号，取值范围为 1~65535
interface	路由器本地接口。如果指定该参数，路由器将使用该接口的地址进行转换

示例 9-3　配置静态 PAT 转换

```
Router#configure terminal
Router(config)#ip nat inside source static tcp 9.1.1.1 80 192.168.2.2 80
Router(config)#ip nat inside source static tcp 9.1.1.2 25 192.168.2.2 25
Router(config)#interface fastEthernet0/0
Router(config-if)#ip address 9.1.1.10 255.255.255.0
Router(config-if)#ip nat inside
Router(config-if)#interface Serial0/0
Router(config-if)#ip address 172.16.2.1 255.255.255.0
Router(config-if)#ip nat outside
```

与静态 NAT 转换一样，静态 PAT 通常也用于将内部主机发布到外部网络。但是静态 PAT 与静态 NAT 不同，静态 PAT 允许将内部网络的多个服务（一台主机或多台主机上的服务）发布到同一个地址上，并使用不同的端口来区别不同的内部服务。

例如，内部网络中有一个 FTP 服务器和一个 Web 服务器，使用静态 PAT 可以将两个服务器都映射到一个公有地址（例如 192.0.1.1）上，并使用不同的端口号 21 和 80 进行区分，这样 192.0.1.1:20 将映射到内部 FTP 服务器，192.0.1.1:80 将映射到内部 Web 服务器。但是在静态 NAT 中，一个外部或公有地址只能用于发布一个内部主机，这样产生的问题将是没有足够的外部或公有地址用于发布。

（3）配置静态外部源地址转换。

配置静态外部源地址转换的步骤如下。

步骤 1　在路由器上配置 IP 路由选择和 IP 地址。

步骤 2　至少指定一个内部接口和一个外部接口，方法是进入接口配置模式下，并执行命令 **ip nat { inside | outside }**。

步骤 3　使用全局命令 **ip nat outside source static** *global-ip local-ip* 指定静态转换条目。命令 **ip nat outside source static** 中的参数如表 9-5 所示。

表 9-5　命令 ip nat outside source static 中的参数

参数	描述
global-ip	分配给外部网络中的主机的全局 IP 地址
local-ip	内部主机看到的外部主机的本地唯一的 IP 地址

示例 9-4　配置静态外部源地址转换

```
Router#configure terminal
Router(config)#ip nat outside source static 172.20.7.3 192.168.2.100
Router(config)#interface fastEthernet0/0
Router(config-if)#ip address 10.1.1.10 255.255.255.0
Router(config-if)#ip nat inside
Router(config-if)#interface Serial0/0
Router(config-if)#ip address 172.16.2.1 255.255.255.0
Router(config-if)#ip nat outside
```

静态外部源地址转换通常与静态内部源地址（静态 NAT）转换一同使用。当在路由器上同时配置了静态外部源地址转换与静态内部源地址转换时，路由器将对收到的报文进行两方面的转换，一是在内部源地址与内部全局地址之间，二是在外部全局地址与外部本地地址之间。

2. **配置动态** NAT

配置动态 NAT 转换的步骤如下。

步骤 1　在路由器上配置 IP 路由选择和 IP 地址。

步骤 2　至少指定一个内部接口和一个外部接口，方法是进入接口配置模式下，并执行命令 **ip nat { inside | outside }**。仅当报文从内部接口转发到外部接口时，才转换其源地址。

步骤 3　使用命令 **access-list** *access-list-number* { **permit** | **deny** }定义 IP 访问控制列表，以明确哪些报文将被进行 NAT 转换。这里可以使用标准访问控制列表或扩展访问控制列表。

步骤 4　使用命令 **ip nat pool** *pool-name start-ip end-ip* { **netmask** *netmask* | **prefix-length** *prefix-length* } 定义一个地址池，用于转换地址。命令 **ip nat pool** 中的参数如表 9-6 所示。

表 9-6　命令 ip nat pool 中的参数

参数	描述
pool-name	地址池的名称
start-ip	全局地址池包含的地址范围中的第一个 IP 地址
end-ip	全局地址池包含的地址范围中的最后一个 IP 地址
netmask *netmask*	地址池中的地址所属网络的子网掩码。子网掩码指出地址中的哪些位属于网络和子网部分，哪些位属于主机部分
prefix-length *prefix-length*	一个数字，指出了地址池中的地址所属网络的子网掩码中有多少值为 1

步骤 5　使用命令 **ip nat inside source list** *access-list-number* { **interface** *interface* | **pool** *pool-name* }将符合访问控制列表条件的内部本地地址转换到地址池中的内部全局地址。命令 **ip nat inside source list** 中的参数如表 9-7 所示。

表 9-7　命令 ip nat inside source list 中的参数

参数	描述
access-list-number	引用的访问控制列表的编号
pool-name	引用的地址池的名称
interface	路由器本地接口。如果指定该参数，路由器将使用该接口的地址进行转换

配置动态外部源地址转换的步骤与前面介绍的步骤类似，只是步骤 5 使用的是命令 **ip nat outside source list** *access-list-number* **pool** *pool-name*。该命令将符合访问控制列表条件的外部全局地址映射到地址池中的外部本地地址。

示例 9-5　配置动态 NAT

```
Router#configure terminal
Router(config)#access-list 10 permit 9.1.1.0 0.0.0.255
Router(config)#ip nat pool ruijie 192.168.2.1 192.168.2.254 netmask
255.255.255.0
Router(config)#ip nat inside source list 10 pool ruijie
Router(config)#interface fastEthernet0/0
Router(config-if)#ip address 9.1.1.10 255.255.255.0
Router(config-if)#ip nat inside
Router(config-if)#interface Serial0/0
Router(config-if)#ip address 172.16.2.1 255.255.255.0
Router(config-if)#ip nat outside
Router(config-if)#end
```

3. 配置 NAPT

配置 NAPT（PAT）的步骤如下。

步骤 1　在路由器上配置 IP 路由选择和 IP 地址。

步骤 2　至少指定一个内部接口和一个外部接口，方法是进入接口配置模式下，并执行命令 **ip nat** { **inside** | **outside** }。仅当报文从内部接口转发到外部接口时，才转换其源地址。

步骤 3　使用命令 **access-list** *access-list-number* { **permit** | **deny** }定义 IP 访问控制列表，以明确哪些报文将被进行 NAT 转换。这里可以使用标准访问控制列表或扩展访问控制列表。

步骤 4　使用命令 **ip nat pool** *pool-name start-ip end-ip* { **netmask** *netmask* | **prefix-length** *prefix-length* }定义一个地址池，用于转换地址。

步骤 5　使用命令 **ip nat inside source list** *access-list-number* { **interface** *interface* | **pool** *pool-name* } **overload** 将符合访问控制列表条件的内部本地地址转换到地址池中的内部全局地址。在配置 NAPT 转换中，必须使用 overload 关键字，这样路由器才会将源端口也进行转换，已达到地址超载的目的。如果不指定 **overload**，路由器将执行动态 NAT 转换。

示例 9-6　配置 NAPT（PAT）

```
Router#configure terminal
Router(config)#access-list 10 permit 9.1.1.0 0.0.0.255
Router(config)#ip nat pool ruijie 192.168.2.1 192.168.2.254 netmask 255.255.255.0
Router(config)#ip nat inside source list 10 pool ruijie overload
Router(config)#interface fastEthernet0/0
Router(config-if)#ip address 10.1.1.10 255.255.255.0
Router(config-if)#ip nat inside
Router(config-if)#interface Serial0/0
Router(config-if)#ip address 172.16.2.1 255.255.255.0
Router(config-if)#ip nat outside
Router(config-if)#end
RouterA(config)#access-list 10 permit 9.1.1.0 0.0.0.255
```

4. 配置地址重叠中的 NAT 转换

配置地址重叠中的 NAT 转换的步骤如下。

步骤 1　在路由器上配置 IP 路由选择和 IP 地址。

步骤 2　至少指定一个内部接口和一个外部接口，方法是进入接口配置模式下，并执行命令 **ip nat** { **inside** | **outside** }。

步骤 3　定义两个 IP 访问控制列表，它们分别指定了要对哪些内部地址和外部地址进行转换。由于内部网络和外部网络的地址空间相同，因此也可以使用同一个访问列表，该列表指定对网络 9.1.1.0/24 中的地址进行转换。

步骤 4　使用命令 **ip nat pool** *pool-name start-ip end-ip* { **netmask** *netmask* | **prefix-length** *prefix-length*}定义一个内部全局地址池，用于从内部到外部的转换。

步骤 5　使用命令 **ip nat pool** *pool-name* start-ip end-ip（**netmask** *netmask* | **prefix-length** *prefix-length*}定义一个外部本地地址池，用于从外部到内部的转换。

步骤 6　使用命令 **ip nat inside source list** *access-list-number* **pool** *pool-name* 将符合访问控制列表条件的内部本地地址动态映射到内部全局地址池。

步骤 7　使用命令 **ip nat outside source list** *access-list-number* **pool** ***pool-name*** 将符合访问控制列表条件的外部全局地址动态映射到外部本地地址池。

示例 9-7　配置地址重叠中的 NAT 转换

```
Router#configure terminal
Router(config)#access-list 10 permit 9.1.1.0 0.0.0.255
Router(config)#ip nat pool in-out 192.168.2.1 192.168.2.250 prefix-length 24
Router(config)#ip nat pool out-in 192.168.3.1 192.168.3.250 prefix-length 24
Router(config)#ip nat inside source list 10 pool in-out
Router(config)#ip nat outside source list 10 pool out-in
Router(config)#interface fastEthernet0/0
Router(config-if)#ip address 10.1.1.10 255.255.255.0
Router(config-if)#ip nat inside
Router(config-if)#interface Serial0/0
Router(config-if)#ip address 172.16.2.1 255.255.255.0
Router(config-if)#ip nat outside
Router(config-if)#end
```

配置 NAT 处理地址重叠问题实际上结合使用了内部源地址转换和外部源地址转换，这有时被称为双向 NAT。

5. 配置 TCP 负载均衡

配置 TCP 负载均衡的步骤如下。

步骤 1　在路由器上配置 IP 路由选择和 IP 地址。

步骤 2　至少指定一个内部接口和一个外部接口，方法是进入接口配置模式下，并执行命令 **ip nat** { **inside** | **outside** }。

步骤 3　定义访问控制列表，指定发送到哪个地址（虚拟主机地址）的请求被进行负载分担。

步骤 4　使用命令 **ip nat pool** *name start-ip end-ip* { **netmask** *netmask* | **prefix-length** *prefix-length* } **type rotary** 为真实的内部主机或服务器定义地址池。当使用 NAT 进行 TCP 负载均衡时，必须配置 **type rotary** 关键字，以保证地址池中的地址被轮流使用。

步骤 5　使用命令 **ip nat inside destination list** *access-list-number* **pool** *name* 定义访问控制列表与真实主机地址池之间的映射。

策略路由是一种比基于目标网络进行路由更加灵活的报文转发机制。应用了策略路由后，路由器通过路由映射表(route-map)决定如何对数据包进行处理，路由映射表决定了一个数据包的转发规则。

示例 9-8　配置 TCP 负载均衡

```
Router#configure terminal
Router(config)#access-list 50 permit host 50.1.1.10
Router(config)#ip nat pool webserver 172.16.1.1 172.16.1.4 prefix-length 24
type rotary
```

```
Router(config)#ip nat inside destination list 10 pool webserver
Router(config)#interface fastEthernet0/0
Router(config-if)#ip address 10.1.1.10 255.255.255.0
Router(config-if)#ip nat inside
Router(config-if)#interface Serial0/0
Router(config-if)#ip address 172.16.2.1 255.255.255.0
Router(config-if)#ip nat outside
Router(config-if)#end
```

6. **验证和诊断 NAT 转换**

验证和诊断 NAT 转换的命令包括如下内容，具体格式如表 9-8 所示。

- ❑ 使用 **show** 命令查看 NAT 运行的状态。
- ❑ 使用 **debug** 命令对 NAT 的转换操作进行调试。
- ❑ 使用 **clear** 命令清除特定的或所有的 NAT 转换条目。

表 9-8　验证和诊断 NAT 的命令

命令	描述
show ip nat translations [*access-list-number* | **icmp** | **tcp** | **udp**] [**verbose**]	显示活动的转换条目
show ip nat statistics	显示转换的统计信息
debug ip nat [**address** | **event** | **rule-match**]	对转换操作进行调试
clear ip nat translation *	清除所有的转换条目
clear ip nat statistics	清除 NAT 统计信息

9.2　路由策略

9.2.1　使用策略路由

在当今的互联网络中，组织需要按照自己定义的策略，以超越传统路由选择的方式自由地实现报文转发和路径选择。通过使用基于策略的路由选择，能够根据数据包的源地址、目的地址、源端口、目的端口和协议类型让报文选择不同的路径。策略路由还提供了一种用不同服务类型（ToS，Type of Service）标记报文的机制，可以将这项功能与 QoS（Quality of Service，服务质量）机制一起使用，使特定类型的数据流优先得到服务。策略路由提供了一种功能强大、简单而灵活的工具来实现其解决方案，在网络中使用策略路由有以下优点。

- ❑ 灵活地操纵报文：ISP 和其他组织可使用策略路由将不同用户产生的数据流通过不同的路径传输。
- ❑ 服务质量：组织可以在网络外围的路由器中设置 IP 报头中的优先级（Precedence）或 ToS 值，然后在网络的核心或主干中利用 QoS 机制（队列、监管等）对不同优先级的数据提供不同的服务等级。

- ❑ 节省费用：组织可以让与特定业务相关的大流量通信使用一条高带宽、高费用链路，同时在一条低带宽、低费用链路上为交互式数据流提供传输，从而合理地利用链路带宽。
- ❑ 负载均衡：除了基于目的地的路由选择所提供的动态负载均衡功能外，通过策略路由可以实现多条路径之间的流量负载。

策略路由是一种入站机制，用于入站报文。启用策略路由的路由器会对从接口收到的报文进行检测，然后根据路由映射表中定义的规则将报文转发到适当的下一跳地址或适当的本地出接口。策略路由的操作覆盖了（即优先于）路由器正常的通过查找路由表的路由选择过程。正常情况下，路由器根据路由选择表中的信息将报文转发到相应的出接口和下一跳，但策略路由不根据目标地址进行路由选择，它让网络管理员能够根据下列准则确定并实现路由选择策略。

- ❑ 源系统的身份。
- ❑ 运行的应用程序。
- ❑ 使用的协议。
- ❑ 报文的长度。

9.2.2 配置基于策略的路由选择

1. route-map 命令

配置策略路由的第一步是要创建并配置路由映射表（route-map），route-map 中包含了指导数据转发的各种策略。

在全局模式下，使用 **route-map** *name* [**permit** | **deny**] [*sequence-number*]命令创建 route-map，route-map 命的各项参数与具体描述表 9-9 所示。

表 9-9 route-map 命令

参数	描述
name	Route-map 的名称，拥有相同名称的 route-map 子句将组成一个 route-map
permit	如果报文符合该子句中的匹配条件，则报文将被进行策略路由
deny	如果报文符合该子句中的匹配条件，则报文将不进行策略路由，而进行正常的转发
sequence-number	该 route-map 子句的编号，如果不指定，则系统会自动赋予一个编号，route-map 中的各子句按照编号的顺序执行

Route-map 使用名称进行标识，route-map 中的每条子句都使用编号进行标识，每条子句都包含允许或拒绝（permit 或 deny）的动作。

路由选择表中的默认路由不被视为前往目标地址的显式路由。

- ❑ 如果 route-map 子句被配置为 **permit**，则表示对符合条件的报文执行基于策略的路由选择。
- ❑ 如果 route-map 子句被配置为 **deny**，则表示对符合条件的报文不执行策略路由，报文将按照正常的路由选择操作而被路由，即通过查找路由表对报文进行转发，并不是将报文丢弃。
- ❑ 对于没有在 route-map 中找到匹配规则的报文，也将按照正常的路由选择操作而被转发，报文不会被丢弃。

对于与指定条件不匹配的报文，若不希望它返回到正常转发状态，而是要丢弃它，可以在路由映射表的最后配置一条 set 语句，将报文路由到接口 null 0。

在配置 route-map 的规则时，需要使用 **match** 和 **set** 命令，以告诉路由器对哪些报文执行什么样的策略。最后需要将 route-map 应用于接收报文的接口。

2. match 命令

Route-map 中的配置命令 **match ip address** { *access-list-number* | *name* } [...*access-list-number* | *name*]使用 IP 标准或扩展访问控制列表来指定报文的匹配条件。标准 IP 访问控制列表可用于指定基于报文源地址的匹配条件；扩展列表可用于指定基于源地址、目标地址、源端口、目的端口、协议类型、ToS 和 IP 优先级的匹配条件。

Route-map 中的配置命令 **match length** *min max* 可用于指定基于报文长度（大小）的匹配条件。例如，网络管理员可以将匹配长度作为区分交互数据流和文件传送数据流的条件，因为文件传送数据流的报文通常都较大。

match ip address 和 match length 命令的描述如如表 9-10 所示。

表 9-10 match ip address 和 match length 命令

参数	描述
access-list-number | *name*	标准访问控制列表或扩展访问控制列表的编号或名称，用于匹配入站报文。如果指定了多个访问列表，则与任一个列表匹配就算匹配
min	最小报文长度（三层报文的长度）
max	最大报文长度（三层报文的长度）

3. set 命令

如果满足 **match** 语句的条件，则可使用一个或多个 **set** 语句来指定对报文的操作规则。当配置了多个设置下一跳地址或本地出接口的 **set** 语句后，只有第一条 set 语句会被执行，后续 **set** 语句将被忽略。

Route-map 中的配置命令 **set ip next-hop** *ip-address* [...*ip-address*]提供了一个 IP 地址列表，用于指定报文前往目的地路径中相邻下一跳路由器的地址。如果指定了多个下一跳地址，当与第一个下一跳地址相关联的本地接口的状态为 DOWN 时，路由器会按照顺序轮流尝试后续的下一跳地址。

使用 **set ip next-hop** 命令时，将检查路由选择表，以确定是否可以到达下一跳地址，而不会检查路由表中是否存在前往报文目标地址的显式路由。

Route-map 中的配置命令 **set interface** *interface* [...*interface*]提供了一个接口列表，用于指定报文被转发的本地出接口。如果指定了多个出接口，第一个状态为 up 的接口将用于转发报文，如果接口状态为 DOWN，路由器将尝试后续的出接口。

如果想将符合匹配条件的报文丢弃，可以使用 **set interface null0** 命令将报文发送到 Null 0 接口。Null 0 接口是路由器中的一个虚拟的空接口，发送到该接口的报文将被丢弃。

Route-map 中的配置命令 **set ip default next-hop** *ip-address* [*...ip-address*] 提供了一个默认下一跳地址的列表。如果指定了多个下一跳地址，当与第一个下一跳地址相关联的本地接口的状态为 DOWN 时，路由器会按照顺序轮流尝试后续的下一跳地址。

需要注意的是，仅当路由选择表中没有到达报文目标地址的显式路由时，才将报文路由到指定的默认下一跳地址。

Route-map 中的配置命令 **set default interface** *interface* [...*interface*]提供了一个默认接口列表。如果指定了多个出接口，第一个状态为 Up 的接口将用于转发报文，如果接口状态为 DOWN，路由器将尝试后续的出接口。

仅当路由选择表中没有前往报文目标地址的显示路由时，才将报文路由到 **set default interface** 命令指定的默认出接口。

Route-map 还提供了使用命令 **set ip tos** 和 **set ip precedence** 对报文进行标记的机制。Route-map 中的命令 **set ip tos** [*number* | *name*]用于设置 IP 报文中的 IP ToS 值。设置 ToS 值时可以使用数值或名称。

IP 报头中的 ToS 字段长为 8 比特，用于标识报文的服务等级。命令 **set ip tos** 用于设置 4 个 ToS 位，取值范围为 0～15。表 9-11 列出了在该命令中用于定义 ToS 值的名称和数值。除了几种预定义名称的 ToS 值，我们还可以使用 0~15 之间的数字表示其他 ToS 值。

表 9-11　ToS 字段

ToS 值	描述
0	normal
1	min-monetary-cost
2	max-reliability
4	max-throughput
8	min-delay

Route-map 中的配置命令 **set ip precedence** [*number* | *name*]用于设置 IP 报头中的 IP 优先级。IP 优先级由 3 比特组成，可以提供 8 个 IP 优先级值 0～7，如表 9-12 所示。该命令用于实现 QoS，可被其他 QoS 机制使用。

表 9-12　IP 优先级字段

IP 优先级值	描述
0	routine
1	priority
2	immediate
3	flash
4	flash-override
5	critical
6	internet
7	network

其中，6（internet）和 7（network）被保留。

4. 在接口上配置策略路由

完成 route-map 的配置后，要使路由器能够对接收的报文执行基于策略的路由选择，需要在报文的入接口上应用 Route-map。在接口下使用命令 **ip policy route-map** *route-map* 将 route-map 应用到接口。基于策略的路由选择是在接收报文（而不是发送报文）的接口上配置的。**ip policy route-map** 命令的参数如表 9-13 所示。

表 9-13 ip policy route-map 命令参数

参数	描述
route-map	用于策略路由的 route-map 的名称必须与配置 route-map 中指定的名称相同

9.2.3 策略路由示例

1. 连接两家 ISP 时使用基于策略的路由选择

如图 9-11 所示，路由器 A 让一家企业能够访问 Internet。路由器 A 与两家 ISP 相连，它将一条 0.0.0.0 默认路通告到企业中，以避免导入大型的 Internet 路由选择表，问题是，当来自企业中网络 9.1.1.0 和 9.2.0.0 的数据到达路由器 A 时，可以前往 ISP A，也可前往 ISP B。

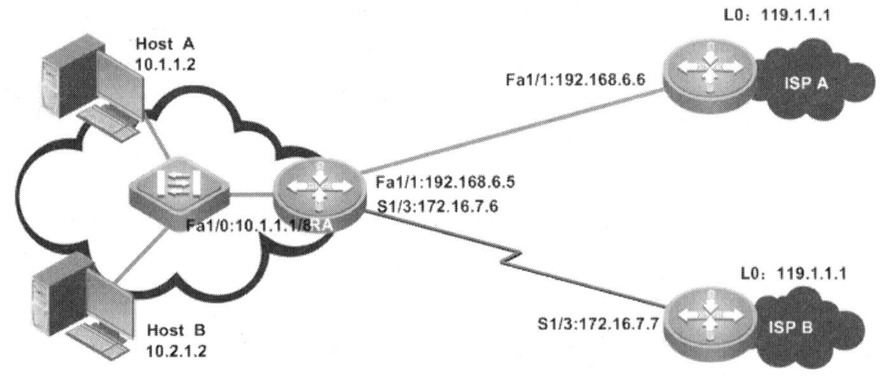

图 9-11 连接两家 ISP 时使用基于策略的路由选择

公司希望 ISP A 和 ISP B 收到大致相同的流量，在路由器 A 上实现了策略路由，以便使前往两家 ISP 的连接均衡负载，如果路由表中没有前往目的地的具体路由，则所有来自子网 9.1.0.0 的数据流都被转发到 ISP A，如果路由选择表中没有前往目的地的具体路由，则所有来自子网 9.2.0.0 的数据将被转发到 ISP B。

这里只提供了从企业到 ISP 的出站数据流策略，而没有制定路由器 A 的入站数据流策略。对于来自 9.1.0.0 网络并被转发到 ISP A 的数据流，可能从 ISP 那里收到相应的响应数据流。

示例 9-9 路由器 A 的配置

```
RouterA(config)#access-list 10 permit ip 10.1.0.0 0.0.255.255
RouterA(config)#access-list 20 permit ip 10.2.0.0.0.0.255.255
RouterA(config)#route-map ruijie permit 10
```

```
RouterA(config-route-map)#match ip address 10
RouterA(config-route-map)#set ip next-hop 192.168.6.6
RouterA(config-route-map)#route-map ruijie permit 20
RouterA(config-route-map)#match ip address 20
RouterA(config-route-map)#set ip next-hop 172.16.7.7
RouterA(config-route-map)#route-map ruijie permit 30
RouterA(config-route-map)#set interface null0
RouterA(config)#interface fastethernet 1/0
RouterA(config-if)#ip policy route-map ruijie
```

ip policy route-map ruijie 被应用于 fastethernet1/0 接口，即接收分组的入站接口。

路由映射表 ruijie 中的序列号为 10 的语句用于匹配所有源自子网 9.1.0.0 中的主分组。如果匹配，且路由器没有前往该分组目的地的显示路由，则将它发送到下一跳地址 192.168.6.6，ISP A 的路由器。

路由映射表 ruijie 中的序列号为 20 的语句用于匹配所有源自子网 9.2.0.0 中的主分组。如果匹配，且路由器没有前往该分组目的地的显示路由，则将它发送到下一跳地址 172.16.7.7，ISP B 的路由器。

路由映射表 ruijie 中的序列号为 30 的语句用于丢弃所有不是源自子网 9.1.0.0 或 9.2.0.0 的分组，null0 接口是一条表示丢弃的路由。

2. 根据目标地址使用基于策略的路由选择

如图 9-12 所示，路由器 A 采用了这样一种策略：将去往 192.168.20.0 的分组转发到路由器 C 的 serial 1/2 接口，去往 192.168.9.0 的分组转发到路由器 C 的 fa0/1 接口，对于其他分组则丢弃。路由器 A 的相关配置如示例 9-10 所示。

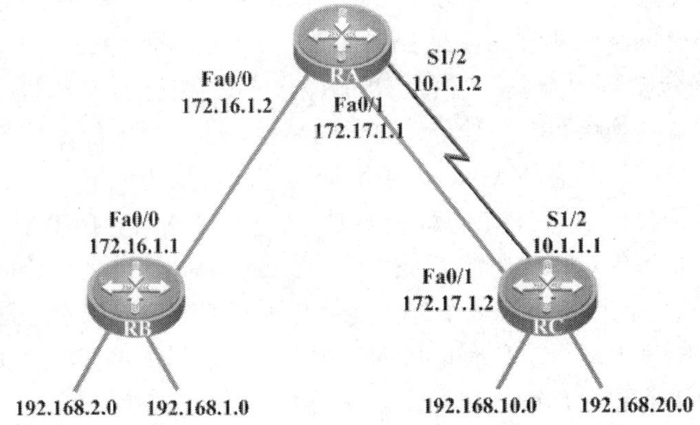

图 9-12 根据目标地址使用基于策略的路由选择

示例 9-10 路由器 A 的配置

```
RouterA(config)#interface fa1/0
RouterA(config-if)#ip policy route-map netbig
RouterA(config)#route-map netbig permit 10
RouterA(config-route-map)#match ip address 110
```

```
RouterA(config-route-map)#set ip next-hop 172.17.1.2
RouterA(config)#route-map netbig permit 20
RouterA(config-route-map)#match ip address 120
RouterA(config-route-map)#set ip next-hop 10.1.1.1
RouterA(config)#route-map netbig permit 30
RouterA(config-route-map)#set interface Null 0
RouterA(config)#ip access-list 110 permit ip any 192.168.9.0 0.0.0.255
RouterA(config)#ip access-list 120 permit ip any 192.168.20.0 0.0.0.255
```

路由映射表 netbig 被用于策略路由选择，它用访问列表 110 和 120 来测试分组的目标 IP 地址，以确定对哪些分组进行策略路由选择。

访问列表 110 指出，对目标地址为 192.168.9.0 的分组进行策略路由选择。与访问列表 110 匹配的分组将被发送到下一跳地址 172.17.1.2，即路由器 C 的 fa0/1 接口，访问列表 120 指出，对目标地址为 192.168.20.0 的分组进行策略路由选择。与访问列表 120 匹配的分组将被发送到下一跳地址 9.1.1.1，即路由器 C 的 s1/0 接口，对于其他分组要丢弃。

9.3 总 结

NAT 技术的提出是为了解决目前 IPv4 地址匮乏的问题。NAT 可以对 IP 报文中的地址信息进行转换，通过使用 NAT，企业可以在内部网络中使用私有地址，并通过一个或多个公有地址连接到 Internet，这样企业就无需申请大量的公有地址，即节省了成本，又缓解了 IPv4 地址即将耗尽的问题。

在 NAT 术语中，将网络分为内部和外部。内部通常是企业的内部网络，外部通常是指公有网络，典型的就是 Internet。

NAT 转换包括多种类型，它们之间的操作方式存在一些差别。静态 NAT 需要手工预先配置转换条目，并且是一对一的转换，即一个内部地址与一个外部地址唯一地进行绑定。动态 NAT 将内部地址动态地转换为地址池中的地址，无需手工配置转换条目，动态 NAT 也称为多对多转换。NAPT（PAT）是一种最常用的转换方式，它不仅对 IP 地址信息转换，而其对端口号也进行转换。在 NAPT 中，NAT 设备通过使用一个或多个外部地址与不同的端口号来唯一地映射一个内部地址，最大限度地减少了公有地址的使用数量。通过 NAPT，企业只通过一个公有地址就可以实现内部网络中多个设备与 Internet 的连接。

此外，NAT 还可以用来解决地址重叠问题，并可以用于进行 TCP 负载均衡。

策略路由是一种对数据进行操纵的工具，它可以使我们根据自己的意愿或者网络中的不同需求对数据的传输路径进行操作。当使用策略路由时，路由器对于接收的报文将不进行传统的查找路由表的工作，而是根据配置的策略将数据发送到相应的路径。

通过使用 route-map，我们可以根据报文的源地址、目的地址、协议类型、报文长度等元素对报文进行匹配，然后设置相应的策略，例如指定报文的下一跳地址或本地出接口。

9.4 复习题

（1）NAT 技术主要用于解决什么问题？

（2）在 NAT 中，将地址分为哪些类型？

（3）如果某网络只能申请到少量公网 IP，为了让内部的大量主机能够访问公网，应使用哪种 NAT 技术？

（4）当内部网络存在需要对外提供服务的主机时，为了使外部网络能够访问到该主机，应使用哪种 NAT 技术？

（5）NAT 技术是否能支持 UDP 连接的负 载分担？

（6）判断正误：内部主机能看到的外部主机的地址是属于哪类地址？

（7）策略路由可以根据报文的哪些信息对报文进行路由？

第 10 章　远程接入技术

本章重点

- ◆ 广域网的概念
- ◆ 广域网中的数据链路层协议
- ◆ 点对点协议 PPP
- ◆ 帧中继

近年来，随着计算网络技术的飞速发展，广域网（WAN）得到了很大的发展。从 20 世纪 80 年代以来，ISO 公布了 OSI 参考模型，提供了计算机网络通信协议的结构和标准层次划分，使得异种计算机的互联网络有了一个公认的协议准则；另外，个人计算机的高速发展，促进了 LAN 的标准化、产品化，使它成为 WAN 的一个可靠的基本组成部分。

随着网络需求的不断扩大，快速以太网、千兆以太网、万兆以太网的出现，使得无论是公司的网络业务，还是个人的网络业务都在不断地扩大，这也促使 ISP 不断的扩容其广域网的基础设施，不仅在地理范围上需要超越城市、省界、国界、洲界形成世界范围的计算机互联网络，而且在各种远程通信手段上有很大的变化，如除了原有的电话网外，已有分组数据交换网、数字数据网、帧中继网以及集话音、图像、数据等为一体的 ISDN 网、数字卫星网 VSAT(Very Small Aperture Terminal)和无线分组数据通信网等；也出现了如 SONET、SDH、XDSL 等多种远程接入方式。同时 WAN 在技术上也有许多突破，如互联设备的快速发展，多路复用技术和交换技术的发展，特别是 ATM 交换技术的日臻成熟，为广域网解决传输带宽这个瓶颈问题展现了美好的前景。

10.1　广域网概述

10.1.1　广域网概念

广域网与局域网主要的区别之一在于一个公司或组织需要向外部广域网服务提供商提供申请订购使用广域网电信网络服务。

广域网(Wide Area Network,简称 WAN)是一种跨地区的数据通讯网络，通常包含一个国家或地区。广域网通常由两个或多个局域网组成。计算机常常使用电信运营商提供的设备作为信息传输平台，例如通过公用网，如电话网，连接到广域网，也可以通过专线或卫星连接。国际互联网是目前最大的广域网。对照 OSI (Open System Interconnect，开放式系统互联)参考模型，广域网技术主要位于底层的 3 个层次，分别是：物理层、数据链路层和网络层，如图 10-1 所示。

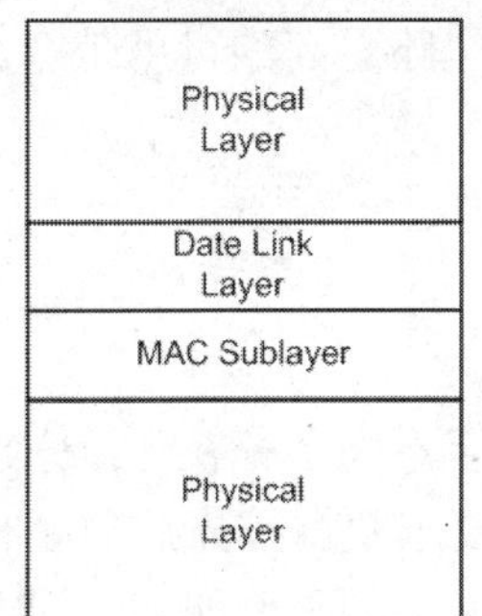

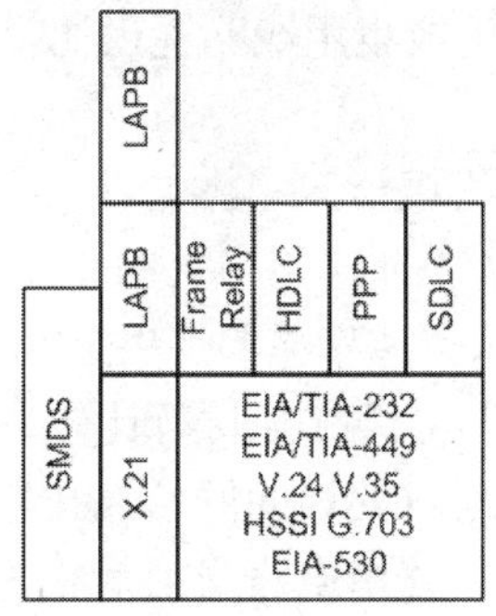

图 10-1　常用广域网技术与 OSI 参考模型之间的对应关系

电路交换技术和分组交换技术是两种广域网服务类型，有其各自的优缺点。

在实际应用中，广域网可与局域网(LAN)互联，即局域网可以是广域网的一个终端系统，组织广域网，必须按照一定的网络体系结构和相应的协议进行，以实现不同系统的互联和相互协同工作。

通过前几章的学习，已经对局域网有了进一步的了解，局域网（Local Area Network）是指传输距离有限，传输速度较高，以共享网络资源为目的的网络系统。局域网具有以下几个特点：

- 覆盖范围有限。
- 有较高的通信带宽，数据传输率高。
- 数据传输可靠，误码率低。
- 通常采用同轴电缆或双绞线作为传输介质。
- 拓扑结构简单简洁。
- 网络的控制一般为分布式。
- 网络通常归单一组织所拥有和使用。
- 与覆盖范围较小的局域网相比，广域网具有以下特点。
- 覆盖范围广，可达数千甚至数万千米。
- 数据传输速率较低，通常为几千位每秒至几兆位每秒。
- 使用多种传输介质，例如有线网络有光纤、双绞线、同轴电缆等，无线网络有微波、卫星、红外线、激光等。
- 数据传输延时大，如卫星通信的延时可达几秒。
- 数据传输质量不高，如误码率提高。
- 广域网管理、维护困难。

10.1.2　广域网链路

1. 电路交换

电路交换是广域网所使用的一种交换方式。可以通过运营商网络为每一次会话过程建立、维持和终止一条专用的物理电路。电路交换也可以提供数据报和数据流两种传送方式。电路交换在电信运营商的网络中被广泛使用，其操作过程与普通的电话拨叫过程非常相似。综合业务数字网（ISDN）就是一种采用电路交换技术的广域网技术。

为了避免建立连接所产生的延迟，电话服务提供商在他们系统上也提供永久式电路。这种专用或租用线路提供比交换式电路更高的可用带宽。下面是电路交换的实例：

- 公共交换电话网（PSTN）。
- ISDN 基本速率接口（BRI ISDN）。
- ISDN 基群速率接口（PRI ISDN）。

分组交换网络的发展克服了公共电路交换网络的高额费用，并提供了更有效的广域网技术。

电路交换常与分组交换进行比较，其主要不同之处在于：分组交换的通信线路并不只用于源与目的地间的信息传输。在要求数据按先后顺序且以恒定速率快速传输的情况下，使用电路交换是较为理想的选择。因此，当传输实时数据时，诸如音频和视频；或当服务质量（QoS）要求较高时，通常使用电路交换网络。分组交换在数据传输方面具有更强的效能，可以预防传输过程（如 E-mail 信息和 Web 页面）中的延迟和抖动现象。

一些分组交换网络，如 X.25 和 ATM，都包含虚拟电路交换。虚拟电路交换连接是一种专用逻辑连接，即支持在多虚拟电路连接中共享物理路径。

2. 分组交换

分组是指包含用户数据和协议头（包括地址和管理信息）的块，每个分组通过网络交换机或路由器被传送到正确目的地。一个信息可能被细分为多个分组，每个分组独立进行传输，并能遵循不同的路由到达最终的目的地。一旦每个信息的所有分组都到达目的地，它们将被重组成源信息。该过程称为分组交换。

分组交换包含两种基本途径。

- 虚拟电路分组交换：在两个终端节点会话期间，为传送所有分组信息，需在中间节点间建立路由，即我们所知的初始安装阶段。在每个中间节点中，需要在表中注册一个实体，表示连接中需要的路由已经建立。
- 数据报交换：该途径采用一种不同的、更动态的模式决定网络链路中的路由。将每个分组看作一个实体，每个分组头部包含关于分组目的地的全部信息。中间节点通过检查分组头部，决定能发送分组到达目的地的节点。

电路交换的特点是数据传输快速、按序到达目的地且到达速率恒定。所以电路交换适用于实时数据传输过程，如对服务质量具有较高要求的音频和视频功能。而分组交换对突发数据传输具有高效、强大的功能，且能抵御传输中的时延和抖动现象，如电子邮件信息和 Web 页面。

大多数网络协议，如广域网（WAN）协议，包括 TCP/IP、X.25 及帧中继等，都是基于分组交换技术。特别是，Internet 是一种分组交换网络，它在其他多种网络技术的支持下运行网际协议（IP）。近来的移动电话技术如 GPRS 也都应用分组交换技术。相反，传统的电话服务都是基于电路交换技术，该方式下，通信双方间的传输具有一条专用线路。目前，人们正在努力尝试在异步传输模式中实现两种电路各自特点（虚拟电路网络的可靠传送和分组交换网络的强大和高效性能）的最佳融合。

10.1.3 广域网接入技术的分类

1. 模拟拨号

公共电话网：即 PSTN（Public Swithed Telephone Network），速度 9.6kbps～28.8kbps，经压缩后最高可达 115.2kbps，传输介质是普通电话线。是基于标准电话线路的电路交换服务，用来作为连接远程端点的连接方法。典型的应用有远程端点和本地 LAN 之间的连接和远程用户拨号上网。

传统电话系统使用称为本地环路由铜线线缆将用户端的电话机连接到 PSTN。呼叫过程中本地环路上的信号是用户语音的电子复制，是一个持续变化的信号，如图 10-2 所示。

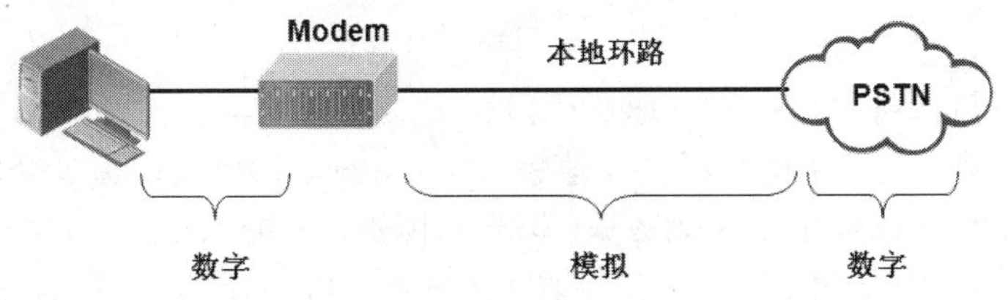

图 10-2 模拟拨号过程

信号传输的速率受本地环路的物理特性限制，连接到PSTN的最高速率限制是33kbps 左右。

本地环路不适于直接传输二进制计算机数据，但是调制解调器可以在语音电话网上传输计算机数据，调制解调器主要是将二进制数据转换成模拟信号，并还可以将模拟信号转换成二进制数据。

因此当需要间歇的少量数据传输时，就会选择模拟拨号方式接入，调制解调器和模拟拨号电话线提供了低容量、交换式的专用连接。如图 10-3 所示。

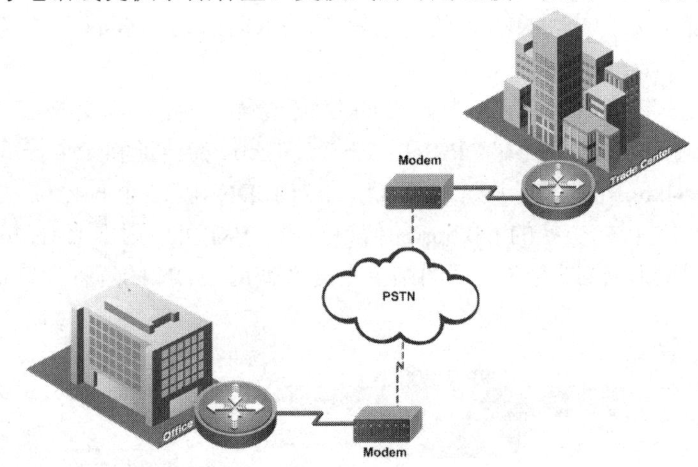

图 10-3 广域网拨号接入技术

模拟拨号接入方式的优点是费用低，易于建立，且分布广泛。缺点是低速率、连接时间长。由于其速率低，所以很多业务适合这种接入方式，比如语音、视频等业务。

2. ISDN

综合业务数字网：即 ISDN（Integrated Service Digital Network），也是一种拨号连接方式。低速接口为 128kbps（高速可达 2Mbps），它使用 ISDN 线路或通过电信局在普通电话线上加装 ISDN 业务。

ISDN 将本地环路转化为 TDM 数字连接，该连接有用来传输语音或数据的 64kbps 承载信道和一条用来进行呼叫建立和其他用途的信令信道，承载信道和信令信道也就是 B 信道和 D 信道，如图 10-4 所示。

PRI分为T1线路和E1线路，T1线路是 23B＋D，其速率为 1.544Mbps，E1线路是 30B＋D，其速率为 2.048 Mbps。

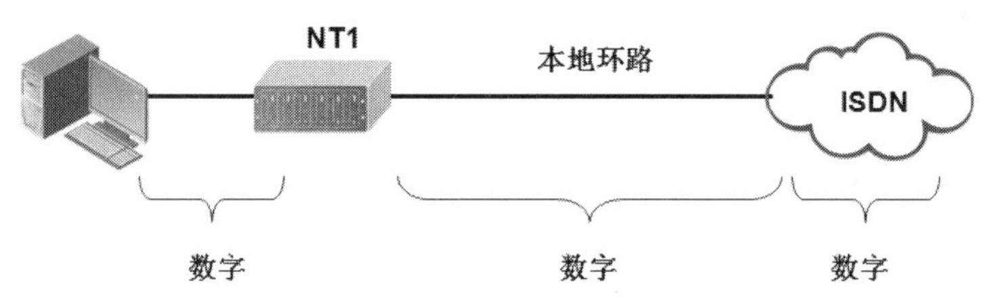

图 10-4　ISDN 传输过程

ISDN 支持两种接口：基本速率接口和主要速率接口。

信道(Information Channels，通信专业术语)是信号的传输媒质，可分为有线信道和无线信道两类。
信道和电路不同，信道一般都是用来表示向某个方向传送数据的媒体，一个信道可以看成是电路的逻辑部件，而一条电路至少包含一条发送信道或一条接收信道。

基本速率接口(BRI)的数据传输速率为 144kbps。BRI 接口由 3 个信道构成：两个 64kbps 的 B 信道用于传输数据、语音和图形，一个 16kbps 的 D 信道用于传输通信信令、包交换和信用卡验证。在 ISDN 中，D 信道的主要功能是建立呼叫和撤销呼叫，开始和终止一次通信会话。BRI 主要用于 LAN 到 LAN 的连接、视频会议、到 ISP 的 Internet 连接和对远程计算机和家庭办公室的高速连接。因为许多传统的 LAN 具有的数据速率为 1000~16000kbps，ISDN 不太适合于某些网络应用，例如大文件传输和图形应用，除非将信道捆绑到一起。例如，一个 BRI 线路的两个 64kbps 的信道可以形成一个 128kbps 的连接，再加上 D 信道便可以得到 144kbps 的传输速率。另外一个例子是将三个 BRI 线路的 6 个 64kpbs 信道捆绑到一起形成一个 384kbps 的传输信道，BRI 接口的 ISDN 一般用于家庭和小型企业。

主要速率接口(PRI)支持更快的数据传输速率，其交换带宽的总和为 1.536Mbps。在美国和日本，PRI 由 23 个 64kbps 的信道和一个传输信令和进行包交换的 64kbps 的信道组成。在欧洲，PRI ISDN 由 32 个 64kbps 的信道和一个传输信令和进行包交换的 64kbps 的信道组成。PRI 可以用于 LAN-to-LAN 连接、ISP 站点、视频会议或者在公司的站点上支持使用 ISDN 的远程计算机，如图 10-5 所示。

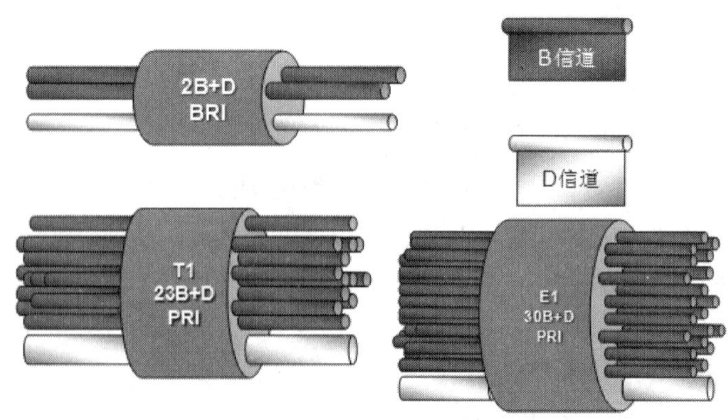

图 10-5　ISDN 信道

ISDN 为数字传输方式，具有连接迅速、传输可靠等特点，并支持对方号码识别。ISDN 话费较普通电话略高，但它的双通道使其能同时支持两路独立的应用，是一项对个人或小型办公室较适合的网络接入方式，如图 10-6 所示。

网络专线就是网络服务提供商给用户提供专用的信道，让用户的数据传输变得可靠可信，专线的优点就是安全性好，QoS 可以得到保证。不过，专线租用价格也相对比较高，而且管理也需要 ISP 提供。

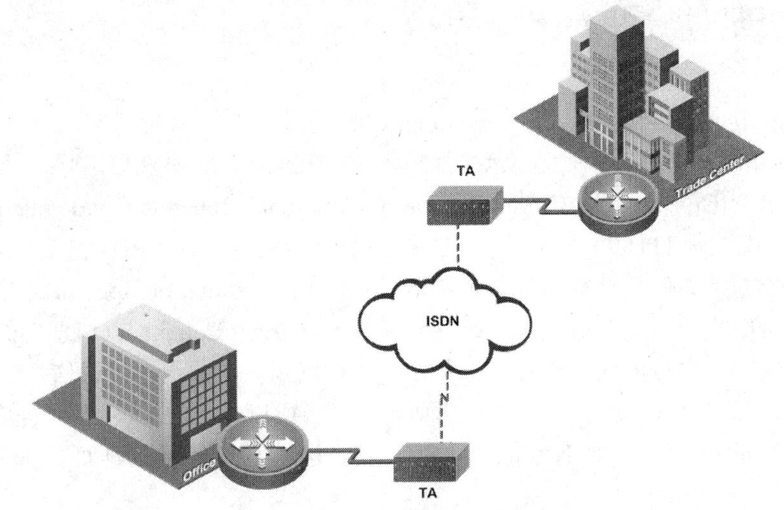

图 10-6　广域网 ISDN 接入方式

ISDN 另外一个常见的应用是为一条现有的专线连接提供所需的额外容量，专线适合传输平均流量负载，高峰期则加入 ISDN，当专线突然中断时，ISDN 又可以作为备份线路。

3. 专线

专线也称为租用线路，即 Leased Line，在中国称为 DDN，是一种点到点的连接方式，速度一般选择 64kbps～2046kbps，它的最高带宽可达 2.5Gbps，

点到点链路连接可以提供一条预先建立的广域网通信路径，该路径从用户端通过 ISP 网络到达远程网络，其好处是数据传递有较好的保障，带宽恒定；但价格昂贵，而且点到点的结构不够灵活。

每条专线连接都需要一个路由器串行接口，同样也需要 CSU/DSU 和 ISP 的实际电路。专线广泛应用于广域网，如图 10-7 所示，可以提供永久的专用容量。

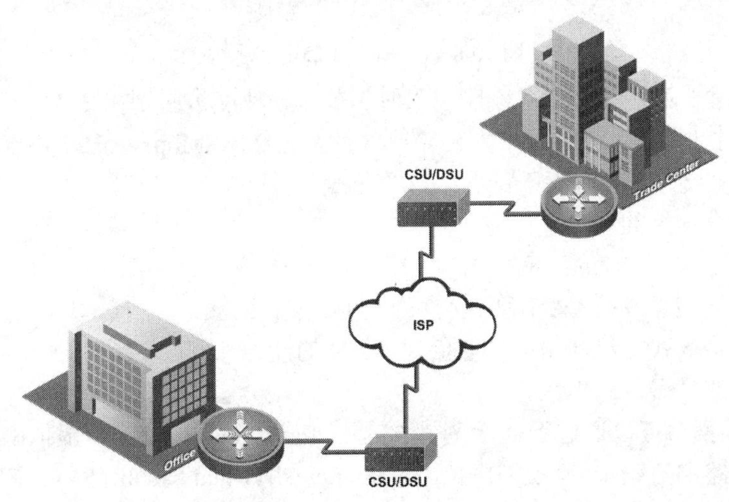

图 10-7　广域网专线接入

PRI分为T1线路和E1线路，T1线路是23B＋D，其速率为1.544Mbps，E1线路是30B＋D，其速率为2.048 Mbps。

由于专线的线路带宽是固定的，而广域网的流量是变化的，所以造成了带宽很少被完全使用。又因为每个专线的接入都需要路由器的一个接口，这样位于多点星型结构的中心路由器价格非常昂贵。

4. X.25

X.25 协议(也称为 Recommendation X.25)是最古老的 WAN 协议之一，它采用的是 60 年代和 70 年代开发的包交换技术。1976 年 X.25 协议被国际电话与电报顾问委员会(Consultative Committee on International Telegraph and Telephone，CCITT，现在是 ITU-T)采纳，用于国际公用电话数据网(PDN)中。X.25 协议主要定义了数据是如何从计算机等数据终端设备(Data Terminal Equipment，DTE)发送到包交换机或访问设备等数据电路端设备(Data Circuit Eqiupment，DCE)的。X.25 协议提供了点对点的面向连接的通信，而不是点到多点的无连接通信，后者也应用在许多其他 WAN 协议中，因为是面向连接的，所以 X.25 协议包含了证实 WAN 连接连续的技术。并要确保每个包都可以到达其预期的目标地址，如图 10-8 所示。

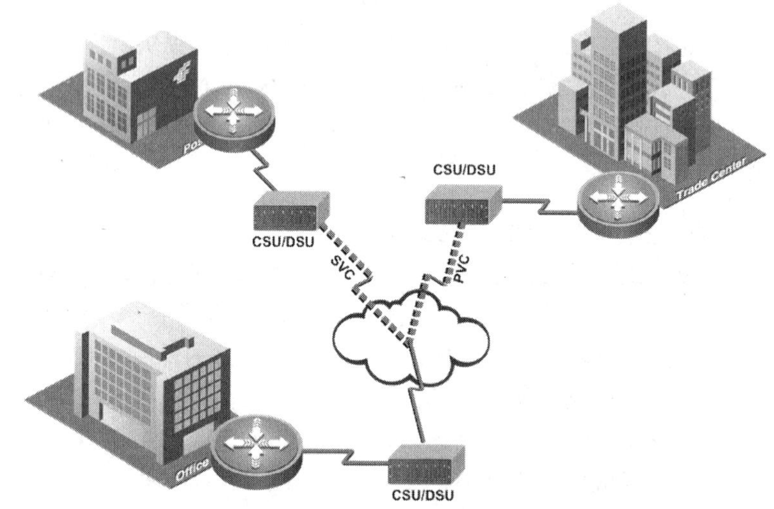

图 10-8　广域网 X.25 接入技术

当 X.25 商业载波服务刚刚引入时，其传输速度被限制在 64kbps 内。1992 年，ITU-T 更新了 X.25 标准，传输速度可高达 2.048Mbps。X.25 协议不是高速的 WAN 协议，其具有如下特点：

- 全球性的认可。
- 冗余纠错功能，可靠性。
- 连接老式的 LAN 和 WAN 的能力。
- 将老式主机和微型机连接到 WAN 的能力。
- 速度慢，延迟大。

X.25 网络可以通过下列 3 种模式之一来传输数据：交换型虚拟电路、永久型虚拟电路和数据报。交换型虚拟电路(Switched Virtual Circuit，SVC)是通过 X.25 交换机来从结点到结点建立的一种双向的信道，这种电路是逻辑的连接，只在数据传输期间存在，一旦传输结束，那么其他结点就可以使用这个信道了。永久型虚拟电路(Permanent Virtual Circuit，PVC)是一种一直都保持的逻辑通信信道，这种连接即使是数据传输结束了都会保持，交换型虚拟电路和永久型虚拟电路都是包交换技术的典型例子。

数据报是未建立通信信道而发送的打包数据。它使用一种消息交换技术来到达其目标地址。各个包都编址到给定的目标地址，根据选择的路径不同，到达的时间可能不同。数据报并不用在全球网络上，但也包含在 Internet 的 ITU-T 规范中。X.25 Internet 数据报在 X.25 包中封装了 IP 层，因此 X.25 设备意识不到 IP 组件的存在，IP 网络地址只是简单地映射到 X.25 的目标地址上。

X.25 网络可以在 LAN 之间提供全世界范围的连接，而且设计的 X.25 网络可以在结点不通信时释放不使用的带宽，所以 X.25 网络非常盛行。从 70 年代到现在，X.25 一直在提供 WAN 连接领域中发挥着重要的作用，但如今，它正在被更快速的技术如帧中继、SMDS 和 SONET 取代。

5. **帧中继**

帧中继的 ITU-T 标准于 1984 年提议，以满足高容量、高带宽的 WAN 提出的要求。帧中继在几个方面上与 X.25 相同，例如二者均在虚拟电路(在帧中继上，称为虚拟连接)上使用包交换技术。另外，与 X.25 相同，虚拟连接可以有交换型(SVC)和永久型(PVC)两种。在帧中继中，DTE 可以是路由器、网桥或连接在 DCE 上的计算机，其中 DCE 是连接到帧中继 WAN 上的一种网络设备。帧中继没有像 X.25 那样使用 PAD 来转换包，而是使用帧中继拆装器(FRAD)来进行，而 FRAD 通常就是路由器、交换机或底盘集线器中的一个模块。如图 10-9 所示。

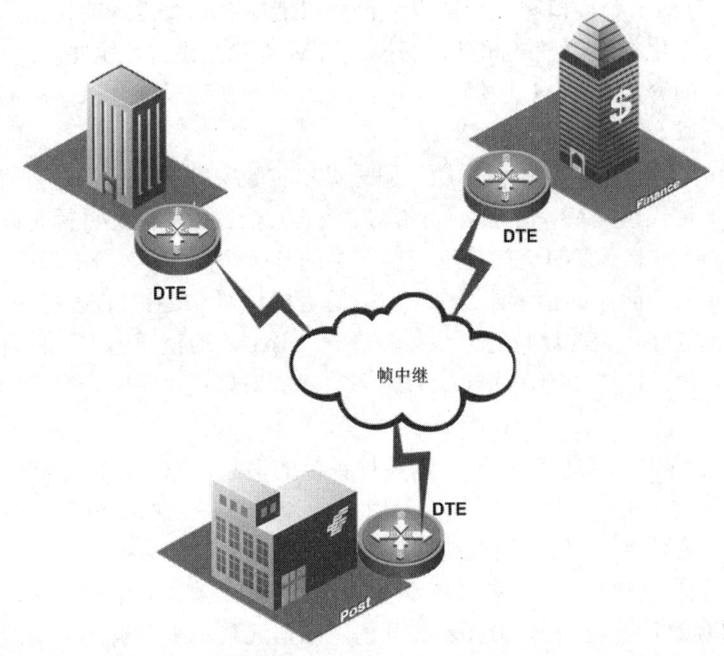

图 10-9　广域网帧中继接入技术

与 X.25 不同，帧中继设计为要与现代网络进行接口，这些先进的网络可以

大多数的帧中继连接若干 PVC 而不 SVC。

SONET (Synchronous Optical Network) 同步光纤网络。SONET 是光纤传输系统定义了同步传输的线路速率等级结构，其传输速率以 51.84Mbps 为基础，大约对应于 T3/E3 的传输速率，此速率对电信号称为第 1 级同步传送信号，即 STS_1；对光信号则成为第 1 级光载波(Optical Carrier，OC)，即 OC_1。现已定义了从 OC_1_51.84Mbps 一直到 OC_3072 _about 160 Gbps 的标准。

自己进行差错检验。通过假定新型的网络技术在直接连接的结点上可以具备差错检验功能，帧中继赢得了高速的数据传输，因此它并没有融合大量的差错检验功能，也就是说，这是一个面向无连接的服务。帧中继常与基于 TCP/IP 或基于 IPX 的网络共同使用，而这两种协议可以处理端到端的差错检验。帧中继的确会寻找出错的检验序列。如果检查出直接结点没有检查出的错误，帧中继会抛弃这个坏的包。而当检测出网络有严重阻塞时，帧中继也会抛弃一些包。因此，帧中继的特点是灵活、弹性：可实现一点对多点的连接，并且在数据量大时可超越约定速率传送数据，是一种较好的商业用户连接选择。

帧中继在一条电缆介质上使用了多个虚拟连接，每个虚拟连接在两个通信的结点之前提供一个数据路径。和 X.25 中的通信一样，虚拟连接是逻辑连接而不是物理连接。在帧中继中存在两个类型的虚拟连接：永久性虚拟连接和交换式虚拟连接。

永久性虚拟连接是在 1984 年作为最初的帧中继标准的一部分而提出来的。帧中继的永久性虚拟连接是两个结点之间的一条持续可用的通路。该通路被分配了一个连接 ID，在该通路上发送的每一个包都必须使用这个 ID。一旦连接被定义之后，它将一直保持开通状态，所以通信可以在任何时间进行。

交换式虚拟连接传输在 1993 年成为帧中继标准的一部分，这种虚拟连接需要一个建立传输会话的过程。一旦通信结束，呼叫控制信号将对每个结点发出一个命令，要求断开连接。

在帧中继中，交换式虚拟连接是一种比永久性虚拟连接新的技术。

IPX：互联网分组交换协议，互联网分组交换协议（IPX）是 Novell NetWare 操作系统所支持的在互联网络中路由数据包的早期网络协议。IPX 是一种面向无连接通信的数据报协议－类似于 TCP/IP 协议组中的网际协议（即 IP）。其高层协议，如 SPX 和 NCP，主要提供差错恢复服务。

6. ATM

ATM 是一个用于数据、语音、视频以及多媒体应用程序的高速网络传输方法。ATM 包括一个接口和一个协议，该协议能够在一个常规的传输信道上在比特率不变及变化的通信量之间进行切换。ATM 也包括硬件、软件以及与 ATM 协议标准一致的介质。ATM 提供一个可伸缩的主干基础设施，以便能够适应不同规模、速度以及寻址技术的网络。

ATM 的开发始于 70 年代后期，那时贝尔实验室的工程师们进行实验，采用信元交换来替代包交换。信元交换的速度是非常快的，他们的目标是联合基于标签的交换，而基于标签的交换是包交换网络的基础，采用的时分多路复用(TDM)。信元交换将一个简短的指示器，称为虚拟通道标识符，放在 TDM 时间片的开始。这使得设备能够将它的比特流异步地放在一个 ATM 通信通道上，使得通信变得能够预知，并且是持续的，这样就为时间敏感的通信提供了一个预置 QoS，如语音和视频。

QoS 的英文全称为"Quality of Service"，中文名为"服务质量"。QoS 是网络的一种安全机制，是用来解决网络延迟和阻塞等问题的一种技术。

ATM 能够以非常快的速度传输各种各样的信息，它采用的方法是将数据划分为多个等大小的信元并给这些信元附上一个头以保证每一个信元能够发送到目的地去。这种 ATM 信元结构能够传输声音、视频以及数据。

53 字节的 ATM 信元不如帧中继和 X.25 的较大帧和分组有效率，因为一个 48 字节的有效载荷至少有 5Bytes 的开销，当信元传输被分解的网络层分组时，开销更高。因为目的端的 ATM 交换机必须要对分组进行重新组合。一个典型的 ATM 线路需要比帧中继高 20%的带宽才能传输相同数量的网络层数据。

ATM 是一种信元交换网络，最大特点的速率高、延迟小、传输质量有保障。

ATM 大多采用光纤作为连接介质，速率可高达上千兆，但成本也很高。

7. DSL

数字用户线路（Digital Subscriber Line，缩写：DSL），是通过铜线或者本地电话网提供数字连接的一种技术。它的历史要追溯到 1988 年，贝尔实验室一位工程师设计了一种方法可以让数字信号加载到电话线路未使用频段，这就实现了不影响话音服务的前提下在普通电话线上提供数据通信。但是贝尔的管理层对这个并不热心,因为如果用户安装两条线路会带来更多的利润。这一状况直到 1990 年代晚期有线电视公司开始推销宽带互联网访问时才得到改善。当意识到大多数用户绝对会放弃安装两条电话线访问互联网，贝尔公司才搬出他们已经讨论了 10 年的 DSL 技术，来争夺有线电视网络公司的宽带市场份额。

大多数的帧中继连接若干 PVC 而不 SVC。

DSL 技术是使用普通铜质电话线中未使用的带宽来快速传递数字数据，如图 10-10 所示，DSL 连接和拔号接入一样容易实现，和专线一样，DSL 也是全天候的。

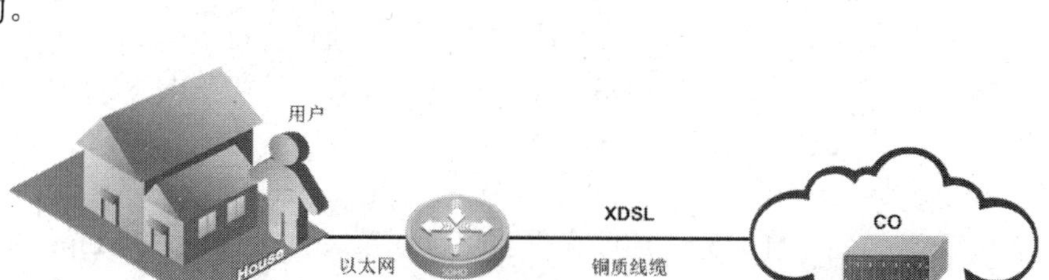

图 10-10　DSL 技术

DSL 使用的频段如图 10-11 所示，其上限为 1MHz，例如，非对称数字用户线（ADSL）20kHz-1MHz，ADSL 与普通老式电话服务（POTS）的频段不重叠，因此它们可以共存。其他 DSL 技术，如对称数字用户线（SDSL）使用的频段与 POTS 重叠，因此不能共存。

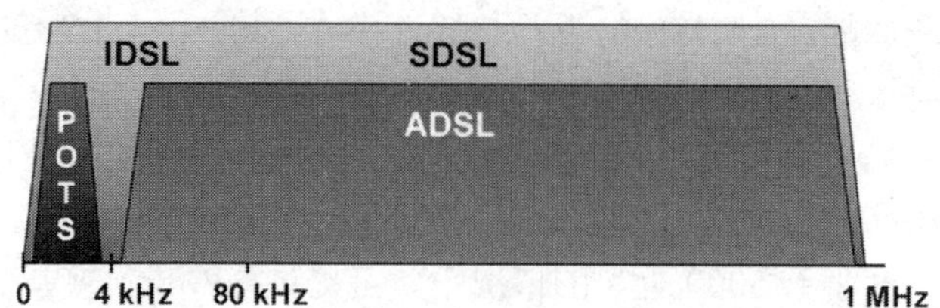

图 10-11　DSL 使用的频段

DSL 可分为对称 DSL 技术与非对称 DSL 技术两大类。

对称 DSL 技术：对称 DSL 技术主要用于替代传统 T1/E1 接入技术，与传统的 T1/E1 接入相比，DSL 技术具有对线路质量要求低、安装调试简便等特点，而且通过复用技术，还可以提供语音、视频与数据多路传送等服务。目前，对称 DSL 技术主要 HDSL、SDSL、MVL 及 IDSL 等几种。

- HDSL（高比特率 DSL）：是目前众多 DSL 技术中较为成熟的一种，并已得到了一定程度的应用。这种技术的特点是利用两对双绞线实现数据传输，支持 N×64kbps 各种速率，最高可达 E1 速率。HDSL 无需借助放大器即可实现 3.6 公里以内的正常数据传输。与传统 T1/E1 技术相比，

HDSL 最突出的优势是部署成本低廉、安装简便，是 T1/E1 较为理想的替代技术之一。

- SDSL（单线 DSL）是 HDSL 的单线版本，可提供双向高速可变比特率连接，速率范围从 160kbps～2.084Mbps。SDSL 利用单对双绞线，可支持最高达 E1 速率的多种连接速率，在 0.4 毫米双绞线上的最大传输距离可达 3 公里以上。与 HDSL 相比，SDSL 可节省一对双绞线，因而部署更为简单方便。
- MVL（多路虚拟 DSL）是 Paradyne 公司开发的低成本 DSL 传输技术，能够利用一对双绞线实现高速数据接入，部署成本及功耗都相对较低，并可进行高密度安装，能够利用与 ISDN 技术相同的频率段，有效传输距离可达 7 公里左右。
- IDSL（ISDN 数字用户线）通过在用户端使用 ISDN 终端适配器和在另一端使用与 ISDN 兼容的接口卡，IDSL 可以提供 128kbps 的服务。它与 ISDN 的最大区别在于 IDSL 的数据交换不通过交换机。

DSL 有两个缺点：用户离公共交换电话网（PSTN）不能超过 5.5 公里，并非所有的 PSTN 中心局都支持 DSL。

非对称性 DSL 技术：非对称 DSL 技术适用于对双向带宽要求不一致的应用，诸如 Web 浏览、多媒体点播及信息发布等。非对称 DSL 技术主要有 ADSL、RADSL 及 VDSL 等。

- ADSL（非对称 DSL）能够在现有电话双绞线上提供高达 8Mbps 的高速下行速率，及 1Mbps 的上行速率，有效传输距离可达 3～5 公里。ADSL 能够充分利用现有 PSTN 电话网络，只须在线路两端加装 ADSL 设备即可为用户提供高速宽带服务，无需重新布线，因而可极大地降低服务成本。
- RADSL（速率自适应 DSL）允许服务供应商根据实际带宽需求情况调整连接带宽，并较好地克服了传输距离与传输质量限制。主要特点是可利用一对双绞线实现数据传输，能够支持同步与异步传输，并具有速率自适应性能。RADSL 的下行传输速率在 640kbps～12Mbps 之间，上行传输速率则在 128kbps～1Mbps 之间，并能够支持同时数据与语音传输。
- VDSL（超高速 DSL）目前仍处于研发之中，它可以在相对短的距离上实现极高的数据传输速率，最高可以实现 58Mbps 的传输速率。在用户回路长度小于 5000 英尺的情况下，可提供 13Mbps 或更高的接入速率。从技术角度而言，VDSL 实际上可视作 ADSL 的下一代技术，其平均传输速率可比 ADSL 高出 5～10 倍。另外，根据市场或用户的实际需求，VDSL 可以设置成是对称的，也可以设置成不对称的。

10.1.4 广域网设备及接口

1. 广域网设备

广域网本质上是由服务提供商的通信链路连接起来的一组局域网。由于通信链路不能直接插入局域网中，所以需要各种接口连接设备。

- 路由器（Router）：提供诸如局域网互联、广域网接口等多种服务。路由器是互联网上使用的一种主要的通信设备。基于局域网的计算机把数据传输给一台具有局域网和广域网接口的路由器，路由器根据地址信息把数据传送到适当的广域网接口。由于路由器是主动的、智能的网络设备，所以它可参与网络管理。路由器通过提供动态控制资源和支持网络任务和目标来管理网络，它们的就是实现连通性、可靠的性能、管理控制和灵活性。

- CSU/DSU：信道服务单元（CSU）/数据服务单元（DSU）类似数据终端设备到数据通信设备的复用器，可以提供以下几方面的功能：信号再生、线路调节、误码纠正、信号管理、同步和电路测试等。由于通信链路的信号需要具有适当的格式，对于数字线路，需要一个信道服务单元（CSU）和数据（或数字）服务单元（DSU）。有时 CSU/DSU 就内建于路由器的接口卡中。
- 调制解调器：调制解调器主要用于数字和模拟信号之间的转换，从而能够通过话音线路传送数据信息。在数据发送方，计算机数字信号被转换成适合通过模拟通信设备传送的形式；而在目标接收方，模拟信号被还原为数字形式。
- ISDN 终端适配器：ISDN 终端适配器是用来连接 ISDN 基本速率接口（BRI）到其他接口，如 EIA/TIA-232 的设备。从本质上说，ISDN 终端适配器就相当于一台 ISDN 调制解调器。
- 广域网交换机：广域网交换机是在运营商网络中使用的多端口网络互联设备。广域网交换机一般工作在 OSI 参考模型的数据链路层，可以对帧中继、X.25 以及 SMDS 等数据流量进行操作。如图 10-12 是位于广域网两端的两台路由器通过广域网交换机进行连接的示意图。

SMDS 是由 Bell 通信开发的，其全称为交换多兆位数据服务（Switched Multimegabit Data Service SMDS）。SMDS 是一种基于信元的数据传输技术，其传输速率在 T 载波线路上可以高达 155Mbps，在欧洲有广泛的应用。

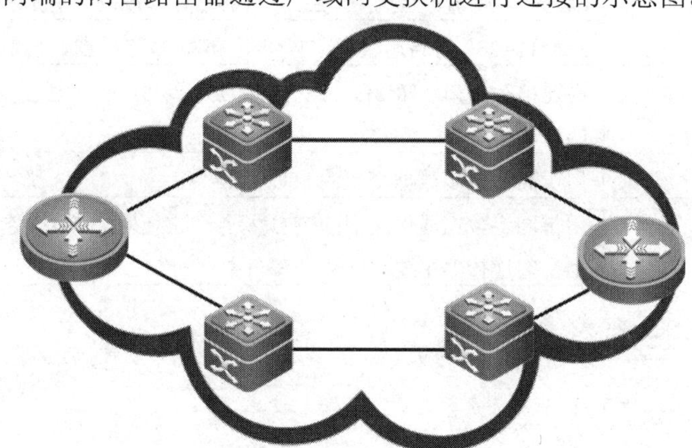

图 10-12　广域网交换机

- 接入服务器：接入服务器是广域网中拨入和拨出连接的汇聚点。用于远程访问局域网，它集中了拨号用户的通信。这种设备可能具有模拟和数字（ISDN）混合接口，并且支持数十或上百个用户同进拉入。图 10-13 说明了接入服务器如何将多条拨出连接集合在一起接入广域网。

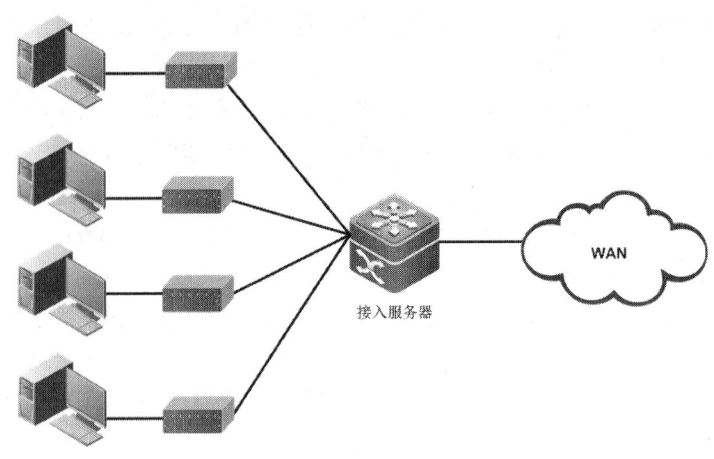

图 10-13　广域网接入服务器

2. 广域网接口

广域网的物理层协议描述了如何提供电气、机械、操作和功能的连接到通信服务提供商所提供的服务，连接到广域网的设备，通常是一台路由器，它被认为是一台 DTP 设备，而连接另一端的设备为服务提供商提供的接口，这就是一台 DCE 设备。表 10-1 和图 10-14 是常用物理标准和它们的连接接口。

* EIA：电子工业联合会
* TIA：电信工业协会
* ITU：国际电信联盟
* TU—T：国际电信联盟—电信标准部

表 10-1　广域网物理层接口标准

接口	描述
EIA*TIA*232	在近距离范围内，允许 25 针 D 连接器上的信号速度最高可达 64kbps。以前被称为 RS-232。ITU-U v.24 规范中也是一样
EIA/TIA449 EIA-530	EIA/TIA232 的高速版本，它使用 36 针 D 连接器，传输距离更远
EIA/TIA612/613	高速串行接口（HSSI），在 50 针 D 连接器上提供速度高达 52Mbps 的访问服务
V.35	用于高速同步数据交换的 ITU*标准
X.21	用于同步数据通信通信的 ITU*标准，它使用 15 针 D 连接器，这种类型的连接器主要用于欧洲和日本

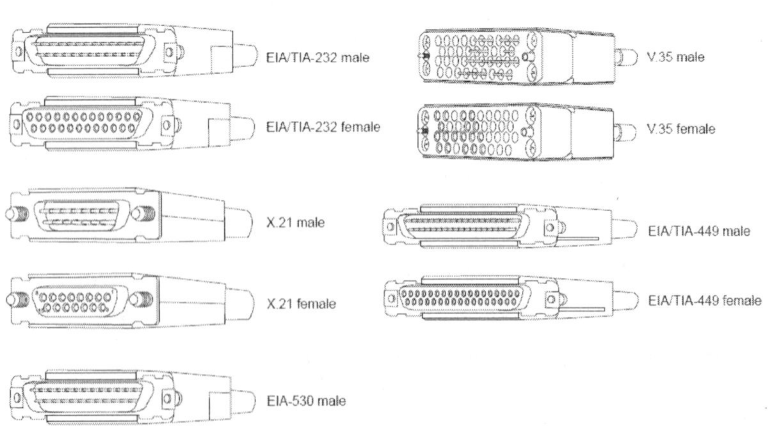

图 10-14　广域网接口

路由器不仅能实现局域网之间连接，更重要的应用还是在于局域网与广域网、广域网与广域网之间的连接。但是因为广域网规模大，网络环境复杂，所以也就决定了路由器用于连接广域网的端口的速率要求非常高，在以太网中一般都要求在100Mbps快速以太网以上。下面介绍几种常见的广域网接口。

- RJ-45端口：利用RJ-45端口也可以建立广域网与局域网VLAN（虚拟局域网）之间，以及与远程网络或Internet的连接。如果使用路由器为不同VLAN提供路由时，可以直接利用双绞线连接至不同的VLAN端口。但要注意这里RJ-45端口所连接的网络不是10Base-T，一般都是100Mbps快速以太网以上。如果必须通过光纤连接至远程网络，或连接的是其他类型的端口时，则需要借助于收发转发器才能实现彼此之间的连接。
- AUI端口：AUI端口是用于与粗同轴电缆连接的网络接口，其实AUI端口也常被用于与广域网的连接，但是这种接口类型在广域网应用得比较少，如图190-15所示。

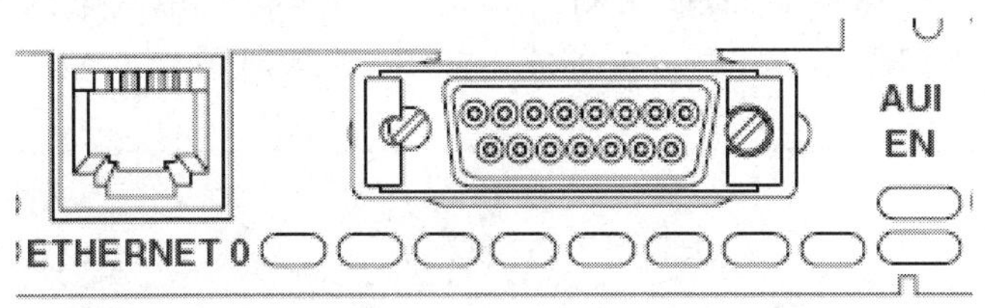

图10-15　AUI接口

- 高速同步串口：在路由器的广域网连接中，应用最多的端口还要算“高速同步串口”（SERIAL）了。这种端口主要是用于连接目前应用非常广泛的DDN、帧中继（Frame Relay）、X.25、PSTN（模拟电话线路）等网络连接模式。在企业网之间有时也通过DDN或X.25等广域网连接技术进行专线连接。这种同步端口一般要求速率非常高，因为一般通过这种端口所连接的网络的两端都要求实时同步，如图10-16所示。

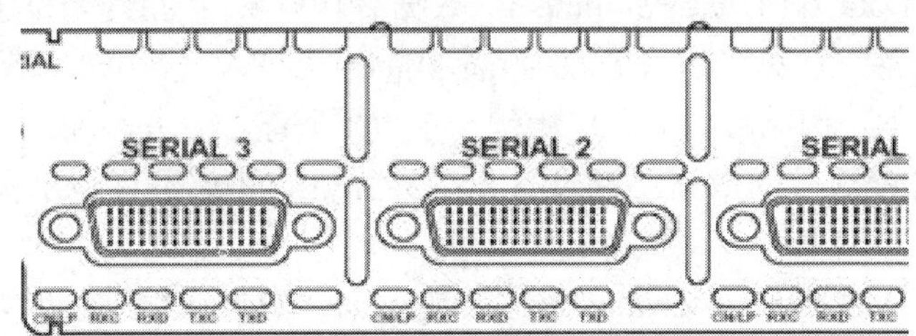

图10-16　SERIAL接口

- 异步串口（ASYNC）：主要是应用于MODEM或MODEM池的连接。它主要用于实现远程计算机通过公用电话网拨入网络。这种异步端口相对于上面介绍的同步端口来说在速率上要求不太严格，因为它并不要求网络的两端保持实时同步，只要求能连续即可，主要是因为这种接口所连接的通信方式速率较低，如图10-17所示。

DDN：数字数据网，是利用数字信道传输数据信号的数据传输网。它的主要作用是向用户提供永久性和半永久性连接的数字数据传输信道，既可用于计算机之间的通信，也可用于传送数字化传真，数字话音，数字图像信号或其它数字化信号。

MOdulator/DEModulator(调制器/解调器)的缩写。它是在发送端通过调制将数字信号转换为模拟信号，而在接收端通过解调再将模拟信号转换为数字信号的一种装置。

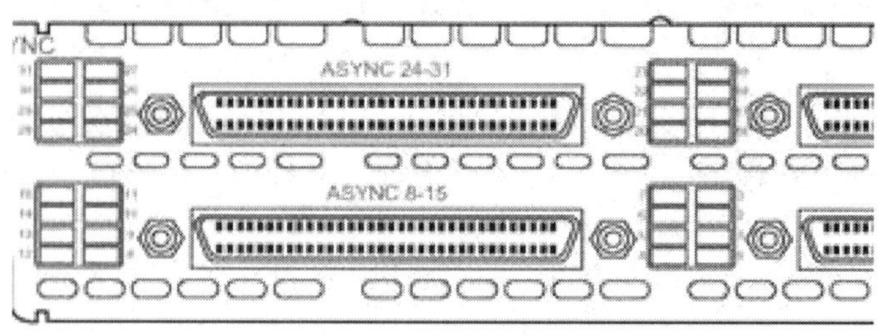

图 10-17　ASYNC 接口

EIA 即 Electronic Industries Association 美国电子工业协会，美国电子行业标准制定者之一。

- ISDN BRI 端口：因 ISDN 这种互联网接入方式连接速度上有它独特的一面，所以在当时 ISDN 刚兴起时在互联网的连接方式上还得到了充分的应用。ISDN BRI 端口用于 ISDN 线路通过路由器实现与 Internet 或其他远程网络的连接，可实现 128kbps 的通信速率。ISDN 有两种速率连接端口，一种是 ISDN BRI（基本速率接口），另一种是 ISDN PRI（基群速率接口）。ISDN BRI 端口是采用 RJ-45 标准，与 ISDN NT1 的连接使用 RJ-45-to-RJ-45 直通线，如图 10-18 所示。

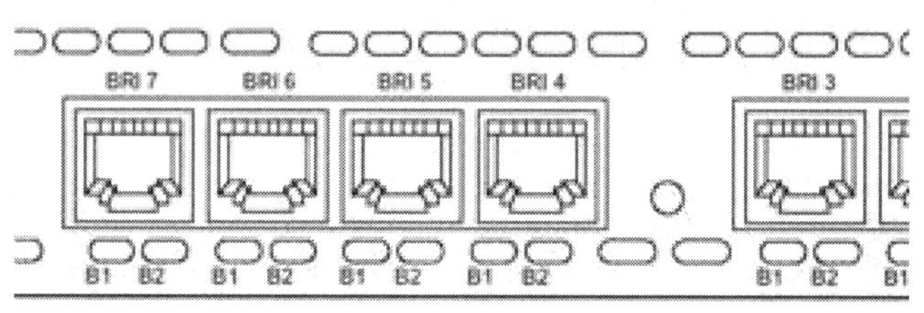

图 10-18　ISDN BRI 接口

3. 数据终端设备（DTE）与数据通信设备（DCE）

DTE（Data Terminal Equipment，数据终端设备）：指的是位于用户网络接口用户端的设备，它能够作为信源、信宿或同时为二者。数据终端设备通过数据通信设备（例如，调制解调器）连接到一个数据网络上，并且通常使用数据通信设备产生的时钟信号。数据终端设备包括计算机、协议翻译器以及多路分解器等设备。

DCE（Data Circuit-terminating Equipment，数据通信设备或者数据电路终端设备）：该设备和其与通信网络的连接构成了网络终端的用户网络接口。它提供了到网络的一条物理连接、转发业务量，并且提供了一个用于同步 DCE 设备和 DTE 设备之间数据传输的时钟信号。调制解调器和接口卡都是 DCE 设备的例子。

为了使 DTE 设备和 DCE 设备之间能够通信，开发了一些标准，EIA-530 规格定义了在 DTE 和 DCE 设备之间的电缆。如图 10-19 所示。

数据终端设备 DTE 和数据线路端接设备 DCE 之间的接口标准特性：机械的、电气的、功能性、过程性。机械特性规定了 DCE 与 DTE 的实际物理连接细节。电气特性规定了 DTE 和 DCE 必须使用的编码，必须用相同的电压来描述相同的状态，必须使用相同宽度的信号比特，这些特征决定能够达到的数据传输速率和距离。功能特性指定每条交换电路须完成的功能。根据接口的功能特性，过程特性指定传送数据的事件序列。

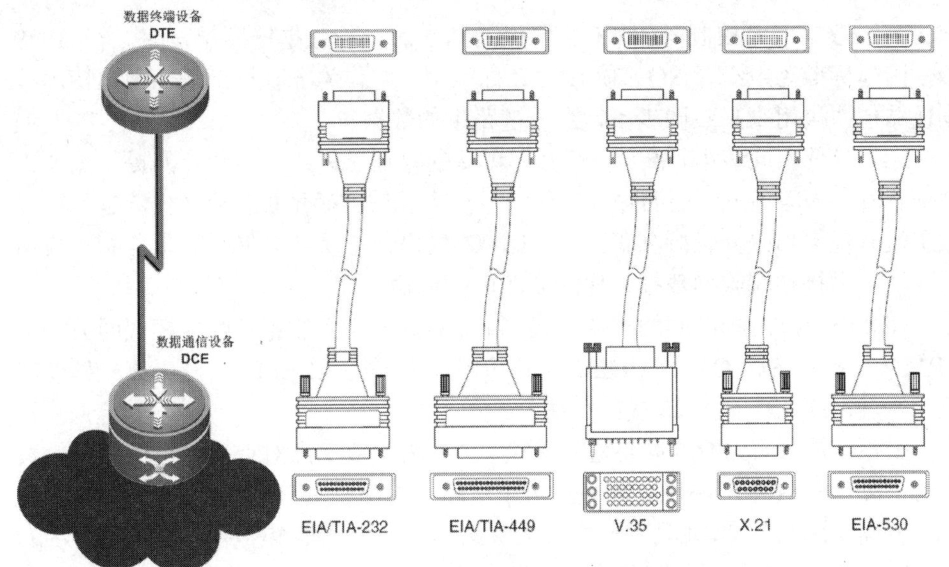

图 10-19　DTE 与 DCE 连接

从一方面看，DCE 负责在传输介质或网络上收发比特，一次一个比特。在另一方面看，DCE 必须与 DTE 相互交互。一般来说，这要求对数据和控制信息进行交换，这是通过一套交换电路的线路完成的。为了运行这套机制，在传输线或网络上交换信号的两个 DCE 必须相互理解。另外，每个 DTE-DCE 对都必须设计成能合作并相互作用。为了使数据处理装备制造商和用户的重担变得轻松，因此做出通信接口标准的规定。

当两个设备相连时，当同步线路传输需要时钟时，一台外部设备或者其中的一台设备必须产生时钟信号，通常这个功能是由 DCE 设备所提供。

路由器上的同步串行端口根据连接本地端口的线缆类型补配置为 DTE 或 DCE，匹配路由器配置的线缆的类型不是 DTE 就是 DCE，路由器的端口默认配置为 DTE，这时就需要从 CSU/DSU 那里或其他 DCE 设备那里获取外部时钟。

DTE 设备连接到 DCE 设备时所用到的线缆是一条屏蔽的串行转换线缆。RS-232 接口是 DTE（数据终端设备）和 DCE（数据通信设备）之间的一个接口，DTE 包括计算机、终端、串口打印机等设备。DCE 通常只有调制解调器（MODEM）和某些交换机 COM 口是 DCE，标准指出 DTE 应该拥有一个插头(针输出)DCE 拥有一个插座（孔输出）。

链路访问过程平衡（LAPB）是数据链路层协议，负责管理在 X.25 中 DTE 设备与 DCE 设备之间的通信和数据包帧的组织过程。LAPB 是源于 HDLC 的一种面向位的协议，它实际上是 BAC（平衡的异步方式类别）方式下的 HDLC。LAPB 能够确保传输帧的无差错和正确排序。

10.2　广域网中的数据链路层协议

广域网数据链路层将数据传输到远程站点，定义了数据是如何进行封装的。广域网数据链路层协议描述了帧如何在系统之间单一数据路径上进行传输，数据帧是如何传送的，包括点对点，多点和多路访问交换服务所设计的协议。

10.2.1 HDLC

高级数据链路控制（HDLC）协议是基于的一种数据链路层协议。在 1979 年，国际标准化组织（ISO）使 HDLC 标准化，它作为一种标准的面向比特的数据链路层协议用来封装同步串行数据链路中的数据。

HDLC 使用同步串行传输，在并不可靠的物理层链路上为两点间提供无差错通信。为了传送到下一层的数据在传输过程中能够准确地被接收（也就是差错释放中没有任何损失并且序列正确）。HDLC 的另一个重要功能是流量控制，换句话说，一旦接收端收到数据，便能立即进行传输。

HDLC 具有两种不同的实现方式：高级数据链路控制正常响应模式即 HDLC NRM（又称为 SDLC）和 HDLC 链路访问过程平衡（LAPB）。其中第二种使用更为普遍。HDLC 是 X.25 栈的一部分。

HDLC 是面向比特的同步通信协议，主要为全双工点对点操作提供完整的数据透明度。它支持对等链路，表现在每个链路终端都不具有永久性管理站的功能。另一方面，HDLC NRM 具有一个永久基站以及一个或多个次站。

GSM 全名为：Global System for Mobile Communications，中文为全球移动通讯系统，俗称“全球通”，是一种起源于欧洲的移动通信技术标准，是第二代移动通信技术，其开发目的是让全球各地可以共同使用一个移动电话网络标准，让用户使用一部手机就能行遍全球。

HDLC LAPB 是一种高效协议，为确保流量控制、差错监测和恢复它要求额外开销最小。如果数据在两个方向上（全双工）相互传输，数据帧本身就会传送所需的信息从而确保数据完整性。

通常，HDLC 帧分为以下 3 种类型。

- 信息帧：在链路上传送数据，并封装 OSI 体系的高层。
- 管理帧：用于实现流量控制和差错恢复功能。
- 无编号帧：提供链路的初始化和终止操作。

HDLC 协议结构如图 10-20 所示。

1byte	1-2byte	1byte	变量	2byte	1byte
标志	地址	控制	第3层协议数据包	帧校验序列	标志

图 10-20　DHLC 帧格式

- **标志：**该字段值恒为 0x7E。
- **地址：**定义发送帧的次站地址，或基站发送帧的目的地。该字段包括服务访问点（6 比特）、命令/响应位（表示帧是否与节点发送的信息帧有关或帧是否被节点接收）、地址扩展位（通常设置为 1 字节长）。当设置错误时，表示一个附加字节。HDLC 为基本格式提供了另一种扩展。通过多方协定，地址可以被扩展为多个字节。
- **控制：**识别帧类型。另外，根据帧类型划分，该字段还包括序列号、控制特性和差错跟踪。
- **帧校验序列：**帧校验序列（FCS）字段通过许可传输帧数据的完整性，使高层物理差错控制可以被校验。

10.2.2 PPP

PPP 是一个面向连接但不可靠的面向字节的连接，使用无编号帧。PPP 也可以工作在可靠的面向比特的模式。PPP 包含用于标志网络层协议的字段，是目前较为流行的数据链路层协议，可以参见 10.3 节所述。

10.2.3 帧中继

帧中继是一种面向连接的、没有内在的纠错机制的协议，使用高质量的数字设备，采用简化的成帧技术。仅当帧中继网络本身的误码率非常低时，帧中继技术才是可行的，可以参见 10.4 节所述。

10.2.4 ISDN

1. 概述

综合业务数字网（Integrated Services Digital Network，ISDN）是一个数字电话网络国际标准，是一种典型的电路交换网络系统。它通过普通的铜缆以更高的速率和质量传输语音和数据。ISDN 是欧洲普及的电话网络形式。GSM 移动电话标准也可以基于 ISDN 传输数据。

POTS(Plain Old Telephone Service)普通老式电话服务，一种类似窄带状的电信工具，用于传送语音呼叫。

因为 ISDN 是全部数字化的电路，所以它能够提供稳定的数据服务和连接速度，不像模拟线路那样对干扰比较明显。在数字线路上更容易开展更多的模拟线路无法或者比较困难保证质量的数字信息业务，例如除了基本的打电话功能之外，还能提供视频、图像与数据服务。ISDN 需要一条全数字化的网络用来承载数字信号（只有 0 和 1 这两种状态），与普通模拟电话最大的区别就在这里。

现在的数字传输系统都是采用脉码调制（Pulse Code Modulation）体制。PCM 最初并非传输计算机数据用的，而是使交换机之间有一条中继线不是只传送一条电话信号。PCM 有两个标准即 E1 和 T1。

ISDN 使用的是数字技术，ISDN 以高速数字设备来替代传统模拟电话设备，从而向用户提供一条数字的本地环路，图 10-21 就是模拟通信与数字通信的对比，因此，ISDN 端到端的传输都是数字的，因为普通老式电话服务（POTS）使用模拟本地环路，ISP 必须使用脉码调制（PCM）来对模拟信号进行编码以进行数字传输。

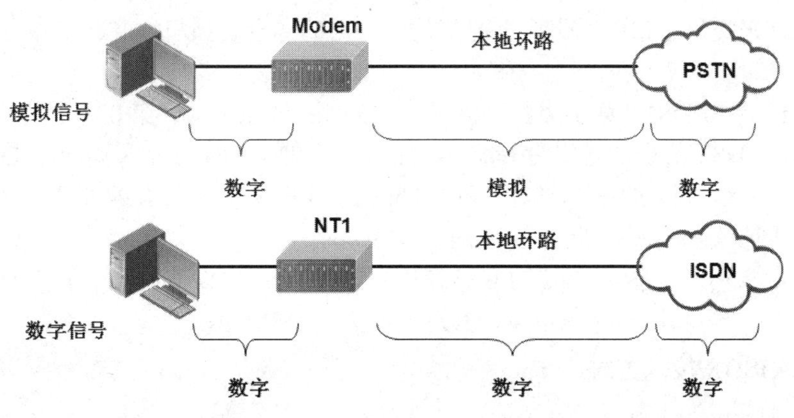

图 10-21 模拟与数字的对比

用户可通过两种不同的物理接口连接到 ISDN 网络：BRI 和 PRI。单一的 BRI

和 PRI 接口提供一组复用的 B 信道和 D 信道，如图 10-22 所示。

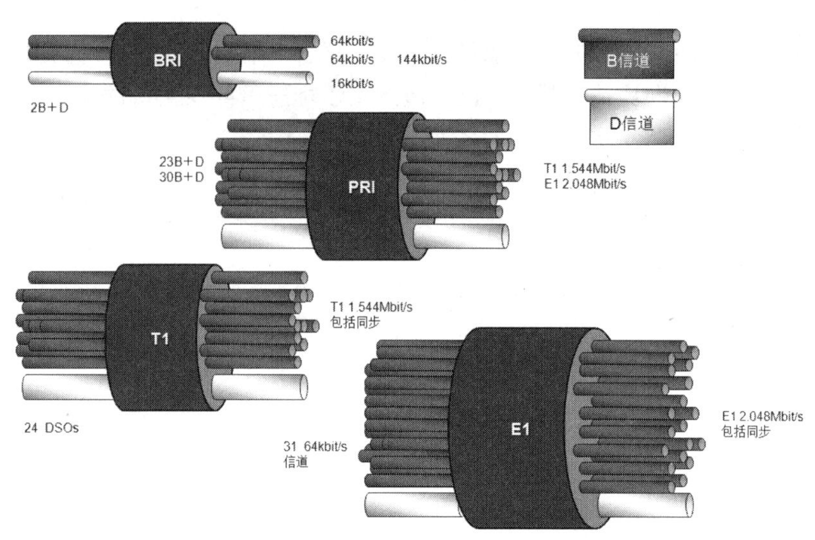

图 10-22　ISDN 服务

ITU-T 的建议 Q.933 定义在 ISDN 用户－网络接口上的第 2 层和第 3 层协议称为 1 号数字用户信令 (DSS1)。DSS1 的全称是 Digital subscriber signalling system No.1，是 ISDN D 信道上的协议。

ISDN 的 B 信道称为承载信道，因为它传送语音、数据和传真。B 信道以帧的形式运载使用高级数据链路控制协议（HDLC）和点到点协议（PPP）作为第 2 层协议。

D 信道，或称为 Delta 信道，用于带外信令。D 信道运载控制信息，如呼叫建立和拆除。通常 D 信道在第 2 层使用 D 信道链路接入过程（LAPD）。

BRI 服务：是通过一条本地铜线环路提供，此环路用于承载传统模拟电话服务。是由 2 条 64kbps 的 B 信道、1 条 16kbps 的 D 信道、48kbps 的成帧和同步信息组成，其总速率为 192kbps。

论及 BRI 带宽时，了解所指的是 ISDN 的哪种特征很重要，如果指的是用户数据的带宽 BRI 可以提供 128kbps。如果所指的带宽是 B 信道和 D 信道的，BRI 可以提供 144kbps，如果所指的带宽是 ISDN BRI 总带宽，包括成帧和同步，那么其带宽将为 192kbps，但很少这样说。

RPI 服务：是通过用户客户内部设备（CPE）与 ISDN 交换机之间的 T1 和 E1 线路来提供。ISDN 交换机通常是中心局的一台交换机，它也可以处理语音呼叫。

T1：参考 DS1（第 1 类数字信号），DS1 由 24 条 DS0（第 0 类数字信号）组成，每条 DS0 信道的带宽为 64kbps，1 条单个的 ISDN B 信道是一个 DS0。T1 是由 23 条 64kbps 的 B 信道、1 条 16kbps 的 D 信道，位于第 24 时隙、8kbps 的成帧和同步信息组成，其总速率为 1.544Mbps。

E1：是由 30 条 64kbps 的 B 信道、1 条 16kbps 的 D 信道，位于第 16 时隙、64kbps 的成帧和同步信息组成，其总速率为 2.048Mbps。

2. ISDN 接入方式

ISDN 标准定义了两种主要的信道类型，每一种都有不同的传输速率。承载信道（B 信道）定义为 64kbps 的完全数字路径。称为“完全”是因为它可以传输任何类型的数字化数据。另一条信道称为 delta 信道（D 信道），其速率为 16 或 64kbps。BRI 的 D 信道为 16kbps，PRI 的 B 信道为 64kbps。ISDN 的接入选项如图 10-23 所示。D 信道用来为 B 信道传输控制信息。当一个 TCP 连接建立时，有一信息交换的过程，称为连接建立。信息沿着最终数据传输时所使用的路径进行交换。控制信息和数据共享同一条路径，这称为带内信令。ISDN 的控制信息使用一条独立的信道：D 信道，这称为带外信令。

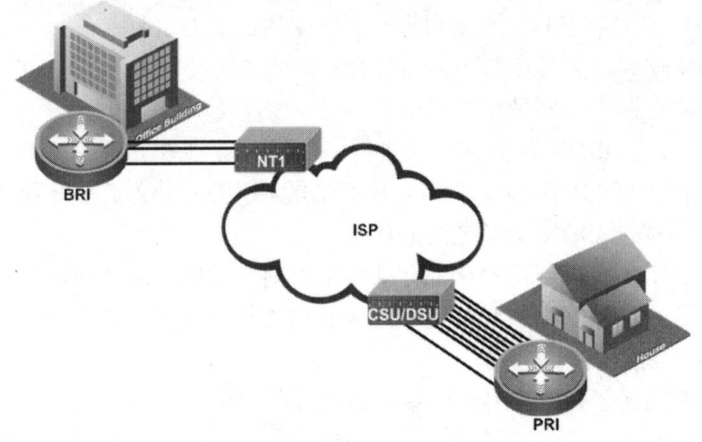

图 10-23　ISDN 接入选项

ISDN 指定两种标准的接入方法：BRI 和 PRI。单一的 BRI 或 PRI 接口提供一组复用的 B 信道和 D 信道。BRI 由 2 条 B 信道和 1 条 D 信道组成，有时也称为 2B＋D。

B 信道可用于数字化语音传输，这时就需要使用专用的语音编码方法。同样 B 信道也可用于相对高速的数据传输。在这种模式下，信息在数据帧中传输，帧格式使用第 2 层 HDLC 或 PPP 协议。PPP 较 HDLC 更出色，因为它提供了很好的验证、链路协商和协议配置等机制。

D 信道运载信令信息，如呼叫建立和拆除，以控制 B 信道。D 信道的数据流使用 LAPD 协议。LAPD 协议是基于 HDLC 的数据链路层协议。

3. **ISDN 协议模型**

ISDN 使用一套 ITU-T 标准生成 OSI 参考模型的物理层、数据链路层和网络层，如图 10-24 所示。

	D Channel	B Channel
Layer3	DSS1 (Q.931)	IP/IPX
Layer2	LAPD (Q.921)	HDLC/PPP/FR/LAPB
Layer1	I.430/I.431/ANSI T1.601	

图 10-24　ISDN 协议模型

根据 OSI 参考模型，ISDN 用户－网络接口协议分为 3 层：第 1 层是物理层，它包括基本接入接口和一次群速率接口；第 2 层是数据链路层；第 3 层是网络层。ISDN 用户－网络接口链路层协议称为 LAPD(Link Access Procedure on the D channel：D 通路链路接入协议)。

- ITU-T I.430 和 I.431 分别定义了 ISDN BRI 和 PRI 物理层规范。
- ISDN 数据链路层规范是基于 LAPD 的，在 ITU-T Q.920、ITU-T Q.921、ITU-T Q.922、ITU-T Q.921 中正式定义。
- ISDN 网络层在 ITU-T Q.930 和 ITU-T Q.931 中定义，定义了用户到用户的、电路交换和分组交换的连接。

4. ISDN 呼叫建立

一台路由器通过 ISDN 连接到另一台路由器，需要进行一些数据交换。要建立一个 ISDN 呼叫，需要在路由器与 ISDN 交换之间使用 D 信道，并且与 ISP 网络中的 ISDN 交换机之间使用 7 号信令系统（SS7）。

Q.921 定义了 ISDN 的数据链路进程（LAPD）。在建立呼叫、传递信令和终止呼叫时，通过 Q.931 在 D 信道实现控制功能。Q.931 定义了 OSI 第 3 层的功能和终端设备与本端 ISDN 交换之间的建议。

SS7 是一种数字信令系统，适用于无线和有线的公共交换电话网。这个标准定义了通过交换数字信令来建立呼叫、寻找路由和控制网络元素的过程和协议。

很多 ISDN 交换机是在 Q.931 标准制定以前开发的，这些交换机实现这一功能的方法都不相同。路由器必须能够与所有这些不同实现方法兼容，这需要管理员在路由器上制定交换的类型。

图 10-25 描述了建立 ISDN 连接时的过程。

图 10-25 ISDN 呼叫建立

5. 路由器上发出的被叫号码通过 D 信道传送到 ISDN 交换机

- 本地 ISDN 交换机使用 SS7 信令建立通路并将被叫号码传递到远程 ISDN 交换机上。
- 远程交换机在 D 信道上通过信号通知目的设备。
- 目的 ISDN NT1 发送一个呼叫连接信息给远程 ISDN。
- 远程交换机使用 SS7 信令发送一个呼叫连接信息给本地产交换机。
- 本地 ISDN 交换机在端到端之间建立一个 B 信道，给新的连接保留另外一个 B 信道，也可以同进使用两 B 信道。

与呼叫建立相似，呼叫拆除不是端到端的功能，而是由 ISDN 交换处理的，呼叫释放的过程基于一种 3 次消息的方法。

- 挂断消息。
- 释放消息。
- 释放完成消息。

图 10-26 描述了拆除 ISDN 连接时的过程。

图 10-26　ISDN 拆除过程

- 向呼叫方发送一个挂断消息。
- 启动一个计时器以保证对方收到释放信息。
- 断开到交换机的路径。
- 当从前一台交换机收到一个已释放的消息后，向前一台交换机发送一个释放完成消息。

6. ISDN 功能和参考点

ISDN 规范定义了连接一台 ISDN 设备和另外一台设备的 4 个参考点。每一台 ISDN 网络中的设备都执行一种特定任务以促进端到端的连通性。

要理解参考点首先要了解 ISDN 的特定设备，关于 ISDN 设备的定义如下：

- 终端设备 1（TE1）：标识一个与 ISDN 网络相兼容的装置。TE1 装置，如数字电话、带 ISDN 接口的路由器或数字传真设备等，可连接到 1 型或 2 型的网络终端连接器。
- 终端设备 2（TE2）：标识一个不与 ISDN 网络兼容、且需要终端适配器的装置，如带有 X.21、EIA/TIA-232、X.25 接口的终端，或不带 ISDN 接口的路由器。
- 终端适配器（TA）：将标准电信号转换成 ISDN 所用的格式，以使用非 ISDN 标准的设备能与 ISDN 接口的路由器提供 ISDN 连接等。
- 1 型网络端连接器（NT1）：用于将 4 线 ISDN 用户连接到传统 2 线本地环路设施上。
- 2 型网络终端连接器（NT2）：指挥不同用户装置和 NT1 之间的数据流通。NT2 是一个执行交换和集中功能的只能设备。用户小交换机（PBX）经常既作为 NT2 设备。
- 线路端连接器（LT）：位于交换机一端，其功能同 NT1 一样。
- 交换机端连接器（ET）：它是 ISDN 交换机中的用户线接口卡。LT 和 ET 有时被看作本地交换机（LE），即必须配置的 ISDN 交换机。

要连接特定功能的设备，两台设备之间的接口需要进行适当定义。这些接口称为参考点。一个参考点定义了两功能间的一个连接类型，对 ISDN 连接用户有影响的参考点有：

- R 参考点（用户参考点）：非 ISDN 兼容设备（TE2）和终端适配器之间连接的参考点，如 RS-232 串行接口。
- S 参考点（系统参考点）：连接到用户交换设备（NT2）上的参考点，使不同类型的 CPE 之间能够进行呼叫。
- T 参考点（终端参考点）：其电子特征与 S 接口相同，为从 NT2 到 ISDN 网络或 NT1 的出站连接的参考点。

PBX(Private Branch eXchange，专用交换机)简而言之就是集团电话，它被广泛地运用在企业办公机构中，极大地提高了企业的办事效率。

X.21 是对公用数据网中的同步式终端(DTE)与线路终端（DCE）间接口的规定。

- U 参考点（速率参考点）：NT1 到电话公司提供的 ISDN 网络之间连接的参考点。

因为 S 和 T 参考点电子特征相似，所以一些接口被标成 S/T 接口。虽然执行的功能不同，但端口电子特征相同而且可用于任一功能。

图 10-27 描述了 ISDN BRI 物理参考点。

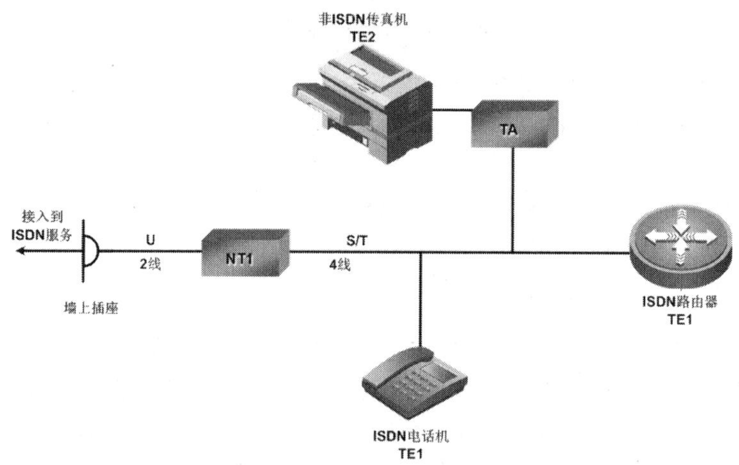

图 10-27　ISDN BRI 物理参考点

从墙上插座出来的标准两线电缆连接到 NT1 设备上，再将从 NT1 出来的 4 线电缆连接到 ISDN 电话、终端适配器、ISDN 路由器和 ISDN 交换机上，S/T 接口采用 8 线的连接器，可以为 NT 或 TE 设备供电。

U 接口定义了 NT 和 ISDN 网云之间的两线接口。R 接口定义了 TA 和与之相连的非 ISDN 设备（TE2）之间的接口。

NT1 和 NT2 合并一起的设备有时称为 NTU。

规范的 ISDN S 接口可以由多台不同性能的终端设备占有同一条总线（“S”总线）。当交换机可以与多台设备通信时，就称为“多点连接”。这样给设备增加了配置和处理呼叫的难度。这就需要使用配置文件标识符（SPID）和端点标识符（EID）。如图 10-28 所示。

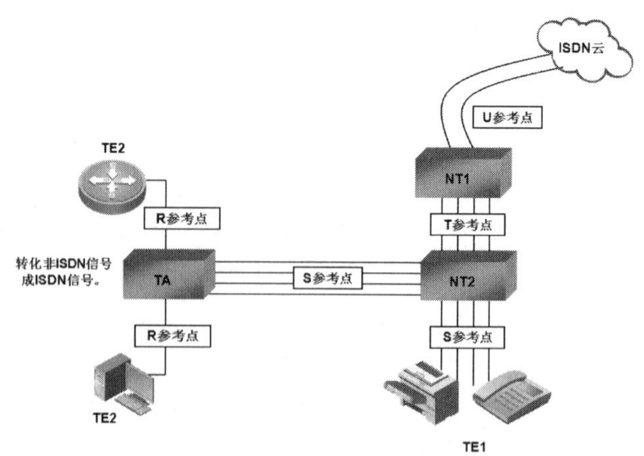

图 10-28　ISDN 参考点

选择 ISDN 设备时，了解参考点类型是非常重要的，因为参考点决定着所需要的 ISDN 接口类型。

7. ISDN 交换机类型

ISDN 交换机的种类很多，部分取决于使用交换机的国家，这是对 Q.931 的不同实施造成的结果，Q.931 是不同供应商制造的交换机所使用的 D 信道信令协议。

每种 ISDN 交换机的操作与其他的都有轻微差别，并且有一套特定的拔号建立需求，因此，在路由器可以连接 ISDN 服务之前，必须为它配置中心局所用的交换机类型。必须在配置时就对路由器指定这些信息，以便路由器可以准确地与交换机通信并进行网络级 ISDN 呼叫和发送数据。表 10-2 列出了一些国家所用的 ISDN 交换机类型。

表 10-2 ISDN 交换机类型

国家	交换机类型
美国/加拿大	AT&T 5ESS/4ESS，北方电信 DMS-100
日本	NTT
英国	Net3/Net5
欧洲	Net3

除了了解服务商使用的交换机类型外，了解电信指定的 SPID 也是必须的，SPID 是 ISDN 服务提供商用于标识 ISDN 线路配置的数字。SPID 允许多台 ISDN 设备（如语音和数据设备）共享本地环路。

每个 SPID 指向一个链路建立和配置信息，SPID 通常是一系列类似于电话号码的字符。SPID 标识了每一个连接到中心局交换机的 B 信道。标识之后，这条交换链路就可以为连接服务了。ISDN 通常用于拔号连接。在路由器初始连接到 ISDN 交换机时，SPID 就需要被处理。

8. ISDN 的特点

- 多种业务的兼容性：利用一对用户线可以提供电话、传真、可视图文用数据通信等多种业务。若用户需要更高速率的信息，可以使用一次群用户接口，连接用户交换机、可视电话、会议电视或计算机局域网。此外 ISDN 用户在每一次呼叫时，都可以根据需要选择信息速率、交换方式等。
- 数字传输：ISDN 能够提供端到端的数字连接，即终端到终端之间的通道已完全数字化，具有优良的传输性能，而且信息传送速度快。
- 标准化的接口：ISDN 能够提供多种业务的关键在于使用标准化的用户接口。该接口有基本速率接口和一次群速率接口。基本速率接口有两条 64kbps 的信息通路和一条 16kbps 的信令通路，简称 2B+D；一次群接口有 30 条 64kbps 的信息通路和一条 64kbps 的信令通路，简称 30B+D。标准化的接口能够保证终端间的互通。1 个 ISDN 的基本速率用户接口最多可以连接 8 个终端，而且使用标准化的插座，易于各种终端的接入。
- 使用方便：用户可以根据需要，在一对用户线上任意组合不同类型的终端，例如可以将电话机、传真机和PC机连接在一起，可以同时打电话，发传真或传送数据。

- 终端移动性：ISDN 的终端可以在通信过程中暂停正在进行的通信，然后在需要时再恢复通信。这一性能给用户带来了很大的方便，用户可以在通信暂停后将终端将移至其他的房间，插入插座后再恢复通信。同时还可以设置恢复通信的身份密码。
- 费用低廉：ISDN 是通过电话网的数字化发展而成的，因此只需在已有的通信网中增添或更改部分设备即可以构成 ISDN 通信网，ISDN 能够将各种业务综合在一个网内，以提高通信网的利用率，此外 ISDN 节省了用户线的投资，可以在经济上获得较大的利益。

美国Sun公司，在中国大陆的正式中文名为"太阳计算机系统（中国）有限公司"。

循环校验码（CRC码）：是数据通信领域中最常用的一种差错校验码，其特征是信息字段和校验字段的长度可以任意选定。

9. ISDN 相对于传统电话的优点

- 综合的通信业务：一条电话线可当两条用，可以使用两部电话，在上网的同时拨打、接听电话、收发传真；还可以使用两台计算机同时上网。通过配置适当的终端设备，也可以实现可视电话或会议电视功能。
- 呼叫速度快：现在通过 MODEM 上网传输速率低、质量差；ISDN 呼叫连接速度快，用户线传输速率是 64kbps 或 128kbps。用 MODEM 上网需 40 秒左右，用 ISDN 仅需 3～10 秒。
- 传输质量高：ISDN 采用端到端数字传输，接收用户端声音失真很小，而数据传输比特误码性能比传统电话线路至少改善 10 倍。
- 使用灵活方便：用户使用一个入网接口和普通电话号码就能从网络得到多种服务，用户可在这个接口上连接不同种类的终端。
- 费用适宜：由于使用单一网络提供多种服务，提高了网络资源利用率，可用低廉的费用向用户提供服务。

10.3 点对点协议 PPP

在提及 PPP 协议时，不可不提及它的老祖宗 SLIP（Serial Line Internet Protocol）协议。虽然它已被淡忘在历史的长河中，但毕竟有过辉煌的日子，曾经主载了 Internet 半边江山。SLIP 协议出现在 20 世纪 80 年代中期，并被使用在 BSD UNIX 主机和 SUN 的工作站上，因为 SLIP 简单好用，所以后来被大量使用在线路速率从 1.2bps～110.2kbps 的专用线路和拨号线路上互联主机和路由器，到目前为止仍有大部分 UNIX 主机保留对该协议的支持。在 80 年代末 90 年代初期，被广泛用于家庭中每台有 RS232 串口的计算机和调制解调器连接到 Internet。SLIP 是一种在点对点的串行链路上封装 IP 数据报的简单协议，它并非是 Internet 的标准协议。

由于 SLIP 帧的封装格式非常简单、SLIP 仅支持一种网络层协议（IP 协议）同一时刻在串行链路上发送。SLIP 协议没有在数据帧的尾部加上 CRC 校验和，如果由于线路噪声的干扰影响传送数据包的内容是无法在对端的数据链路层中发现的，必须交由上层的应用软件来处理。正是由于上面的诸多缺点，导致了

SLIP 很快被 PPP 协议所替代。

10.3.1 PPP 协议简介

1. 概述

PPP（Point-to-Point Protocol 点到点协议）是为在同等单元之间传输数据包这样的简单链路设计的链路层协议。这种链路提供全双工操作，并按照顺序传递数据包。1992 年 Internet IETF 成立了一个小组来制定点到点的数据链路协议——Intemet 标准。该标准命名为 PPP（Point-to-Point Protocol），即点到点协议，经过 1993 年和 1994 年的修订，现在已成为因特网的正式标准。

PPP 是一种分层的协议，最初由 LCP 发起对链路的建立、配置和测试。在 LCP 初始化后，通过一种或多种“网络控制协议（NCP）”来传送特定协议族的通信。在 RFC1332 文档中描述的 IP 控制协议（IPCP）允许在 PPP 链路上传输 IP 分组。其他一些 NCP 为下列协议提供服务，Apple Talk（RFC 1378）、OSI（RFC 1337）、DECnet Phase IV（RFC 1762）、Vines（RFC 1763）、XNS（RFC 1764）和透明以太网桥接（RFC 1638）。

PPP 提供了一种在点对点的链路上封装多协议数据报(IP、IPX 和 AppleTalk）的标准方法。它具有以下特性：

- 能够控制数据链路的建立。
- 能够对 IP 地址进行分配和使用。
- 允许同时采用多种网络层协议。
- 能够配置和测试数据链路。
- 能够进行错误检测。
- 支持身份验证。
- 有协商选项，能够对网络层的地址和数据压缩等进行协商。

2. PPP 协议体系结构

PPP 协议使用了 OSI 分层体系结构中的 3 层，如图 10-29 所示。

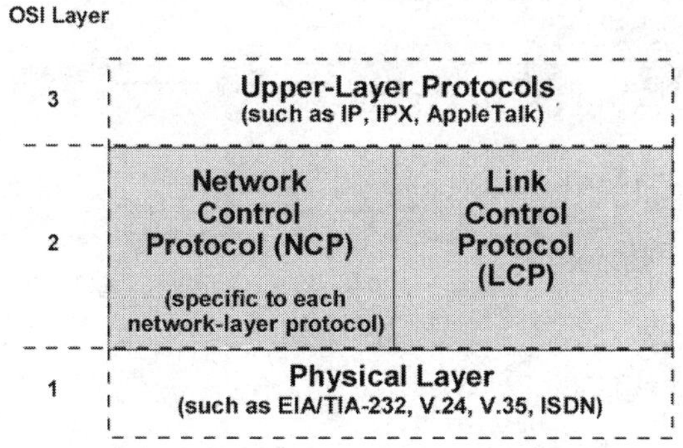

图 10-29 PPP 与 OSI 模型

- 物理层用实现点到点连接，将 IP 数据报封到串行链路。PPP 既支持异步链路（无奇偶校验的 8 比特数据），也支持面向比特的同步链路。
- 数据链路层用来建立和配置连接，用来建立、配置和测试数据链路的链

RFC(Request For Comments)—意即“请求评议”，包含了关于 Internet 的几乎所有重要的文字资料。
AFP(AppleTalk File Protocol，Apple Talk 文件协议)：Apple 公司的文件协议，用于 AppleShare 网络中服务器和客户机之间的通信。
DECnet 是由数字设备公司(Digital Equipment Corporation)推出并支持的一组协议集合。DECnet 版本分别为：DECnet Phase IV 和 DECnet phase V。
Banyan 公司的 Vines 6.0 是颇有特点的网络操作系统，它通过精心设计得 Street Tall Ⅲ提供了当时最强大的目录服务功能。

XNS 是由 Xerox 为以太网开发设计的一种对等层的网络通信标准。许多网络操作系统使用 XNS，并且 Novell NetWare 的网间分组交换(IPX)也是因为它才流行起来的。

路控制协议 LCP（Link Control Protocol）。通信的双方可协商一些选项。在[RFC 1661]中定义了 11 种类型的 LCP 分组。

- 网络层用来配置不同的网络层，网络控制协议 NCP（Network Control Protocol），支持不同的网络层协议，如 IP、OSI 的网络层、DECnet、AppleTalk 等。

PPP 使用它的 LCP 在广域网链路上协商和设置选项。PPP 使用网络控制程序组件对多种网络层协议进行封装及选项协商。LCP 位于物理层之上，PPP 也通过使用 LCP 来自动的匹配链路两端之间封装格式选项。

- 身份验证（Authentication）：用来确保呼叫者的合法身份，有两种验证方式。
  - PAP。
  - CHAP。
- 压缩（Compression）：通过减少链路中数据帧所含的数据大小，来提高 PPP 线路的吞吐量。当到达目的地后，协议对数据帧进行解压缩。
- 错误检测（Error-Detection）：PPP 的错误检测机制使进程能够识别错误的情形。
- 多链路（Multilink）：PPP 使用的路由器接口提供了负载均衡的功能。
- PPP 回拔（PPP Callback）：被用来进一步提高安全性。在这个 LCP 选项作用下，路由器可以扮演回拔客户或回拔服务器的角色。客户发起一个初始呼叫，请求回拔，并且终止初始的呼叫，如图 10-30 所示。

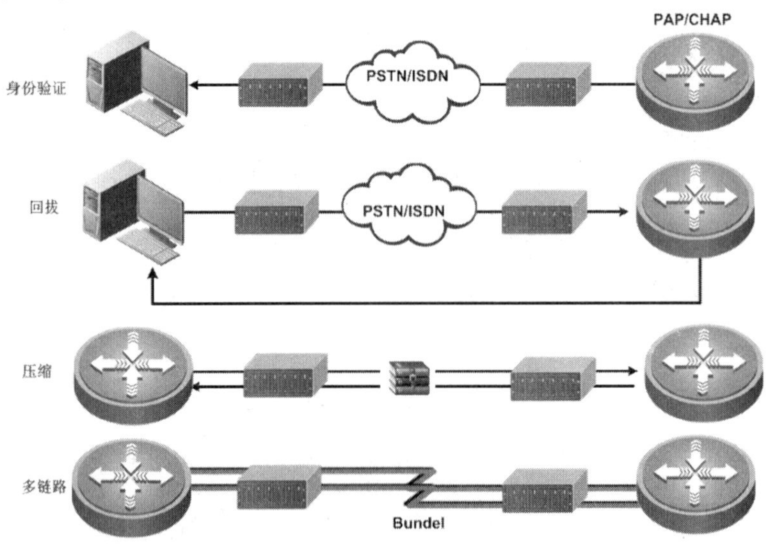

图 10-30　PPP LCP 选项

3. PPP 帧结构

PPP 帧格式和 HDLC 帧格式相似，如图 10-31 所示。二者主要区别：PPP 是面向字符的，而 HDLC 是面向位的。

1byte	1byte	1byte	2byte	不超过1500字节	2byte	1byte
标志	地址	控制	协议	信息	帧校验序列	标志
				IP报文		

图 10-31 PPP 帧格式

ASCII 码：美国（国家）信息交换标准(代)码，一种使用 7 个或 8 个二进制位进行编码的方案。

可以看出，PPP 帧的前 3 个字段和最后两个字段与 HDLC 的格式是一样的。

- ❑ 标志字段：由二进制序列 01111110 组成，十六进制为 0x7E，指示一个帧的开始和结束。
- ❑ 地址字段：由二进制序列 11111111 组成，十六进制为 0xFF，这个是标准的广播地址，PPP 并不会指定单台设备的地址。
- ❑ 控制字段：由二进制序列 00000011 组成，十六进制为 0x03，表示用户数据采用无序帧方式传输，它提供的无连接链路服务类似于逻辑链路控制（LLC）类型 1 所提供的方法。
- ❑ 协议字段：长度为 2 字节，用于标识被封装在帧中的数据字段里的协议类型，如下所示：
  - ➢ 0x0021——信息字段是 IP 数据报。
  - ➢ 0xC021——信息字段是链路控制数据 LCP。
  - ➢ 0x8021——信息字段是网络控制数据 NCP。
  - ➢ 0xC023——信息字段是安全性认证 PAP。
  - ➢ 0xC025——信息字段是 LQR。
  - ➢ 0xC223——信息字段是安全性认证 CHAP。
- ❑ 数据字段：长度为 0 或多个字节，它包含符合协议字段中指定协议的数据。该字段的最大长度默认值是 1500 字节。
- ❑ 帧校验序列：通常为 16 位（2 字节）。PPP 帧中包含这些额外的字符来进行差错控制。

当信息字段中出现和标志字段一样的比特 0x7E 时，就必须采取一些措施。因 PPP 协议是面向字符型的，所以它不能采用 HDLC 所使用的零比特插入法，而是使用一种特殊的字符填充。具体的做法是将信息字段中出现的每一个 0x7E 字节转变成 2 字节序列（0x7D，0x5E）。若信息字段中出现一个 0x7D 的字节，则将其转变成 2 字节序列（0x7D，0x5D）。若信息字段中出现 ASCII 码的控制字符，则在该字符前面要加入一个 0x7D 字节。这样做的目的是防止这些表面上的 ASCII 码控制字符被错误地解释为控制字符。

10.3.2 PPP 的工作过程

数据通信设备（路由器）的两端如果希望通过 PPP 协议建立点对点的通信，无论哪一端的设备都需发送 LCP 数据报文来配置链路（测试链路）。一旦 LCP 的配置参数选项协商完后，通信的双方就会根据 LCP 配置请求报文中所协商的认证配置参数选项来决定链路两端设备所采用的认证方式。协议默认情况下双方是不进行认证的，而直接进入到 NCP 配置参数选项的协商，直至所经历的几个配置过程全部完成后，点对点的双方就可以开始通过已建立好的链路进行网络层数据报文的传送了，整个链路就处于可用状态。

BAS（Broadband Access Server/Broadband Remote Access Server）宽带接入服务器，随着宽带域网和宽带业务的发展，对于用户已不能简单地采用包月制、无认证的管理办法。宽带接入服务器（BAS）是一种设置在网络汇聚层的用户接入服务设备，可以智能化地实现用户的汇聚、认证、计费等服务，还可以根据用户的需要，方便地提供多种 IP 增值业务。

只有当任何一端收到 LCP 或 NCP 的链路关闭报文时（一般而言协议是不要求 NCP 有关闭链路的能力的，因此通过情况下关闭链路的数据报文是在 LCP 协商阶段或应用程序会话阶段发出的），物理层无法检测到载波或管理人员对该链路进行关闭操作，都会将该条链路断开，从而终止 PPP 会话。图 10-32 为 PPP 协议整个链路过程需经历阶段的状态转移图。

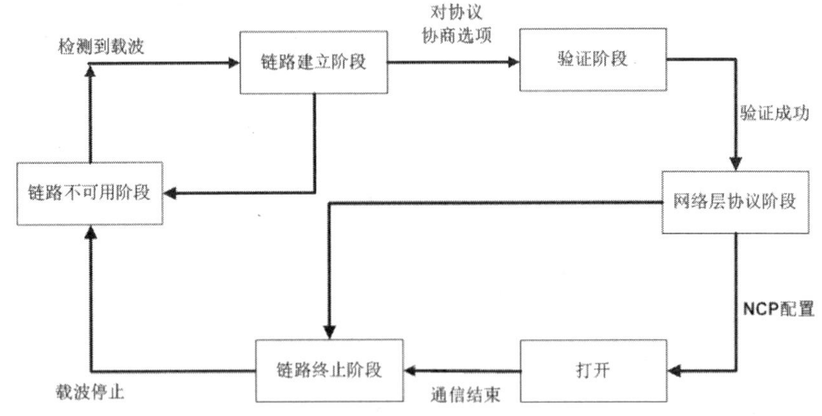

图 10-32　PPP 协议过程状态图

在点对点链路的配置、维护和终止过程中，PPP 需经历以下几个阶段。

- 链路不可用阶段：有时也称为物理层不可用阶段，PPP 链路都需从这个阶段开始和结束。当通信双方的两端检测到物理线路激活（通常时检测到链路上有载波信号）时，就会从当前这个阶段跃迁至下一个阶段（即链路建立阶段）。在链路建立阶段主要是通过 LCP 协议进行链路参数的配置，LCP 在此阶段的状态机也会根据不同的事件发生变化。当处于在链路不可用阶段时，LCP 的状态机是处于 Initial（初始化状态）或 Starting（准备启动状态），一旦检测到物理线路可用，则 LCP 的状态机就要发生改变。当然链路被断开后也同样会返回到这个阶段，往往在实际过程中这个阶段所停留的时间是很短的，仅仅是检测到对方设备的存在。
- 链路建立阶段：也是 PPP 协议最关键和最复杂的阶段。该阶段主要是发送一些配置报文来配置数据链路，这些配置的参数不包括网络层协议所需的参数。当完成数据报文的交换后，则会继续向下一个阶段跃迁，该下一个阶段既可是验证阶段，也可是网络层协议阶段。下一阶段的选择是依据链路两端的设备配置的（通常是由用户来配置，但对 BAS 设备的 PPP 模块默认就需要支持 PAP 或 CHAP 中的一种认证方式）。在此阶段 LCP 的状态机会发生两次改变，当链路处于不可用阶段时，此时 LCP 的状态机处于 Initial 或 Starting，当检测到链路可用时，则物理层会向链路层发送一个 UP 事件，链路层收到该事件后，会将 LCP 的状态机从当前状态改变为 Request-Sent（请求发送状态），根据此时的状态机 LCP 会进行相应的动作，也即是开始发送 Config-Request（配置请求）

报文来配置数据链路，无论哪一端接收到了 Config-Ack（配置确认）报文时，LCP 的状态机都要发生改变，从当前状态改变为 opened 状态，进入 Opened 状态后收到 Config-Ack（配置确认）报文的一方则完成了当前阶段，应该向下一个阶段跃迁。同理可知，另一端也是一样的，但须注意的一点是在链路配置阶段双方是链路配置操作过程是相互独立的。如果在该阶段收到了非 LCP 数据报文，则会将这些报文丢弃。

- 验证阶段：多数情况下的链路两端设备是需要经过认证后才进入到网络层协议阶段，默认情况下链路两端的设备是不进行认证的。在该阶段支持 PAP 和 CHAP 两种认证方式，验证方式的选择是依据在链路建立阶段双方进行协商的结果。然而，链路质量的检测也会在这个阶段同时发生，但协议规定不会让链路质量的检测无限制地延迟验证过程。在这个阶段仅支持链路控制协议、验证协议和质量检测数据报文，其他的数据报文都会被丢弃。如果在这个阶段再次收到了 Config-Request（配置请求）报文，则又会返回到链路建立阶段。
- 网络层协议阶段：一旦 PPP 完成了前面几个阶段，每种网络层协议（IP、IPX 和 AppleTalk）会通过各自相应的网络控制协议进行配置，每个 NCP 协议可在任何时间打开和关闭。当一个 NCP 的状态机变成 Opened 状态时，则 PPP 就可以开始在链路上承载网络层的数据包报文了。如果在个阶段收到了 Config-Request（配置请求）报文，则又会返回到链路建立阶段。
- 网络终止阶段：PPP 能在任何时候终止链路。当载波丢失、授权失败、链路质量检测失败和管理员人为关闭链路等情况均会导致链路终止。链路建立阶段可能通过交换 LCP 的链路终止报文来关闭链路，当链路关闭时，链路层会通知网络层做相应的操作，而且也会通过物理层强制关断链路。对于 NCP 协议，它是没有也没有必要去关闭 PPP 链路的。

10.3.3 PAP 和 CHAP 认证

PPP 协议也提供了可选的认证配置参数选项，默认情况下点对点通信的两端是不进行认证的。在 LCP 的请求报文中不可一次携带多种认证配置选项，必须二者择其一（PAP/CHAP），选择最希望的那一种，一般是在 PPP 设备互联的设备上进行配置的，但一般设备会默认支持一个默认的认证方式（PAP 是大部分设备所默认的认证方式）。

PPP 支持两种授权协议：PAP（Password Authentication Protocol）和 CHAP（Challenge Hand Authentication Protocol）。

1. PAP

密码验证协议（PAP，Password Authentication Protocol）通过两握手机制，为建立远程节点的验证提供了一个简单的方法。

PAP 认证是两次握手，在链路建立阶段，依据设备上的配置情况，如果是使用 PAP 认证，则验证方在发送配置请求报文时会携带认证配置参数选项，而对于被验证方而言则是不需要，它只需要收到该配置请求报文后根据自身的情况给对端返回相应的报文。如果点对点的两端设备采用的是 PAP 双向认证时，也即是它同时也作为验证方，则此时需要在配置请求报文中携带认证配置参数选项。因此，如果对于点对点的两个设备在 PPP 链路建立的过程中使用的认证方式为 PAP，那么验证方在其配置请求报文中必须含有认证配置参数选项，且该认证配置参数选项的数据域为 0xC023，图 10-33 为 PAP 认证的过程。

MD5 的全称是 Message—digest Algorithm 5（信息－摘要算法），在 90 年代初由 MIT Laboratory for Computer Science 和 RSA Data Security Inc，的 Ronald L Rivest 开发出来，经 MD2、MD3 和 MD4 发展而来。

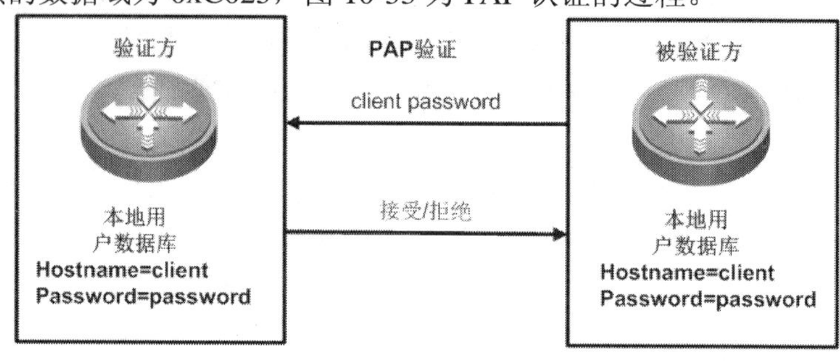

图 10-33 PAP 验证过程

当通信设备的两端在收到对方返回的配置确认报文时，就从各自的链路建立阶段进入到认证阶段，那么作为被验证方此时需要向验证方发送 PAP 认证的请求报文，该请求报文携带了用户名和密码，当验证方收到该认证请求报文后，则会根据报文中的实际内容查找本地的数据库，如果该数据库中有与用户名和密码一致的选项时，则回向对方返回一个认证请求响应，告诉对方认证已通过。反之，如果用户名与密码不符，则向对方返回验证不通过的响应报文。如果双方都配置为验证方，则需要双方的两个单向验证过程都完成后，方可进入到网络层协议阶段，否则在一定次的认证失败后，则会从当前状态返回链路不可用状态。

PAP 不是一种安全的身份验证协议。身份验证时在链路上以明文发送，而且由于验证重试的频率和次数由远程节点来控制，因此不能防止回放攻击和重复的尝试攻击。

2. CHAP

挑战握后验证协议（CHAP，Challenge Hand Authentication Protocol）使用三次握手机制来启动一条链路和周期性的验证远程节点。

与 PAP 认证比起来，CHAP 认证更具有安全性，从前面认证过程的数据包交换过程中不难发现，采用 PAP 认证时，被验证是采用明文的方式直接将用户名和密码发送给验证方的，而对于 PAP 认证则不一样。CHAP 为三次握手协议，它只在网络上传送用户名而不传送口令，因此安全性比 PAP 高。在验证一开始，不像 PAP 一样是由被验证方发送认证请求报文了，而是由验证方向被验证方发送一段随机的报文，并加上自己的主机名，通常称这个过程叫做挑战。当被验证方收到验证方的验证请求，从中提取出验证方所发送过来的主机名，然后根据该主机名在被验证方设备的后台数据库中去查找相同的用户名的记录，当查找到后就使用该用户名所对应的密钥，然后根据这个密钥、报文 ID 和验证方发送的随机报文用 MD5 加密算法生成应答，随后将应答和自己的主机名送回。同样验证方收到被验证方发送回应后，提取被验证方的用户名，然后去查找本地的数据库，当找到与被验证方一致用户名后，根据该用户名所对应的密钥、保留报文 ID 和随机报文用 MD5 加密算法生成结果，和刚刚被验证方所返回的应答进行比较，相同则返回 Ack（配置确认），否则返回 Nak（配置否认），图 10-34 为 CHAP 的认证过程。

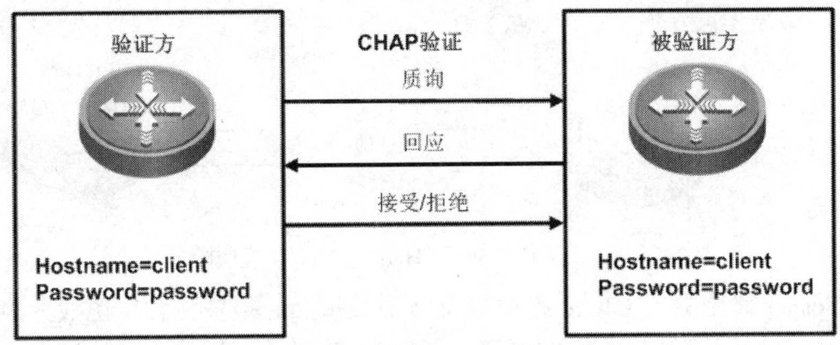

图 10-34 CHAP 验证过程

3. PPP 验证过程

当对端收到该配置请求报文后，如果支持配置参数选项中的认证方式，则回应一个确认报文；否则回应一个 Config-Nak（配置否认）报文，并附带上自希望双方采用的认证方式。当对方接收到 Config-Ack（配置确认）报文后就可以开始进行认证了，而如果收到得是 Config-Nak（配置否认）报文，则根据自身是否支持 Config-Nak 报文中的认证方式来回应对方，如果支持则回应一个新的 Config-Request（配置请求）（并携带上 Config-Nak 报文中所希望使用的认证协议），否则将回应一个 Config-Reject 报文，那么双方就无法通过认证，从而不可能建立起 PPP 链路。如图 10-35 所示。

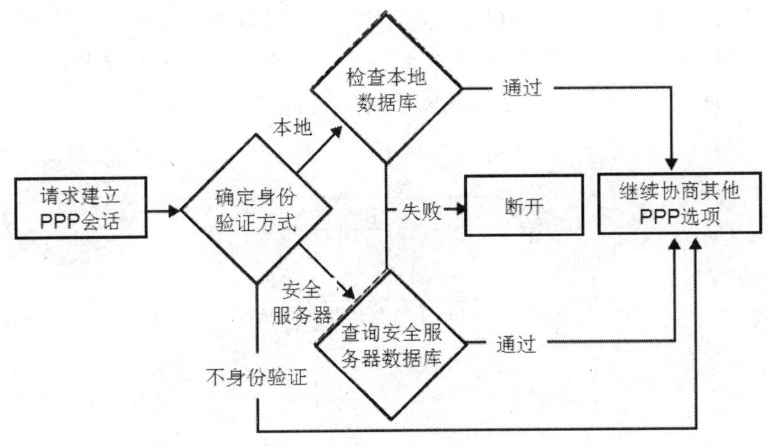

图 10-35 身份验证过程

身份验证时需要检索本地数据库或安全服务器，以检查用户所提供的用户名和密码是否匹配 CHAP 或 PAP 验证方式中指定的信息。

如果是 PAP 验证方式，在 PPP 链路建立后，被验证方重复向验证方发送用户名和密码，直到验证通过或链路终止。

如果是 CHAP 验证方式，在 PPP 链路建立后，验证方发送一个挑战消息到被验证方。远程节点使用一个数值来回应挑战。这个数值是由单向哈希函数（MD5）基于密码和挑战消息计算得出的。

哈希算法将任意长度的二进制值映射为固定长度的较小二进制值，这个小的二进制值称为哈希值。哈希值是一段数据唯一且极其紧凑的数值表示形式。如果散列一段明文而且哪怕只更改该段落的一个字母，随后的哈希都将产生不同的值。要找到散列为同一个值的两个不同的输入，在计算上是不可能的，所以数据的哈希值可以检验数据的完整性。

下面是两台路器基于 CHAP 验证的过程：

Client 路由器向 Server 路由器发起连接呼叫，LCP 协商选项中使用 CHAP 和 MD5。如图 10-36 所示。

图 10-36　CHAP 身份验证呼叫阶段

Server 路由器向 Client 路由器发送挑战报文。报文包含：挑战分组类型标识符（01）、标识该挑战分组的序列号（ID）、随机数、挑战方的认证名，该挑战分组的 ID 和随机数由 Server 路由器保存保存。挑战报文发送到 Client 路由器，Server 路由器会维护一个已发出的挑战消息的列表，如图 10-37 所示。

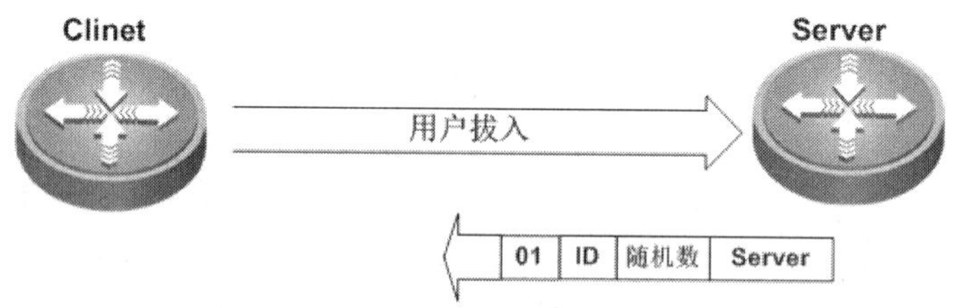

图 10-37　CAHP 身份验证挑战阶段

Client 路由器收到挑战报文后，将序列号放入 MD5 哈希生成器，将随机数放入 MD5 哈希生成器，查找本地数据库，找到与 Server 匹配的密码条目，将口令放入 MD5 哈希生成器。这个结果就是一个单向 MD5 哈希数值，这个值将会被放到 CHAP 回应中，发回挑战验证方，如图 10-38 所示。

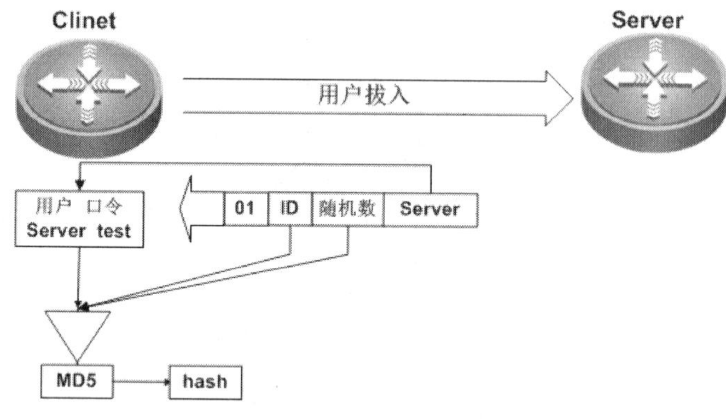

图 10-38　CHAP 身份验证回应阶段

发回验证方的回应报文包含：CHAP 回应分级类型标识符（02）、直接从挑战报文复制过来的序列号（ID）、MD5 哈希生成器的输出结果（hash）、本设备的认证名（这是为挑战方的需要，挑战方用这个认证名查找核对验证时所需的用户名和密码），如图 10-39 所示。

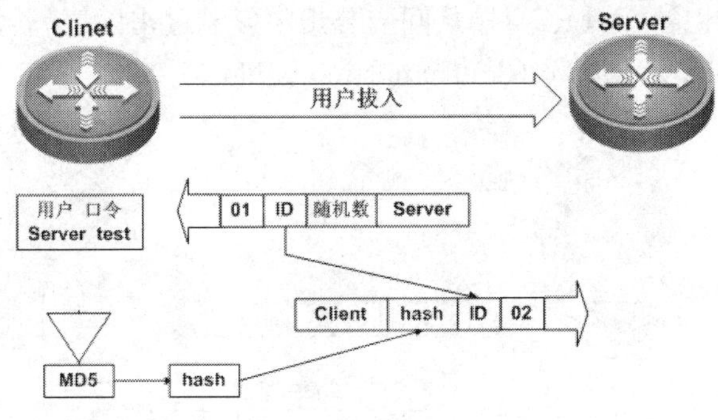

图 10-39　CHAP 身份验证回应阶段

当 Server 路由器收到回应报文后，用序列号找出原始的挑战分组，把序列号放入 MD5 哈希生成器，把原始挑战报文中的随机数放入 MD5 哈希生成器，使用 Client 路由器的认证名从本地数据库或远程认证接入用户服务（RADIUS）服务器查找口令，将口令放入 MD5 哈希生成器，将回应报文中收到的哈希值与自己所计算出来的哈希值相比较，如果自己计算出的结果与所收到的 MD5 哈希值是一致的，那么 CHAP 验证就成功了，如图 10-40 所示。

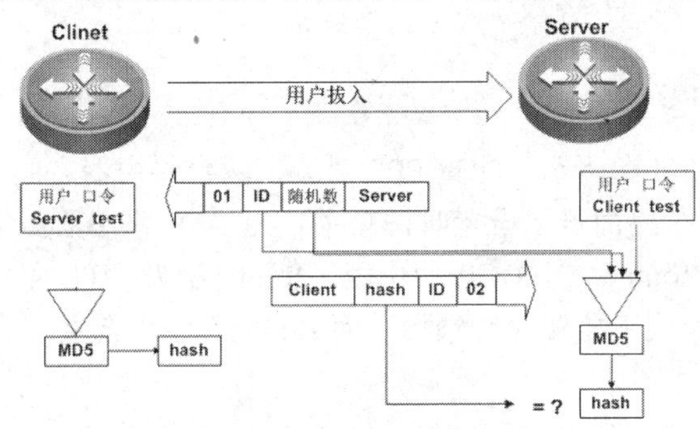

图 10-40　CHAP 身份验证确认阶段

验证成功后，发送一个 CHAP 验证成功报文，其报文包含：CHAP 验证成功消息类型标识符（03）、直接从回应分组中复制过来的序列号（ID）、某种为了让用户读的简单文本消息（Welcome in）。

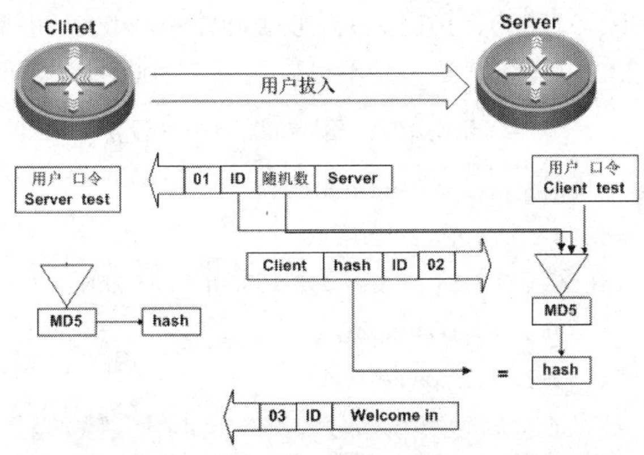

图 10-41　CHAP 身份验证确认阶段（成功）

如果验证失败，发送一个 CHAP 验证失败报文，其报文包含：CHAP 验证失

RADIUS：Remote Authentication Dial In User Service，远程用户拨号认证系统

由 RFC2865，RFC2866 定义，是目前应用最广泛的 AAA 协议。

RADIUS 协议最初是由 Livingston 公司提出的，原先的目的是为拨号用户进行认证和计费。后来经过多次改进，形成了一项通用的认证计费协议。

Bits per Second，数据传输速率的常用单位。比特是信息技术中的最小单位。在数据传输中，数据通常是串行传输的，即一个比特接一个比特地传输。数据速率的单位是比特每秒，涵义是每秒串行通过的位数的。

败消息类型标识符（04）、直接从回应分组中复制过来的序列号（ID）、某种为了让用户读的简单文本消息（Authentication failure）。

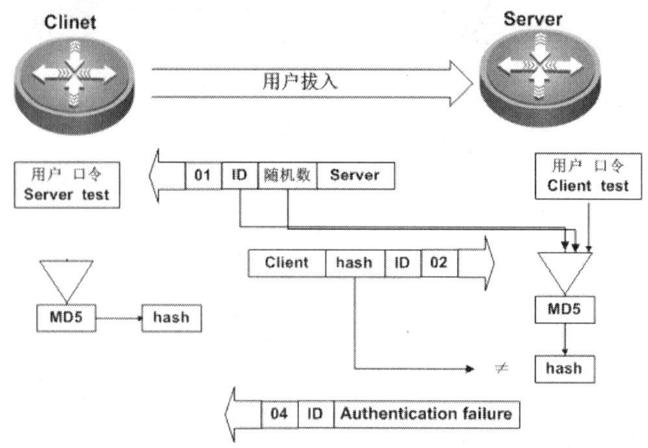

图 10-42　CHAP 身份验证确认阶段（失败）

10.3.4　配置 PPP 协议

1. 配置 PPP 封装

根据如下拓扑图所示，配置 PPP 封装，两台路由器之间使用的是串行链路，所以需要在 DCE 路由器上设置时钟频率，为 DTE 路由器提供时钟。

如果假使 RouterA 是 DCE 路由器，RouterB 为 DTE 路由器，则在 RouterA 路由器的接口模式下配置时钟频率，而 RouterB 由不需要配置时钟频率。

命令如下：

Router(config-if)#clock rate *bps*

RGNOS 系列路由器支持 EIT/TIA-232、V.35、RS-449 等 DTE 和 DCE 的电缆线，其中使用 DCE 电缆线可以提供内部时钟供串口连接，DCE 或者 DTE 电缆线可以被自动识别，但是如果是 DCE 电缆线，必须配置时钟参数，时钟速率取值范围是：1200、2400、4800、9600、19200、38400、57600、64000、115200、128000、256000、512000、1024000、2048000、4096000、8192000。其中，如果使用 EIT/TIA-232 电缆线，其时钟不可以超过 128000。如示例 10-1 所示。

示例 10-1　配置 DCE 和 DTE 设备

```
RouterA(config)#interface serial 0
RouterA(config-if)#clock rate 64000
RouterA(config-if)#ip adderss 192.168.10.1 255.255.255.0
RouterA(config-if)#no shutdown
RouterB(config)#interface serial 0
RouterB(config-if)#ip adderss 192.168.10.2 255.255.255.0
RouterB(config-if)#no shutdown
```

这样两台路由器就能进行通信了，可以使用命令 show interface 查看接口状态，如示例 10-2 所示。

示例 10-2　show interface 命令

```
RouterB#show interfaces serial 0
Index(dec):1 (hex):1
serial 0 is UP , line protocol is UP
Hardware is Infineon DSCC4 PEB20534 H-10 serial
Interface address is: 192.168.10.2/24
  MTU 1500 bytes, BW 2000 Kbit
  Encapsulation protocol is HDLC, loopback not set
  Keepalive interval is 10 sec , set
  Carrier delay is 2 sec
  RXload is 1 ,Txload is 1
  Queueing strategy: WFQ
    11421118 carrier transitions
    V35 DTE cable
    DCD=up  DSR=up  DTR=up  RTS=up  CTS=up
  5 minutes input rate 33 bits/sec, 0 packets/sec
  5 minutes output rate 34 bits/sec, 0 packets/sec
    266 packets input, 6262 bytes, 0 no buffer, 0 dropped
    Received 261 broadcasts, 0 runts, 0 giants
    0 input errors, 0 CRC, 0 frame, 0 overrun, 0 abort
    268 packets output, 6306 bytes, 0 underruns , 0 dropped
    0 output errors, 0 collisions, 2 interface resets
```

show interface 命令可以查看到当前端口封装的是 HDLC 协议，因为锐捷路由器串行接口默认封装为 HDLC 协议。如果要封装 PPP 协议，需要在接口模式下使用命令配置完成，配置命令如下：

Router(config-if)#encapsulation *encapsulation-type*

其中 *encapsulation-type* 具体参数如图 10-43 所示。

encapsulation-type	参数说明
frame-relay	封装帧中继链路协议
Hdlc	封装高级数据链路控制协议－High Data Link Control
Lapb	封装 X.25 第二层协议，平衡式链路访问规程－Link Access Protocol，Balanced
Ppp	封装点到点链路协议－Point-to-Point Protocol
Slip	封装串行互联协议－Serial Line Internet Protocol
x25	封装 X.25 分组交换协议

图 10-43　encapsulation-type 参数

图 10-44 是 PPP 封装的完整配置。

链路访问过程平衡（LAPB）是数据链路层协议，负责管理在 X.25 中 DTE 设备与 DCE 设备之间的通信和数据包帧的组织过程。

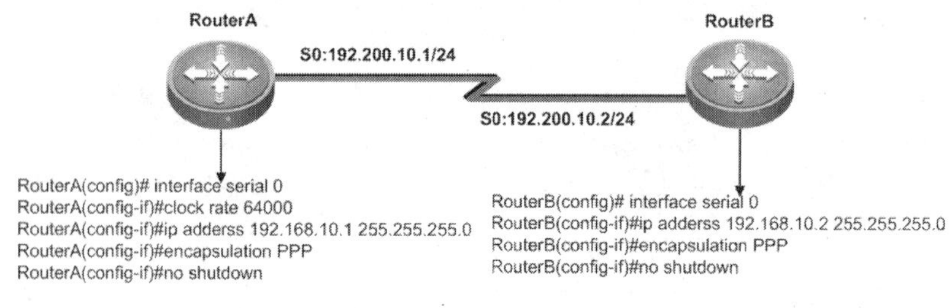

图 10-44 PPP 封装示例

通信双方必须使用相同的封装协议，如果双方采用不同地封装协议，比如一端是使用 HDLC 协议封装，而另一端使用 PPP 协议封装，则双方关于封装协议的协商将失败。此时，链路处于协议性关闭（Protocol DOWN）状态，通信无法进行。

2. 配置 PAP 验证

PAP 一方认证的配置共分为 3 个步骤：

- ❑ 建立本地口令数据库；
- ❑ 要求进行 PAP 认证；
- ❑ PAP 认证客户端配置。

步骤 1 建立本地口令数据库，验证可以检查远程设备是否有资格建立连接。配置验证时，每个路由器必须创建连接对端路由器的用户名和口令。需要在全局模式下配置命令完成：

Router(config)#username *name* {**nopassword | password** { *password* | **[0|7]** *encrypted-password* }}

其中参数：name 为用户名，password 为用户口令，0|7 为口令的加密类型，0 表示无加密，7 表示简单加密，encrypted-password 为口令文本。

步骤 2 要求进行 PAP 认证。这需要在相应接口配置模式下使用如下命令来完成：

Router(config)#ppp authentication {chap|pap|chap pap|pap chap} [callin]

其中参数：chap 是在接口上启用 CHAP 认证，PAP 是在接口上启用 PAP 认证，CHAP PAP 是同时启用 CHAP 和 PAP 认证，在执行 PAP 认证以前，先进行 CHAP 认证，PAP CHAP 是同时启用 CHAP 和 PAP 认证，在执行 CHAP 认证以前，先进行 PAP 认证，Callin 表示只有对端作为拨入端才允许单向 CHAP 或者 PAP 认证，该参数只用于异步拨号接口。RGNOS 目前的版本不支持同步口做异步接口用，该参数作为兼容性的接口。

步骤 3 PAP 认证客户端的配置只需要一条命令，即将用户名和口令发送到对端，由如下命令配置完成：

Router(config)#ppp pap sent-username *username* [**password** *encryption-type password*]

其中参数：usename 是在 PAP 身份认证中发送的用户名，encryption-type 是 PAP 身份认证中发送口令的加密类型，password 是 PAP 身份认证中发送的口令。

示例 10-3 中，将 RouterA 作为验证方，RouterB 作为被验证方，用户名为 user1，口令为 password。

示例 10-3　PAP 配置示例

```
RouterA(config)#username user1 password 0 password
RouterA(config)#interface serial 0
RouterA(config-if)#clock rate 64000
RouterA(config-if)#encapsulation PPP
RouterA(config-if)#ip adderss 192.168.10.1 255.255.255.0
RouterA(config-if)#ppp authentication pap
RouterA(config-if)#no shutdown
RouterB(config)#interface serial 0
RouterB(config-if)#encapsulation PPP
RouterB(config-if)#ip adderss 192.168.10.2 255.255.255.0
RouterB(config-if)#ppp pap sent-username user1 password 0 password
RouterB(config-if)#no shutdown
```

3. 配置 CHAP 验证

CHAP 一方认证的配置共分为两个步骤：

- ❑ 建立本地口令数据库。
- ❑ 要求进行 CHAP 认证。

示例 10-4 中，将 RouterA 作为验证方，RouterB 作为被验证方，RouterA 用户名为 RouterA，口令为 password，RouterB 用户名为 RouterB，口令为 password。

示例 10-4　CHAP 配置示例

```
RouterA(config)#username RouterB password 0 password
RouterA(config)#interface serial 0
RouterA(config-if)#clock rate 64000
RouterA(config-if)#encapsulation PPP
RouterA(config-if)#ip adderss 192.168.10.1 255.255.255.0
RouterA(config-if)#ppp authentication chap
RouterA(config-if)#no shutdown
RouterB(config)#username RouterA password 0 password
RouterB(config)#interface serial 0
RouterB(config-if)#encapsulation PPP
RouterB(config-if)#ip adderss 192.168.10.2 255.255.255.0
RouterB(config-if)#no shutdown
```

通过以上配置，路由器 RouterA、RouterB 将建立起基于 PAP 或 CHAP 的认证。但是认证双方选择的认证方法必须相同，例如一方选择 PAP，另一方选择 CHAP，这时双方的认证协商将失败。为了避免身份认证协议过程中出现这样的失败，可以配置路由器使用两种认证方法。当第一种认证协商失败后，可以选择尝试用另一种身份认证方法。

4. 故障排除

可以使用命令 **show interface serial** 来检查二层的封装，同时也可以显示 LCP

和 NCP 两者的状态，如示例 10-5 所示。

示例 10-5 show interface serial 命令输出

```
RouterB#show interface serial 0
Index(dec):1 (hex):1
serial 0 is UP  , line protocol is UP
Hardware is Infineon DSCC4 PEB20534 H-10 serial
Interface address is: 192.168.10.2/24
  MTU 1500 bytes, BW 2000 kbit
  Encapsulation protocol is PPP, loopback not set
  Keepalive interval is 10 sec , set
  Carrier delay is 2 sec
  RXload is 1 ,Txload is 1
  LCP Open
  Open: ipcp
      Queueing strategy: WFQ
    11421118 carrier transitions
    V35 DTE cable
    DCD=up  DSR=up  DTR=up  RTS=up  CTS=up
  5 minutes input rate 25 bits/sec, 0 packets/sec
  5 minutes output rate 25 bits/sec, 0 packets/sec
    1397 packets input, 26399 bytes, 0 no buffer, 0 dropped
    Received 373 broadcasts, 0 runts, 0 giants
    0 input errors, 0 CRC, 0 frame, 0 overrun, 0 abort
    1406 packets output, 25610 bytes, 0 underruns , 0 dropped
    0 output errors, 0 collisions, 11 interface resets
```

也可以使用 debug 命令检查 PPP 实时工作过程。

也可以使用 **debug ppp packets** 命令观察 PPP 通讯过程中的报文信息，如示例 10-6 所示。

示例 10-6 debug ppp packets 命令输出

```
Jul 29 18:53:36 RouterB %7:PPP: [R] PROTO TYPE 0XC021,SIZE 15
PD_TYPE=6
Jul 29 18:53:36 RouterB %7:[len=15]
Jul 29 18:53:36 RouterB %7:   01 AD 00 0F 03 05 C2 23 05 05 06 00
1D 3F 49
Jul 29 18:53:36 RouterB %7:PPP: serial 0  [I] ENQUEUE, PDD_PPP
Jul 29 18:53:36 RouterB %7:[len=10]
Jul 29 18:53:36 RouterB %7:   FF 03 C0 21 01 AD 00 0F 03 05
Jul 29 18:53:36 RouterB %7:PPP:serial 0[R]LCP CONFREQ id 173 len
15
Jul 29 18:53:36 RouterB %7:   AUTHTYPE (5) 0xc2 0x23 0x5
```

```
Jul 29 18:53:36 RouterB %7:    MAGICNUMBER (6) 0x0 0x1d 0x3f 0x49
Jul 29 18:53:37 RouterB %7:PPP: [R] PROTO TYPE 0XC021,SIZE 10 PD_TYPE=6
Jul 29 18:53:37 RouterB %7:[len=10]
Jul 29 18:53:37 RouterB %7:   02 0B 00 0A 05 06 00 1B AB E4
Jul 29 18:53:37 RouterB %7:PPP: serial 0  [I] ENQUEUE, PDD_PPP
Jul 29 18:53:37 RouterB %7:[len=10]
Jul 29 18:53:37 RouterB %7:   FF 03 C0 21 02 0B 00 0A 05 06
Jul 29 18:53:37 RouterB %7:PPP:serial 0[R]LCP CONFACK id 11 len 10
Jul 29 18:53:37 RouterB %7:   MAGICNUMBER (6) 0x0 0x1b 0xab 0xe4
Jul 29 18:53:37 RouterB %7:PPP: [R] PROTO TYPE 0XC223,SIZE 28 PD_TYPE=6
Jul 29 18:53:37 RouterB %7:[len=28]
Jul 29 18:53:37 RouterB %7:   01 07 00 1C 10 00 16 C3 CE 00 16 EC C9 00 17 15
Jul 29 18:53:37 RouterB %7:   C4 00 17 3E BF 52 6F 75 74 65 72 41
Jul 29 18:53:37 RouterB %7:PPP: serial 0  [I] ENQUEUE, PDD_PPP
Jul 29 18:53:37 RouterB %7:[len=10]
Jul 29 18:53:37 RouterB %7:   FF 03 C2 23 01 07 00 1C 10 00
Jul 29 18:53:37 RouterB %7:PPP: serial 0 [R] CHAP CHAP-CHALLENGE id 7 len 28 <0016C3CE0016ECC9001715C400173EBF>, username = RouterA
Jul 29 18:53:37 RouterB %7:PPP: [R] PROTO TYPE 0XC223,SIZE 4 PD_TYPE=6
Jul 29 18:53:37 RouterB %7:[len=4]
Jul 29 18:53:37 RouterB %7:   03 07 00 04
Jul 29 18:53:37 RouterB %7:PPP: serial 0  [I] ENQUEUE, PDD_PPP
Jul 29 18:53:37 RouterB %7:[len=10]
Jul 29 18:53:37 RouterB %7:   FF 03 C2 23 03 07 00 04 A0 03
Jul 29 18:53:37 RouterB %7:PPP: serial 0 [R] CHAP CHAP-SUCCESS id 7 len 4
Jul 29 18:53:37 RouterB %7:PPP: [R] PROTO TYPE 0X8021,SIZE 10 PD_TYPE=6
Jul 29 18:53:37 RouterB %7:[len=10]
Jul 29 18:53:37 RouterB %7:   01 05 00 0A 03 06 C0 A8 0A 01
Jul 29 18:53:37 RouterB %7:PPP: serial 0  [I] ENQUEUE, PDD_PPP
Jul 29 18:53:37 RouterB %7:[len=10]
Jul 29 18:53:37 RouterB %7:   FF 03 80 21 01 05 00 0A 03 06
Jul 29 18:53:37 RouterB %7:PPP: serial 0 [R] IPCP CONFREQ(5) id 10 len 2
Jul 29 18:53:37 RouterB %7:   Address (6) 0xc0 0xa8 0xa 0x1
Jul 29 18:53:37 RouterB %7:PPP: [R] PROTO TYPE 0X8021,SIZE 10
```

```
PD_TYPE=6
    Jul 29 18:53:37 RouterB %7:[len=10]
    Jul 29 18:53:37 RouterB %7:   02 04 00 0A 03 06 C0 A8 0A 02
    Jul 29 18:53:37 RouterB %7:PPP: serial 0  [I] ENQUEUE, PDD_PPP
    Jul 29 18:53:37 RouterB %7:[len=10]
    Jul 29 18:53:37 RouterB %7:   FF 03 80 21 02 04 00 0A 03 06
    Jul 29 18:53:37 RouterB %7:PPP: serial 0 [R] IPCP CONFACK(4) id 10
len 2
    Jul 29 18:53:37 RouterB %7:   Address (6) 0xc0 0xa8 0xa 0x2
    Jul 29 18:53:37 RouterB %7:PPP: [R] PROTO TYPE 0XC021,SIZE 12
PD_TYPE=6
    Jul 29 18:53:37 RouterB %7:[len=12]
    Jul 29 18:53:37 RouterB %7:   09 01 00 0C 00 1D 3F 49 0A 02 A0 0A
    Jul 29 18:53:37 RouterB %7:PPP: serial 0  [I] ENQUEUE, PDD_PPP
    Jul 29 18:53:37 RouterB %7:[len=10]
    Jul 29 18:53:37 RouterB %7:   FF 03 C0 21 09 01 00 0C 00 1D
    Jul 29 18:53:37 RouterB %7:PPP: serial 0 [R] LCP ECHOREQ id 1 len
12 magic 0X1D3F49
    Jul 29 18:53:37 RouterB %7:PPP: serial 0 [I] ECHO-REQ, id 1 len 8
    Jul 29 18:53:38 RouterB %7: serial 0 [O] ECHO-REQ id 1 len 8
    Jul 29 18:53:38 RouterB %7:%LINE PROTOCOL CHANGE: Interface serial
4/0, changed state to UP
    Jul 29 18:53:38 RouterB %7:PPP: [R] PROTO TYPE 0XC021,SIZE 12
PD_TYPE=6
    Jul 29 18:53:38 RouterB %7:[len=12]
    Jul 29 18:53:38 RouterB %7:   0A 01 00 0C 00 1D 3F 49 0A 02 A0 0A
    Jul 29 18:53:38 RouterB %7:PPP: serial 0  [I] ENQUEUE, PDD_PPP
    Jul 29 18:53:38 RouterB %7:[len=10]
    Jul 29 18:53:38 RouterB %7:   FF 03 C0 21 0A 01 00 0C 00 1D
    Jul 29 18:53:38 RouterB %7:PPP: serial 0 [R] LCP ECHOREP id 1 len
12 magic 0X1D3F49
    Jul 29 18:53:38 RouterB %7:PPP: serial 0 [I] ECHO-REP id 1, Current
id 1, line protocol up
```

以上的调试信息是 PPP 协商从开始到 Line Protocol Up 的所以报文，双方路由器互相发送 LCP CONFREQ，再互相做 LCP CONFACK 应答，此后进入 IPCP 协商，双方路由器互相发送 IPCP CONFREQ，并且附上本身的 IP 地址，然后在收到 IPCP 的 CONFREQ 请求之后，互相发送 IPCP CONFACK 应答附上对方的 IP 地址，然后该接口的 PPP 协商就成功了。

在 PPP 配置完成后，也可以使用命令 **debug ppp negotiation** 查看 PPP 通讯过程中协商调试信息，从而理解 PPP 协商过程，并能及时判定错误。如示例 10-7 所示。

示例 10-7 debug ppp negotiation 命令输出

```
Jul 29 19:16:42 RouterB %7:PPP: serial 0 reset lcp options
Jul 29 19:16:42 RouterB %7:LCP: serial 0 [O] OPCODE_CONFREQ [Closed]
id 12 len 10
Jul 29 RouterB %7:LCP: serial 0 [O] OPCODE_CONFREQ, type = 5 (LCP_
MAGICNUMBER), value = 0x2732ff%LINK CHANGED: Interface serial 0, changed
state to up
Jul 29 19:16:42 RouterB %7:LCP: serial 0 [I] OPCODE_CONFREQ, type
= 3 (AUTHTYPE) value = 0xc223 digest = 5 acked
Jul 29 19:16:42 RouterB %7:LCP: serial 0 [I] OPCODE_CONFREQ, type
= 5 (MAGICNUMBER) value = 0x2b3ce8 acked
Jul 29 19:16:44 RouterB %7:PPP: serial 0 TIMEout: State= Acksent
Jul 29 19:16:44 RouterB %7:LCP: serial 0 [O] OPCODE_CONFREQ [Acksent]
id 12 len 10
Jul 29 RouterB %7:LCP: serial 0 [O] OPCODE_CONFREQ, type = 5
(LCP_MAGICNUMBER), value = 0x2732ff
Jul 29 19:16:44 RouterB %7:LCP: serial 0 [I] OPCODE_CONFACK [Acksent]
id 12 len 6
Jul 29 RouterB %7:LCP: serial 0 [I] OPCODE_CONFACK, type = 5
(LCP_MAGICNUMBER), value = 0x2732ff
Jul 29 19:16:44 RouterB %7:PPP: serial 4/0 reset ipcp options
Jul 29 19:16:44 RouterB %7:PPP: serial 0 negotiation
local_addr=192.168.10.2 peer_addr=0.0.0.0
Jul 29 19:16:44 RouterB %7:IPCP: serial 0 [O] OPCODE_CONFREQ [Closed]
id 5 len 10
Jul 29 19:16:44 RouterB %7:IPCP: serial 0 [O] OPCODE_CONFREQ, type
= 3 (IPCP_ADDRESS), Address = 192.168.10.2
Jul 29 19:16:44 RouterB %7:IPCP: serial 0 [I] OPCODE_CONFREQ, type
= 3 (IPCP_ADDRESS), address = 192.168.10.1 (ACK)
Jul 29 19:16:44 RouterB %7:IPCP: ipcp_do_req_cb: returning
OPCODE_CONFACK.
Jul 29 19:16:44 RouterB %7:IPCP: serial 0 [I] OPCODE_CONFACK [Acksent]
id 5 len 6
Jul 29 19:16:44 RouterB %7:IPCP: serial 0 [I] OPCODE_CONFACK, type
= 3 (IPCP_ADDRESS), Address = 192.168.10.2
Jul 29 19:16:44 RouterB %7:PPP: --------serial 0 ipcp up!---- ------
Jul 29 19:16:44 RouterB %7:localip=192.168.10.2
peerip=192.168.10.1
Jul 29 19:16:45 RouterB %7:%LINE PROTOCOL CHANGE: Interface serial
0, changed state to UP
```

上面的命令显示了线路上 LCP 的启动、验证及最终适合的第 3 层协议的运行。

下面可以使用命令 **degub ppp authentication** 查看在 PPP 通讯过程中授权调试信息，如示例 10-8 所示。

示例 10-8　degub ppp authentication 命令输出

```
Jul 29 19:29:30 RouterB %7:PPP: ppp_clear_author(), protocol = LCP
Jul 29 19:29:30 RouterB %7:%LINK CHANGED: Interface serial 4/0, changed state to up
Jul 29 19:29:32 RouterB%7:PPP:serial 0[I]CHAP CHALLENGE id 9 len 24
Jul 29 19:29:32 RouterB %7:PPP: serial 0 recv CHAP challenge from RouterA
Jul 29 19:29:32 RouterB %7:PPP:serial 0 Search Password in local.
Jul 29 19:29:32 RouterB %7:PPP:serial 0[I]CHAP SUCCESS id 9 len 0
Jul 29 19:29:32 RouterB %7::PPP:serial 0 authentication OK, begin networkphase!
Jul 29 19:29:32 RouterB %7:PPP: ppp_clear_author(), protocol = IPCP
Jul 29 19:29:33 RouterB %7:%LINE PROTOCOL CHANGE: Interface serial 4/0, changed state to UP
```

示例 10-8 所示为 PPP 在使用验证功能之后的验证过程。

当被验证方的口令不正确时，使用 **degub ppp authentication** 命令会显示如示例 10-9 信息。

示例 10-9　degub ppp authentication 命令输出验证失败信息

```
Jul 29 19:46:06 RouterB %7:PPP: serial 0 [I] CHAP CHALLENGE id 10 len 24
Jul 29 19:46:06 RouterB %7:PPP: serial 0 recv CHAP challenge from RouterA
Jul 29 19:46:06 RouterB %7:PPP: serial 0 Search Password in local.
Jul 29 19:46:06 RouterB %7:PPP: serial 0 [I] CHAP FAILURE id 10 len 22 msg is "authentication failure"
Jul 29 19:46:08 RouterB %7:PPP: ppp_clear_author(), protocol = LCP
Jul 29 19:46:08 RouterB %7:PPP: serial 0 [I] CHAP CHALLENGE id 11 len 24
Jul 29 19:46:08 RouterB %7:PPP: serial 0 recv CHAP challenge from RouterA
Jul 29 19:46:08 RouterB %7:PPP: serial 0 Search Password in local.
Jul 29 19:46:08 RouterB %7:PPP: serial 0 [I] CHAP FAILURE id 11 len 22 msg is "authentication failure"
```

使用 **show interface serial** 命令查看接口的状态如示例 10-10 所示。

示例 10-10　show interface serial 命令查看接口状态

```
RouterB#show interfaces serial 4/0
Index(dec):1 (hex):1
serial 4/0 is UP  , line protocol is DOWN
Hardware is Infineon DSCC4 PEB20534 H-10 serial
Interface address is: 192.168.10.2/24
  MTU 1500 bytes, BW 2000 kbit
  Encapsulation protocol is PPP, loopback not set
  Keepalive interval is 10 sec , set
  Carrier delay is 2 sec
  RXload is 1 ,Txload is 1
  LCP Termsent
  Closed: ipcp
      Queueing strategy: WFQ
    11421118 carrier transitions
    V35 DTE cable
    DCD=up  DSR=up  DTR=up  RTS=up  CTS=up
  5 minutes input rate 305 bits/sec, 1 packets/sec
  5 minutes output rate 218 bits/sec, 1 packets/sec
    2769 packets input, 50942 bytes, 0 no buffer, 0 dropped
    Received 373 broadcasts, 0 runts, 0 giants
    0 input errors, 0 CRC, 0 frame, 0 overrun, 0 abort
    2667 packets output, 46825 bytes, 0 underruns , 0 dropped
    0 output errors, 0 collisions, 130 interface resets
```

通过上面示例可以看到，当 PPP 验证时口令不正确时，验证会发送“authentication failure”验证失败的信息，当查看接口状态时，其接口是“line protocol is DOWN”的状态，LCP 和 NCP 的状态为 Termsent 和 Closed。

10.4 帧中继

最初的帧中继标准化建议是由国际电报电话咨询委员会（CCITT）于 1984 年提出的。不过，由于缺乏互操作性和尚未完全标准化，帧中继并没有在上个世纪 80 年代末期得到广泛地部署。

帧中继历史上的一个重大发展发生在 1990 年，这一年 Cisco、数字设备公司（DEC）、北方电信和 StrataCom 形成了一个专注于帧中继技术发展的联盟。该联盟开发了一个符合基本帧中继协议（当时 CCITT 正在讨论它）的规范，但是它可以为复杂的网络互联环境提供附加的性能，从而扩展了该协议。这些帧中继扩展总体上被称为本地管理接口（LMI）。

自从该联盟的规范被开发和公布之后，很多厂商声明了他们对这个扩展的帧中继定义的支持。ANSI 和 CCITT 也相继对他们自己的有关最初 LMI 规范的变

CCITT 是国际电报电话咨询委员会的简称，它是国际电信联盟（ITU）的常设机构之一。主要职责是研究电信的新技术、新业务和资费等问题，并对这类问题通过建议使全世界的电信标准化。
ANSI 是一个准国家式的标准机构，它为那些在特定领域建立标准的组织提供区域许可，如电气电子工程师协会（IEEE）。这个词也常常用来表示计算机使用的低级代码表。

体进行了标准化，并且目前这些经过标准化的规范比最初的版本要更加通用。

在国际上，帧中继由国际电信联盟电信标准组进行了标准化。而在美国，帧中继是一个美国国家标准化组织（ANSI）标准。

帧中继是一种用于连接计算机系统的面向分组的通信方法。它主要用在公共或专用网上的局域网互联以及广域网连接。大多数公共电信局都提供帧中继服务，把它作为建立高性能的虚拟广域连接的一种途径。帧中继是进入带宽范围从56kbps到1.544Mbps的广域分组交换网的用户接口。

帧中继可以看做是X.25协议的简化版本，它省略了X.25协议所具有的一些强健功能，例如窗口技术和丢失数据重发技术等。这主要是因为目前帧中继技术所使用的广域网环境比起七、八十年代X.25协议普及时所存在的网络基础设施，无论在服务的稳定性还是质量方面都有了很大的提高和改进。此外，帧中继与X.25不同，是一种严格意义上的第二层协议，所以可以把一些复杂的控制和管理功能交由上层协议完成。这样就大大提高了帧中继的性能和传输速度，使其更加适合广域网环境下的各种应用。

X.25网络是第一个面向连接的网络，也是第一个公共数据网络。其数据分组包含3字节头部和128字节数据部分。它运行10年后，20世纪80年代被无错误控制，无流控制，面向连接的新的叫做帧中继的网络所取代。20世纪90年代以后，出现了面向连接的ATM网络。

帧中继网络环境下的设备可以分为两大类，即数据终端设备（DTE）和数据电路终端设备（DCE）。DTE可以被理解成是网络的末端设备，通常被放置在用户区域，直接由用户所有和控制。DTE设备包括网络终端、个人计算机、路由器和网桥等。

DCE是由运营商所有的网络互联设备，主要用来提供网络的时钟和交换服务，可以通过广域网对数据进行传输。通常，DCE设备主要是指包交换机。

DTE和DCE设备之间的连接由物理层组件和数据链路层组件两部分组成。其中，物理层组件定义设备连接的机械、电气、功能和程序规范；而数据链路层组件则主要定义设备之间的连接协议。

帧中继网络环境下，DTE和DCE设备之间的关系如图10-45所示。

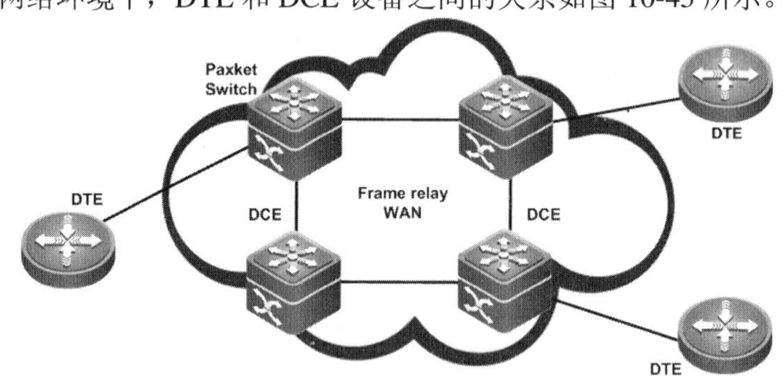

图10-45　帧中继网络中DTE与DCE关系图

10.4.1　虚电路和DLCI

1. 虚电路

为了任何两帧中继站点之间的通信，ISP必须在这个帧中继网络中为这两个站点建立一条虚拟电路，所以帧中继网络中两台DTE设备之间的连接为逻辑连接或虚电路（VC），通过向网络发送信令消息动态地建立虚电路。虚电路有两种，一种是永久性虚电路（PVC），一种是交换型虚电路（SVC）。

永久性虚电路（PVC）是一种提前定义好的，基本上不需要任何建立时间的端点站点间的连接，一般是在 DTE 设备之间通过帧中继网络进行频繁而持续的数据传输。

交换型虚电路（SVC）是端点站点之间的一种临时性连接。这些连接只持续所需的时间，并且当会话结束时就取消这种连接，仅用于 DTE 设备之间通过帧中继网络进行零星的数据传输。

帧中继网络和 X.25 网络都支持永久虚电路（PVC）和交换虚电路（SVC）。PVC 是帧中继虚电路的最普遍类型。

在帧中继网络中，PVC 和 SVC 的每一端都要分配一个数据逻路连接标识符（DLCI）来区分不同的虚电路。DLCI 存储于每个所传输的数据帧的地址字段中，DLCI 仅具有本地意义，虚电路每一端的 DLCI 值可能不同。

2. DLCI

DLCI（数据链路连接标识符）：帧中继交换机将两端的 DLCI 关联起来，它是帧中继帧格式中地字段的一个重要部分之一，这是个 6 位标识，表示正在进行的客户和服务器之间的连接，用于 RFCOMM 层。帧中继使用 DLCI 来标识 DTE 和服务商交换机之间的虚电路。DLCI 字段的长度一般为 10 比特，但也可扩展为 16 比特，前者用二字节地址字段，后者是三字节地址字段。23 比特用四字节地址字段。DLCI 值用于标识永久虚电路（PVC）、呼叫控制或管理信息。DLCI 只具有本地意义。标识用户端设备（CPE）和帧中继交换机之间的 PVC，只在本地有效。帧中继网络用户接口最多可支持 1024 条虚电路，DLCI 号码 0～15 和 DLCI 号码 1008～1023 是保留做特殊用途的，电信分配给用户的 DLCI 一般在 16～1007 的逻辑数字，如 10-46 所示。

编辑本段 CPE 用户室内设备，电话公司所提供的、安装在客户场点的终接设备（比如终端、电话和调制解调器等），与电话公司的网络相连。

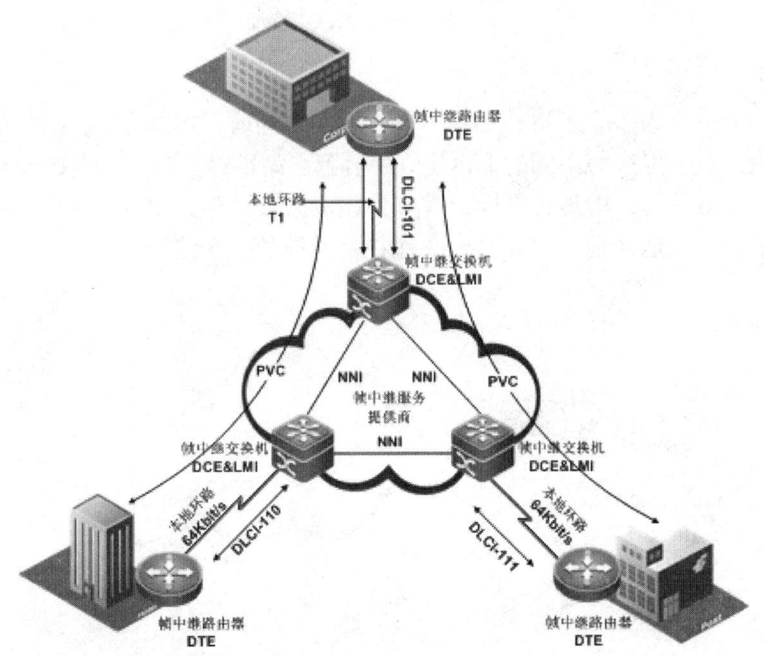

图 10-46　DLCI 值

下面介绍帧中继中网络常用的术语：

- **NNI（网络到网络接口）**：2 台交换机间通信标准，帧中继和 ATM 均使用 NNI，ATM 称为网络节点接口（Network Node Interface）。
- **本地访问速率**：与帧中继服务提供者相连链路的时钟速率或称接口速率。可以工作在 T1、T3 或者 HSSI 下。
- **Bc（承诺突发量）**：以 CIR 为基础的允许接收和发送的最大数据量，以 bps 为单位。
- **CIR(承诺信息速率)**：服务提供商承诺要提供的有保证的速率，单位 bps。
- **Be(过量突发)**：在承诺速率之外，帧中继交换试图发送的未承诺的最大额数据量，以 bps 为单位。
- **MaxR(最大速率)**：单位 bps，计算公式：MaxR=CIR×((Bc+Be)/Bc)。

帧中继的标准可以为帧中继网络中可配置和管理的永久虚拟电路（PVC）进行编址，帧中继永久虚拟电路由数据链路连接标识符（DLCI）来标识，如图 10-47 所示，帧中继的 DLCI 具有本地意义，也就是说，DLCI 的值在整个帧中继广域网上并不是唯一的，由虚电路连接的两台数据终端设备可能使用不同的 DLCI 值来指定同一个连接。

CSU（通道服务单元）：把终端用户和本地数字电话环路相连的数字接口设备。通常它和 DSU 统称为 CSU/DSU。

DSU（数据业务单元）：指的是用于数字传输中的一种设备，它能够把 DTE 设备上的物理层接口适配到 T1 或者 E1 等通信设施上。数据业务单元也负责信号计时等功能，它通常与 CSU（信道业务单元）一起提及，称作 CSU/DSU。

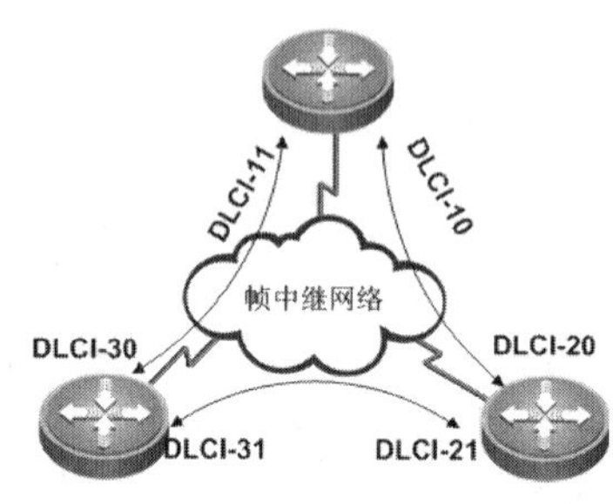

图 10-47　DLCI 特征

3.　寻址方式

当帧中继为多个逻辑数据会话提供多路复用时，ISP 的交换设备首先要建立一个表，该表用来将不同的 DLCI 值映射到出站端口，其次，当接收到一个数据帧时，交换设备分析其连接标识符并将该数据帧发送到相应的端口。最后，在第一个数据帧发送之前，将建立一条通往目的地的完全路径。如图 10-48 所示。

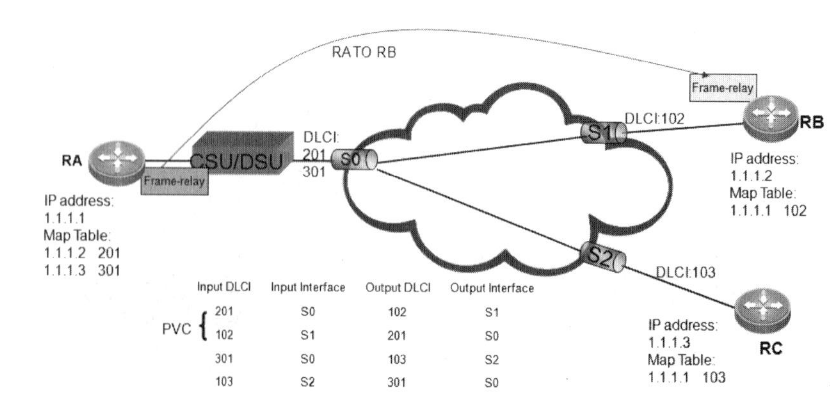

图 10-48　帧中继映射表

4. **帧结构**

在帧中继接口，数据链路层传输的帧由 4 种字段组成：标志字段 F、地址字段 A、信息字段 I 和帧校验序列字段 FCS，如图 10-49 所示。

1byte	2byte	可变值	2byte	1byte
F	A	I	FCS	F

图 10-49　帧中继帧格式

- **标志字段 F：**批示帧中继数据帧的开始和结束。
- **地址字段 A：**指示地址字段的长度。尽管帧中继的地址实际上有 2 字节，但也包括了为将来地址长度扩充而预留的地址比特，地址字段中每个字节的第 8 比特被用来指示地址，地址字段中包括以下信息：
  - DLCI 值：包含地址字段的前 10 比特。
  - 拥塞控制：地址字段的最后 3 比特，用来实现帧中继的拥塞通知机制。
- **信息字段 I：**包含的是用户数据，可以是任意的比特序列，它的长度必须是整数个字节，帧中继信息字节最大默认长度为 262 个字节，网络应能支持协商的信息字段的最大字节数至少为 1600，用来支持例如 LAN 互联之类的应用，以尽量减少用户设备分段和重装用户数据的需要。
- **帧校验序列字段 FCS：**用来保证传输数据的完整性。

Northern Telecom，加拿大贝尔公司的子公司，加拿大最大的电信和信息传递设备制造公司。又译北方电讯公司。

10.4.2　LMI

本地管理接口（LMI）是对于基本的帧中继规范的一系列增强。LMI 是由 Cisco、StrataCom、Northern Telecom 和数字设备公司于 1990 年开发出来的。它提供了管理复杂互联网络的很多特性（称为扩展）。关键的帧中继 LMI 扩展包括全局寻址、虚拟电路状态消息和多播（Multicasting）。

LMI 的全局寻址扩展提供了全局而非本地意义的帧中继数据链路连接标识符（DLCI）值。DLCI 值成为在帧中继 WAN 中唯一的 DTE 地址。全局寻址扩展为帧中继互联网络增加了功能特性和可管理性。例如，可以利用标准的地址解析和发现技术来标识单独的网络接口和连接在其上的终端节点。另外，整个帧中继网络似乎是一个路由器在其外围的典型 LAN。

LMI 的虚拟电路状态消息在帧中继 DTE 和 DCE 设备之间提供了通信和同步。这些消息用于定期报告 PVC 的状态，从而防止数据被发送入黑洞（也即 PVC 不再存在）。

LMI 的多播扩展允许分配多播组。多播通过只允许路由选择更新和地址解析消息被发送到一组特定的路由器而节省带宽。该扩展还可以在更新消息中传送多播组状态的报告。

LMI 是路由器与帧中继交换机之间使用的信令标准，交换机使用 LMI 确定已定义的 DLCI 及其状态。支持 10 秒间隔的 Keepalive 机制，用来检核数据链路的连通性。RGNOS 系统支持三种帧中继的本地管理接口类型：

- **CISCO：**Cisco、Digital 和 Northern Telecom 定义，自动协商失败后默

认的 LMI 类型，状态信息通过 DLCI 0 传送。

- **ANSI：** ANSI 标准 T1.617 定义，最常用的 LMI 类型，通过 DLCI1023 传送。
- **Q933A：** 定义为 ITU-T Q.933 的 LMI 类型，状态信息通过 DLCI 0 传送。

10.4.3 常用拓扑

在帧中继网络中，远程场点以各种不同的方式互联起来，如图 10-50 所示的常见帧中继拓扑包括以下几种。

- **星型（Star/hub-and-spoke）：** 最常见的帧中继网络拓扑，代价最小。
- **全互联（Full-Mesh）：** 冗余，但是代价大。在这样的环境中计算 VC 的数量。使用 n(n-1)/2 的公式，n 为网络中的节点数。
- **部分互联（Partial-Mesh）：** 前两种的折中方案。

一个星形拓扑是最流行的帧中继拓扑，因为它最经济有效。在这个拓扑中，远程站点都连接到一个通常提供业务或应用的中心站点上，这是最廉价的拓扑，因为它需要最小的 PVC，在这种环境中，中心路由器提供一个多点连接，因此它通常用一个单一接口互联多条 PVC。

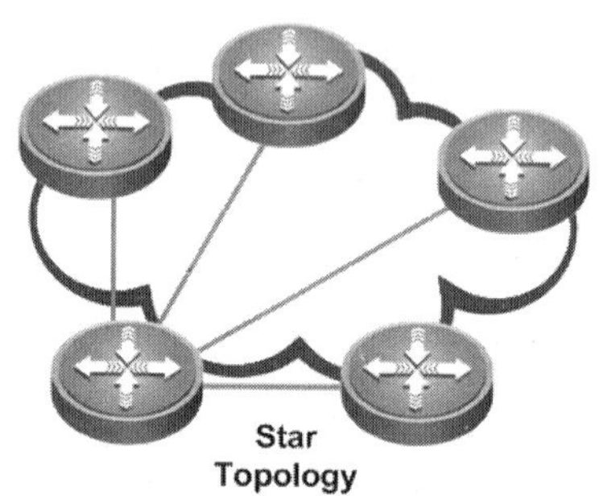

图 10-50　帧中继星型拓扑

在一个全网状拓扑中，所有路由器都具有到所有其他目的地的 PVC，尽管这种方式比星型拓扑更昂贵，但它提供了每个节点到所有其他节点的直接连接，并实现了冗余。例如，当一条链路断掉后，位于站点 A 的路由器能够通过站点 C 重新路由分组，随着全网状拓扑中节点数量的增加，拓扑会愈加昂贵。在全网状 WAN 中计算 PVC 总数的公式是[n(n-1)]/2 的公式，n 为网络中的节点数。如图 10-51 所示。

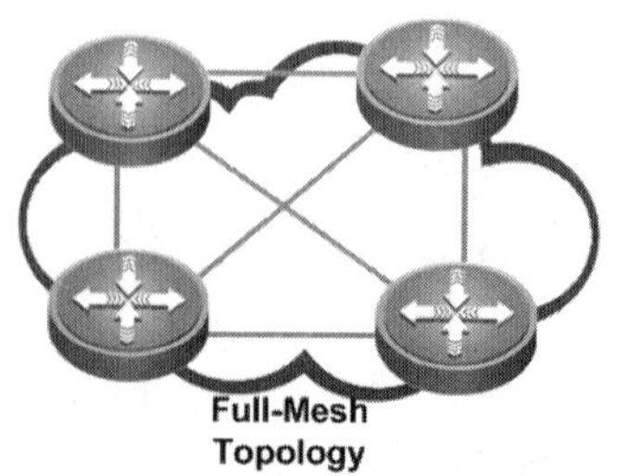

图 10-51　帧中继全网状拓扑

在一个部分网状拓扑中，并非所有站点都有直接接入其他站点。根据网络中的流量模式，要用额外的 PVC 连接承载有大数据流量的远程站点，如图 10-52 所示。

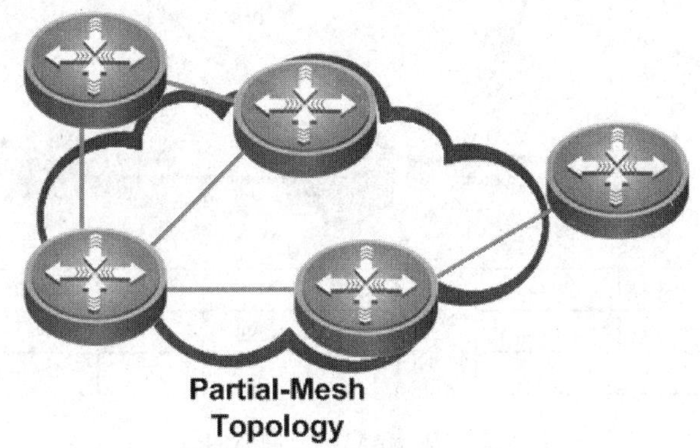

图 10-52 帧中继部分网状拓扑

NBMA（非广播多路访问网络）是 OSPF（开放最短路径优先）通信协议中四种网络的一种。NBMA 用于精确模型 X.25 和帧中继环境，这些模型不具备内部广播和多点传送能力。

如果帧中继 WAN 使用星型或部分网状拓扑，就必须考虑帧中继的非广播多路访问（NBMA）特性。特别注意水平分割的路由选择问题。

帧中继是一种非广播多路访问（NBMA）技术，如果在一条接入线路上配置多 PVC，路由协议的水平分割法则会产生问题，水平分割是一种防止发生路由环路的技术，它阻止某个接收到路由信息的接口再将该信息从同一接口发送出去，由于这个原因，必须建立二层帧地址（DLCI）与远端三层地址的映射关系，这映射既可以由网络管理员手工建立，也可通过 Inverse ARP 动态建立。

10.4.4 反向 ARP

反向 ARP 是根据源设备 MAC 地址通过广播获取 IP 地址的过程的地址解析协议。反向 ARP（Inverse ARP,InARP）实质上是用于非广播多路访问网络的 ARP。大多数 WAN 链路是 NBMA 环境，因此广播是行不通。所以，必须使用另一种机制来将物理地址解析成逻辑地址。然而，在 NBMA 环境中，所面临的问题通常并不是已知 IP 地址而想要知道 MAC 地址（或其他数据链路层地址）；而恰巧相反，例如，在帧中继网络中，早已知道用来与邻居进行通信的物理地址（DLCI），因此，首先必须使用该物理地址来建立连接，但并不是邻居的 IP 地址。

反向 ARP 机制允许路由器自动建立帧中继映射，该映射将 DLCI 和路由器的网络地址相关联，在路由器学习到已连接的 VC 信息后，它会发送一个 Inverse ARP 请求信息以发现另一端上每个 VC 对应的三层地址信息。本地 DTE 在每条 VC 上发送一个 Inverse ARP，而远端的 DTE 回应三层地址信息，然后路由器建立一张三层信息到 DLCI 的映射表。如果网络中运行多种三层协议，Inverse ARP 对每一种发送请求。也可以手工设置 DLCI 到远端三层地址的映射，如图 10-53 所示。

路由器可以从路由表决定下一跳地址，但该地址必须被解析到一个帧中继 DLCI，这个解析过程是通过一个称为帧中继映射（Frame Relay Map）的数据结构来完成。路由表提供出站通信流量的下一跳协议地址或 DLCI，该数据结构可在路由器中静态配置，或使用反向 ARP 功能特性来自动建立映射，如图 10-54 所示。

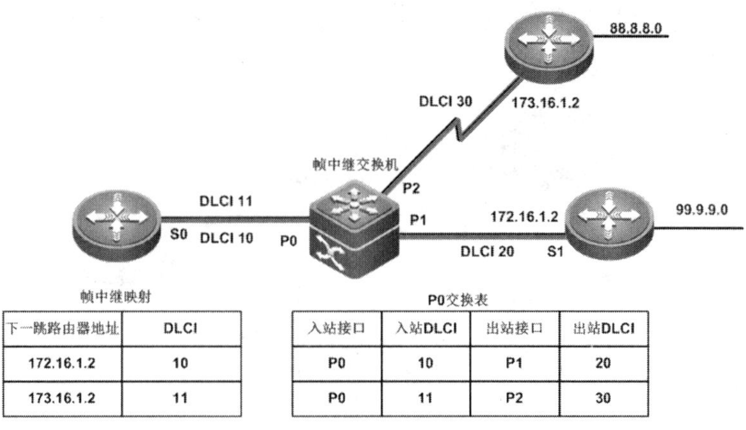

下一跳路由器地址	DLCI
172.16.1.2	10
173.16.1.2	11

入站接口	入站DLCI	出站接口	出站DLCI
P0	10	P1	20
P0	11	P2	30

图 10-53　反向 ARP

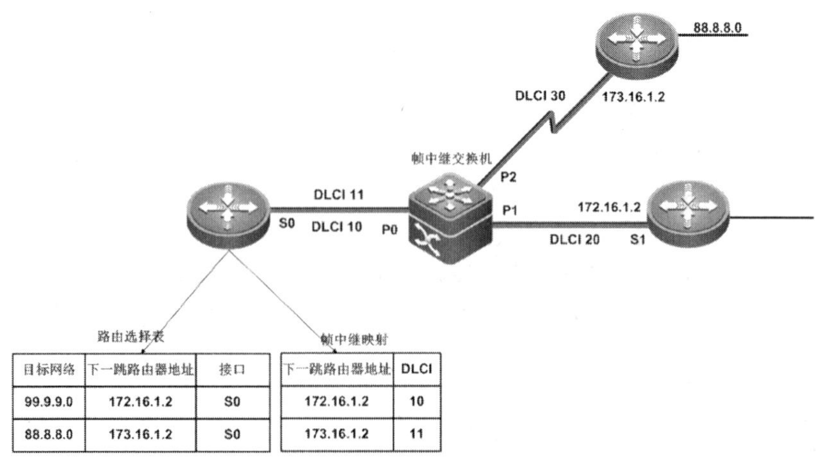

目标网络	下一跳路由器地址	接口
99.9.9.0	172.16.1.2	S0
88.8.8.0	173.16.1.2	S0

下一跳路由器地址	DLCI
172.16.1.2	10
173.16.1.2	11

图 10-54　帧中继映射

帧中继交换表由 4 个条目组成，两个用来表示入站的接口和 DLCI，两个用来表示出站的接口和 DLCI，因此，经过每台交换机时，DLCI 要被重新映射，访问端口可以改变，这正是即使访问端口能够改变时而 DLCI 却不可以改变的原因。

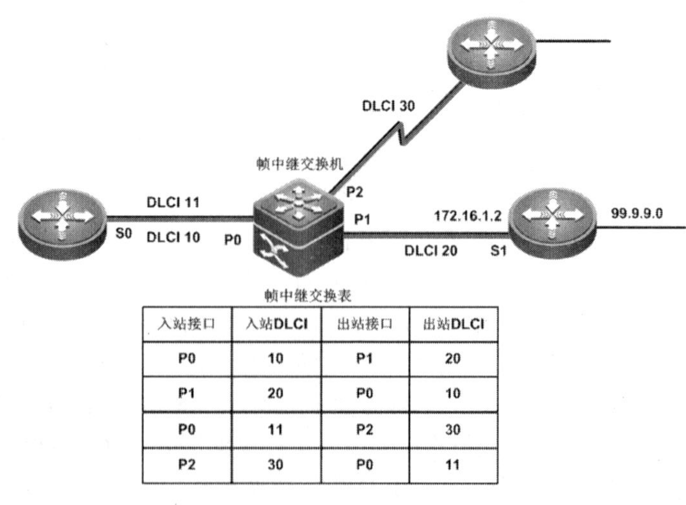

入站接口	入站DLCI	出站接口	出站DLCI
P0	10	P1	20
P1	20	P0	10
P0	11	P2	30
P2	30	P0	11

图 10-55　帧中继交换表

10.4.5 帧中继子接口

在帧中继网络中，对于通过一个接口支持多点连接的路由器来说容易出现可达性问题，也容易出现用户数据流的延迟大，数据和路由更新分组丢包率高等问题，如图 10-56 所示。

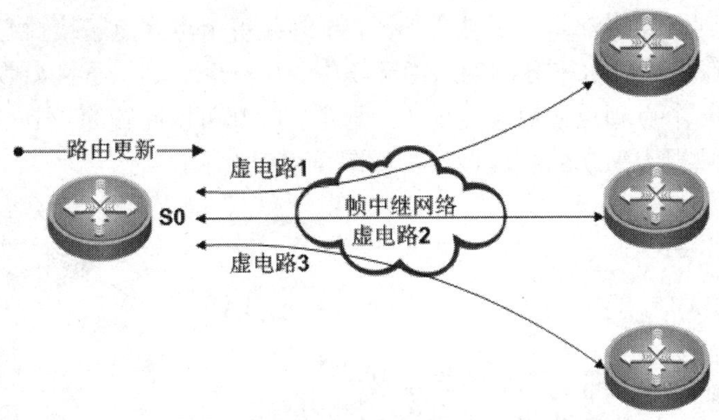

图 10-56　多点帧中继可性问题

由 S0 接有大量的 PVC，路由器必须复制路由更新，并通过每条 PVC 将其通告给远程路由器，对于广播流量来说，也必须复制，并通过每条活动的连接发送出去，路由更新占用大量的链路带宽，导致用户数据流的延迟，更新还占用了接口的缓存，导致用户数据和路由更新分组丢包。

另外对于距离矢量路由协议来说，由于水平分割的特性，将引发可达性问题。对于由于水平分割引起的不可达，最简单的解决方案是关闭水平分割。这种解决方案存在两个问题，只有使用的网络协议 IP 时，才能关闭水平分割，禁用了水平分割会增加网络出现环路的可能性。

在帧中继网络中最好的解决方案就是使用子接口。子接口是物理接口的逻辑组成部分，在子接口的配置过程中，每条 PVC 可以配置为一个点到点的连接，从而允许子接口像专线那样工作。

子接口可以解决多点帧中继网络中距离矢量路由协议和水平侵害所引起的问题，如图 10-57 所示。

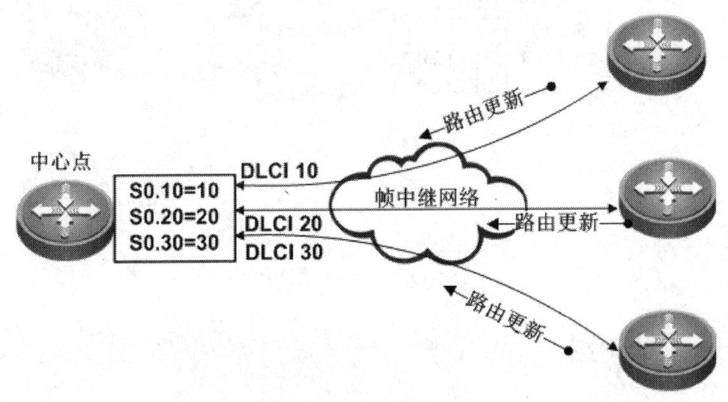

图 10-57　帧中继子接口

可配置子接口以支持下列连接类型：

- 点到点。
- 多点。

配置点到点配置时，每个子接口被用来建立一条 PVC，该 PVC 连接到远程路由器的一个接口或子接口，这两个子接口位于同一子网中，其中每个子接口都只有一个 DLCI。

每条点到点连接都是一个独立的子网，因此每个点到点子接口必须有自己的网段。即使在启用了水平分割的路由环境中，从一个点到点子接口收到的路由更新可以从另一个点到点接口发送出去，每条 VC 都可以配置为点到点连接，这样子接口可以被视为独立的物理接口，如图 10-58 所示。

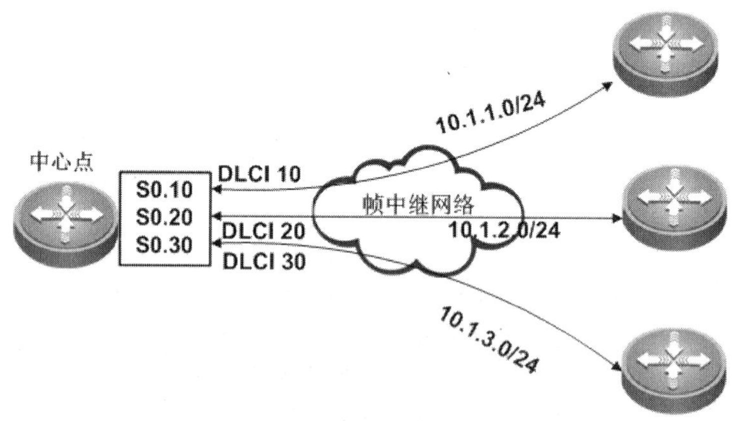

图 10-58　点到点子接口

使用多点子接口时，单个子接口可以被用来建立多条 PVC，这些 PVC 分别连接到远程网络上的接口或子接口，所有参与的接口都位于同一个子网中，其中每个子接口都有本地 DLCI，在这个环境中，子接口如同常规的 NBMA 网络，广播数据流将受到水平分割的限制，如图 10-59 所示。

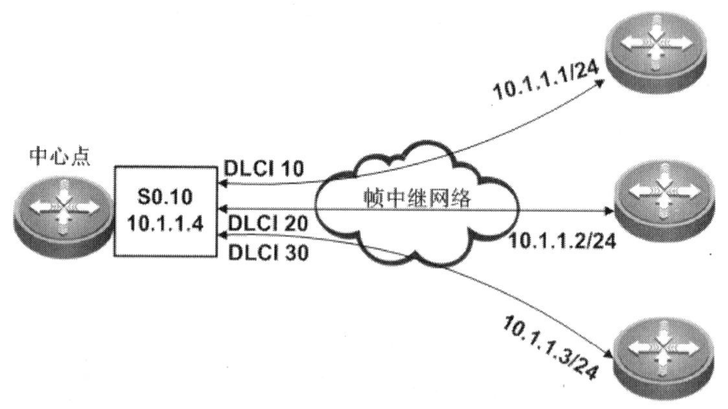

图 10-59　多点子接口

10.4.6　配置帧中继

1. 基本配置

帧中继的配置主要有以下几个部分：

- 配置接口封装协议。
- 配置动态或者静态地址映射。
- 配置本地管理接口 LMI 参数(可选)。

步骤 1 配置封装协议，在接口模式下，使用如下命令完成配置：

Ruijie(config-if)#encapsulation frame-relay [ietf]

为了和主流设备兼容，系统默认封装的帧中继的格式是 cisco 封装，如果没有特殊的使用场合，请配置 ietf 类型，即使用 encapsulation frame-relay ietf 命令

步骤 2 配置动态或静态映射，静态地址映射反映远端设备的 IP 地址和本地 DLCI 的对应关系，地址映射可以手工配置，可以使用下面命令完成配置：

Ruijie(config-if)#frame-relay map ip *ip-address dlci* **[broadcast|ietf|cisco]**

在对端设备不支持反向 ARP(动态地址映射)协议时，本地端必须配置静态地址映射才能通讯，设置静态映射之后，反向 ARP 自动失效。

IETF 可选关键字指示帧中继进程使用 IETF 帧中继 RFC1490 封装方法。当路由器与一个帧中继网络上的指定使用 cisco 封装的设备通信时，使用 **cisco** 关键字。使用 **cisco** 或 **ietf** 关键字可以覆盖接口配置命令 **encapsulation frame-relay** 所指定的方法。不指定 cisco 或者 ietf 关键字将使地址映射继承接口配置命令 **encapsulation frame-relay** 所设置的属性。

当网络协议需要使用广播功能时使用关键字 Broadcast，在 IP 网络上使用 OSPF 或者 RIP 路由协议时，使用该关键字尤其重要。

步骤 3 配置本地管理接口，这是个可选配置，RGNOS 系统支持三种帧中继的本地管理接口类型：Q.933A、ANSI 和 CISCO 格式。用户在配置设置该参数时必须和帧中继网络的接入设备（DCE 端）的一致，系统默认是 Q933A，一般局方提供 ANSI 类型，和工业主流设备 cisco 设备相连时，也可以采用和 Cisco 相一致的管理类型 cisco 格式。

如图 10-60 和示例所示为完整的配置过程。

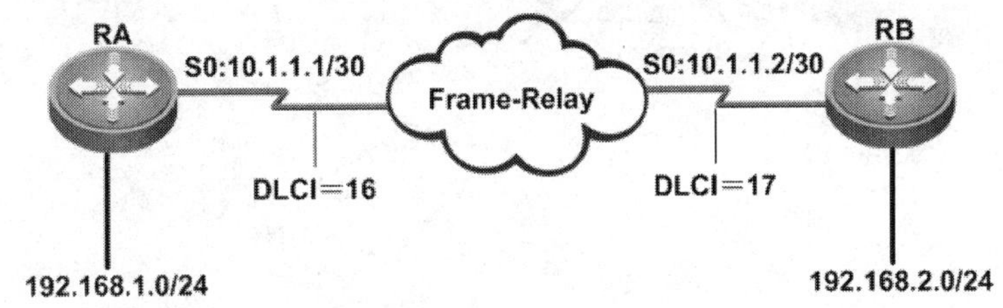

图 10-60 帧中继点到点

```
RA(config)#interface serial 0
RA(config-if)#ip address 10.1.1.1 255.255.255.252
RA(config-if)#encapsulation frame-relay ietf
RA(config-if)#frame-relay map ip 10.1.1.2 16
RB(config)#interface serial 0
RB(config-if)#ip address 10.1.1.2 255.255.255.252
RB(config-if)#encapsulation frame-relay ietf
RB(config-if)#frame-relay map ip 10.1.1.1 17
```

2. 配置帧中继子接口－点到点子接口

子接口的应用可以按照如下的步骤进行：

- ❑ 创建子接口。
- ❑ 配置帧中继子接口的 DCLI 号。
- ❑ 配置帧中继子接口 PVC 及建立地址映射。

步骤 1　创建子接口，使用下面命令完成配置。

Ruijie(config)#interface serial *slot-number/interface-number.subinterface-number* **[multipoint|point-to-point]**

步骤 2　配置 DLCI 号，使用下面命令完成配置。

Ruijie(config-subif)#frame-relay interface-dlci *dlci*

步骤 3　建立帧中继子接口地址映射，使用下面命令完成配置。

建立帧中继子接口静态地址映射：**Ruijie(config-subif)#frame-relay map ip** *ip-address dlci [option]*

允许/禁止帧中继子接口反转 ARP：**Ruijie(config-subif)#frame-relay inverse-arp** *ip [dlci]*

3 台路由器，路由器 R1 封装帧中继点到点子接口，路由器 R2、R3 在物理层接口上封装帧中继，都工作在 DTE 方式，DLCI 号在 R1 上分别是 16、17，R2 的 DLCI 号是 20，R3 的 DLCI 号是 19。采用 ANSI 本地管理类型。如图 10-61 和示例所示配置。

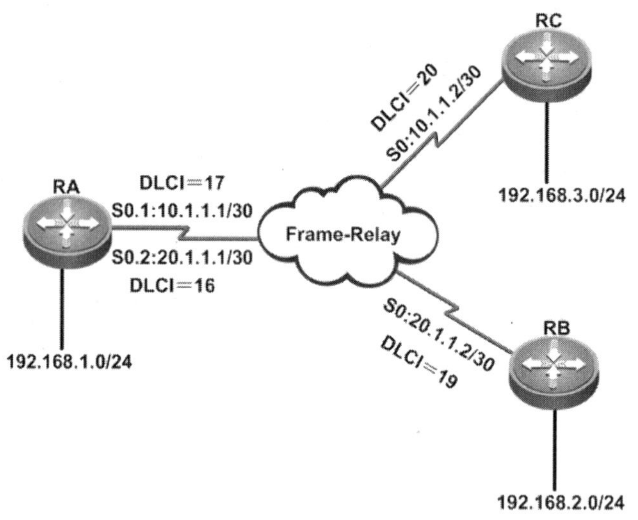

图 10-61　帧中继点到点子接口

```
RA(config)#interface serial1/0
RA(config-if)#encapsulation frame-relay ietf
RA(config-if)#frame-relay lmi-type ansi
RA(config)#interface serial0.1 point-to-point
RA(config-subif)#ip address 10.1.1.1 255.255.255.252
RA(config-subif)#frame-relay interface-dlci 16
RA(config)#interface serial0.2 point-to-point
```

```
RA(config-subif)#ip address 20.1.1.1 255.255.255.252
RA(config-subif)#frame-relay interface-dlci 17
RB(config)#interface serial0
RB(config-if)#ip address 10.1.1.2 255.255.255.252
RB(config-if)#encapsulation frame-relay ietf
RB(config-if)#frame-relay lmi-type ansi
RB(config-if)#frame-relay map ip 10.1.1.1 20 broadcast
RC(config)#interface serial1/0
RC(config-if)#ip address 20.1.1.2 255.255.255.252
RC(config-if)#encapsulation frame-relay ietf
RC(config-if)#frame-relay lmi-type ansi
RC(config-if)#frame-relay map ip 20.1.1.1 19 broadcast
```

3. 配置帧中继子接口－点到多点子接口

4 台路由器，路由器 R1 的子接口 serial0.1 封装帧中继点到多点子接口，分别映射到 R2、R3 的两个物理接口，路由器 R1 的子接口 serial0.2 封装帧中继点到点子接口，映射到 R4 的物理接口。路由器 R2、R3、R4 在物理层接口上封装帧中继，都工作在 DTE 方式，DLCI 号在 R1 上分别是 16、17、18，R2 的 DLCI 号是 20，R3 的 DLCI 号是 19，R4 的 DLCI 号是 21。采用默认的 Q933A 本地管理类型。路由器 R1 将采用静态路由映射的方式手工指定帧中继的地址映射表。子接口 Serial0.2 是点到点的子接口类型。如图 10-62 和示例配置。

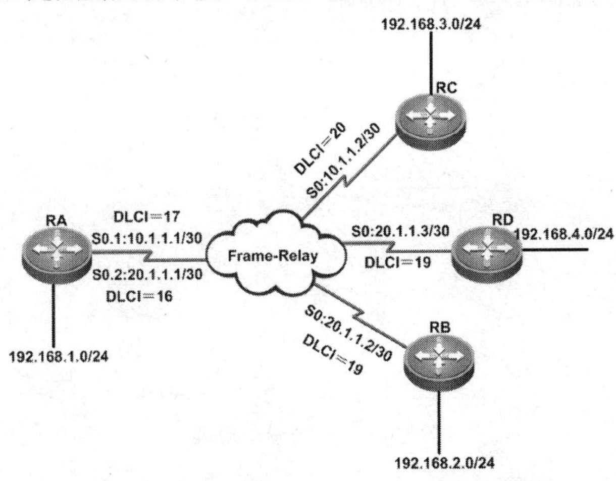

图 10-62 帧中继点到多点子接口

```
Ruijie(config)#interface serial1/0
Ruijie(config-if)#encapsulation frame-relay ietf
Ruijie(config)#interface serial1/0.1 multipoint
Ruijie(config-subif)#ip address 1.1.1.1 255.255.255.0
Ruijie(config-subif)#frame-relay map ip 1.1.1.2 16
Ruijie(config-subif)#frame-relay map ip 1.1.1.3 17
Ruijie(config)#interface serial1/0
```

```
Ruijie(config-if)#ip address 1.1.1.2 255.255.255.0
Ruijie(config-if)#encapsulation frame-relay ietf
Ruijie(config-if)#frame-relay map ip 1.1.1.1 20
Route(config)#interface serial1/0
Ruijie(config-if)#ip address 1.1.1.3 255.255.255.0
Ruijie(config-if)#encapsulation frame-relay ietf
Ruijie(config-if)#frame-relay map ip 1.1.1.1 19
```

4. 配置帧中继交换机

RGNOS 系列路由器支持帧中继的交换功能，用此功能可以将路由器模拟成局方网络侧的交换机，配置帧中继的交换必须注意以下几点：

- ❑ 设定帧中继交换使能命令。
- ❑ 设定接口的 intf-type 为 DCE 类型。
- ❑ 必须配置帧中继交换路由。

步骤 1 设定帧中继交换使能命令，可以使用下面命令完成配置。

Ruijie(config-if)#frame-relay intf-type {dte|dce}

步骤 2 设定接口为 DCE 类型，可以使用下面命令完成配置。

Ruijie(config)#frame-relay switching

步骤 3 配置帧中继交换路由，可以使用下面命令完成配置。

Ruijie(config)#frame-relay route *in-dlci* **interface** *serial number out-dlci*

配置过程如图 10-63 和示例所示。

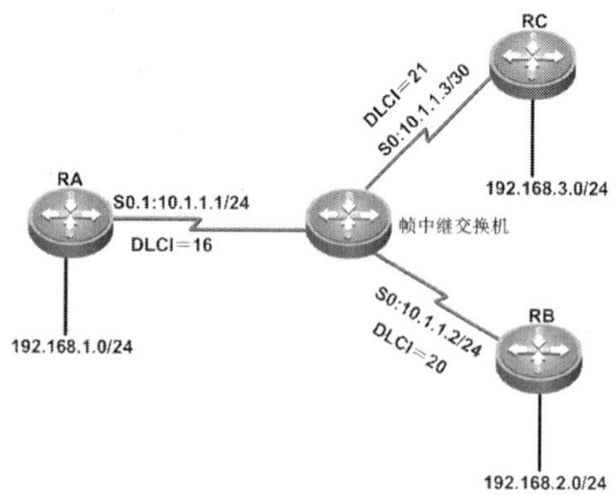

图 10-63 帧中继交换机

```
FR(config)#frame-relay switching
FR(config)#interface serial0/0
FR(config-if)#encapsulation frame-relay
FR(config-if)#frame-relay intf-type dce
FR(config-if)#frame-relay route 16 interface Serial0/1 21
FR(config-if)#frame-relay route 17 interface Serial0/2 20
FR(config)#interface Serial0/1
FR(config-if)#encapsulation frame-relay
FR(config-if)#frame-relay intf-type dce
```

```
FR(config-if)#frame-relay route 21 interface Serial0/0 16
FR(config)#interface Serial0/2
FR(config-if)#encapsulation frame-relay
FR(config-if)#frame-relay intf-type dce
FR(config-if)#frame-relay route 20 interface Serial0/0 17
RA(config)#interface serial0/0
RA(config-if)#encapsulation frame-relay ietf
RA(config-if)#frame-relay map ip 1.1.1.2 16
RA(config-if)#frame-relay map ip 1.1.1.3 17
RB(config)#interface serial0/0
RB(config-if)#encapsulation frame-relay ietf
RB(config-if)#frame-relay map ip 1.1.1.1 20
RC(config)#interface serial0/0
RC(config-if)#encapsulation frame-relay ietf
RC(config-if)#frame-relay map ip 1.1.1.1 21
```

5. **帧中继维护**

调试帧中继事件信息：

Ruijie#debug frame-relay events

调试帧中继本地管理信息的报文信息：

Ruijie#debug frame-relay lmi [interface serial *slot-number/interface-number*]

调试帧中继报文传输的信息：

Ruijie#debug frame-relay packet

显示同步口接口的信息：

Ruijie#show interfaces serial *slot-number/interface-number*

显示帧中继本地管理信息：

Ruijie#show frame-relay lmi

显示帧中继映射表：

Ruijie#show frame-relay map

显示帧中继永久虚电路 PVC 信息：

Ruijie#show frame-relay pvc

10.5 总 结

- 广域网(Wide Area Network ,简称 WAN)是一种跨地区的数据通讯网络，通常包含一个国家或地区。
- 电路交换是广域网所使用的一种交换方式。可以通过运营商网络为每一次会话过程建立，维持和终止一条专用的物理电路。
- 分组是指包含用户数据和协议头（包括地址和管理信息）的块，每个分组通过网络交换机或路由器被传送到正确目的地。

- ❑ 公共电话网：即 PSTN（Public Swithed Telephone Network），速度为 9.6kbps～28.8kbps，经压缩后最高可达 115.2kbps，传输介质是普通电话线。
- ❑ 综合业务数字网：即 ISDN（Integrated Service Digital Network），也是一种拨号连接方式。
- ❑ 专线也称为租用线路，即 Leased Line，在中国称为 DDN，是一种点到点的连接方式，速度一般选择 64kbps～2048kbps，它的最高带宽可达 2.5bps。
- ❑ X.25 协议(也称为 Recommendation X.25)是最古老的 WAN 协议之一，它采用的是 20 世纪 60 年代和 20 世纪 70 年代开发的包交换技术。
- ❑ 帧中继的 ITU-T 标准于 1984 年提议，以满足高容量、高带宽的 WAN 提出的要求。
- ❑ ATM 是一个用于数据、语音、视频以及多媒体应用程序的高速网络传输方法。
- ❑ 数字用户线路（Digital Subscriber Line，缩写：DSL），是通过铜线或者本地电话网提供数字连接的一种技术。
- ❑ 高级数据链路控制（HDLC）协议是基于的一种数据链路层协议，在 1979 年，国际标准化组织（ISO）使 HDLC 标准化，把它作为一种标准的面向比特的数据链路层协议用来封装同步串行数据链路中的数据。
- ❑ PPP 是一个面向连接但不可靠的面向字节的连接，使用无编号帧。
- ❑ PPP 支持两种授权协议：PAP（Password Authentication Protocol）和 CHAP（Challenge Hand Authentication Protocol）。
- ❑ 帧中继历史上的一个重大发展发生在 1990 年，这一年 Cisco、数字设备公司（DEC）、北方电信和 StrataCom 形成了一个专注于帧中继技术发展的联盟。

10.6 复习题

（1）广域网和局域网本质的区别是什么？

（2）广域网链路分为电路交换和分组交换，什么是电路交换？什么是分组交换？

（3）综合业务数字网（Integrated Services Digital Network，ISDN）是一个数字电话网络国际标准，是一种典型的电路交换网络系统。请阐述 ISDN 的特性及工作原理。

（4）PPP 的主要特征是什么？

（5）简述 PPP 认证的过程。

（6）比较 PAP 和 CHAP 的优缺点。

（7）请阐述帧中继工作理原理及其配置。

第 11 章　虚拟专用网（VPN）

本章重点

- VPN 类型、术语
- 加密系统
- IPSec 技术
- IPSec VPN 配置案例

当今的商业发展变得比以往更加全球化、移动化，需要建立比以往更多的连接。尤其是网络经济的发展，企业日益扩张，客户分布日益广泛，合作伙伴日益增多，这种情况促使了企业的效益日益增长，另一方面也越来越凸现传统企业网的功能缺陷：传统企业网基于固定物理地点的专线连接方式已难以适应现代企业的需求。于是企业对于自身的网络建设提出了更高的需求，主要表现在网络的灵活性、安全性、经济性、扩展性等方面。在这样的背景下，VPN（虚拟专用网）以其独具特色的优势赢得了越来越多的企业的青睐，令企业可以较少地关注网络的运行与维护，而更多地致力于企业的商业目标的实现。

VPN 是能够提供当今商业发展所需网络功能的理想的途径。它可以使公司获得使用公用通信网络基础结构所带来的便利和经济效益，同时获得使用专用的点到点连接所带来的安全。

VPN 的英文全称是“Virtual Private Network”，翻译过来就是“虚拟专用网络”。顾名思义，虚拟专用网络可以把它理解成是虚拟出来的企业内部专线。

ATM 是 Asynchronous Transfer Mode（ATM）异步传输模式的缩写。

ATM 是一项数据传输技术。ATM 是以信元为基础的一种分组交换和复用技术，它是一种为了多种业务设计的通用的面向连接的传输模式。它适用于局域网和广域网，它具有高速数据传输率和支持许多种类型如声音、数据、传真、实时视频、CD 质量音频和图像的通信。

11.1　VPN 类型、术语

11.1.1　VPN 概述

利用公共网络来构建的私人专用网络称为虚拟私有网络（VPN，Virtual Private Network），用于构建 VPN 的公共网络包括 Internet、帧中继、ATM 等。在公共网络上组建的 VPN 像企业现有的私有网络一样提供安全性、可靠性和可管理性等。

虚拟专用网使用公共基础设施来建立连接，但实现的策略和安全性与私有网络极其相似。顾名思义，虚拟专用网不是真的专用网络，但却能够实现专用网络的功能。虚拟专用网指的是依靠 ISP（Internet 服务提供商）和其他 NSP（网络服务提供商），在公用网络中建立专用的数据通信网络的技术。在虚拟专用网中，任意两个节点之间的连接并没有传统专网所需的端到端的物理链路，而是利用某种公众网的资源动态组成的。

由于 VPN 是在 Internet 上临时建立的安全专用虚拟网络，用户就节省了租用专线的费用，在运行的资金支出上，除了购买 VPN 设备，企业所付出的仅仅是向企业所在地的 ISP 支付一定的上网费用，也节省了长途电话费。这就是 VPN

价格低廉的原因。如图 11-1 所示。

由图 11-1 可知，企业内部资源享用者只需连入本地 ISP 的 POP（Point Of Presence，接入服务提供点），即可相互通信；而利用传统的 WAN 组建技术，彼此之间要有专线相连才可以达到同样的目的。虚拟网组成后，出差员工和外地客户只需拥有本地 ISP 的上网权限就可以访问企业内部资源；如果接入服务器的用户身份认证服务器支持漫游的话，甚至不必拥有本地 ISP 的上网权限。这对于流动性很大的出差员工和分布广泛的分公司与合作伙伴来说是很有意义的。并且企业开设 VPN 服务所需的设备很少，只需在资源共享处放置一台 VPN 服务器就可以了。

广域网 WAN(Wide Area Network)它的作用范围大，一般可以从几十公里至几万公里。一个国家或国际间建立的网络都是广域网。在广域网内，用于通信的传输装置和传输介质可由电信部门提供。目前，世界上最大的信息网络 Internet 已经覆盖了包括我国在内的 180 多个国家和地区，连接了数万个网络，终端用户已达数千万并且以每月 15% 的速度增长。

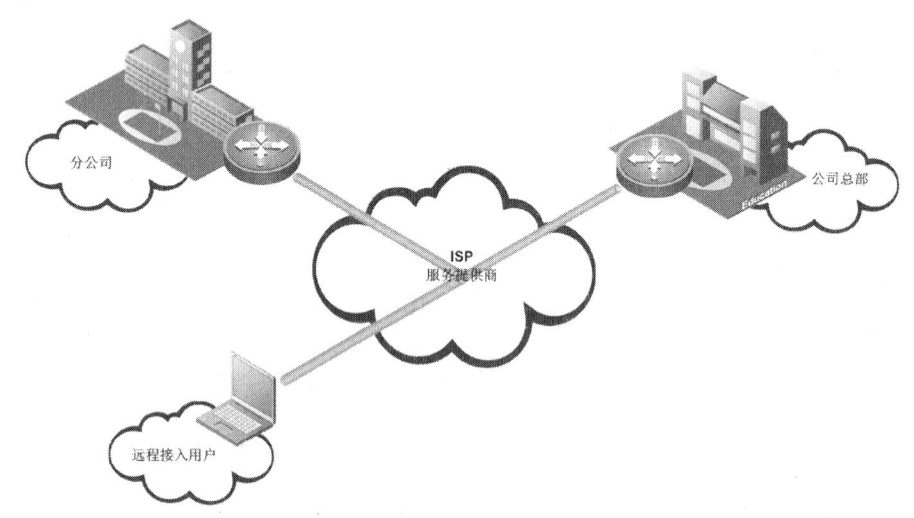

图 11-1　VPN 连接

虚拟专用网络（VPN）是一条穿过混乱的公用网络的安全、稳定的隧道，在这条安全隧道上可以进行安全、高效的数据传输。虚拟专用网（VPN）将大幅度地减少用户花费在 WAN 和远程网络连接上的费用。同时，这将简化网络的设计和管理，加速连接新的用户和网站。另外，它还可以保护现有的网络投资。

VPN 可以连接两个终端系统，也可连接多个网络。VPN 是使用隧道和加密技术来组建的，是一种 WAN 基础设施替代品，可用于替代或拓展现有的私有网络，在很多情况下，VPN 有很多优于传统 WAN 连接的地方，如费用低廉、易于安装、能够迅速增加带宽等。

VPN 提供了三种主要功能：

- 加密：通过网络传输分组之前，发送方可对其进行加密。这样，即使有人窃听，也无法读懂其中的信息。
- 数据完整性：接收方可检查数据通过 Internet 传输的过程中是否被修改。
- 来源验证：接收方可验证发送方的身份，确保信息来自正确的地方。

VPN 连接的主要优点有：

- 费用更低：通过降低传输带宽、主干设备和运营等费用，降低了总体拥有的成本，LAN-LAN 连接的成本通常比使用租用线路的网络低 20%～40%，远程接入的费用降低 60%～80%。
- 业务更灵活：与传统的 WAN 相比，VPN 是一种更灵活、可扩展性更高的网络架构，让企业能够快速、经济地拓展网络，根据业务需求，便利地连接分部、分公司、远程办公人员、移动用户和商业合作伙伴。

- 与拥有并运营私有网络设施相比，简单化了管理工作：企业可以将部分或全部 WAN 功能外包给服务提供商，从而将重点放在核心项目上，而不用管理 WAN 或拨号网络。
- 隧道化网络拓扑降低了管理负担：通过使用 IP 主干，避免了永久虚电路和面向连接的协议静态地关联起来，进而可以建立全互联拓扑，同时降低了网络的复杂性和成本。

VPN 拥有私有网络的优点：保密性和使用多种协议，而这些优点是通过使用大型公共 IP 基础设施 Internet 来获得的。

虚拟专用网是通过隧道方式在同一条标准IP连接上传输多种协议来实现的。RGNOS 支持三种隧道化方法：通用路由选择封装（GRE）、第 2 层隧道协议（L2TP）和 IPSec。虚拟专用网支持保密性、完整性和身份验证，通过对数据流进行加密并使用 IPSec 协议，使得数据流通过公共基础设施传输时，其身份验证与私有网络中相同。

GRE：Generic Routing Encapsulation。通用路由封装（GRE）定义了在任意一种网络层协议上封装任意一个其它网络层协议的协议。

L2TP 协议是由 IETF 起草，微软、Ascend、Cisco、3COM 等公司参予制定的二层隧道协议，它结合了 PPTP 和 L2F 两种二层隧道协议的优点，为众多公司所接受，已经成为 IETF 有关二层通道协议的工业标准。

11.1.2 VPN 术语

了解常用的 VPN 术语有助于交流和学习其他有关安全和 VPN 的主题，下面描述了 VPN 常用的术语。

- **隧道：**网络中的虚拟点到点连接，用于传输以一种协议封装的（如 IP 分组）另一种协议数据流（如加密后的密文）。
- **加密/解密：**加密技术是电子商务采取的主要安全保密措施，是最常用的安全保密手段，利用技术手段把重要的数据变为乱码（加密）传送，到达目的地后再用相同或不同的手段还原（解密）。加密技术包括两个元素：算法和密钥。
- **加密系统：**执行加密/解密、用户身份验证、散列算法和密钥交换的系统。加密系统可能使用一种或多种方法，这取决于用于各种用户数据流安全需求的策略。
- **散列算法：**一种单向函数和数据完整性技术，使用一种公式/算法来将变长的消息和共享密钥转换为长度固定的比特串，消息/密钥和散列值通过网络从信源传输到目的地，在目的地，重新计算散列值，以核实消息和密钥通过网络传输时没有被修改。
- **身份验证：**用来验证实体或对象是谁或它的要求是什么的过程。示例包括确认信息的来源和完整性，例如，验证数字签名或验证用户或计算机的身份。
- **授权(Authorization)：**对于通过了身份验证的用户或进程，授予其访问计算机系统或网络连接资源的权利。
- **密钥管理：**是一个管理和控制进程，用于生成、存储、保护、传输、加载、使用和销毁密钥。密钥管理包括从密钥的产生到密钥的销毁的各个方面。主要表现于管理体制、管理协议和密钥的产生、分配、更换和注入等。对于军用计算机网络系统，由于用户机动性强，隶属关系和协同作战指挥等方式复杂，因此，对密钥管理提出了更高的要求。

- **认证服务：**受信的第三方服务，通过创建和授予用于加密的数字证书，确保网络实体/用户之间的通信安全。CA 确保证书中数据安全条款的约束力，还可以创建用户加密密钥。
- **验证报头（Authenticaton Header）：**AH 是 IPSec 的一种重要的数据封装方式，它为 IP 数据包提供数据完整性、数据源身份验证以及抗重放攻击服务，到但是它不提供数据的机密性保护。
- **封装安全有效负载（ESP）：**一种安全协议，提供数据保密、数据完整性和保护服务，还可以提供数据来源验证、重发服务。ESP 对要保护的数据进行封装。
- **Internet 密钥交换（IKE，Internet Key Exchange Protocol）：**是 IPsec 体系结构中的一种主要协议。它是一种混合协议，使用部分 Oakley 和部分 SKEME，并协同 ISAKMP 提供密钥生成材料和其他安全连系，比如用于 IPsec DOI 的 AH 和 ESP。IKE 使用 UDP 端口 500。
- **ISAKMP：**只对认证和密钥交换提出了结构框架，但没有具体定义。ISAKM 与密钥交换相独立，支持多种不同的密钥交换。IKE 是一系列密钥交换中的一种，称为“模式”。因特网安全联盟和密钥管理协议（ISAKMP）定义了程序和信息包格式来建立，协商，修改和删除安全连接（SA）。SA 包括了各种网络安全服务执行所需的所有信息，这些安全服务包括 IP 层服务（如头认证和负载封装）、传输或应用层服务，以及协商流量的自我保护服务等。ISAKMP 定义包括交换密钥生成和认证数据的有效载荷。这些格式为传输密钥和认证数据提供了统一框架，而它们与密钥产生技术，加密算法和认证机制相独立。
- **安全联盟（SA）：**一组用于保护信息的策略和密钥。ISAKMP SA 是使用 ISAKMP 来保护通信的协商对等体共同使用的策略和密钥。
- **验证、授权和统计（AAA）：**一系列网络安全服务，是用来智能化地控制访问计算机网络资源，强制执行某些措施、审计使用情况以及向付费服务提供必要的信息。这些整合过程对于有效实现网络管理和安全方面是非常重要的。
  - 认证是指确认终端用户或设备（如主机、服务器、交换机、路由器等等）所宣称的身份的过程。认证是通过提供身份和凭证来完成的。此处凭证是各种各样的，如密码、一次性令牌、数字证书及电话号码（呼叫方/被呼叫方）。
  - 授权是指授予用户、用户群、系统或某一进程访问权限，它以用户各自的认证、请求的服务以及当前系统状态为前提。授权基于一定的限制，如白天限制、物理位置限制或反对相同用户多次登录的限制等。授权决定了授予用户服务的特征，如包括了各种服务，但又不仅限于：IP 地址过滤、地址分配、路径分配、QoS/差分服务、带宽控制/流量管理、特定终点的强制隧道、以及加密术。
  - 审计是指对一个组织、系统、进程、项目或产品的评估。实施审计

Kerberos 是一种网络认证协议，其设计目标是通过密钥系统为客户/服务器应用程序提供强大的认证服务。该认证过程的实现不依赖于主机操作系统的认证，无需基于主机地址的信任，不要求网络上所有主机的物理安全，并假定网络上传送的数据包可以被任意地读取、修改和插入数据。

MS-CHAP 同 CHAP 相似，微软开发 MS-CHA 是为了对远程 Windows 工作站进行身份验证，它在响应时使用质询-响应机制和单向加密。而且 MS-CHAP 不要求使用原文或可逆加密密码。

主要是为了确定信息的有效性和可靠性，以及提供系统内部控制评估。

➢ 为实现在 AAA 结构中的目标，多种相关技术和协议已被定义。下面列出了其中的部分 AAA 技术和协议。

- **CHAP：**挑战握手认证协议。
- **DIAMETER 协议：**为替代 RADIUS 而制定的协议。
- **EAP：**扩展认证协议。
- **Kerberos**。
- **MS-CHAP(MD4)**。
- **PAP：**密码认证协议。
- **PEAP：**受保护的扩展认证协议。
- **RADIUS：**远程用户拨入认证系统。
- **TACACS/TACACS+：**终端访问控制器访问控制系统。
- **终端访问控制器访问控制系统：**（TACACS，Terminal Access Controller Access Control System），通过一个或多个中心服务器为路由器、网络访问服务器以及其他网络处理设备提供了访问控制服务。TACACS 支持独立的认证（authentication）、授权（authorization）和计费（accounting）功能。
- **远程用户拨入认证系统：**RADIUS，Remote Authentication Dial In User Service），是一种在网络接入服务器（Network Access Server）和共享认证服务器间传输认证、授权和配置信息的协议。RADIUS 使用 UDP 作为其传输协议。此外 RADIUS 也负责传送网络接入服务器和共享计费服务器间的计费信息。

11.1.3 VPN 类型

VPN 分为三种类型：远程访问虚拟网（Access VPN）、企业内部虚拟网（Intranet VPN）和企业扩展虚拟网（Extranet VPN），这 3 种类型的 VPN 分别与传统的远程访问网络、企业内部的 Intranet 以及企业网和相关合作伙伴的企业网所构成的 Extranet 相对应。

1. Access VPN

Access VPN，通过一个拥有与专用网络相同策略的共享基础设施，提供对企业内部网或外部网的远程访问。Access VPN 能使用户随时、随地以其所需的方式访问企业资源。Access VPN 包括模拟、拨号、ISDN、数字用户线路(xDSL)、移动 IP 和电缆技术，能够安全地连接移动用户、远程工作者或分支机构。

随着当前移动办公的日益增多，远程用户需要及时地访问 Intranet 和 Extranet。对于出差流动员工、远程办公人员和远程小办公室，Access VPN 通过公用网络与企业的 Intranet 和 Extranet 建立私有的网络连接。在 Access VPN 的应用中，利用了二层网络隧道技术在公用网络上建立 VPN 隧道（Tunnel）连接来传输私有网络数据，如图 11-2 所示。

综合业务数字网（Integrated Services Digital Network，ISDN）是一个数字电话网络国际标准，是一种典型的电路交换网络系统。它通过普通的铜缆以更高的速率和质量传输语音和数据。ISDN 是欧洲普及的电话网络形式。GSM 移动电话标准也可以基于 ISDN 传输数据。

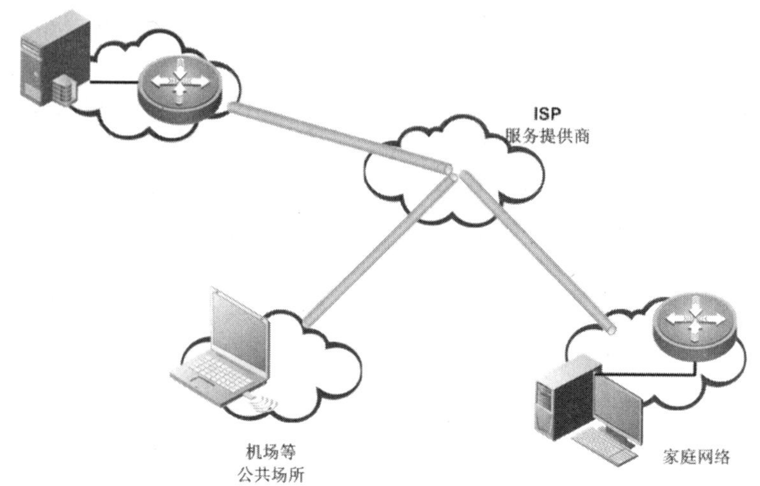

图 11-2　Access VPN

Access VPN 的结构有两种类型，一种是用户发起（Client-initiated）的 VPN 连接，另一种是接入服务器发起（NAS-initiated）的 VPN 连接。

用户发起的 VPN 连接指的是以下这种情况：首先，远程用户通过服务提供点（POP）拨入 Internet，接着，用户通过网络隧道协议与企业网建立一条隧道（可加密）连接从而访问企业网内部资源。在这种情况下，用户端必须维护与管理发起隧道连接的有关协议和软件。

在接入服务器发起的 VPN 连接应用中，用户通过本地号码或免费号码拨入 ISP，然后 ISP 的 NAS 再发起一条隧道连接到用户的企业网。在这种情况下，所建立的 VPN 连接对远端用户是透明的，构建 VPN 所需的协议及软件均由 ISP 负责管理和维护。

Access VPN 的优点如下：

- 减少用于相关的调制解调器和终端服务设备的资金及费用，简化网络。
- 实现本地拨号接入的功能来取代远距离接入或 800 电话接入，这样能显著降低远距离通信的费用。
- 极大的可扩展性，简便地对加入网络的新用户进行调度。
- 远端验证拨入用户服务（RADIUS）基于标准，基于策略功能的安全服务。

QoS 的英文全称为 "Quality of Service"，中文名为"服务质量"。QoS 是网络的一种安全机制，是用来解决网络延迟和阻塞等问题的一种技术。

2. Intranet VPN

越来越多的企业需要在全国乃至世界范围内建立各种办事机构、分公司、研究所等，各个分公司之间传统的网络连接方式一般是租用专线。显然，在分公司增多、业务开展越来越广泛时，网络结构趋于复杂，费用昂贵。利用 VPN 特性可以在 Internet 上组建世界范围内的 Intranet VPN。利用 Internet 的线路保证网络的互联性，而利用隧道、加密等 VPN 特性可以保证信息在整个 Intranet VPN 上安全传输。Intranet VPN 通过一个使用专用连接的共享基础设施，连接企业总部、远程办事处和分支机构。企业拥有与专用网络的相同政策，包括安全、服务质量(QoS)、可管理性和可靠性，如图 10-3 所示。

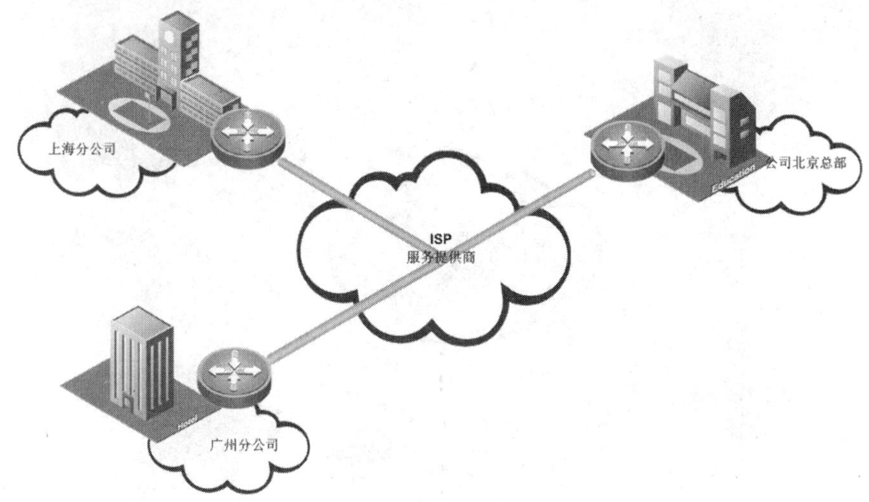

图 11-3　Intranet VPN

Intranet VPN 通过公用网络进行企业各个分布点互联，是传统的专线网或其他企业网的扩展或替代形式。

利用 IP 网络构建 VPN 的实质是通过公用网在各个路由器之间建立 VPN 安全隧道来传输用户的私有网络数据，用于构建这种 VPN 连接的隧道技术有 IPSec、GRE 等。结合服务商提供的 QoS 机制，可以有效而且可靠地使用网络资源，保证了网络质量。基于 ATM 或帧中继的虚电路技术构建的 VPN 也可实现可靠的网络质量，但其不足是互联区域有较大的局限性。而另一方面，基于 Internet 构建 VPN 是最为经济的方式，但服务质量难以保证。企业在规划 VPN 建设时应根据自身的需求对以上的各种公用网络方案进行权衡。

Intranet VPN 的优点如下：

- 减少 WAN 带宽的费用。
- 能使用灵活的拓扑结构，包括全网连接。
- 新的站点能更快、更容易地被连接。
- 通过设备供应商 WAN 的连接冗余，可以延长网络的可用时间。

3. Extranet VPN

随着信息时代的到来，各个企业越来越重视各种信息的处理，希望可以提供给客户最快捷方便的信息服务，通过各种方式了解客户的需要。同时各个企业之间的合作关系也越来越多，信息交换日益频繁。Internet 为这样的一种发展趋势提供了良好的基础，而如何利用 Internet 进行有效的信息管理，是企业发展中不可避免的一个关键问题。利用 VPN 技术可以组建安全的 Extranet，既可以向客户、合作伙伴提供有效的信息服务，又可以保证自身的内部网络的安全。

Extranet VPN 通过一个使用专用连接的共享基础设施，将客户、供应商、合作伙伴或兴趣群体连接到企业内部网。企业拥有与专用网络的相同政策，包括安全、服务质量(QoS)、可管理性和可靠性，如图 11-4 所示。

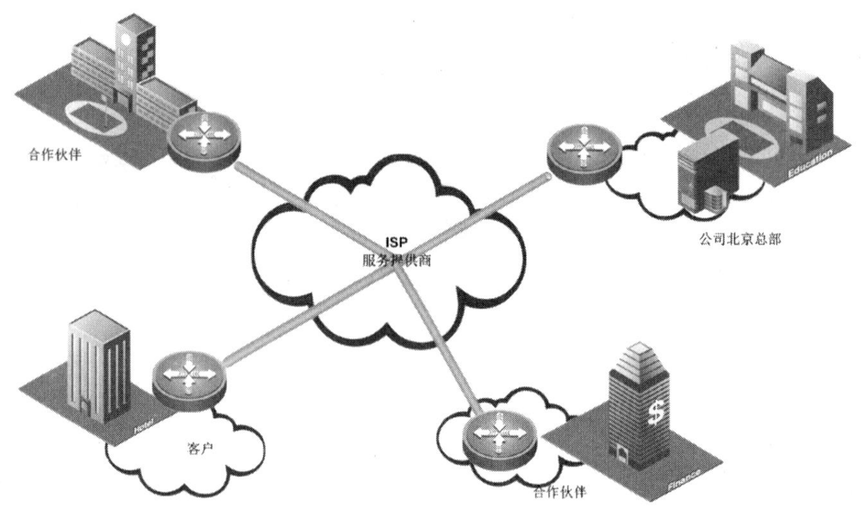

图 11-4　Extranet VPN

Extranet VPN 是指利用 VPN 将企业网延伸至合作伙伴与客户。在传统的专线构建方式下，Extranet 通过专线互联实现，网络管理与访问控制需要维护，甚至还需要在 Extranet 的用户侧安装兼容的网络设备；虽然可以通过拨号方式构建 Extranet，但此时需要为不同的 Extranet 用户进行设置，而同样降低不了复杂度。因合作伙伴与客户的分布广泛，这样的 Extranet 建设与维护是非常昂贵的。因此，诸多的企业常常是放弃构建 Extranet，结果使得企业间的商业交易程序复杂化，商业效率被迫降低。

Extranet VPN 以其易于构建与管理为解决以上问题提供了有效的手段，其实现技术与 Access VPN 和 Intranet VPN 相同。Extranet 用户对于 Extranet VPN 的访问权限可以通过防火墙等手段来设置与管理。

Extranet VPN 结构的主要好处是：能容易地对外部网进行部署和管理，外部网的连接可以使用与部署内部网和远端访问 VPN 相同的架构和协议进行部署。主要的不同是接入许可，外部网的用户被许可只有一次机会连接到其合作人的网络。

IETF（互联网工程任务组—The Internet Engineering Task Force）是松散的、自律的、志愿的民间学术组织，成立于 1985 年底，其主要任务是负责互联网相关技术规范的研发和制定。

11.1.4　VPN 技术

VPN 主要采用四项技术：

- 隧道技术（Tunneling）。
- 加解密技术（Encryption&Decryption）。
- 密钥管理技术（KeyManagement）。
- 使用者与设备身份认证技术（Authentication）。从 1995 年起，IETF 陆续公布了许多网络安全相关技术标准。

1. 隧道技术

对于构建 VPN 来说，网络隧道（Tunneling）技术是个关键技术。网络隧道技术指的是利用一种网络协议来传输另一种网络协议，它主要利用网络隧道协议来实现这种功能。网络隧道技术涉及了 3 种网络协议：网络隧道协议、支撑隧道协议的承载协议和隧道协议所承载的被承载协议。

现有两种类型的隧道协议：一种是二层隧道协议，用于传输二层网络协议，它主要应用于构建 Access VPN 和 Extranet VPN；另一种是三层隧道协议，用于传输三层网络协议，它主要应用于构建 Intranet VPN 和 Extranet VPN，如图 11-5 所示。

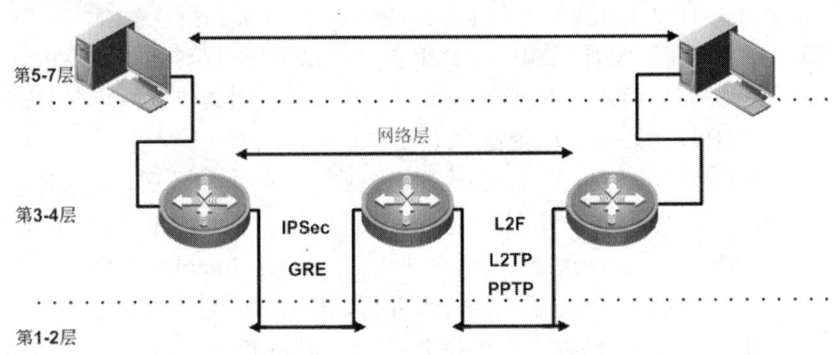

图 11-5 隧道协议

（1）二层隧道协议

二层隧道协议主要有 3 种：PPTP（Point to Point Tunneling Protocol，点对点隧道协议）、L2F（Layer 2 Forwarding，二层转发协议）和 L2TP（Layer 2 Tunneling Protocol，二层隧道协议）。其中 L2TP 结合了前两个协议的优点，具有更优越的特性，得到了越来越多的组织和公司的支持，将是使用最广泛的 VPN 二层隧道协议。

下面简单介绍 L2TP 网络协议。应用 L2TP 构建的典型 VPN 服务的结构如图 11-6 所示。

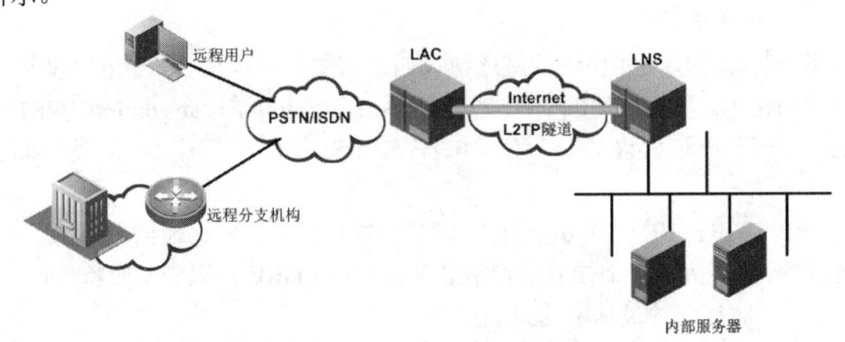

图 11-6 典型拨号 VPN 业务示意图

其中，LAC 表示 L2TP 访问集中器（L2TP Access Concentrator），是附属在交换网络上的具有接入功能和 L2TP 协议处理能力的设备，LAC 一般就是一个网络接入服务器 NAS（Network Access Server），它通过 PSTN/ISDN 为用户提供网络接入服务；LNS 表示 L2TP 网络服务器（L2TP Network Server），是用于处理 L2TP 协议服务器端部分的软件。

在一个 LNS 和 LAC 对之间存在两种类型的连接，一种是隧道（Tunnel）连接，它定义了一个 LNS 和 LAC 对；另一种是会话（Session）连接，它复用在隧道连接之上，用于表示承载在隧道连接中的每个 PPP 会话过程。在一个隧道连

点对点协议（PPP）为在点对点连接上传输多协议数据包提供了一个标准方法。PPP 最初设计是为两个对等节点之间的 IP 流量传输提供一种封装协议。在 TCP—IP 协议集中它是一种用来同步调制连接的数据链路层协议（OSI 模式中的第二层），替代了原来非标准的第二层协议，即 SLIP。除了 IP 以外 PPP 还可以携带其它协议，包括 DECnet 和 Novell 的 Internet 网包交换（IPX）。

DHCP 是 Dynamic Host Configuration Protocol(动态主机分配协议)缩写，它的前身是 BOOTP。

接上可以承载多个会话连接。L2TP 连接的维护以及 PPP 数据的传送都是通过 L2TP 消息的交换来完成的，这些消息再通过 UDP 的 1701 端口承载于 TCP/IP 之上。L2TP 消息可以分为控制消息和数据消息两种类型。控制消息用于隧道连接和会话连接的建立与维护；数据消息则用于承载用户的 PPP 会话数据包。L2TP 未得到广泛的应用，因为其提供加密功能。

L2TP 还具有以下几个特性。

- 安全的身份验证机制：与 PPP 类似，L2TP 可以对隧道端点进行验证。不同的是 PPP 可以选择采用 PAP 方式以明文传输用户名及密码，而 L2TP 规定必须使用类似 PPP CHAP 的验证方式。
- 内部地址分配支持：LNS 放置于企业网的防火墙之后，可以对远端用户的地址进行动态分配和管理，还可以支持 DHCP 和私有地址应用（RFC1918）。远端用户所分配的地址不是 Internet 地址而是企业内部的私有地址，方便了地址管理并可以增加安全性。
- 网络计费的灵活性：可以在 LAC（一般为 ISP）和 LNS（一般为企业）两处同时计费，前者用于产生账单，而后者用于付费及审记。L2TP 能够提供数据传输的出入包数、字节数及连接的起始、结束时间等计费数据。
- 可靠性：L2TP 协议可以支持备份 LNS，当一个主 LNS 不可达之后，LAC（接入服务器）可以重新与备份 LNS 建立连接，以增加 VPN 服务的可靠性和容错性。
- 统一的网络管理：L2TP 协议已成为标准的 RFC 协议，有关 L2TP 的标准 MIB 也已制定，这样可以统一地采用 SNMP 网络管理方案进行方便的网络维护与管理。

互联网分组交换协议（IPX）是 Novell NetWare 操作系统所支持的在互联网络中路由数据包的早期网络协议。IPX 是一种面向无连接通信的数据报协议－类似于 TCP/IP 协议组中的网际协议（即 IP）。其高层协议，如 SPX 和 NCP，主要提供差错恢复服务。

（2）三层隧道协议

用于传输三层网络协议的隧道协议叫三层隧道协议。三层隧道协议并非是一种很新的技术，早已出现的 RFC 1701 Generic Routing Encapsulation（GRE）协议就是一个三层隧道协议，此外还有 IETF 的 IPSec 协议。其中 IPSec 协议将在第 3 节详细介绍。

GRE 与 IP in IP、IPX over IP 等封装形式很相似，但比他们更通用。在 GRE 的处理中，很多协议的细微差异都被忽略，这使得 GRE 不限于某个特定的“X over Y”应用，而是一种最基本的封装形式。

在最简单的情况下，路由器接收到一个需要封装和路由的原始数据报文（Payload），这个报文首先被 GRE 封装而成 GRE 报文，接着被封装在 IP 协议中，然后完全由 IP 层负责此报文的转发。原始报文的协议被称之为乘客协议，GRE 被称之为封装协议，而负责转发的 IP 协议被称之为传递（Delivery）协议或传输（Transport）协议。注意到在以上的流程中不用关心协议的具体格式或内容。GRE 是不提供加密功能，整个被封装的报文具有图 11-7 所示格式。

Delivery Header (Transport protocol)
GRE Header (Encapsulation protocol)
Payload Packet (Passenger protocol)

图 11-7　通过 GRE 传输报文形式

GRE 具有如下的优点：

- 多协议的本地网可以通过单一协议的骨干网实现传输。
- 将一些不能连续的子网连接起来，用于组建 VPN。
- 扩大了网络的工作范围，包括那些路由网关有限的协议。如 IPX 包最多可以转发 16 次（即经过 16 个路由器），而在一个 Tunnel 连接中看上去只经过一个路由器。

（3）IP 安全协议

IPSec（IP Security）是一组开放协议的总称，特定的通信方之间在 IP 层通过加密与数据源验证，以保证数据包在 Internet 网上传输时的私有性、完整性和真实性。IPSec 通过 AH（Authentication Header）和 ESP（Encapsulating Security Payload）这两个安全协议来实现。而且此实现不会对用户、主机或其他 Internet 组件造成影响，用户还可以选择不同的硬件和软件加密算法，而不会影响其他部分的实现。

IPSec 提供以下几种网络安全服务：

- 私有性－IPSec 在传输数据包之前将其加密，以保证数据的私有性。
- 完整性－IPSec 在目的地要验证数据包，以保证该数据包在传输过程中没有被修改。
- 真实性－IPSec 端要验证所有受 IPSec 保护的数据包。
- 防重放－IPSec 防止了数据包被捕捉并重新投放到网上，即目的地会拒绝老的或重复的数据包，它通过报文的序列号实现。

哪种 VPN 技术最适合用于提供网络连接取决于数据流的要求，如图 11-8 所示，根据 VPN 设计来选择网络层 VPN 隧道技术。

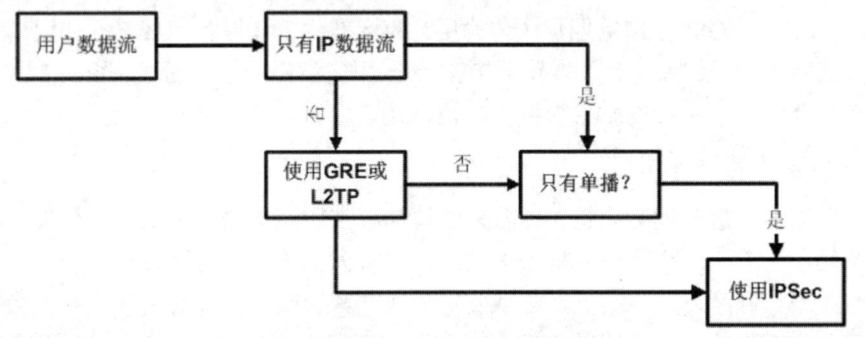

图 11-8　选择三层 VPN 隧道技术

IPSec 是确保企业 VPN 安全的主要方式，但是，IPSec 只支持 IP 单播数据流，

多用途网际邮件扩充协议 (Secure Multipurpose Internet Mail Extensions, RFC 2311)

要对 IP 单播分组进行隧道化，IPSec 提供的单封装足够了，同时 IPSec 配置和故障排除工作更简单。要对多种协议的分组或 IP 多播进行隧道化，必须使用 GRE 或 L2TP。

Internet 电子邮件由一个邮件头部和一个可选的邮件主体组成，其中邮件头部含有邮件的发送方和接收方的有关信息。对于邮件主体来说，特别重要的是，IETF 在 RFC 2045～RFC 2049 中定义的 MIME 规定，邮件主体除了 ASCII 字符类型之外，还可以包含各种数据类型。

L2TP 和 GRE 都不支持数据加密和分组完整性。为支持这些宝贵的功能，应该结合 IPSec。结合使用 IPSec 和 L2TP/GRE 时，可提供 IPSec 的加密功能。

2. **加解密技术**

信息加解密技术具有非常久远的历史，在需要秘密通信的地方都用得到它。因为虚拟专用网络建筑在 Internet 公众数据网络上，为确保私有资料在传输过程中不被其他人浏览、窃取或篡改，所有的数据包在传输过程中均需加密，当数据包传送到专用数据网络后，再将数据包解密。加解密的作用是保证数据包在传输过程中即使被窃听，黑客只能看到一些封锁意义的乱码。如果黑客想看到数据包内的资料，他必须先破解用于加密该数据包的密钥（Encryption Key）。

以前在应用层提供保密和其他加密服务极为普遍，而现在，在有些情况下也采用这种方式，如图 11-9 所示。

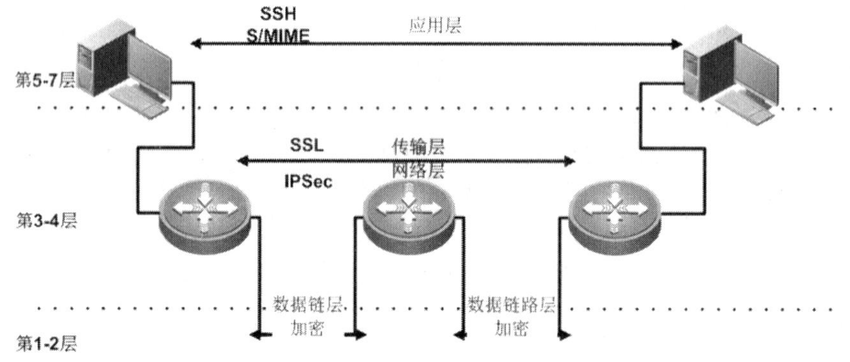

图 11-9　各层加密技术

安全外壳（SSH）是专用的、提供基于 Internet 的数据安全技术的解决方案，尤其是是加密和身份验证产品。

另一种应用层安全是 S/MIME（安全/多用途 Internet 邮件扩展），这是一种基于 IETF（Iinternet 工程任务小组）标准的协议，被用于众多通信系统部件处理和生成 VPN 应用。

针对于 OSI 模型第四层（传输层）的标准化工作取得了成功，使用诸如安全套接字（SSL）的技术来为基于 TCP 的应用提供保密、身份验证和完整性。SSL 在当今的电子商务网站中得到了广泛应用。

3. **密钥管理技术**

黑客若想解读数据包，必需先破解加解密所用的密钥（Key）。如果无法截取密钥，通常就只能使用穷举法来破解，在密钥很长时，这种破解方式基本上不会有结果。目前为安全起见，通常使用一次性密钥技术，即对于一次指定会话，通信双方需为此次会话协商加解密密钥后才能建立安全隧道。这有时就要求密钥要在网络上传输，增加了不安全因素。密钥管理（Key Management）的主要任务就是来保证在开放网络环境中安全地传输密钥而不被黑客窃取。

Internet 密钥交换协议（IKE）用于通信双方协商和建立安全联盟，交换密钥。IKE 定义了通信双方进行身份认证、协商加密算法以及生成共享的会话密钥的方法。IKE 的精髓在于它永远不在不安全的网络上直接传送密钥，而是通过一系列数据的交换，通信双方最终计算出共享的密钥。其中的核心技术就是 DH（Diffie Hellman）交换技术。DH 交换基于公开的信息计算私有信息，数学上已经证明，破解 DH 交换的计算复杂度非常高，从而是不可实现的。所以，DH 交换技术可以保证双方能够安全地获得公有信息，即使第三方截获了双方用于计算密钥的所有交换数据，也不足以计算出真正的密钥。

IKE 密钥交换分为两个阶段，其中阶段 1 建立 ISAKMP SA，有主模式（Main Mode）和激进模式（Aggressive Mode）两种；阶段 2 在阶段 1 ISAKMP SA 的保护下建立 IPSec SA，称之为快速模式（Quick Mode）。IPSec SA 用于最终的 IP 数据安全传送。

另外，IKE 还包含有传送信息的信息交换（Informational Exchange）和建立新 DH 组的组交换（DH Group Exchange）。

4. **身份认证技术**

网络上的用户与设备都需要确定性的身份认证，这是 VPN 需要解决的首要问题。错误的身份认证将导致整个 VPN 的失效，不管其其他安全设施有多严密。辨认合法使用者的方法很多，但常规用户名密码方式（PAP）显然不能提供足够的安全保障。对于设备更安全的认证通常需依赖数字证书签发中心（Certificate Authority）所发出的符合 X.509 规范的标准数字证书（Certificate）。设备间交换资料前，须先确认彼此的身份，接着出示彼此的数字证书，双方将此证书比对，如果比对正确，双方才开始交换资料，反之，则不交换。

IKE 提供了共享验证字（Pre-shared Key）、公钥加密验证、数字签名验证等验证方法。后两种方法通过对 CA（Certificate Authority）中心的支持来实现。

SSL 协议位于 TCP/IP 协议与各种应用层协议之间，为数据通讯提供安全支持。SSL 协议可分为两层：SSL 记录协议（SSL Record Protocol）：它建立在可靠的传输协议（如 TCP）之上，为高层协议提供数据封装、压缩、加密等基本功能的支持。SSL 握手协议（SSL Handshake Protocol）：它建立在 SSL 记录协议之上，用于在实际的数据传输开始前，通讯双方进行身份认证、协商加密算法、交换加密密钥等。

11.2 加密系统

11.2.1 加密系统概述

用于提供保密性的加密技术很多，如图 11-10 所示，其中包括数据加密标准（DES）、3DES 和高级加密标准（AES）等。DES 使用 56 位的密钥对分组数据进行加密。

数据加密算法（Data Encryption Algorithm，DEA）的数据加密标准（Data Encryption Standard，DES）是规范的描述，它出自 IBM 的研究工作，并在 1997 年被美国政府正式采纳。它是使用最广泛的密钥系统，特别是在保护金融数据的安全中，最初开发的 DES 是嵌入硬件中的。通常，自动取款机（Automated Teller Machine，ATM）都使用 DES。

密钥管理包括，从密钥的产生到密钥的销毁的各个方面。主要表现于管理体制、管理协议和密钥的产生、分配、更换和注入等。对于军用计算机网络系统，由于用户机动性强，隶属关系和协同作战指挥等方式复杂，因此，对密钥管理提出了更高的要求。

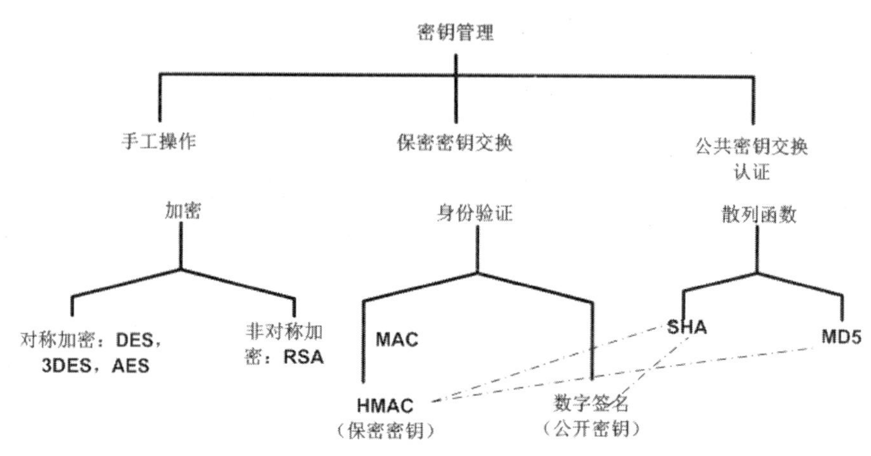

图 11-10　加密技术

DES 使用一个 56 位的密钥以及附加的 8 位奇偶校验位，产生最大 64 位的分组大小。这是一个迭代的分组密码，使用称为 Feistel 的技术。其中将加密的文本块分成两半。使用子密钥对其中一半应用循环功能，然后将输出与另一半进行“异或”运算；接着交换这两半，这一过程会继续下去，但最后一个循环不交换。DES 使用 16 个循环。

3DES 是 DES 加密算法的一种模式，使用 112 位密钥，它使用 3 条 64 位的密钥对数据进行三次加密。数据加密标准（DES）是美国的一种由来已久的加密标准，它使用对称密钥加密法，并于 1981 年被 ANSI 组织规范为 ANSI X.3.92。DES 使用 56 位密钥和密码块的方法，而在密码块的方法中，文本被分成 64 位大小的文本块然后再进行加密。比起最初的 DES，3DES 更为安全。

AES 的基本要求是，采用对称分组密码体制，密钥长度的最少支持为 128、192、256，分组长度 128 位，算法应易于各种硬件和软件实现。1998 年 NIST 开始 AES 第一轮分析、测试和征集，共产生了 15 个候选算法。1999 年 3 月完成了第二轮 AES2 的分析、测试。

用于保护和修改密钥的标准很多，Diffie-Hellman 可用于通过公共介质交换密钥，Diffie-Hellman 是一种确保共享 KEY 安全穿越不安全网络的方法，它是 OAKLEY 的一个组成部分。这是一种最著名的算法，被广泛用于创建会话密钥的加密数据。

RSA 是 Ron Rivest、AdiShamir 和 Leonard Adleman 开发的一种公开密钥加密系统，RSA 签名表示认可，而使用 RSA 加密的 nonces 表示否认。否认的最佳定义是，中间人不能证明通信发生了。

11.2.2　对称加密算法

对称加密算法是应用较早的加密算法，技术成熟。在对称加密算法中，数据发信方将明文（原始数据）和加密密钥一起经过特殊加密算法处理后，使其变成复杂的加密密文发送出去。收信方收到密文后，若想解读原文，则需要使用加密用过的密钥及相同算法的逆算法对密文进行解密，才能使其恢复成可读明文，如图 11-11 所示。

在对称加密算法中，使用的密钥只有一个，发收信双方都使用这个密钥对数据进行加密和解密，这就要求解密方事先必须知道加密密钥。对称加密算法的特点是算法公开、计算量小、加密速度快、加密效率高。不足之处是交易双方都使用同样钥匙，安全性得不到保证。此外，每对用户每次使用对称加密算法时，都需要使用其他人不知道的唯一钥匙，这会使得发收信方所拥有的钥匙数量成几何级数增长，密钥管理成为用户的负担。对称加密算法在分布式网络系统上使用较为困难，主要是因为密钥管理困难，使用成本较高。在计算机专网系统中广泛使用的对称加密算法有 DES、IDEA 和 AES。

对称加密：需要对加密和解密使用相同密钥的加密算法。由于其速度，对称性加密通常在消息发送方需要加密大量数据时使用。对称性加密也称为密钥加密。

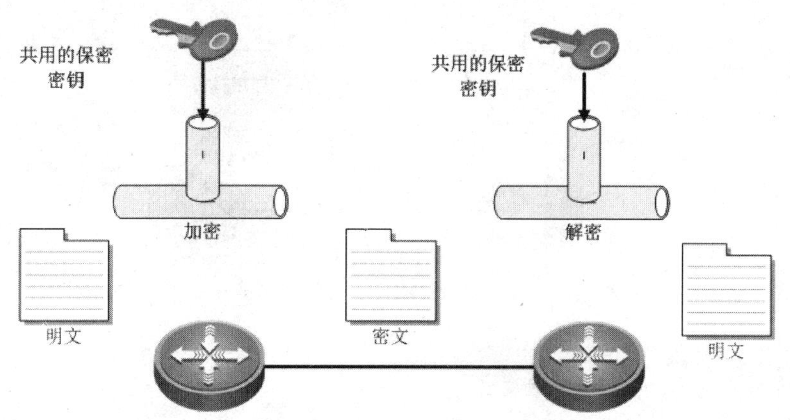

图 11-11　对称加密

传统的 DES 由于只有 56 位的密钥，因此已经不适应当今分布式开放网络对数据加密安全性的要求。1997 年 RSA 数据安全公司发起了一项“DES 挑战赛”的活动，志愿者 4 次分别用 4 个月、41 天、56 个小时和 22 个小时破解了其用 56 位密钥 DES 算法加密的密文。即 DES 加密算法在计算机速度提升后的今天被认为是不安全的。

AES 是美国联邦政府采用的商业及政府数据加密标准，预计将在未来几十年里代替 DES 在各个领域中得到广泛应用。AES 提供 128 位密钥，因此，128 位 AES 的加密强度是 56 位 DES 加密强度的 1021 倍还多。假设可以制造一部可以在 1s 内破解 DES 密码的机器，那么使用这台机器破解一个 128 位 AES 密码需要大约 149 亿万年的时间。（更深一步比较而言，宇宙一般被认为存在了还不到 200 亿年）因此可以预计，美国国家标准局倡导的 AES 即将作为新标准取代 DES。

11.2.3　非对称加密算法

非对称加密算法使用两把完全不同但又是完全匹配的一对钥匙—公钥和私钥。在使用非对称加密算法加密文件时，只有使用匹配的一对公钥和私钥，才能完成对明文的加密和解密过程。加密明文时采用公钥加密，解密密文时使用私钥才能完成，而且发信方（加密者）知道收信方的公钥，只有收信方（解密者）才是唯一知道自己私钥的人。

非对称加密算法的基本原理是，如果发信方想发送只有收信方才能解读的加密信息，发信方必须首先知道收信方的公钥，然后利用收信方的公钥来加密原文；

收信方收到加密密文后，使用自己的私钥才能解密密文。显然，采用非对称加密算法，收发信双方在通信之前，收信方必须将自己早已随机生成的公钥送给发信方，而自己保留私钥。由于非对称算法拥有两个密钥，因而特别适用于分布式系统中的数据加密。广泛应用的非对称加密算法有 RSA 算法和美国国家标准局提出的 DSA。以非对称加密算法为基础的加密技术应用非常广泛，如图 11-2 所示。

非对称加密算法的保密性比较好，它消除了最终用户交换密钥的需要，但加密和解密花费时间长、速度慢，它不适合于对文件加密而只适用于对少量数据进行加密。

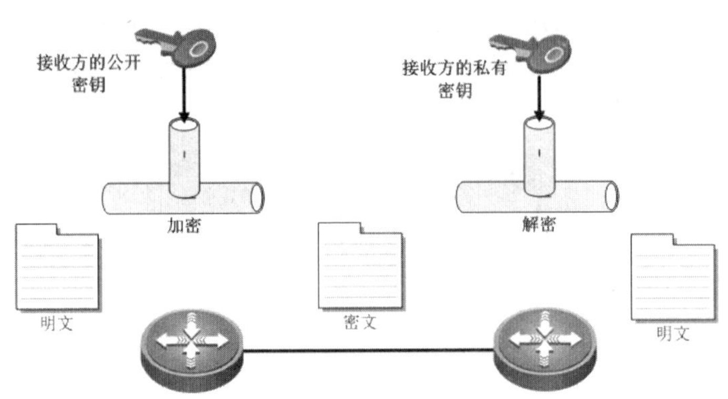

图 11-12　非对称加密

11.2.4　密钥交换

首次发表的公开密钥算法出现在 Diffie 和 Hellman 的论文中，这篇影响深远的论文奠定了公开密钥密码编码学。由于该算法本身限于密钥交换的用途，被许多商用产品用作密钥交换技术，因此该算法通常称之为 Diffie-Hellman 密钥交换。这种密钥交换技术的目的在于使得两个用户安全地交换一个秘密密钥以便用于以后的报文加密。

Diffie-Hellman 密钥交换算法的有效性依赖于计算离散对数的难度。DH 算法为公开的密钥算法，发明于 1976 年。该算法不能用于加密或解密，而是用于密钥的传输和分配。

离散对数：定义素数 p 的原始根（primitive root）为这样一个数，它能生成 1~p-1 所有数的一个数。设 a 为 p 的原始根，则

a mod p，a2 mod p，……，ap-1 mod p

两两互不相同，构成一个 1~p-1 的全体数的一个排列。对于任意数 b 及素数 p 的原始根 a，可以找到一个唯一的指数 i，满足

$b=a^{i} \bmod p$,，$0<=i<=p-1$

则称指数 i 为以 a 为底、模 P 的 b 的离散对数，如图 11-13 所示。

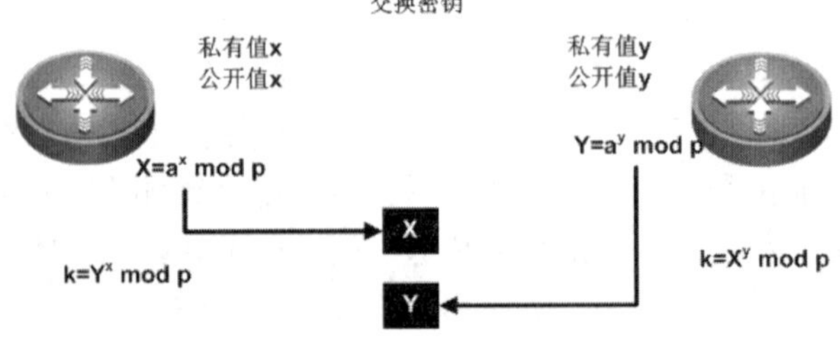

图 11-13　密钥交换

算法描述：

假如 A 和 B 在不安全的网络上进行协商共同的密码：

- A 和 B 先说好一个大素数 p 和它的原始根 a。
- A 随机产生一个数 x，计算 $X=a^x \bmod p$，然后把 X 发给 B。
- B 秘密产生一个随机数 y，计算 $Y=a^y \bmod p$，然后把 Y 发给 A。
- A 计算 $k=Y^x \bmod p$。
- B 计算 $k^*=X^y \bmod p$。

因为

$k=Y^x \bmod p= (a^y)^x \bmod p=(a^x)^y \bmod p=X^y \bmod p= k^*$

所以 $k= k^*$。

不安全线路上的窃听者只能得到 a、p、X、Y，除非能计算离散对数 x 和 y，否则将无法得到密钥 k 。因此，k 为 A 和 B 独立计算出的密钥。

Diffie-Hellman：一种确保共享 KEY 安全穿越不安全网络的方法，它是 OAKLEY 的一个组成部分。

11.2.5 散列算法

散列算法：用来产生一些数据片段(例如消息或会话项)的散列值的算法。好的散列算法具有在输入数据中的更改可以更改结果散列值中每个比特的特性；因此，散列对于检测在诸如消息等大型信息对象中的任何变化很有用。此外，好的散列算法使得构造两个独立的有相同散列的输入不能通过计算方法实现。典型的散列算法包括 MD2、MD4、MD5 和 SHA-1。散列算法也被称为散列函数。

Hash，一般翻译做“散列”，也有直接音译为“哈希”的，就是把任意长度的输入（又叫做预映射，pre-image），通过散列算法，变换成固定长度的输出，该输出就是散列值。这种转换是一种压缩映射，也就是，散列值的空间通常远小于输入的空间，不同的输入可能会散列成相同的输出，而不可能从散列值来唯一地确定输入值。

散列算法确保消息的完整性如图 11-14 所示，在本地端使用散列算法对消息和共用保密密钥进行处理，得到一个散列值。散列算法实际上是一个公式，用于将变长的消息转换成定长的比特串，它是一个单向算法。

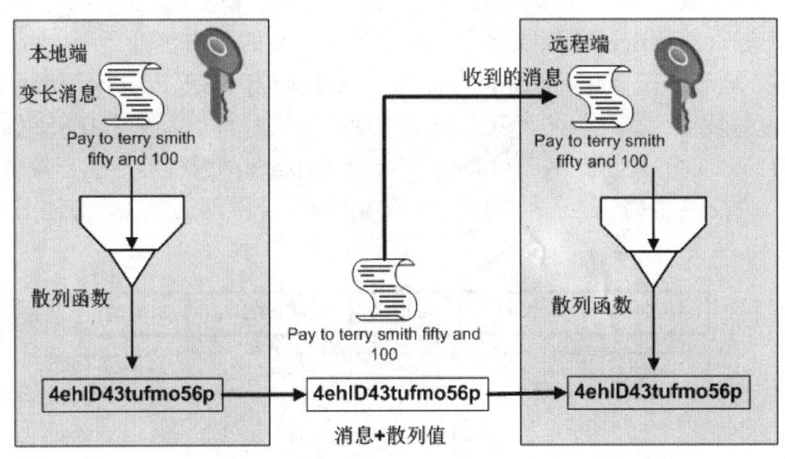

图 11-14 散列算法

在远端，需要执行两个步骤。首先，将共用保密密钥和收到的消息传送给散列算法，得到一个散列值，然后，将重新计算得到的散列值同随消息一起传来的散列值进行比较。如果这两个散列值相同，则说明消息是完整的，如果消息在传输过程中被修改，这两个散列值将不同。

常用的散列算法有如下两种。

- HMAC-MD5：使用 128 位的共用保密密钥。变长消息和 128 位的共用保密密钥一起被传递给 HMAC-MD5 散列算法，结果为 128 位的散列值。然后，将散列值附加到消息的后面，并将其发送给远程端。
- HMAC-SHA-1：使用 160 位的共用保密密钥，变长消息和 160 位的共用保密密钥一起被传递给 HMAC-MD5 散列算法，结果为 160 位的散列值，然后，将散列值附加到消息的后面，并将其发送给远程端。

11.3 IPSec 技术

11.3.1 IPSec 概述

IPSec（IP Security）协议族是 IETF 制定的一系列协议，它为 IP 数据报提供了高质量的、可互操作的、基于密码学的安全性。特定的通信方之间在 IP 层通过加密与数据源验证等方式，来保证数据报在网络上传输时的私有性、完整性、真实性和防重放。

- 私有性（Confidentiality）指对用户数据进行加密保护，用密文的形式传送。
- 完整性（Data Integrity）指对接收的数据进行验证，以判定报文是否被篡改。
- 真实性（Data Authentication）指验证数据源，以保证数据来自真实的发送者。
- 防重放（Anti-Replay）指防止恶意用户通过重复发送捕获到的数据包所进行的攻击，即接收方会拒绝旧的或重复的数据包。

IPSec 通过 AH（Authentication Header，认证头）和 ESP（Encapsulating Security Payload，封装安全载荷）两个安全协议实现了上述目标。为简化 IPSec 的使用和管理，IPSec 还可以通过 IKE（Internet Key Exchange，因特网密钥交换协议）进行自动协商交换密钥、建立和维护安全联盟的服务，以简化 IPSec 的使用和管理，如图 11-15 所示。

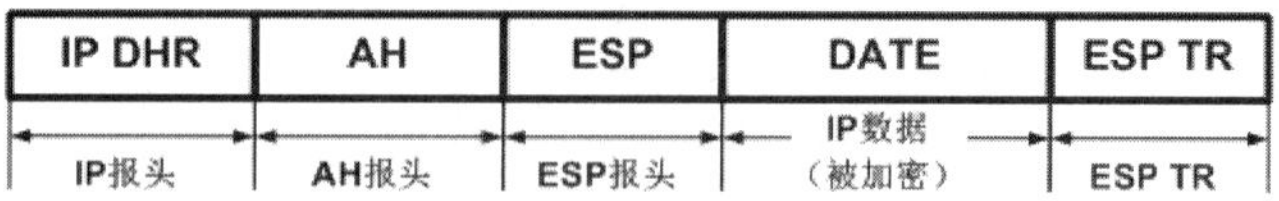

IP DHR	AH	ESP	DATE	ESP TR
IP报头	AH报头	ESP报头	IP数据（被加密）	ESP TR

图 11-15　IPSec 分组

IPSec 规定了如何在对等层之间选择安全协议、确定安全算法和密钥交换，向上提供了访问控制、数据源认证、数据加密等网络安全服务。

RFC2401 描述了这种体系结构的基本框架。和所有安全机制一样，RFC2401 也帮助实施安全策略。策略定义了各种连接的安全要求。这个框架提供了数据完整性、真实性和保密性以及安全联盟和密钥管理。

11.3.2 验证报头

IPSec 认证包头（AH）是一个用于提供 IP 数据包完整性和认证的机制。其完整性是保证数据报不被无意的或恶意的方式改变，而认证则验证数据的来源（识别主机、用户、网络等）。AH 是在 RFC2402 中定义的，本身其实并不支持任何形式的加密，它不能保证通过 Internet 发送的数据的可信程度。AH 只是在加密的出口、进口或使用受到当地政府限制的情况下可以提高全球 Internet 的安全性。当全部功能实现后，它将通过认证 IP 包，并且减少基于 IP 欺骗的攻击机率来提供更好的安全服务。AH 使用的包头放在标准的 IPv4 和 IPv6 包头和下一个高层协议帧（如 TCP、UDP、ICMP 等）之间。

AH 协议通过在整个 IP 数据报中实施一个消息文摘计算来提供完整性和认证服务。一个消息文摘就是一个特定的单向数据函数，它能够创建数据报的唯一的数字指纹。消息文摘算法的输出结果放到 AH 包头的认证数据（Authentication_Data）区。消息文摘 5 算法（MD5）是一个单向数学函数，当应用到分组数据中时，它将整个数据分割成若干个 128 比特的信息分组，每个 128 比特为一组的信息是大分组数据的压缩或摘要的表示。当以这种方式使用时，MD5 只提供数字的完整性服务。一个消息文摘在被发送之前和数据被接收到以后都可以根据一组数据计算出来。如果两次计算出来的文摘值是一样的，那么分组数据在传输过程中就没有被改变。这样就防止了无意或恶意的窜改。在使用 HMAC－MD5 认证过的数据交换中，发送者使用以前交换过的密钥来首次计算数据报的 64 比特分组的 MD5 文摘。从一系列的 16 比特中计算出来的文摘值被累加成一个值，然后放到 AH 包头的认证数据区，随后数据包被发送给接收者。接收者也必须知道密钥值，以便计算出正确的消息文摘并且将其与接收到的认证消息文摘进行适配。如果计算出的和接收到的文摘值相等，那么数据报在发送过程中就没有被改变，而且可以相信是由只知道秘密密钥的另一方发送的。

11.3.3 IPSec 加密

封包安全协议（ESP）包头提供 IP 数据报的完整性和可信性服务，ESP 是在 RFC2406 中定义的。

ESP 协议是设计以两种模式工作的：隧道（Tunneling）模式和传输（Transport）模式。两者的区别在于 IP 数据报的 ESP 负载部分的内容不同。在隧道模式中，整个 IP 数据报都在 ESP 负载中进行封装和加密。当这完成以后，真正的 IP 源地址和目的地址都可以被隐藏为 Internet 发送的普通数据。这种模式的一种典型用法就是在防火墙－防火墙之间通过虚拟专用网的连接时进行的主机或拓扑隐藏。在传输模式中，只有更高层协议帧（TCP、UDP、ICMP 等）被放到加密后的 IP 数据报的 ESP 负载部分。在这种模式中，源和目的 IP 地址以及所有的 IP 包头域都是不加密发送的。

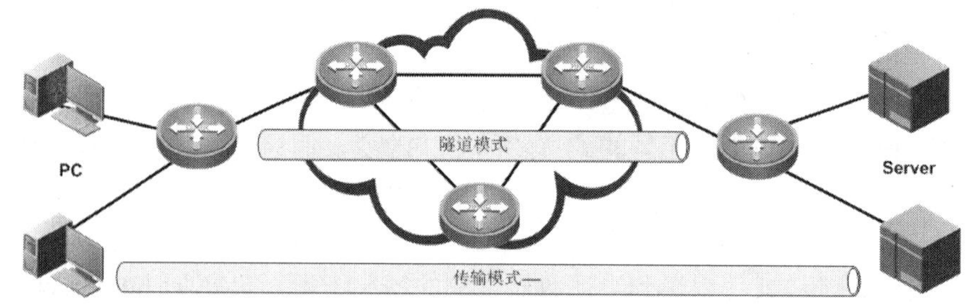

图 11-16 隧道模式与传输模式

从安全性来讲，隧道模式优于传输模式。它可以完全地对原始 ip 数据报进行验证和加密；此外，可以使用 IPSec 对等体的 IP 地址来隐藏客户机的 IP 地址。从性能来讲，隧道模式比传输模式占用更多带宽，因为它有一个额外的 IP 头。因此，到底使用哪种模式需要在安全性和性能间进行权衡，如图 11-17 所示。

模式/协议	Transport	tunnel
AH	Ip header | AH | TCP Header | data	New Ip header | AH | raw Ip header | TCP Header | data
ESP	Ip header | ESP | TCP Header | data | ESP TAIL | ESP Auth data	New Ip header | ESP | raw Ip header | TCP Header | data | ESP TAIL | ESP Auth data
AH-ESP	Ip header | AH | ESP | TCP Header | data | ESP TAIL | ESP Auth data	New Ip header | AH | ESP | raw Ip header | TCP Header | data | ESP TAIL | ESP Auth data

图 11-17 安全协议数据封装格式

IPSec 要求在所有的 ESP 实现中使用一个通用的默认算法即 DES－CBC 算法。美国数据加密标准（DES）是一个现在使用得非常普遍的加密算法，它最早是在由美国政府公布的，最初是用于商业应用。到现在所有 DES 专利的保护期都已经到期了，因此全球都有它的免费实现。IPSec ESP 标准要求所有的 ESP 实现支持密码分组链方式（CBC）的 DES 作为默认的算法。DES－CBC 通过对组成一个完整的 IP 数据包（隧道模式）或下一个更高的层协议帧（传输模式）的 8 比特数据分组中加入一个数据函数来工作。DES－CBC 用 8 比特一组的加密数据（密文）来代替 8 比特一组的未加密数据（明文）。一个随机的、8 比特的初始化向量（IV）被用来加密第一个明文分组，以保证即使在明文信息开头相同时也能保证加密信息的随机性。DES－CBC 主要是使用一个由通信各方共享的相同的密钥。正因为如此，它被认为是一个对称的密码算法。接收方只有使用由发送者用来加密数据的密钥才能对加密数据进行解密。因此，DES－CBC 算法的有效性依赖于秘密密钥的安全，ESP 使用的 DES－CBC 的密钥长度是 56 比特。

11.3.4 安全联盟

安全联盟（SA）也称为安全关联，是最基本的 IPSec 概念之一，这是对等体或主机之间的策略约定。

IPSec 在两个端点之间提供安全通信，端点被称为 IPSec 对等体。

IPSec 能够允许系统、网络的用户或管理员控制对等体间安全服务的粒度。

例如，某个组织的安全策略可能规定来自特定子网的数据流应同时使用 AH 和 ESP 进行保护，并使用 3DES（Triple Data Encryption Standard，三重数据加密标准）进行加密；另一方面，策略可能规定来自另一个站点的数据流只使用 ESP 保护，并仅使用 DES 加密。通过 SA（Security Association，安全联盟），IPSec 能够对不同的数据流提供不同级别的安全保护。

安全联盟是 IPSec 的基础，也是 IPSec 的本质。SA 是通信对等体间对某些要素的约定，例如，使用哪种协议（AH、ESP 还是两者结合使用）、协议的操作模式（传输模式和隧道模式）、加密算法（DES 和 3DES）、特定流中保护数据的共享密钥以及密钥的生存周期等。

安全联盟是单向的、在两个对等体之间的双向通信，最少需要两个安全联盟来分别对两个方向的数据流进行安全保护。同时，如果希望同时使用 AH 和 ESP 来保护对等体间的数据流，则分别需要两个 SA，一个用于 AH，另一个用于 ESP。

安全联盟由一个三元组来唯一标识，这个三元组包括 SPI（Security Parameter Index，安全参数索引）、目的 IP 地址、安全协议号（AH 或 ESP）。SPI 是为唯一标识 SA 而生成的一个 32 比特的数值，它在 AH 和 ESP 头中传输。

安全联盟具有生存周期。生存周期的计算包括两种方式：

- ❑ 以时间为限制，每隔指定长度的时间就进行更新。
- ❑ 以流量为限制，每传输指定的数据量（字节）就进行更新。

安全联盟的协商方式：

可以有两种协商方式建立安全联盟，一种是手工方式（Manual），一种是 IKE 自动协商（ISAKMP）方式。前者配置比较复杂，创建安全联盟所需的全部信息都必须手工配置，而且 IPSec 的一些高级特性（例如定时更新密钥）不被支持，但优点是可以不依赖 IKE 而单独实现 IPSec 功能。而后者则相对比较简单，只需要配置好 IKE 协商安全策略的信息，由 IKE 自动协商来创建和维护安全联盟。

当与之进行通信的对等体设备数量较少时，或是在小型静态环境中，手工配置安全联盟是可行的。对于中、大型的动态网络环境中，推荐使用 IKE 协商建立安全联盟，如图 11-18 所示。

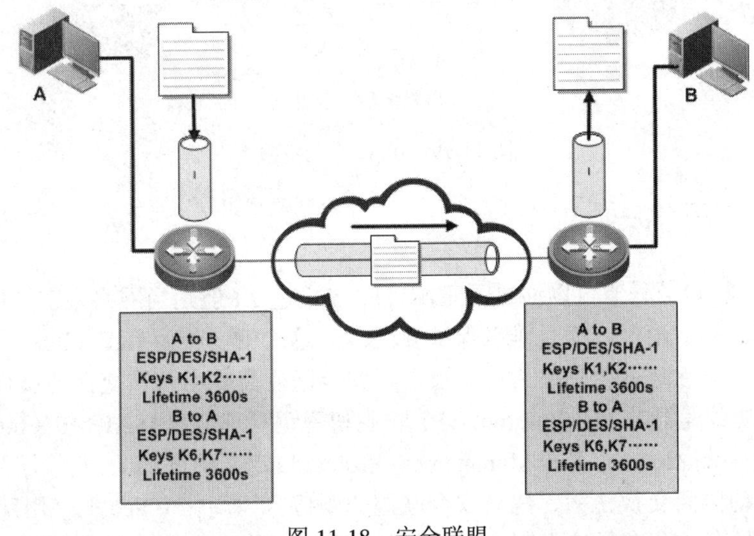

图 11-18　安全联盟

11.3.5 IPSec 的运行

IPSec 在使用所需的安全策略和算法来保护数据，IPSec 的运行过程包括 5 个步骤，如图 11-19 所示。

步骤 1 启动 IPSec 过程。当一个报文从某接口外出时，如果此接口应用了 IPSec，会进行安全策略的匹配。

步骤 2 IKE 阶段 1。如果找到匹配的安全策略，会查找相应的安全联盟。如果安全联盟还没有建立，则触发 IKE 进行协商。IKE 首先建立阶段 1 的安全联盟，即 IKE SA。

步骤 3 IKE 阶段 2。在阶段 1 安全联盟的保护下协商阶段 2 的安全联盟，即 IPSec SA。

步骤 4 传输数据。使用 IPSec SA 保护通讯数据。

步骤 5 拆除 IPSec 隧道。由于删除或超时而拆除 IPSec 隧道。

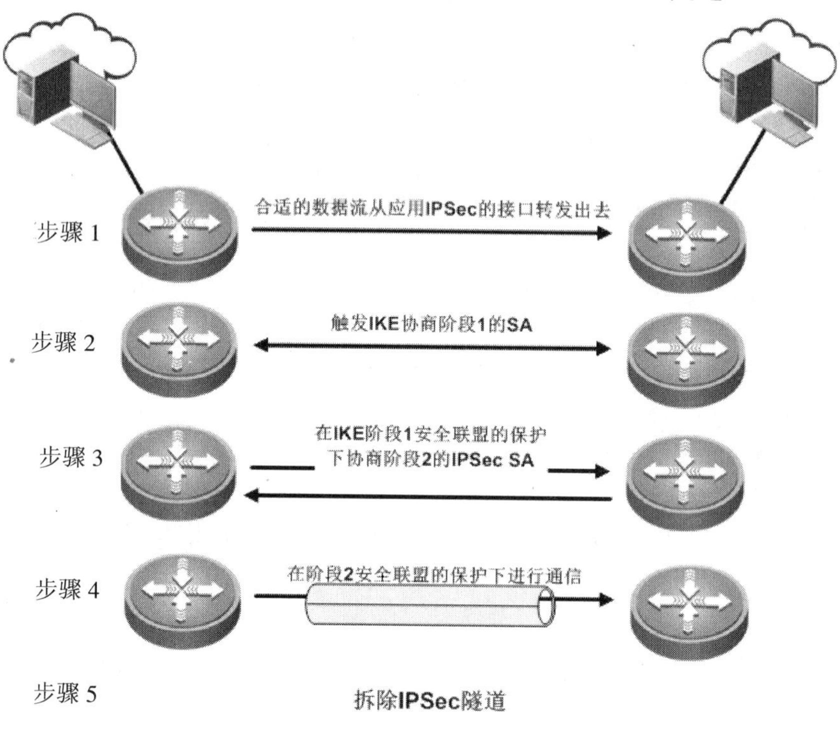

图 11-19 IPSec 5 个步骤

11.3.6 使用 IKE

IPSec 的安全联盟可以通过手工配置的方式建立，但是当网络中节点增多时，手工配置将非常困难，而且难以保证安全性。这时就要使用 IKE（Internet Key Exchange，因特网密钥交换）自动地进行安全联盟建立与密钥交换的过程。

IKE 协议是建立在由 Internet 安全联盟和密钥管理协议 ISAKMP（Internet Security Association and Key Management Protocol）定义的框架上。它能够为 IPSec 提供了自动协商交换密钥、建立安全联盟的服务，以简化 IPSec 的使用和管理。

IKE 具有一套自保护机制，可以在不安全的网络上安全地分发密钥、验证身份、建立 IPSec 安全联盟：

- DH（Diffie-Hellman）交换及密钥分发。Diffie-Hellman 算法是一种公共密钥算法。通信双方在不传送密钥的情况下通过交换一些数据，计算出共享的密钥。加密的前提是交换加密数据的双方必须要有共享的密钥。IKE 的精髓在于它永远不在不安全的网络上直接传送密钥，而是通过一系列数据的交换，最终计算出双方共享的密钥。即使第三者（如黑客）截获了双方用于计算密钥的所有交换数据，也不足以计算出真正的密钥。
- 完善的前向安全性（Perfect Forward Secrecy，PFS）。PFS 是一种安全特性，指一个密钥被破解，并不影响其他密钥的安全性，因为这些密钥间没有派生关系。PFS 是由 DH 算法保障的。
- 身份验证。身份验证确认通信双方的身份。对于 Pre-Shared Key 验证方法，验证字用来作为一个输入产生密钥，验证字不同是不可能在双方产生相同的密钥的。验证字是验证双方身份的关键。
- 身份保护。身份数据在密钥产生之后加密传送，实现了对身份数据的保护。

IKE 使用了两个阶段为 IPSec 进行密钥协商并建立安全联盟：第一阶段，通信各方彼此间建立了一个已通过身份验证和安全保护的通道，此阶段的交换建立了一个 ISAKMP 安全联盟，即 ISAKMP SA（也可称 IKE SA）；第二阶段，用在第一阶段建立的安全通道为 IPSec 协商安全服务，即为 IPSec 协商具体的安全联盟，建立 IPSec SA，IPSec SA 用于最终的 IP 数据安全传送。

从图 11-20 可以看出 IKE 和 IPSec 的关系。

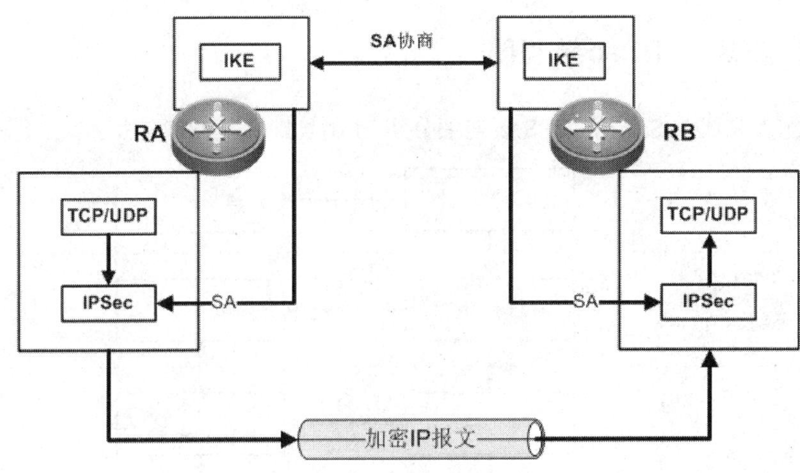

图 11-20　IPSec 与 IKE

在 RFC2409（The Internet Key Exchange）中规定，IKE 第一阶段的协商可以采用两种模式：主模式（Main Mode）和野蛮模式（Aggressive Mode）。

主模式被设计成将密钥交换信息与身份、认证信息相分离。这种分离保护了身份信息；交换的身份信息受已生成的 Diffie-Hellman 共享密钥的保护。但这增加了三条消息的开销。

野蛮模式则允许同时传送与 SA、密钥交换和认证相关的载荷。将这些载荷组合到一条消息中减少了消息的往返次数，但是就无法提供身份保护了。

虽然野蛮模式存在一些功能限制，但可以满足某些特定的网络环境需求。例如：远程访问时，如果响应者（服务器端）无法预先知道发起者（终端用户）的地址、或者发起者的地址总在变化，而双方都希望采用预共享密钥验证方法来创建 IKE SA，那么，不进行身份保护的野蛮模式就是唯一可行的交换方法；另外，如果发起者已知响应者的策略，或者对响应者的策略有全面的了解，采用野蛮模式能够更快地创建 IKE SA。

IKE 具有以下优点：

- 使得无需在加密映射中手工指定 IPSec 安全参数。
- 能够指定 IPSec SA 的寿命。
- 能够在 IPSec 会话期间修改加密密钥。
- 能够提供防重发服务。
- 支持 CA，实现易于管理、可扩展。
- 能够动态地验证对等体的身份。

IKE 可以使用的技术包括：

- MD5：MD5 通过输入任意长度的消息，产生 128 比特的消息摘要。
- SHA-1：SHA-1 通过输入长度小于 2^{64} 的消息，产生 160 比特的消息摘要。SHA-1 的摘要长于 MD5，因而是更安全的。
- DES：使用 56 比特的密钥对一个 64 比特的明文块进行加密。
- 3DES：使用三个 56 比特的 DES 密钥（共 168 比特密钥）对明文进行加密。无疑，3DES 具有更高的安全性，但其加密数据的速度要比 DES 慢得多。

11.3.7 IKE 与 IPSec 流程图

在配置完成 IPSec 后，IPSec 处理分组的流程图如图 11-21 所示。

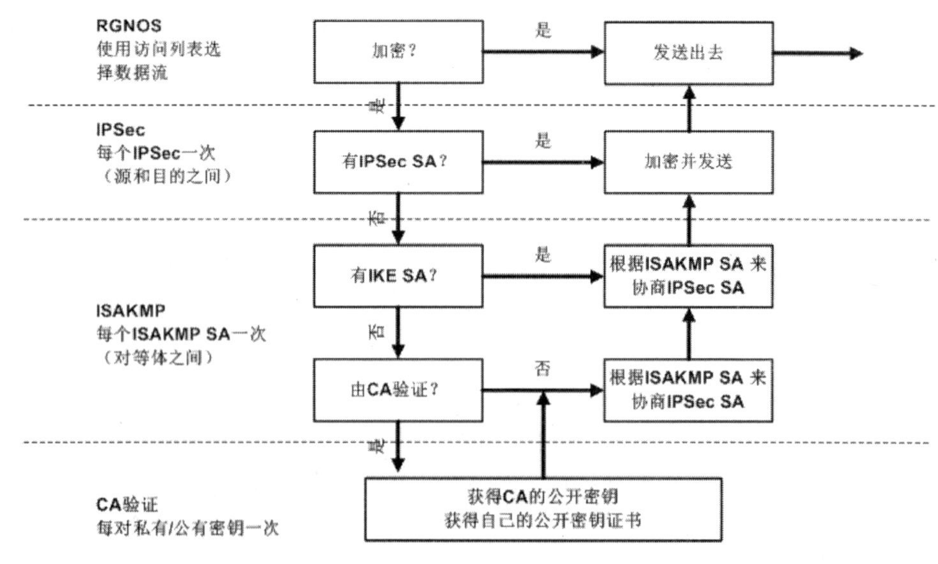

图 11-21 IKE 和 IPSec 的流程图

首先 RGNOS 根据接口上的访问列表确定需要加密的数据流，并根据加密映射的指定方式进行加密。

检查是否已经建立了 IPSec SA，如果手工配置了 SA 或者之前 IKE 建立了 SA，则根据加密映射中指定的策略对分组进行加密，然后将其从接口发送出去。

如果没有建立 SA，则检查是否配置和建立了 ISAKMP SA，如果建立了，则由 ISAKMP SA 根据指定的策略来协商 IPSec SA。然后，IPSec 对分组进行加密，并将其从接口发出。

如果没有建立 ISAKMP SA，则检查是否配置了用于建立 ISAKMP 策略的 CA，如果配置了 CA 验证，路由器将使用配置的公开/私有密钥获取 CA 的公开证书，然后获得自己的公开密钥证书，再将使用该密钥来协商 ISAKMP SA，然后，使用 ISAKMP SA 来确定 IPSec SA，再对分组进行加密，并将其发送出去。

11.4 IPSec VPN 配置案例

11.4.1 配置步骤

- 步骤 1 定义被保护的数据流。
  - 数据流是一组流量（Traffic）的集合，由源地址/掩码、目的地址/掩码、IP 报文承载的协议号、源端口号、目的端口号等来规定。一个数据流用一个 ACL 来定义，所有匹配一个访问控制列表规则的流量，在逻辑上作为一个数据流。一个数据流可以小到是两台主机之间单一的 TCP 连接，也可以大到是两个子网之间所有的流量。IPSec 能够对不同的数据流施加不同的安全保护，因此 IPSec 配置的第一步就是定义数据流。
- 步骤 2 定义安全提议。
  - 安全提议规定了对要保护的数据流所采用的安全协议、验证或加密算法、操作模式（即报文的封装方式）等。
  - 支持的 AH 和 ESP 安全协议，两者既可单独使用，也可联合使用。其中，AH 支持 MD5 和 SHA-1 验证算法；ESP 协议支持 MD5、SHA-1 验证算法和 DES、3DES 加密算法。
  - 对同一数据流，对等体两端必须设置相同的协议、算法和操作模式。另外，对于两个安全网关（例如路由器间）实施 IPSec，建议采用隧道模式，以隐藏实际通信的源和目的 IP 地址。因此，请先根据需要配置好一个安全提议，以便下一步将数据流和安全提议相关联。
- 步骤 3 定义安全策略或安全策略组。
  - 安全策略规定了对什么样的数据流采用什么样的安全提议。一条安全策略由“名字”和“顺序号”共同唯一确定。安全策略分为手工安全策略和 IKE 协商安全策略，前者需要用户手工配置密钥、SPI、

SA 的生存周期等参数，在隧道模式下还需要手工配置安全隧道两个端点的 IP 地址；后者则由 IKE 自动协商生成这些参数。

> ➢ 安全策略组是所有具有相同名字、不同顺序号的安全策略的集合。在同一个安全策略组中，顺序号越小的安全策略，优先级越高。

- ❑ 步骤 4　接口实施安全策略。
  - ➢ 在接口上应用安全策略组，安全策略组中的所有安全策略同时应用在这个接口上，从而实现对流经这个接口的不同的数据流进行不同的安全保护。

11.4.2　配置示例

图 11-22 所示为一个企业与其分公司建立一个基于站点到站点的 VPN，北京总部与上海分公司建立 IPSec VPN，因为总公司中 10.1.2.0/24 和分公司的 10.1.1.0/24 两个网段上传输是公司的财务系统，所以需要两端的 10.1.1.0/24 的子网与 10.1.2.0/24 子网建立 VPN 访问。

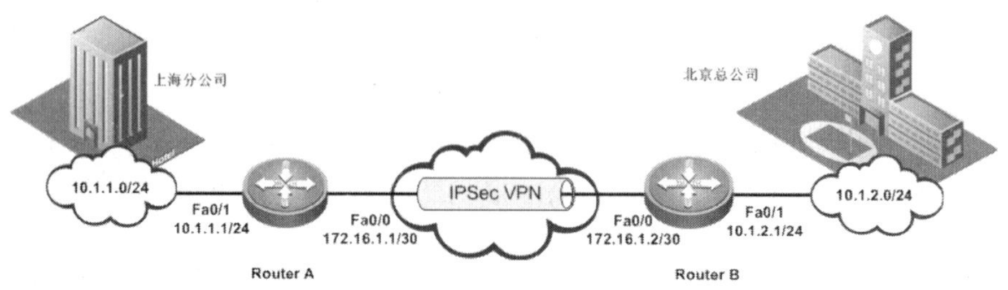

图 11-22　VPN 配置示例

根据上面配置 IPSec VPN 的步骤，配置步骤如示例 11-1 示例 11-2 所示。

示例 11-1　路由器 A 的配置

```
RouterA(config)#ip access-list 110 permit ip 10.1.1.0 0.0.0.255 10.1.2.0 0.0.0.255
RouterA(config)#crypto isakmp policy 110
RouterA(config-isakmp)#authentication pre-share
RouterA(config-isakmp)#hash md5
RouterA(config)#crypto isakmp key 0 ruijie123 address 172.16.1.2
RouterA(config)#crypto ipsec transform-set vpn1 ah-md5-hmac esp-des
esp-md5-hmac
RouterA(cfg-crypto-trans)#mode tunel
RouterA(config)#crypto map vpn-set 100 ipsec-isakmp
RouterA(config-crypto-map)#set peer 172.16.1.2
RouterA(config-crypto-map)#set transform-set vpn1
RouterA(config-crypto-map)#match address 110
RouterA(config)#interface FastEthernet 0/0
RouterA(config-if)#ip address 172.16.1.1 255.255.255.252
RouterA(config-if)#crypto map vpn-set
RouterA(config)#interface FastEthernet 0/1
```

```
RouterA(config-if)#ip address 10.1.1.1 255.255.255.0
RouterA(config)#ip route  0.0.0.0 0.0.0.0  172.16.1.2
```

示例 11-2 路由器 B 的配置

```
RouterB(config)#ip access-list 110 permit ip 10.1.2.0 0.0.0.255 10.1.1.0 0.0.0.255
RouterB(config)#crypto isakmp policy 110
RouterB(config-isakmp)#authentication pre-share
RouterB(config-isakmp)#hash md5
RouterB(config)#crypto isakmp key 0 ruijie123 address 172.16.1.1
RouterB(config)#crypto ipsec transform-set vpn1 ah-md5-hmac esp-des esp-md5-hmac
RouterB(cfg-crypto-trans)#mode tunel
RouterB(config)#crypto map vpn-set 100 ipsec-isakmp
RouterB(config-crypto-map)#set peer 172.16.1.1
RouterB(config-crypto-map)#set transform-set vpn1
RouterB(config-crypto-map)#match address 110
RouterB(config)#interface FastEthernet 0/0
RouterB(config-if)#ip address 172.16.1.2 255.255.255.252
RouterB(config-if)#crypto map vpn-set
RouterB(config)#interface FastEthernet 0/1
RouterB(config-if)#ip address 10.1.2.1 255.255.255.0
RouterB(config)#ip route  0.0.0.0 0.0.0.0  172.16.1.1
```

两台路由器配置完成 IPSec VPN，可以使用 ping 命令来测试，使用扩展的 ping 命令，在路由器 A 上 ping10.1.2.1，如示例 11-3 所示。

示例 11-3 ping 测试连通性

```
RouterA#ping
Protocol [ip]:
Target IP address: 10.1.2.1
Repeat count [5]: 100
Datagram size [100]:
Timeout in seconds [2]:
Extended commands [n]: y
Source address:10.1.1.1
Time to Live [1, 64]:
Type of service [0, 31]:
Data Pattern [0xABCD]:0xABCD
Sending 100, 100-byte ICMP Echoes to 10.1.2.1, timeout is 2 seconds:
  < press Ctrl+C to break >
!!!!!!!!!!!!!!!!!!!!!!!!!!!!!!!!!!!!!!!!!!!!!!!!!!!!!!!!!!!!!!!!!!!!!!
Success rate is 100 percent (100/100), round-trip min/avg/max = 1/2/10 ms
```

可以使用命令 **show crypto isakmp sa** 查看 VPN 建立的状态信息，如示例 11-4 所示。

示例 11-4　命令 show crypto isakmp sa 输出

```
RouterA#show crypto isakmp sa
 destination    source     state      conn-id     lifetime(second)
 172.16.1.1   172.16.1.2   QM_IDLE      33          86273
  b122930475e657c8  db5bdb5bdb5bdb5b
```

要显示 IKE 第一阶段中使用的 SA，可以使用上面的命令，如果连接正常，且有 ISAKMP SA，它处于静默状态：QM—IDLE，即有 ISAKMP，但处于空闲状态，它通过了对等体的身份验证，可用于后续的快速模式交换。

使用命令 **show crypto ipsec sa** 查看 VPN 加密信息，如示例 11-5 所示。

示例 11-5　命令 show crypto ipsec sa 输出

```
RouterA#show crypto ipsec sa
Interface: FastEthernet 0/0
      Crypto map tag:vpn-set, local addr 172.16.1.1
      media mtu 1500
      ==================================
      item type:static, seqno:100, id=32
      local ident (addr/mask/prot/port): (10.1.1.0/0.0.0.255/ 0/0))
      remote  ident (addr/mask/prot/port): (10.1.2.0/0.0.0.255/ 0/0))
      PERMIT
      #pkts encaps:104, #pkts encrypt: 104, #pkts digest 208
      #pkts decaps: 104, #pkts decrypt: 104, #pkts verify 208
      #send errors 0, #recv errors 0
      Inbound esp sas:
         spi:0x3daa1848 (1034557512)
          transform: esp-des esp-md5-hmac
          in use settings={Tunnel,}
          crypto map vpn-set 100
          sa  timing:  remaining  key  lifetime  (k/sec):
(4607971/3486)
          IV size: 8 bytes
          Replay detection support:Y

      Inbound ah sas:
         spi:0x375e05a6 (928908710)
          transform: ah-null ah-md5-hmac
          in use settings={Tunnel,}
          crypto map vpn-set 100
          sa  timing:  remaining  key  lifetime  (k/sec):
```

```
(4607971/3486)
            IV size: 0 bytes
            Replay detection support:Y
        Outbound esp sas:
           spi:0x74c48af2 (1959037682)
            transform: esp-des esp-md5-hmac
            in use settings={Tunnel,}
            crypto map vpn-set 100
            sa   timing:   remaining   key   lifetime   (k/sec):
(4607971/3486)
            IV size: 8 bytes
            Replay detection support:Y
        Outbound ah sas:
           spi:0x6b7b775f (1803253599)
            transform: ah-null ah-md5-hmac
            in use settings={Tunnel,}
            crypto map vpn-set 100
            sa   timing:   remaining   key   lifetime   (k/sec):
(4607971/3486)
            IV size: 0 bytes
            Replay detection support:Y
```

对于配置完成的策略可以使用命令 **show crypto isakmp policy** 查看，如示例 11-6 所示。

示例 11-6 show crypto isakmp policy 输出

```
RouterA#show crypto isakmp policy
Protection suite of priority 110
   encryption algorithm:   DES - Data Encryption Standard (56 bit
keys).
   hash algorithm:          Message Digest 5
   authentication method:  Pre-Shared Key
   Diffie-Hellman group:   #1 (768 bit)
   lifetime:               86400 seconds
Default protection suite
   encryption algorithm:   DES - Data Encryption Standard (56 bit
keys).
   hash algorithm:          Secure Hash Standard
   authentication method:  Rsa-Sig
   Diffie-Hellman group:   #1 (768 bit)
   lifetime:               86400 seconds
```

可以使用命令 **show crypto ipsec transform-set**、**sh crypto map** 查看变换集

和映射的应用，如示例 11-7 所示。

示例 11-7　查看变换集和映射

```
RouterA#show crypto ipsec transform-set
transform set vpn1: { ah-md5-hmac,esp-md5-hmac,esp-des,}
        will negotiate = {Tunnel,}
RouterA#show crypto map
Crypto Map:"vpn-set" 100 ipsec-isakmp, (Complete)
        Extended IP access list 110
        Security  association  lifetime:  4608000  kilobytes/3600
seconds(id=32)
        PFS (Y/N): N
        Transform sets = { vpnl, }
        Interfaces using crypto map vpn-set:
                FastEthernet 0/0
```

11.5　总　结

下面是本章的一些要点：

- VPN 通过 Internet 传输私有用户数据流，使用加密和隧道技术来确保数据的安全。
- 与传统的 WAN 连接相比，VPN 在费用、灵活性、管理和拓扑方面具有优势。
- 远程接入 VPN 扩展了拔号网络，而场点到场点 VPN 扩展了传统的 WAN。
- 对于多协议数据流和非单播数据流，建议使用 GRE。
- 由于 IPSec 加密功能而被选作 VPN 协议，对于单播数据流，建议采用 IPSec。
- 在对称加密中，使用密钥将明文转换为密文，然后解密成明文。
- 在非对称加密中，加密和解密时使用相同的算法，或使用不同但互补的算法。
- DH 算法让双方能够通过不安全的信道建立只有它们知道的共用保密密钥。
- 散列算法是一个公式，用于将变长的消息转换为定长的比特串。
- IPSec 是一组安全协议和算法，用于确保网络层的数据安全。
- IPSec 包括加密安全有效负载（ESP）和验证报头（AH）。
- Internet 密钥交换提供了额外的特性，增加了灵活性，简化了 IPSec 配置工作，从而增强了 IPSec。
- IKE 策略是一种安全组合参数，供 IKE 协商期间使用。
- ISAKMP 对等体协商可接受的 ISAKMP 策略，然后就用于 IPSec 的 SA

达成一致。

- 在配置 IPSec VPN 时，需要了解 IPSec VPN 的各种策略。

11.6 复习题

（1）下列哪种技术可提供验证功能？

A．DES

B．数字签名

C．Diffie-Hellman

D．RSA

（2）散列算法 HMAC-MD5 和 HMAC-SHA1 的结果分别是多长？

A．64 位和 128 位

B．128 位和 160 位

C．160 位和 128 位

D．128 位和 64 位

（3）IPSec 支持哪两种封装协议？

A．MD5 和 SHA1

B．SHA1 和 ESP

C．ESP 和 AH

D．AH 和 MD5

（4）为两台路由器之间的一条 IPSec 隧道生成多少个 SA？

A．1 个

B．2 个

C．3 个

D．4 个

（5）有大量 VPN 用户时，哪种密钥分发方法的效率最高？

A．共享密钥

B．网络管理员 PDA

C．散列算法

D．CA

（6）如果公司网络使用了多播协议，如何安全地将数据流从总部发送到分部？

A．多播协议本身就能确保安全

B．使用 GRE 隧道

C．使用 L2TP 隧道

D．在 IPSec 中封装 GRE 隧道

（7）为确保 VPN 正常运行，无需在访问列表中允许哪种数据流通过？

A．协议 50

B．协议 51

C．UDP 端口 500

D．UDP 端口 53

（8）如果两潜在的 IPSec 对等体没有相同的 ISAKMP 策略，情况将如何？

A．对等体协商其他参数，对于两者不同的参数，使用默认值

B．对等体拒绝协商和建立 IPSec 隧道

C．对等体建立 IPSec 隧道，但数据流可能不会被加密

D．对等体被迫重新启动，并在启动配置中搜索

（9）下列哪项不是第 3 层（IPSec）加密的优点？

A．第 3 层加密独立于应用类型

B．第 3 层加密隐藏了端口号和应用类型

C．第 3 层加密可防止入侵者看到主机会话的地址

D．第 3 层加密易于扩展

（10）下列哪种变换最安全？

A．AH-SHA-HMAC

B．AH-MD5-HMAC

C．ESP-NULL

D．ESP-DES

第 12 章　网络故障排除

本章重点

- 网络故障处理思路与方法
- 网络故障处理工具
- 网络故障处理命令
- 网络故障排除案例

网络的“故障”往往是用户在某种应用不能正常实现时感知到的。在有的业务场合，需要迅速地找到故障并加以排除。除了设备在正常运行中出现故障的情况外，还有另外一种情形，当在实施某种应用，已经完成了配置，但却得不到预期的效果。对于从发现问题到解决问题过程中使用的技术，称为排错。显然，排除故障能力要求建立在掌握一定的网络基础以及设备配置技术上。

在目前的网络应用中，故障产生的原因是多样化、复杂化的。原因涉及到网络设备故障、应用服务故障、客户端 PC 操作系统故障、物理线缆故障等因素。在本章中，主要以网络设备故障为例，结合大量的网络故障排除案例，阐述网络故障排除的基本思路与方法，以及常用的网络故障排除工具与命令。

12.1　系统化的排错思想

一个系统化的故障处理思路是合理地一步一步找出故障原因并解决的过程。何排除一些假象从而定位导致偏差的真正原因？针对偏差列出的可能原因与真实情况越接近，对这个问题回答也越容易。这可以归纳出排错的流程图，如图 12-1 所示。

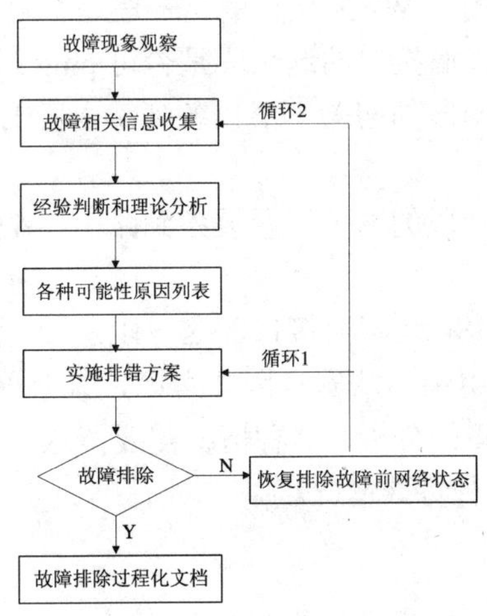

图 12-1　故障处理流程图

该处理流程是网络维护人员所能够采用排错模型中的一种，如果工程师根据自己的经验总结了另外的排错模型并证明是行之有效的，请继续使用，因为网络故障解决的处理流程是可以变化的，但要遵循故障处理有序化的思维模式。

12.1.1 搜集有助于查找故障原因的详细信息

要想对网络故障做出准确的分析，首先应该了解故障表现出来的各种现象，因此工程师要向受影响的用户、网络人员或其他关键人员提出问题：

- 网络故障表现形式是怎样的？
- 网络结构或配置是否最近修改过，即问题出现是否与网络变化有关。
- 网络故障影响的用户范围。
- 根据故障描述性质，使用各种工具搜集网络情况，如网络管理系统、协议分析软件、相关网络命令等。
- 与网络正常情况下的记录进行比较。

12.1.2 确定排错范围

故障处理系统化的基本思想是系统地将故障可能的原因所构成的一个大集合缩减（或隔离）成几个小的子集，从而使问题的复杂度迅速下降。因此利用收集到的数据，并根据自己以往的故障处理经验和所掌握的知识，确定一个排错范围。通过范围的划分，就只需注意某一故障或与故障情况相关的那一部分产品、介质和主机。

确定排错范围的常用处理方法有如下几类。

1. 分段法

在确认用户网络故障点时，分段故障处理法是工程师优先采用的方法，也是高效的方法，通常使用 ping 命令来判定如下几个关键信息。

- 主机到自身所在网段的网关三层设备 LAN 接口的这一段是否可 ping 通？
- 主机到出口路由器 LAN 接口的这一段是否可 ping 通？
- 主机到出口路由器 WAN 接口的这一段是否可 ping 通？
- 主机到 ISP 运营商接口的这一段是否可 ping 通？
- 主机自身所在网段的网关三层设备到路由器 LAN 接口的这一段是否可 ping 通？
- 主机自身所在网段的网关三层设备到路由器 WAN 接口的这一段是否可 ping 通？
- 出口路由器到 ISP 运营商接口的这一段是否可 ping 通？

注意：目前网络应用中，从安全因素考虑，许多网络设备启用了禁止 ping 功能，此时会误导对故障的分析，这种情况需要留意。在本章的案例分析中，都不会考虑到禁止 ping 这种特殊情况。

2. 分层法

分层法思想很简单：当 OSI 模型的所有低层结构工作正常时，它的高层结构才能正常工作。在确信所有低层结构都正常运行之前，解决高层结构问题完全是浪费时间。下面是各层次的关注点。

物理层：线缆、连接头、网络接口，这些都是可能导致端口处于 DOWN 状态的因素。通常使用 show interfaces 命令初步判断物理层的状态。

数据链路层：数据链路层负责在网络层与物理层之间进行信息传输。封装不一致是导致数据链路层故障的最常见原因。可以使用 show interfaces 命令初步判断数据链路层是否存在故障。此外，在 PPPOE 封装的以太网接口上，接口 MTU 值配置错误也会导致网络层或应用层的异常。

网络层：地址错误和子网掩码错误是引起网络层故障最常见的原因；网络中的地址重复是网络故障的另一个可能原因；在目前 ARP 病毒高发区域，ARP 信息学习错误也是造成网络异常的重要原因。另外，路由协议是网络层的一部分，在较复杂的网络中是排错重点关注的内容。可使用 show ip interface 命令初步判断路由口的状态；使用 show interface vlan 命令初步判断 SVI 的状态；使用 show ip route 命令初步判断路由表的状态。

传输层：NAT 工作是否正常、应用使用的 TCP/UDP 端口是否受到屏蔽。

分层法排除故障案例：在一个封装 PPPOE 的以太网接口上，由于物理层的不稳定，PPPOE 连接总是出现反复失去连接的问题，这个问题的直接表象是到达远程端点的路由总是出现间歇性中断。这使得维护工程师第一反应是路由协议出问题了，然后凭借着这个感觉来对路由协议进行大量故障诊断和配置，其结果是可想而知的。如果能够从 OSI 模型的底层逐步向上来探究原因的话，工程师将不会做出这个错误的假设，并能够迅速定位和排除问题。

3. 分块法

锐捷网络设备配置的组织结构，是以全局配置、物理接口配置、逻辑接口配置、路由配置等方式编排的。可以以此作为故障定位的一个原始框架，当出现一个故障现象时，可以把它归入上述某一类或某几类中，从而有助于缩减故障定位范围。

管理部分：设备名称、口令、服务、日志等。

端口部分：地址、封装、速率/双工模式等。

路由协议部分：静态路由、浮动路由等。

接入部分：主控制台、Telnet 登录或拨号等。

其他应用部分：NAT 配置、VPN 配置、安全配置等。

分块法案例：当使用 show ip route 命令，结果只显示出了直连路由，那么问题可能发生在哪里呢？根据上述的分块，发现有三部分可能引起该故障：路由协议、策略、端口。如果没有配置路由协议或配置不当，路由表就可能为空；如果访问列表配置错误，就可能妨碍路由的更新；如果端口的地址、掩码或认证配置错误，也可能导致路由表错误。

4. 替换法

这是在检查硬件是否存在问题时最常用的方法。例如：当怀疑是网线问题时，更换一根确定是好的网线试一试；当怀疑是用户 PC 问题时，更换一台确定是好的 PC 试一试；当怀疑是接口模块有问题时，更换一个其他接口模块试一试。

在实际故障排查中，可根据实际情况灵活使用各种排查方法，使用各种排查方法的目的要将故障可能的原因所构成的一个大集合缩减（或隔离）成几个小的子集，从而使问题的复杂度迅速下降。

通过上述的几种方法，可以把常见网络故障细化为 4 类故障。

用户终端问题：网络参数配置错误、网卡异常、系统异常、应用程序工作异常等。

- ❑ 故障现象：故障只发生在单个用户处。
- ❑ 判断方法：使用替换法，将故障 PC 所使用网线连接到测试 PC 上（确定配置正确的网络参数），故障现象不会重现；线路还原到故障 PC 上，故障现象立即重现。

服务器问题：网络参数配置错误、网卡异常，系统异常，应用程序工作异常等。

- ❑ **故障现象**：所有用户无法访问服务器，或者无法访问服务器的某个应用。
- ❑ **判断方法**：对本地服务器，使用替换法，将一台测试 PC 与服务器直接通过双绞线（确定网线完好）连接，如果此时故障依然存在，说明服务器存在问题。对异地服务器，通常使用分段法与分层法：在多处（非本网络内部）ping 该服务器的 IP 地址不通或丢包严重，或者也无法访问该服务器提供的应用。

网络设备问题：硬件故障、网络设备软件故障、配置问题等。

外界因素：出口带宽、病毒攻击、静电、网络运营商互联互通等。

对用户终端问题与服务器问题的处理方法在本章中不做过多讨论，本章将主要对网络设备问题与外界因素问题做出详细分析，提出常用的处理方法。

12.1.3 循环进行故障排查过程

在故障处理时，要根据所列出的可能原因制定故障排查计划，分析最有可能的原因后，确定一次只对一个变量进行操作，这种方法是能够重现某一故障的解决办法。如果有多个变量同时被改变，而问题得以解决，则很难判断哪个变量导致了故障发生。

当对某一原因执行了排错方案后，需要对结果进行分析，判断问题是否解决，是否引入了新的问题。如果问题解决，那么就可以直接进入文档编写过程；如果没有解决问题，那么就需要再次循环进行到故障排查过程。在进行下一循环之前必须做的事情就是将网络恢复到实施上一方案前的状态。如果保留上一方案对网络的改动，很可能导致新的问题。循环排错可以有两个切入点：

当针对某一可能原因的排错方案没有达到预期目的，循环进入下一可能原因制定排错方案并实施。

当所有可能原因列表的排错方案均没有达到排错目的，重新进行故障相关信息收集以分析新的可能原因。

12.1.4 故障处理过程文档化

当最终排除了网络故障后，流程的最后一步就是对所做的工作进行文字记录。文档化过程决不是一个可有可无的工作，因为文档是排错宝贵经验的总结，是“经验判断和理论分析”这一过程中最重要的参考资料，同时文档记录了排错中网络参数所做的修改，这也是下一次网络故障应收集的相关信息。文档记录主要包括以下几个方面：

- ❑ 故障现象描述及收集的相关信息。
- ❑ 网络拓扑图绘制。
- ❑ 网络中使用的设备清单和介质清单。
- ❑ 网络中使用的协议清单和应用清单。
- ❑ 本次排错的心得体会。

12.2 网络故障排除工具与命令

在网络故障排除中，除了需要有良好的网络基础与丰富的经验外，同时也需要借助于网络协议分析软件以及测试命令，尽可能多地收集故障现象，并根据故障现象对故障发生的可能原因加以分析并逐一排查。

12.2.1 用超级终端捕获调试信息

在故障处理时，往往需要保存网络设备输出的大量调试信息的时候，使用复制、粘贴的方法比较麻烦，而且当需要保存的信息量大时，使用复制、粘贴的方法可能会造成信息丢失。一个可以考虑的方法是，直接利用终端的捕获功能来获得完整信息，以便分析定位使用。

步骤 1 在开始捕获前，请在超级终端的菜单【传送】中选择【捕获文字】，如图 12-2 所示。

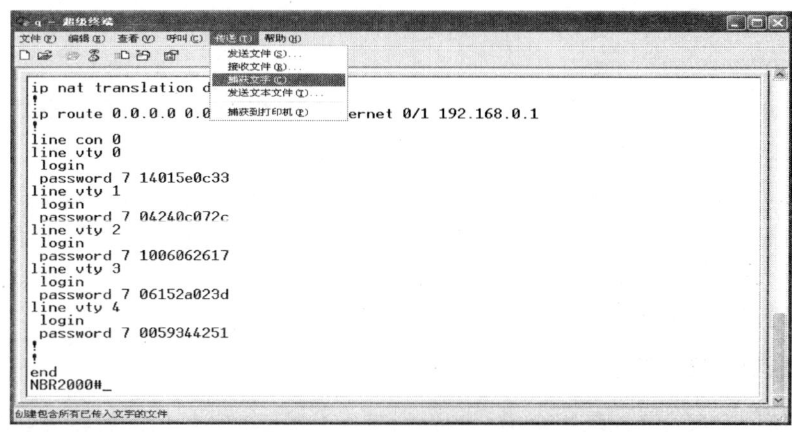

图 12-2 超级终端捕获文字 1

步骤 2　在对话框中指定一个文件名后（此处注意保存文件的文件夹位置，以便捕获完成后查阅文件），单击【启动】键，这样，超级终端将把以后输入的命令和网络设备输出的信息在输出到终端的同时也保存到刚才指定的文件中，如图 12-3 所示。

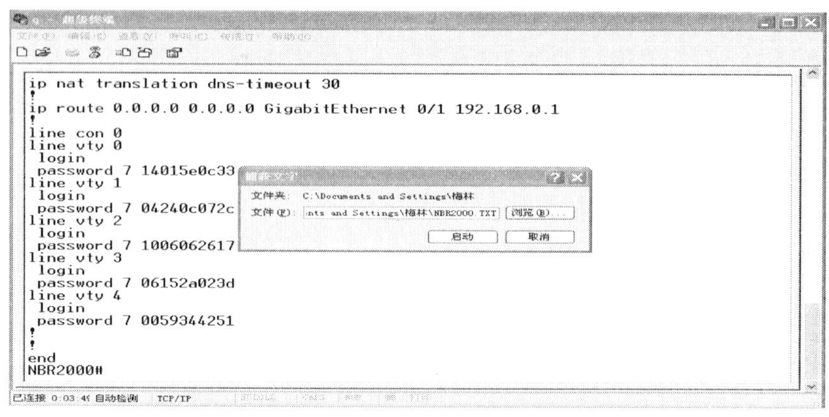

图 12-3　超级终端捕获文字 2

步骤 3　当你决定要结束捕获时，单击【传送】→【捕获文字】→【停止】。超级终端会将捕获内容保存到刚才指定的文件中。

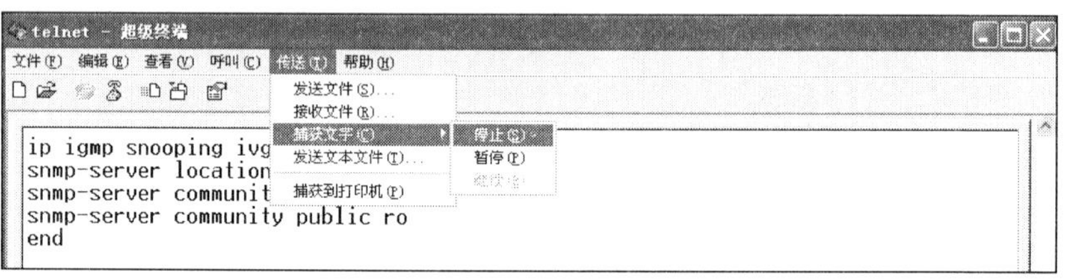

图 12-4　超级终端捕获文字 3

12.2.2　用 Ethereal 捕获数据包进行协议分析

Ethereal 软件用于对以太网设备上传送的数据包进行侦听，以发现并捕获感兴趣的报文。当前类似的软件主要有 Sniffer Pro、Omnipeek 等。在本章中介绍如何使用 Ethereal 来捕获数据报文。对 Ethereal 捕获的报文进行分析时，需要分析者对 TCP/IP 协议有一定的了解，这超出了本章所讲授的知识范围，需要读者自行学习 TCP/IP 方面的知识。

Ethereal 是目前使用非常广泛的一种开放源码的网络测试工具，也是目前最好的开放源码的网络协议分析器之一，支持 Linux 和 Windows 平台。如今 Ethereal 已经支持五百多种协议解析。并且由于良好的软件设计结构，在 Ethereal 中加入新的协议非常方便，由于网络上各种协议种类繁多，各种新的协议层出不穷，一个好的协议分析器必须有很好的可扩展性和结构，这样才能适应网络发展不断加入新的协议解析器的需要。

捕获数据包前的准备工作

在使用 Ethereal 捕获报文前，请先判断是否需要对监控口配置镜像或者通过串接一个 HUB 来捕获报文。如果是捕获安装 Ethereal 的 PC 机接收/发送报文，可以直接捕获；对捕获其他网络设备的收发报文时，需要配置镜像或通过 HUB 串接。对网络设备端口镜像配置方法，请参考具体产品的配置说明。

图 12-5 描述了通过配置镜像端口的方式捕获文字。

图 12-6 描述了通过连接 HUB 方式捕获文字。

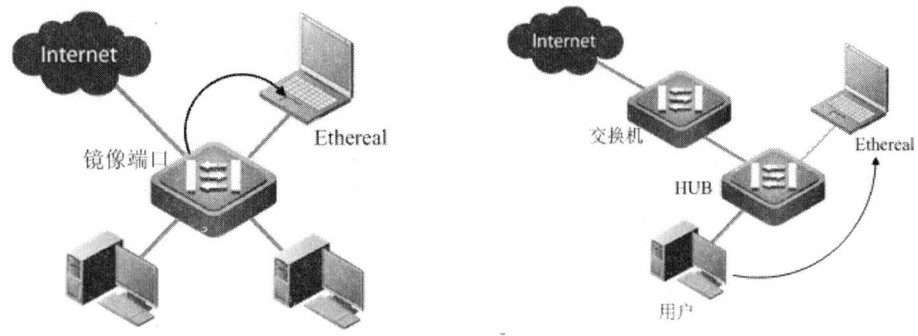

图 12-5　通过镜像端口捕获数据包　　　　图 12-6　通过 HUB 捕获数据包

开启 Ethereal 后，可以按 Ctrl+K 或是工具栏上的【Capture】→【Start】开始 Capture 选择。系统弹出选项卡。如图 12-7 所示。

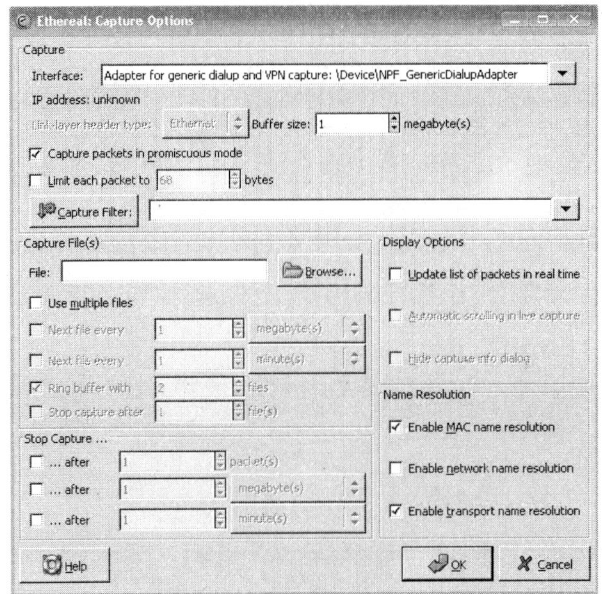

图 12-7　Ethereal 选项卡

选项卡中常用选项说明：

通过【Interface】选择捕获报文的网络接口。

选项【Capture packets in promiscuous mode】用于设置捕获报文的主机网卡工作在混杂模式。通常网卡有两种工作模式，一种为非混杂模式，另一种为混杂模式。正常情况下主机网卡都工作在非混杂模式，在此模式下的网卡只接收目的 MAC 地址为本机网卡 MAC 地址的数据帧，而对于其他数据帧全部丢弃。处于混杂模式下的网卡可以接收任何数据帧。

【Capture Filter】：捕获过滤。设置对数据包的捕获规则。

【Capture Files】：即捕获数据包的保存文件名以及保存位置。

单击【OK】按钮，开始捕获报文。

要停止捕获数据包单击捕获窗口中的【Stop】按钮。如图 12-8 所示。

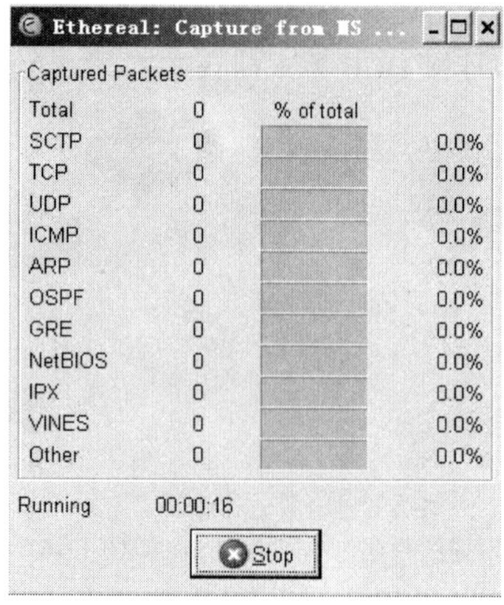

图 12-8　停止捕获

停止捕获数据包后，Ethereal 会停止捕获数据包并对捕获的数据包进行协议分析。如图 12-9 所示。

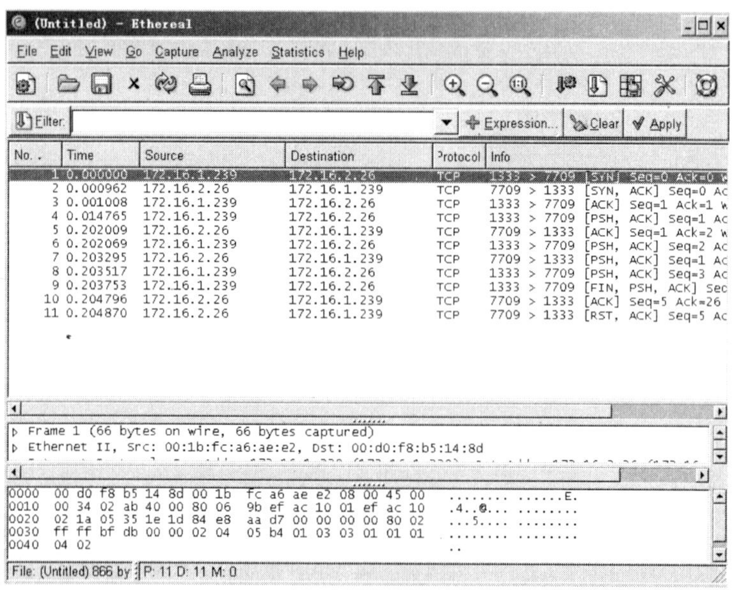

图 12-9　Ethereal 协议分析界面

在捕获数据包的主界面中，可以在【Filter】栏中针对协议或 IP 地址、MAC 地址等对捕获到的数据包进行过滤后，只显示某类数据包以方便进行分析。

Ethereal 可以对每个数据包进行从链路层到应用层的协议分析，通过数据包中的具体内容以及对捕获报文的整体分析，往往可以帮助工程师分析判断故障原因所在。

本章仅给出 Ethereal 的基本操作，如果希望了解 Ethereal 更多的操作，请参考 Ethereal 使用教程。

12.2.3 利用测试命令排除网络故障

锐捷网络的产品提供了一套完整的命令集，可以用于监控网络互联环境的工作状况和解决基本的网络故障。主要包括以下命令：

- ping 命令。
- traceroute 命令。
- show 命令。
- clear 命令。
- debug 命令。

1. ping **命令**

(1) 原理

“Ping”这个词源于声纳定位操作，指来自声纳设备的脉冲信号。ping 命令的思想与发出一个短促的雷达波，通过收集回波来判断目标的情景很相似；即源站点向目的站点发出一个 ICMP Echo Request 报文，目的站点收到该报文后回一个 ICMP Echo Reply 报文，这样就验证了两个节点间 IP 层的可达性——表示网络层是连通的。

(2) 功能

ping 命令功能用于检查 IP 网络连接及主机是否可达。

(3) RGNOS 平台的 ping 命令

在 RG 系列设备上，ping 命令的格式如下：

ping *ip-address*

例如，向主机 10.15.50.1 ping 报文。

示例 12-1 ping 通目的主机

```
Switch>ping
Target IP address or host: 10.15.50.1    //目的 IP
Repeat count [5]: 2    //执行次数
Datagram size [100]: 8100    //数据包大小
Timeout in milliseconds [2000]: 5000    //延迟时间
Extended commands [n]:
Sending 2, 8100-byte ICMP Echos to 10.15.50.1,
timeout is 5000 milliseconds.
!!
Success rate is 100 percent (2/2)
Minimum = 21ms Maximum = 22ms, Average = 21msRG
```

示例 12-2 ping 不通目的主机

```
Switch#ping  10.15.50.1
Sending 5, 100-byte ICMP Echos to 10.15.50.1,
timeout is 2000 milliseconds.
.....
```

```
Success rate is 0 percent (0/5)
```

(4) Windows 平台的 ping 命令

在以 Windows 为平台的主机上，ping 命令的格式如下：

ping [-n *number*] [-t] [-l *number*] *ip-address*

-n 表示 ping 报文的个数，默认值为 5。

-t 表示持续地 ping 直到人为地中断，Ctrl+Break 暂时中止 ping 命令并查看当前的统计结果，而 Ctr+C 则中断命令的执行。

-l 表示设置 ping 报文所携带的数据部分的字节数，设置范围从 0～65500。

例：向主机 10.15.50.1 发出 2 个数据部分大小为 3000 字节的 ping 报文。

示例 12-3 Windows 系统 ping 命令

```
C:\>ping -l 3000 -n 2 10.15.50.1
Pinging 10.15.50.1 with 3000 bytes of data
Reply from 10.15.50.1: bytes=3000 time=321ms TTL=255
Reply from 10.15.50.1: bytes=3000 time=297ms TTL=255
Ping statistics for 10.15.50.1:
   Packets: Sent = 2, Received = 2, Lost = 0 (0% loss),
Approximate round trip times in milli-seconds:
   Minimum = 297ms, Maximum =  321ms, Average =  309ms
```

(5) 利用 ping 命令进行故障排除案例

案例一：连通性问题还是性能问题？

案例描述：

工程师小 C，在配置完一台路由器之后执行 ping 命令检测链路是否通畅。发现 5 个报文都没有 ping 通，于是检查双方的配置命令并查看路由表，却一直没有找到错误所在。最后又重复执行了一遍相同的 ping 命令，发现这一次 5 个报文中有 1 个 ping 通了——原来是线路质量不好导致比较严重的丢包现象。

工程师小 C 又配置了一台路由器，然后执行 ping 命令测试 Internet 上某站点的 IP 地址的连通性，但没有 ping 通。有了上次教训的小 C，再一次 ping 了 20 个报文，仍旧没有响应。于是小 C 断定是网络故障。但是在费劲周折检查了相关链路之后仍没有发现任何可疑之处，最后小 C 采取逐段检测的方法对链路中的网关进行逐级测试，发现都可以 ping 通，但是响应的时间越来越长，最后一个网关的响应时间在 1800 毫秒左右。会不会是由于超时而导致 ping 不通呢？受此启发，小 C 将 ping 命令报文的超时时间改为 4000 毫秒，这次成功 ping 通了，显示所有的报文响应时间都在 2200 毫秒左右。

建议和总结：

网络是否真的无法 ping 通，这个问题需要定位清楚，因为连通性问题和性能问题排错的关注点是不一样的——问题定位错误必然会导致排错过程的周折。使用一般的 ping 命令，默认是发送 5 个报文的，超时时长是 2000 毫秒。如果 ping 不通情况发生，最好能够再用带参数-c 和-t 的 ping 命令再执行一遍，如：ping -c 20 -t 4000 *ip-address*，即连续发送 20 个报文，每个报文的超时时长为 4000 毫秒，这样一般可以判断出到底是连通性问题还是性能问题。

案例二：使用较大包 ping 对端进行 MTU 不一致的故障排除。

现象描述：

某网络构建项目中，使用 RG 路由器与其他厂商的某路由器互联，并运行 OSPF 协议。配置完毕后，一切正常，并在今后相当长的时间内设备运转稳定。但两个月后，用户反馈网络中断。

相关信息显示：

①登录到两台路由器上，发现双方连接正常，可以相互 ping 通对端地址，但 OSPF 协议中断。

②登录 RG 路由器查看邻居状态，发现邻居状态机处于 Exstart 状态。打开相应的 debug 开关查看相应的报文信息，发现双方都可以收到 Hello 报文，但 RG 路由器发送 DBD 报文后，一直没有收到对方回应的 DBD 报文。

③登录其他厂商的那台路由器，打开相应的 debug 开关，发现对方收到 RG 路由器发送的 DBD 报文后，也发送了相应的 DBD 报文予以回应。

原因分析：

①初步断定，RG 路由器没有收到 DBD 回应报文，但对方确实发出来了。

②既然可以接收到 Hello 报文说明链路是通畅的，而且多播报文的收发也没有问题。那么有可能是对方发送的 DBD 报文有错误导致 RG 路由器拒收，但查看相应的信息，并没有报告接收到错误的 DBD 报文。

③仔细查看某厂商路由器的调试信息发现这个 DBD 报文很大有 2000 多字节。会不会是由于报文太大导致的问题呢？试着 ping 了一个 2000 字节的报文，结果不通。那么故障原因很可能是——由于双方的 MTU 不一致导致的故障。

处理过程：

检查配置，发现对方路由器的 MTU 设置为 4000 多而 RG 路由器的 MTU 设置为 1500，于是修改对端路由器的 MTU 为 1500。故障排除。

为什么工程初期没有问题？这是因为前期 DBD 报文长度小于 1500 字节，而后来网络扩容导致路由信息过多使 DBD 报文的长度超过了 1500 字节。

建议和总结：

由于 ping 默认报文是 32 字节，所以显示的是可以 ping 通，只是表示 32 字节的报文可以通信而并不一定表示其他大小的报文仍旧可以通信。所以，应当善于使用 Ping 的其他参数来进行故障排除。

2. traceroute 命令

（1）原理

traceroute 是为了探测源节点到目的节点之间数据报文所经过的路径。利用 IP 报文的 TTL 域在每经过一个路由器的转发后减 1，当 TTL=0 时则向源节点报告 TTL 超时这个的特性。traceroute 首先发送一个 TTL 为 1 的 ICMP request 报文，因此第一跳发送回一个 ICMP。

超时报文以指明此数据报不能被发送（因为 TTL 超时），之后 traceroute 再发送一个 TTL 为 2 的报文，同样第二跳返回 TTL 超时，这个过程不断进行，直到到达目的地，此时由于数据报中使用了无效的端口号（默认为 33434）此时目的主机会返回一个 ICMP 的目的地不可达消息，表明该 traceroute 操作结束。traceroute 记录下每一个 ICMP TTL 超时消息的源地址，从而提供给用户报文到达目的地所经过的网关 IP 地址。

(2) 功能

traceroute 命令用于测试数据报文从发送主机到目的地所经过的网关，主要用于检查网络连接是否可达，以及分析网络什么地方发生了故障。

(3) RGNOS 平台的 traceroute 命令

在锐捷 RG 系列路由器上，traceroute 命令的格式如下：

traceroute *ip-address*

例如：查看到目的主机 10.15.50.1 中间所经过的网关。

示例 12-4 RGNOS traceroute 命令

```
RG#traceroute 10.15.50.1
Type esc/CTRL^c/CTRL^z/q to abort.
traceroute 192.168.0.1 ......
1 10.110.40.1              1 4 ms  5 ms  5 ms
 2 10.110.0.64             10 ms  5 ms  5 ms
 3 10.110.7.254            10 ms  5 ms  5 ms
 4 10.3.0.177              175 ms  160 ms  145 ms
 5 129.9.181.254           185 ms  210 ms  260 ms
 6 10.15.50.1              230 ms  185 ms  220 ms
Trace complete successfully.
```

(4) Windows 平台的 tracert 命令

在以 Windows 为平台的主机上，tracert 命令的格式如下：

tracert [**-d**] [**-h** maximum_*hops*] [**-j** *host-list*] [**-w** *timeout*] *host*

-d 表示不解析主机名。

-h 表示指定最大 TTL 大小。

-j 表示设定松散源地址路由列表。

-w 表示用于设置 UDP 报文的超时时间，单位毫秒。

例如：查看到目的主机 10.15.50.1 中间所经过路由器。

示例 12-5 Windows 系统 tracert 命令

```
C:\>tracert -h 2 10.15.50.1
Tracing route to 10.15.50.1 over a maximum of 2 hops:
  1     3 ms     2 ms     2 ms  10.110.40.1
  2     5 ms     3 ms     2 ms  10.110.0.64
Trace complete. 6 10.15.50.1            230 ms  185 ms  220 ms
Trace complete successfully.
```

(5) 使用 traceroute 命令进行故障排除案例

案例一：使用 traceroute 命令发现路由环路

现象描述：

组网情况如图 12-10 所示。

3 台路由器均配置静态路由，完成后，登录到 Router A 上 ping 主机 4.0.0.2，发现不通。在路由器 Rtouer A 上通过 tracert 命令排查故障。

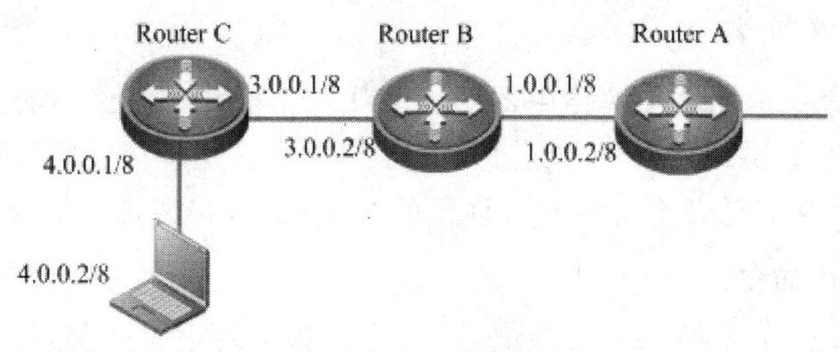

图 12-10 traceroute 排除故障

相关信息显示如下：

```
RouterA#ping  4.0.0.2
Sending 5, 100-byte ICMP Echos to 4.0.0.2,
timeout is 2000 milliseconds.
.....
Success rate is 0 percent (0/5)
RouterA#traceroute 4.0.0.2
Type esc/CTRL^c/CTRL^z/q to abort.
traceroute 4.0.0.2 ......
1  6 ms  4 ms  4 ms   1.0.0.1 (RouterB)
 2  8 ms  8 ms  8 ms   1.0.0.2 (RouterA)
 3  12 ms  12 ms  12 ms 1.0.0.1 (RouterB)
 4  16 ms  16 ms  16 ms 1.0.0.2 (RouterA)
......
```

原因分析：

从上面的 traceroute 命令的显示可以立即发现，在 Router A 和 Router B 间产生了路由环路。由于是配置的是静态路由，基本可以断定是 Router A 或 Router B 的静态路由配置错误。

检查 Router A 的路由表，配置的是默认静态路由：ip route 0.0.0.0 0.0.0.0 1.0.0.1，没有问题。

检查 Router B 的路由表，配置到 4.0.0.0 网络的静态路由为：ip route 4.0.0.0 255.0.0.0 1.0.0.2——下一跳配置的是 1.0.0.2，而不是 3.0.0.1。这正是错误所在。

处理过程：

修改 Router B 上导致环路的路由。

建议和总结：

traceroute 命令能够很容易发现路由环路等潜在问题。当路由器 A 认为路由器 B 知道到达目的地的路径，而路由器 B 也认为路由器 A 知道目的地时，就是路由环路发生了。使用 ping 命令只能知道接收端出现超时错误，而 traceroute 能够立即发现环路所在——如果 traceroute 命令两次或者多次显示同样的接口。

当通过 Traceroute 发现路由环路后，如果配置为：

- 静态路由：几乎可以肯定是手工配置有问题，如本案例所示。
- OSPF 协议：可能是地址聚合产生的问题。
- 多路由协议：可能是路由引入产生的问题。

3. **show 命令**

show 命令是用于了解路由器的当前状况、检测相邻路由器、从总体上监控网络、隔离互联网络中故障的最重要的工具之一。几乎在任何故障排除和监控场合，show 命令都是必不可少的。详细的 show 命令可参考相关设备的用户手册。

4. **clear 命令**

clear 命令用于清空当前的统计信息以排除以前积累的数据的干扰。

clear 命令中最主要的是 clear counters 命令。对于端口收发的各计数器的刷新必须使用 clear counters，可通过 show interface 命令来观察。

clear 命令适用场合如下：

许多情况下，需要使用带参数的 ping 命令来测试链路的连通性，同时在一段时间内 ping 后，通过 **show ip interface** *port* **counters** 命令来查看端口报文的收发及 CRC 校验等情况的正确与否，从而分析报文的收发在什么地方出现了问题。但 show 命令的显示值是自从路由器运行以来（或上次 clear 后）的所有统计值，这个值是无法分析的。因此，实际需要进行的步骤为：首先使用 clear counters 命令清空统计值，然后使用一系列 ping 命令使路由器端口收发报文，最后使用 show 命令来查看统计值。

5. **debug 命令**

RG 系列产品提供大量的 debug 命令，可以帮助用户在网络发生故障时获得路由器中交换的报文和帧的细节信息，这些信息对网络故障的定位是至关重要的。

但是需要注意的是，由于调试信息的输出在 CPU 处理中赋予了很高的优先级，许多形式的 debug 命令会占用大量的 CPU 运行时间，在高负荷的路由器上运行 debug 命令可能引起严重的网络故障（如网络性能迅速下降）。但 debug 命令的输出信息对于定位网络故障又是如此的重要，是维护人员必须使用的工具。因此总结了一些使用 debug 命令的注意要点，如下：

①使用 debug 命令来查找故障，而不是用来监控正常的网络运行。

②尽量在网络使用的低峰期或网络用户较少时使用，以降低 debug 命令对系统的影响。

③在没有完全掌握某 debug 命令的工作过程以及它所提供的信息前，不要轻易使用该 debug 命令。

④不要轻易使用类似 debug all 之类将产生大量输出的命令。仅当寻找某些类型的流量或故障并且已将故障原因缩小到一个可能的范围时，才使用某些特定的 debug 命令。

⑤使用 debug 命令获得足够多的信息后，应立即关闭相应的 debug 信息。可以使用 show debugging 命令查看当前已打开哪些调试开关并使用相应命令关闭；

或干脆使用 no debug all 命令关闭所有调试开关。

案例一：忘记关闭 debug 开关引起的路由器报文转发速度变慢的故障排除。

现象描述：

某电信局安装了RG路由器作为接入服务器的出口网关，一段时间运转良好。某日用户反映该设备明显速度变慢。执行 ping 操作，ping 对端路由器设备，所用时间为正常的 2 倍多。

相关信息收集：

该路由器的日志中记录了大量的收发 IP 报文的信息。

原因分析：

初步分析可能有以下几种原因：

- 线路质量不好。
- 对端设备问题，导致回应较慢。
- 自身配置错误。
- 网络繁忙。
- 软硬件故障。

处理过程：

步骤 1 检查线路，没有发现问题。

步骤 2 PING 与之相连的其他路由器设备，故障依旧，说明对端设备无问题。

步骤 3 对照以前运转良好时备份的 Running-config 文件，检查路由器上的配置，没有错误。

步骤 4 当时并非上网高峰期，且只是变慢，而无丢包，应当不是网络负荷问题。

步骤 5 检查该路由器的日志信息，发现其中记录了大量的收发 IP 报文的信息，执行命令 show debugging 命令，发现该路由器的 debug ip packet 处于打开状态。由于设备需要记录每一个被转发的 IP 报文，大大降低了路由器的处理速度，导致变慢。

步骤 6 关闭该 debug 开关后，故障排除。

建议与总结：

排除此类故障时应该想一下 debug 开关的问题。

12.3 常见网络故障处理思路与案例分析

在网络故障中，用户反馈最多的是下面三类故障：

- 用户网络应用完全中断。
- 用户网络应用频繁掉线。
- 用户网络应用响应缓慢。

在处理这三类故障时，首先要从故障现象初步定位故障类型：用户 PC 端问题、服务器问题、内部网络设备问题、外界网络因素。对于初步的网络故障定位，有如下两种方法：

❑ 分块定位，如图 12-11 所示。

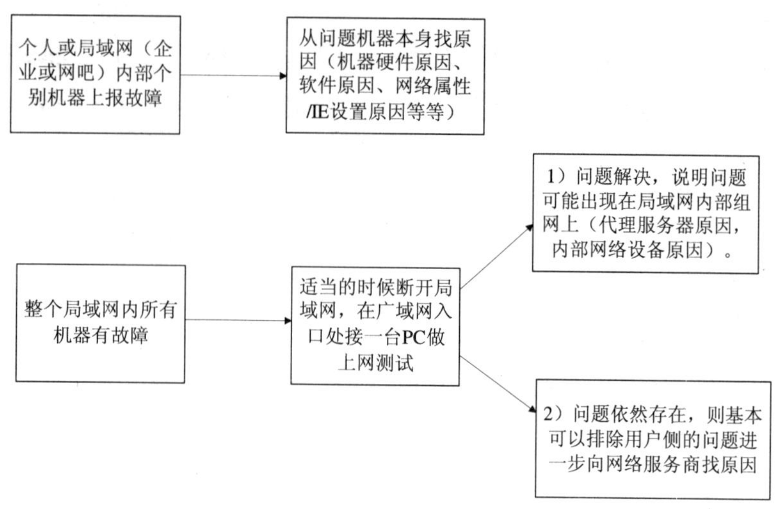

图 12-11　分块定位法排除故障

❑ 分层定位，如图 12-12 所示。

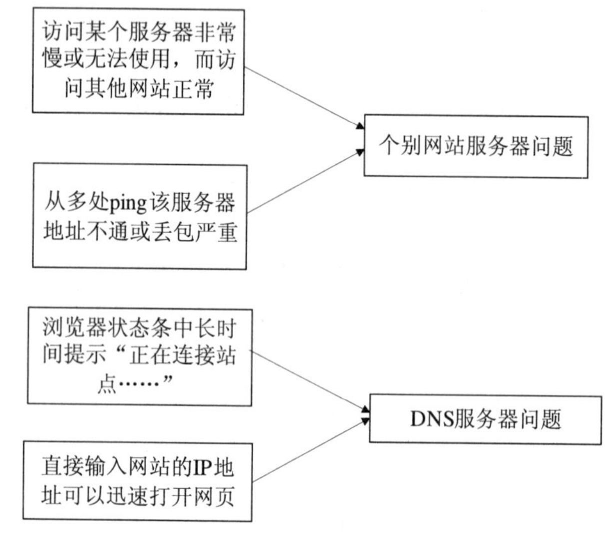

图 12-12　分层定位确定网络故障

在排除故障前首先要清楚：故障是影响个别用户，还是某一范围的用户；故障是服务器问题，还是网络自身问题。

12.3.1　故障排查细节分析

下面是故障诊断的细节分析，在实际排查时，可以灵活运用。

一般可首先使用替换法：保持网络状况不变，将一台确定是好的 PC 替换故障 PC 测试，以排查问题是 PC 自身问题还是网络或服务器问题。如果不是 PC 问题，在故障 PC 上访问提供类似服务的其他服务器，确定是否是服务器自身的原因。

如果是网络问题，分层法判断故障是发生在OSI七层模型的网络层以下，还是网络层之上。判断依据：

在故障PC上ping要访问服务器的IP，观察ping命令返回的状态，如果ping显示信息正常，说明网络层以下部分正常，故障可能发生在传输层或应用层；如果ping延时很大，有丢包现象，甚至不通，说明在网络层之下部分存在故障。如果故障定位在网络层之下，用分段法将PC到要访问的服务器网络路径分段，使用ping命令诊断。

如果要访问的服务器在外部网络(Internet)，可以利用ping命令检查各段网络的连通性：

1. PC——PC **所在网段网关三层设备** LAN **接口**

- 状态正常标准：无丢包，延时一般小于10毫秒。
- 目的：确认PC到网关设备是否正常。
- 丢包，时延大可能发生的故障点：网络设备负荷大；线路质量差。
- 不通时可能发生的故障点：物理线路，接口硬件，接口配置。
- 排查方法：**show interface** 查看接口状态；**show cpu** 查看设备CPU状态；Link指示灯。

2. PC——**出口路由器** LAN **接口**

- 状态正常标准：无丢包，延时一般小于10毫秒。
- 目的：确认PC到出口路由器是否正常。
- 丢包，时延大可能发生的故障点：出口路由器设备负荷大；线路质量差。
- 不通时可能发生的故障点：物理线路，路由器上路由表错误，中间三层交换机故障。
- 排查方法：路由器和三层交换机上通过 **show interface** 查看接口状态；**show cpu** 查看CPU状态；**show ip route** 查看路由表。

3. PC——**出口路由器** WAN **接口**

- 状态正常标准：无丢包，延时一般小于10毫秒。
- 目的：确认PC到出口路由器是否正常。
- 丢包，时延大可能发生的故障点：出口路由器设备负荷大；线路质量差。
- 不通时可能发生的故障点：路由器上路由表错误。
- 排查方法：**show interface** 查看路由器接口状态；**show cpu** 查看路由器CPU状态。
- **show ip route** 查看路由器路由表；**show run** 查看路由器配置。

4. PC——ISP **运营商接口的**

- 状态正常标准：无丢包，延时一般小于30毫秒。
- 目的：确认出口路由器是否正常执行NAT功能。
- 丢包，时延大时可能发生的故障点：出口路由器设备负荷大；外网线路质量差。
- 不通时可能发生的故障点：路由器上路由表错误，NAT配置错误。
- 排查方法：**show interface** 查看路由器接口状态；**show cpu** 查看路由器

CPU 状态。

- **show ip route** 查看路由器路由表；**show run** 查看路由器配置。

5. **出口路由器——ISP 运营商接口**

- 状态正常标准：无丢包，延时一般小于 30 毫秒。
- 目的：确认外网线路是否正常。
- 丢包，时延大时可能发生的故障点：出口路由器设备负荷；线路质量。
- 不通时可能发生的故障点：物理线路，路由器 ARP 学习错误，对端设备。
- 排查方法：路由器上 **show interface** 查看接口状态；**show cpu** 查看路由器 CPU 状态；接口 Link 指示灯；**show ip route** 查看路由器路由表；**show arp** 查看对端 MAC 信息。

如果要访问的服务器在内网(LAN)，可以类似的将访问路径分为 4 段分析：

①PC——PC 所在网段网关三层设备 LAN 接口的这一段是否可 ping 通。

②PC——服务器所在网段网关三层接口的这一段是否可 ping 通。

③PC 所在网段网关三层设备——服务器网络接口的这一段是否可 ping 通。

④PC 所在网段网关三层设备——要访问资源的 IP 这一段是否可 ping 通。

这样通过分段法可以初步判断问题出在何处。如果故障定位在网络层之上，一般用替换法与分块法处理：

查看各段设备上的安全配置（ACL），路由器上的 NAT 配置。确认设备没有屏蔽应用需要使用的端口。

有可能发生的故障点：网络设备上应用的 ACL 屏蔽了应用使用的端口。出口路由器 NAT 表项错误。

排查方法：show run 查看设备配置；**show ip nat translation** 查看设备 NAT 表。

注意：对网络层之上问题的分析，要求工程师对排查的网络应用软件有一定的了解。在诊断时，一定要向网络管理员、直接用户了解相关应用软件的情况如 TCP/UDP 端口号、基本工作模式等信息。

12.3.2 用户网络应用完全中断故障处理案例

案例一：ARP 欺骗导致客户端网络应用完全中断。

问题描述如下：

用户反映：其有一个网段的用户不能上网，而同时另外几个网段的用户能上网，该故障近两天反复出现，且有时故障会自行消失。

问题分析与定位：

由于只是个别网段用户反映此问题，考虑与出口路由器无关。

故障出现时：在用户机器上 ping 不通自己网关地址；ping 不通路由器地址。

在 PC 机上执行 **arp－a**，发现网关设备的 MAC 地址前六位不是 00-d0-f8（在不启用 VRRP 的前提下，所有锐捷网络设备的 MAC 地址前六位都是 00-d0-f8），至此，判定网络内存在 ARP 欺骗。

在 PC 机上执行 **arp－s** 手动添加网关正确 MAC 值后，ping 网关正常，能访问外网。

用户使用 sniffer 监控，发现一台机器发送大量的 ARP 报文，将该 PC 断开网络后，全网恢复正常。

案例二：ARP 欺骗导致客户端到本地服务器网络应用完全中断。

问题描述如下：

用户反映：其所有网段的用户能上外网，但不能访问本企业内部服务器；公网用户也不能访问企业内部对外发布的服务器；同一服务器网段内的机器能相互访问。

问题分析与定位：

①在用户机器上可 ping 通服务器所在网段的网关地址，说明 PC 到服务器连接的三层设备正常。

②在服务器 A 上 ping 通服务器 B 的 IP 地址，说明服务器 A、B 的物理线路与网卡都正常。

③在服务器 A 上 ping 不通自己网段的网关 IP 地址，说明网关不能转发服务器到用户的数据，此时跨 IP 网段肯定无法访问。

④在服务器网段检查，发现存在 ARP 欺骗。

⑤用户使用 sniffer 监控网络，并将带毒服务器隔离网络，应用服务恢复正常。

案例三：接口工作模式不匹配导致客户端到外网网络应用中断。

问题描述如下：

某用户反映：其外网线路从 ADSL 调整到电信光纤专线，光纤直接连接到 NBR1000E 路由器光模块上，调整配置后，ping 电信 IP 地址一直不通；将光纤用光纤转换器转换到双绞线，连接到一台 PC，ping 电信对端测试正常。

问题分析与定位：

①用光纤收发器替换测试正常，说明线路正常。

②对不同厂商的设备互联互通时，优先考虑接口工作模式是否正确。

③将光纤接在模块上，在路由器上使用 show interface 命令发现路由器光纤接口工作在 100 米，Half-duplex 状态，正常情况百兆接口应为 100 米，Full-duplex。

④对端设备可能手动指定了接口工作模式。

⑤在路由器接口上手动指定工作模式为 100 米，Full-duplex 后网络恢复正常。

案例四：NAT 配置错误导致客户端到外网网络应用中断。

问题描述如下：

某用户反映：该网络新接入 Internet，使用一台 NBR2000。通过配置向导完成配置后，所有用户能访问内部服务器，但不能访问外网。

问题分析与定位：

①在用户机器上 ping 通路由器 WAN 口地址，说明 PC 到路由器正常。

②在路由器上 ping 通对端运营商 IP 地址，说明路由器到运营商正常。

③在用户机器上 ping 不通对端运营商 IP 地址，说明可能是 PC 的数据在路由器上没有正确的转发出去。

④在路由器上用 **show run** 命令检查配置，发现用户 NAT 配置错误。

⑤修改 NAT 配置后网络恢复正常。

案例五：DNS 服务器问题导致用户无法打开网页。

问题描述如下：

某用户反映：当天开始计算机不能上网，更换了另外一台计算机也不行。打开网页失败。

问题分析与定位：

ping ISP 运营商网关 IP 无问题

ping 某公网网站 IP 地址，无问题；ping 其域名，发现无法解析到 IP 地址。

ping DNS 服务器的 IP 地址无问题。

在 IE 中直接输入该公网 IP 地址，发现可以打开网页上网。

基本可以断定是 DNS 服务器出了问题（物理上 DNS 是通的，但 DNS 服务器已失效）。

在 PC 上更换 DNS 服务器地址，问题解决。

12.3.3 用户网络应用频繁掉线故障处理案例

案例：DDOS 病毒导致客户端到外网网络应用频繁掉线。

问题描述：

某网吧用户反映：有游戏用户反映在某个时间段内频繁掉线，同时浏览网页速度缓慢。

问题分析与定位：

在路由器上 **show cpu**，发现 CPU 利用率历史峰值到了 90%以上，询问网管，该峰值时间与故障发生时间基本一致。

说明故障原因是路由器 CPU 负荷过高，是什么原因导致的，需要继续分析。

在路由器上 **show ip nat statistics per-user**，发现个别 PC 使用的 NAT 条目到了路由器在配置时设定的上限 200。

这表明这些 PC 可能在使用 P2P 软件或者中毒。

①上下降到正常水平，网络恢复正常。

②协助用户使用 Ethereal 抓包分析，发现的确存在病毒对外网发起 DDOS 攻击。

12.3.4 用户网络应用响应缓慢故障处理案例

案例一：IE 设置错误导致上网打开网页速度慢。

问题描述：

某用户反映：其通过 NBR2000 上网，个别 PC 浏览网页的时候速度很慢。

问题分析与定位：

由于只是个别用户反映此问题，怀疑很大可能是客户端自身的问题。

在用户机器上 ping 服务器地址，时延正常。

换一台便携机在用户处同样进行上网测试，发现打开网页速度也正常（替换法）。

用户的 PC IE 打开网页时总是在状态栏提示【正在检测代理服务器】，而该用户并未使用代理服务器上网，因此怀疑 IE 设置可能有误。

发现在 IE 设置：【工具】→【Internet 选项】→【连接】→【局域网设置】

中用户选中了【自动检测设置】，这样导致IE打开网页时总是去检测代理服务器设置，从而影响网页的打开速度。将该设置去处，问题解决。

案例二：接口工作模式不匹配导致客户端到外网网络应用速度缓慢。

问题描述：

某用户反映：公司内部网络刚刚进行了扩容，汇聚使用的我司S3750交换机，为了节约成本，一部分接入交换机使用了其他品牌H的低端设备。扩容完成后，发现由H设备接入的用户上网速度非常慢，用户下载文件时速率通常只能达到20～30kbps，用户Ping路由器地址有丢包的现象，且不丢包时的延时也不稳定。而接在我司设备下边的用户下载速度能够达到100～200kbps网络使用也正常。

问题分析与定位：

只是接入在H设备的用户处问题，那该故障与路由器相关的可能性不大。

①使用替换法，使用我司同档次交换机替换H设备后，网络恢复正常，说明H设备上可能存在问题。

②检查H设备接口状态，CPU状态，发行其上行以太网口工作在100米，Half-duplex状态。

③分别将H设备与S3750互联以太网口手动指定工作模式为100米，Full-duplex，网络恢复正常。

案例三：网络环路导致客户端到外网网络应用速度缓慢。

问题描述：

某用户反映：突然无法访问外网与内网服务器，全网网络速度都变缓慢，过几分钟后，全网网络应用中断。

问题分析与定位：

①向用户询问，用户反映故障前有其他公司工程师在机房加了交换机。

②网络中断时，即使在同一台二层接入交换上的所有用户也无法通讯。

③观察设备状态指示灯，发现所有交换机ACT指示灯同步高频率闪动，此时通过console登录到网络设备时，感到设备对键盘输入响应迟钝。

④这种情况下，初步判定线路存在环路，由此引起广播风暴。

⑤将每台正发生故障的交换机上行线缆拔除，交换机状态恢复正常。

⑥排查线路，发现新添加的交换机分别连接到另外两台交换机，造成网络环路。

12.4 总　结

在应用网络和构建网络的过程中，排除故障是一项非常重要的工作，在本章中，介绍了系统化的排除故障的流程和方法，通过替换法、分层法、分块法确定故障范围。制定故障排除方案并加以实施以排除故障。同时也介绍了在故障排除过程中经常需要用到的网络协议分析工具与测试命令，通过这些工具和命令的使用，收集故障现象并定位故障。最后通过一些故障排除的实际案例，让读者了解常见的故障排除的思路及排错的过程。

附录　锐捷职业认证体系

锐捷职业认证是 IT 领域的一项网络专业技能认证，拥有锐捷职业认证资格的专业人士将具有专业的网络知识和网络技能，并且能为雇佣他们的管理者、组织、企业带来巨大的价值和报酬。

锐捷认证体系包括通用技术认证和专项技术认证。通用技术认证包括网络工程方向及网络安全方向，专项技术认证包括 IPv6、存储、无线和 IP 通信方向。其中通用技术认证是目前国内外需求量最大，考取人数最多的认证。

一、锐捷职业认证体系概述

1. 通用技术认证

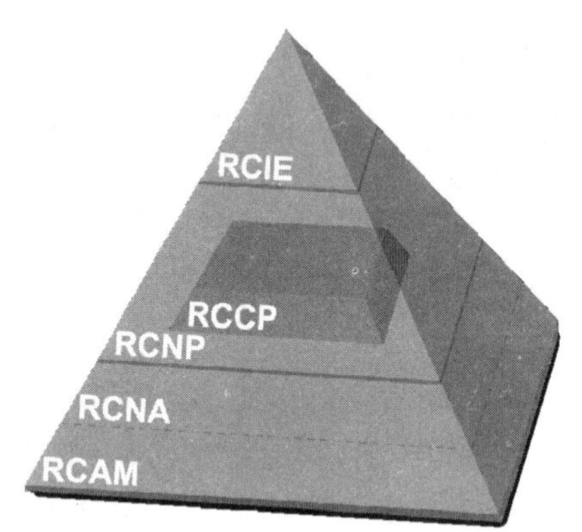

锐捷在通用技术认证中的网络工程方向提供了 5 个认证等级，它们所代表的专业水平逐级提升：网络管理员、网络工程师、调试工程师、资深网络工程师和互联网专家：

- **网络管理员（RCAM）**：锐捷职业认证的第一步首先从网络管理员级别开始，其代表网络技术的入门等级，适用于网络技术的初学者。
- **网络工程师（RCNA）**：网络工程领域的初级资格认证，获得 RCNA 资格的人员可以搭建和维护 100 个以下节点的中小型网络。
- **调试工程师（RCCP）**：网络工程领域的中级资格认证。获得 RCCP 资格的人员具备丰富的网络知识和实践操作技能，能够熟练地配置和调试多种网络设备。具有 RCCP 认证的工程师能够设计和构建超过 100 个节点的大中型园区网络。
- **资深网络工程师（RCNP）**：网络工程领域的高级资格认证。获得 RCNP 认证的人员能够驾驭路由器、交换机、WLAN 等产品，熟练的对其各种功能和特性进行配置和调试，并在网络中部署高级的路由选择协议和各种安全特性、冗余机制、优化技术等。具有 RCNP 认证的工程师能够设计和构建超过 500 个节点的大中型园区网络。

- ❑ **互联网专家（RCIE）**：网络工程领域的顶级认证。获得 RCIE 认证的人员作为网络技术领域的专家，不仅具有丰富的网络理论知识和实践操作技能，并能够对网络中出现的故障和疑难问题进行分析及排错。获得 RCIE 认证的人员将具备实施大型网络中所需要的各种技能。

2. 专项技术认证

锐捷职业认证还提供了多个专项技术认证，以考察相关人员在特定的技术领域方面具备的知识和技能。锐捷专项技术认证包括 IPv6、存储、无线和 IP 通信。通过四门专项认证课程的学习，学习者能够在 IPv6、存储、无线及 IP 通信技术领域具有专家级的知识和技能，并拥有驾驭相关产品的能力。

二、锐捷职业认证和途径

锐捷认证面向的是锐捷合作伙伴、经销商、网络技术专业人士以及对网络技术感兴趣的人群。要获得职业认证体系中的不同等级的认证，都需要通过一些必须的笔试、Lab 考试以及具备必要的必备资格。

1. 通用技术认证

认证	认证课程	必需的考试	必备资格
RCAM	网络基础 Fundamental	Fundamental Written	—
RCNA	网络设备互连（IND） Interconnecting Networking Devices	IND Written IND Lab	—
RCCP	设备调试与网络优化（DOND） Debugging and Optimizing Networking Devices	DOND Written DOND Lab	—
RCNP	构建高级的路由互联网络（BARI） Building Advanced Routing Internetworks	BARI Written BARI Lab	具有生效的 RCNA 或 RCCP 证书
	构建高级的交换网络（BASN） Building Advanced Switched Networks	BASN Written BASN Lab	
	构建优化的互联网络（BOI） Building Optimized Internetworks	BOI Written BOI Lab	
	网络服务架构的设计与实施（DINSA） Designing and Implementing Network Service Architectures	DINSA Written DINSA Lab	
RCIE	—	RCIE Written RCIE Lab	—

2. 专项技术认证

认证	认证课程	必需的考试
IPv6 Specialist	部署 IPv6 网络 Deploying IPv6 Networks	IPv6 Written IPv6 Lab
Storage Specialist	构建存储网络 Building Storage Networks	Storage Written Storage Lab
WLAN Specialist	无线局域网的设计与实施 Designing and Implementing Wireless LAN	WLAN Written WLAN Lab
IP Communication Specialist	IP 通信技术 IP Communication Technology	IP Communication Written IP Communication Lab

注：对于锐捷专项技术认证，不需要考生预先具有任何认证证书，只需要通过相应的专项技术考试即可。

锐捷网络大学

参 考 文 献

1 RFC 网站：http://www.ietf.org/

2 IEEE 网站：http://www.ietf.org/

3 锐捷网络网站：http://www.ruijie.com.cn/

4 （美）Jeff Doyle,CCIE #1919 著. TCP/IP 路由技术（第一卷）（第二版）. 葛建立 吴剑章译. 北京：人民邮电出版社，2007